海上浮式设施锚作与就位

邓春林　陈　峰　蔡　强　郭先游
张　铭　徐素娟　赵雨晨　廖　松　著

中国石化出版社
·北京·

图书在版编目(CIP)数据

海上浮式设施锚作与就位 / 邓春林等著. — 北京 : 中国石化出版社, 2024. 11. — ISBN 978-7-5114-7794-1

Ⅰ. P754

中国国家版本馆 CIP 数据核字第 20244MB480 号

中国石化出版社出版发行

地址:北京市东城区安定门外大街 58 号

邮编:100011　电话:(010)57512500

发行部电话:(010)57512575

http://www. sinopec-press. com

E-mail:press@ sinopec. com

北京艾普海德印刷有限公司印刷

全国各地新华书店经销

*

787 毫米×1092 毫米 16 开本 18. 5 印张 396 千字

2024 年 11 月第 1 版　2024 年 11 月第 1 次印刷

定价:98. 00 元

前 言

本书乃是为浮式设施工作人员、锚作船船员、其他相关人员精心编撰的实用操作指南，其聚焦于海上浮式设施的锚作就位作业，通过深入阐述20世纪70年代以来行业内主流锚作就位设备与操作方法，助力从业者扎实掌握海洋工程领域的基本常识与技能。此书可作为浮式设施管理人员的培训素材，帮助他们获得安全生产所必须具备的基本知识，同时本书也能够作为海上锚作就位操作人员的训练资料，使他们能够从系统全局性的角度理解整个流程，从而在作业中默契协作，充分发挥主观能动性，而不仅仅拘泥于自身职责，机械地去执行锚作就位计划的规定。书中探讨了配备锚泊系统的各类浮式设施，像半潜式钻井设施、浮吊、生活支持平台、铺管船、挖沟船等海洋工程船，并重点剖析了这些设施是如何通过艏向固定及悬垂锚泊缆分布式布置来维系位置稳定，以便开展特定生产任务。书中着重指出锚、锚泊缆系统（涵盖锚机/绞车）在抵抗风、浪、流等外力时发挥的关键作用，并且强调正确使用和理解锚泊设备设计参数是保障锚泊系统有效的核心要素。

在使用本书前，现场作业人员理应熟知浮式设施的具体设计参数，否则使用时就可能偏离设计人员最初的构想，进而引发事故。锚泊设备的失效往往是因为使用不当，而非设备自身存在的固有缺陷所致。一般而言，在使用某种特定类型的锚进行锚作时，往往难以兼顾海底底质是否能够确保其系泊力正常发挥，现场作业人员虽无力改变锚泊设备的主要构成，但应当具备充足的知识储备，向岸基及时报告并提出合理建议和风险控制措施。例如，现代的大抓力锚若要取得超过预期的效果必须要使用正确的布锚方法，随意的布锚方案极有可能导致锚作就位工程的全盘失败，锚作过程中正确的起抛锚程序至关重要，为此，本书不仅对作业过程进行了详尽的文字描述，还增添了大量插图以便读者加深理解。

本书主要介绍了“移动式”或“临时性的”浮式设施的锚泊就位操作(有别于“固定式”或“长期性的”)。作业人员必须认识到，尽管精确布置的锚泊系统能够非常有效地抑制浮式设施的位移，但被锚泊系统所限制的浮式设施与完全自由状态下对外力造成的影响并非完全一致。实际上，在某些极端海况下，过度精准且非常牢固的锚泊系统反而会对浮式设施造成巨大危险，试图依靠维持高水平的张力来稳定位置并不可取，但在做出松开某些锚泊缆或者在低张力受控条件下漂流的决定时，必须基于对浮式设施的稳性、自身锚泊系统能力的深刻理解。

浮式设施的锚泊系统管理是海洋工程的一个重要组成部分，相关技术人员早已研究了数个世纪。虽然浮式设施已经迭代升级进化到了使用动力定位系统的新阶段，但锚泊系统依旧有着简单可靠、成本低廉等不可替代的优势。本书汇集了很多锚作优良经验和实践，但由于技术的发展、操作方法的地域特异性和环境适应性，书中提供的方法并不一定适用于所有情形，使用者若发现本书所推荐的方法不适用，应灵活变通，根据实际情况修改或重新设计，凭借自身的专业知识和判断来制定适宜的操作方案。

2022年7月2日发生的“福景101”沉没事故，是由于该设施在锚地抗台后走锚并碰撞风机基座所酿成的悲剧。据事故调查报告，该船锚地抗台开始时仅抛船艏中间锚(霍尔锚12.9t、锚链长275m、直径84mm)和船艏右舷4号导航定位锚(大抓力锚锚重10.5t，锚缆为钢缆，出缆长度为1000m，直径为68mm)。该船船长(在事故中失踪)明显高估了此布锚方案的抗风暴能力，且在发现走锚后的应急处置中，连续加抛的锚也未能有效控制船位，最为牢固的船艏中间锚在事故调查后也发现与连接的锚链相分离，表明该设施仅锚泊系统就存在检验、维护保养和操作使用等诸多问题，事故所带来的教训极为惨痛，也提醒在浮式设施上工作的人员要增强安全意识和应急处理能力！

目　录

第一章 锚泊系统理论知识

第一节 悬链式锚泊系统原理

浮式设施能否被平均分布的悬链式锚泊系统限制在一个很小的范围主要取决于锚泊系统的张力，张力越大，浮式设施移动的范围越小(图1-1)。锚泊系统具有将浮式设施基本上维持在原位并允许其执行特殊功能的能力，由于浮式钻井设施和铺管船作业时位置要求精度较高，这些数值是根据从期望位置的偏差定义的，该偏差将被描述为与浮式设施锚泊的水深相关的距离。锚泊系统的锚泊缆并不能绷得太紧，在锚泊缆受力过大的情况下，外界的风、浪、流的合力和浮式设施的(6个自由度的纵横摇、垂荡和首摇、纵荡以及横荡)运动引起的张力能导致断缆、走锚或超过锚泊缆的安全负荷(图1-2~图1-4)。

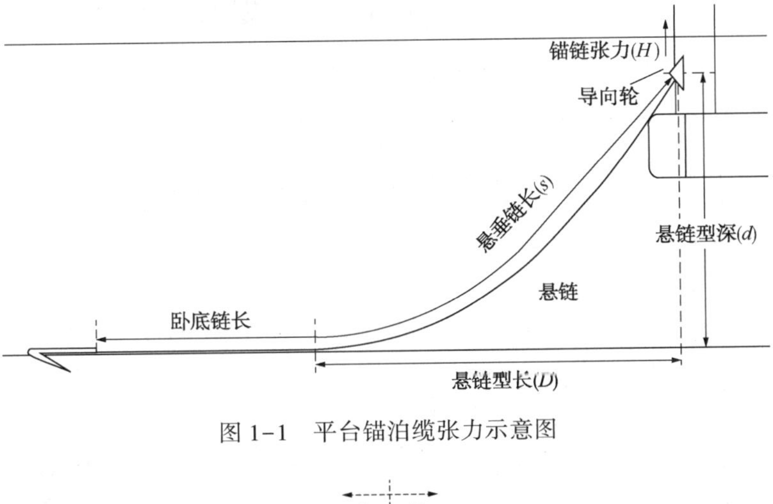

图1-1 平台锚泊缆张力示意图

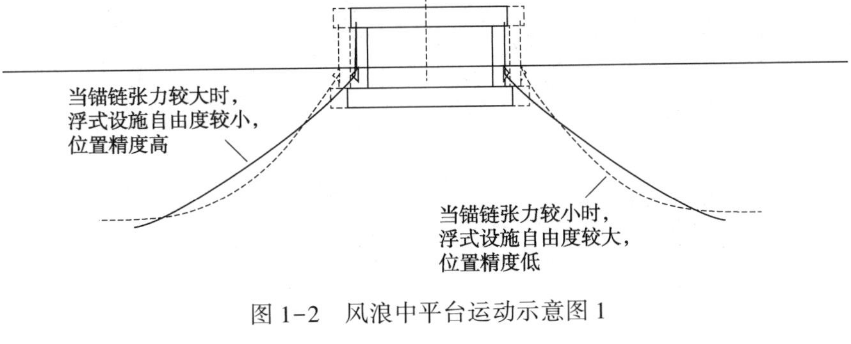

图1-2 风浪中平台运动示意图1

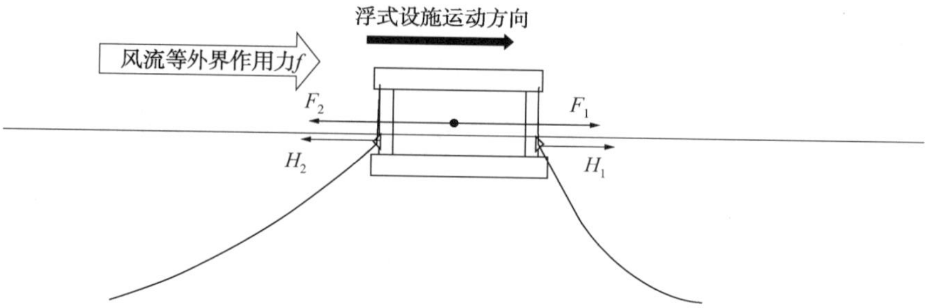

图 1-3 风浪中平台运动示意图 2

图 1-4 半潜式平台锚泊系统示意图

因此锚泊缆需要维持在一定的张力，既能让浮式设施在作业位置附近小范围内活动，又有足够的松紧度能抵抗当变化的环境外力增加到某个设定的最大允许张力。当然，浮式设施受力不能太早到达最大允许张力，这种情况会减少浮式设施作业的抗风等级。锚泊系统中锚泊缆的松紧度/悬链被认为是从锚泊缆导向轮开始往舷外到达海底的着地点之间的一段曲线，悬链的长度取决于水深、锚泊缆单位重量和锚泊缆的张力。锚泊缆中的悬链，特别是锚泊缆是锚链的情况，在外界风浪流作用下浮式设施离开原来位置时，悬链（锚泊缆悬垂部分）长度和重量会增加。因此增加了限制浮式设施移动的力，同样减缓了浮式设施偏离原始位置的趋势。

将浮式设施维持在原位的能力通常叫作锚泊系统的恢复力。当受到特定的风浪流的组合作用时，有些浮式设施会提供表格显示所需和中间位置的偏差，以及“受力”舷侧的恢复力，表格上也经常注明一个该设施能够作业的水深数值。

当浮式设施受到外界因素作用下的力 f 时，在水平方向上无法保证受力平衡。

浮式设施处于不稳定的状态，即：

$$H_1+f=F_1>F_2=H_2$$

此时浮式设施会向外界作用力的方向移动，调整各锚链张力的水平分量的大小。即：

$$H'_1<H_1;\ H'_2>H_2$$

直到达到如下效果：

$$H_1+f=F_1=F_2=H_2$$

第二节 锚泊系统受力分析

设计并实施在建筑所能承受的最大风暴条件下仍能将设施稳固在作业位置的锚泊系统，这一做法如今已成为现代海洋工程领域的重要实践内容，浮式设施设计的抗风等级用作用在其结构上的风、浪和流合力以及浮式设施锚泊时其预计运行的最大水深表示。

当考虑锚泊系统的部件强度时，浮式设施在设计风暴中的运动状态(垂荡、横摇、纵摇等)必须包括进去，通行国际标准还要求锚泊系统能够达到任何单根锚泊缆的突然失效或断裂不会导致剩余的锚泊缆遭受过度受力和浮式设施走锚。表 1-1 展示了某公司常见的大型半潜式钻井设施的参数和锚泊系统设计受力分析情况，且参照的是 8 个锚点均匀分布的锚链锚泊系统、同一座双船体(沉箱)钻井平台，该平台最大作业水深为 600m。

一、锚泊系统受力分析——风暴条件

表 1-1 展示了风暴条件下在水深 200m 锚泊情况下的该半潜式平台的受力分析，选择斜线方向为 45°的原因是从该点出发浮式平台将承受风暴最大冲击力。

表 1-1 半潜式平台风暴条件下的受力分析

参数	受力情况
水深 200m(生存)	直径 76cm K4 锚链破断负荷
天气(风浪流)方向	45°
完整工况	
锚泊缆最大张力	2403kN
安全系数	2.5
失效锚泊缆编号：7	
锚泊缆最大张力	2997kN
安全系数	2.0
最大瞬间负荷	3380kN
失效锚泊缆编号：6	
锚泊缆最大张力	3282kN
安全系数	1.8
最大瞬间负荷	3607kN

参数	受力情况
失效锚泊缆编号：5	
锚泊缆最大张力	3233kN
安全系数	1.9
最大瞬间负荷	3684kN
失效锚泊缆编号：4	
锚泊缆最大张力	3081kN
安全系数	2.0
最大瞬间负荷	3122kN
完整工况下的最大张力	2403kN
对应安全系数	2.5
破舱条件下的最大张力	3282kN
对应安全系数	1.8
最大瞬间负荷	3684kN
对应安全系数	1.3

二、锚泊系统产生的锚固力

按照相对于平台船首尾、斜向 45°和横向 90°三个方向风、浪、流产生的静态力总和，表 1-2 为 8 根锚泊缆锚泊系统所需要抵抗的环境力，即锚系统产生的锚固力。在设计时需考虑浮式设施和锚泊系统所使用的风暴和作业吃水两种状况的风、浪、流合力，同时还需要考虑其他环境载荷，如表 1-3、表 1-4 所示。

表 1-2　半潜式平台抵御环境载荷受力分析

kN

天气海况	0°	45°	90°
蒲氏风级 6	928	1373	1536
蒲氏风级 7	1136	1589	1782
蒲氏风级 8	1466	2004	2242
蒲氏风级 9	1883	2526	2746
蒲氏风级 10	2224	2934	3042
蒲氏风级 11	2567	3407	3450
蒲氏风级 12	3015	4012	4030
风暴吃水	4099	5494	5169

表 1-3　天气状况对应的风、浪、流数值

天气海况	浪		风	流	
	浪高/m（有义波高）	周期/s（同期的跨零周期）	风速/(m/s)（海平面 10m 以上时速）	流速/(m/s)（潮流速度）	风生流/(m/s)（风引起的海水流速）
蒲氏风级 6	4. 0	7. 5	12. 6	0. 8	0. 3
蒲氏风级 7	5. 2	8. 1	15. 7	0. 8	0. 3
蒲氏风级 8	6. 7	9. 0	19. 3	0. 8	0. 4
蒲氏风级 9	8. 5	10. 3	22. 6	0. 8	0. 5
蒲氏风级 10	10. 7	12. 0	26. 8	0. 8	0. 5
蒲氏风级 11	13. 1	13. 5	30. 6	0. 8	0. 6
蒲氏风级 12	15. 3	14. 5	3. 5	0. 8	0. 7
超强	17. 0	16. 0	41. 0	0. 8	0. 8

表 1-4　其他环境载荷

风	极端风速和方向平均时间，垂向分布海平面以上高度，阵风速度和频谱
浪	极端波峰(注明高程水深)，极端波高、方向和相关期间的范围流速，单个波高和周期的平均累计频率分布时间，有义波高和周期的联合概率波频谱和方向分布，水深和海平面变化，海平面以下水深(长期水深)变化，极端海平面变化，潮流和风暴潮
流	潮汐和潮致余流的极端流速和流向，和水深相关的变化平均时间，基于流速的疲劳设计
温度	极端空气最低和最高温度，极端海水温度，最高海平面和最低海平面以下
冰雪	雪最大厚度(部分建筑)，冰最大厚度，冰雪密度
海生物	生长类型水深，允许生长厚度、生长速度，终端厚度、形状

三、锚泊系统恢复力和测试张力

当浮式设施的锚泊结构受损以后，如图 1-5 所示，假定 6 号锚泊缆发生断裂，其平衡位置会发生变化，向下风流位置漂移一段距离，并找到新的平衡位置。

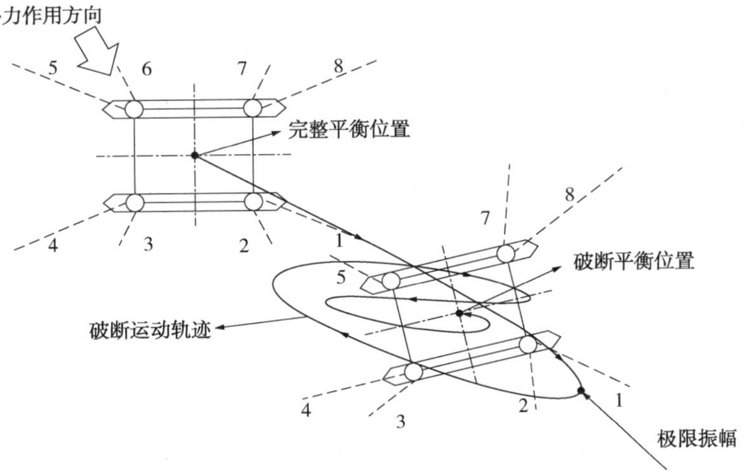

图 1-5　6 号锚泊缆断裂后平台运动示意图

由图 1-5 可以看出，如果浮式设施保持在平衡位置，没有环境外力作用，锚泊缆水平分力 H_1 和 H_2 基本上相等。当风、浪外力开始增大时平台将向相反方向发生改变，环境外力 $F=H_1-H_2$，又称为恢复力，有些浮式设施提供表格用于计算风、浪、流作用在浮式设施上的力，计算出风暴产生的最大外部环境力，该数值可以与锚泊完成以后测试拉力相比较，如果实际或者预计的外部环境力超过了锚泊系统的最大能力，结果必须增加合理的安全系数，采取补救措施或者承担浮式设施走锚的风险。可以采取的临时措施包括松出下风锚泊缆、利用推进器减缓冲击、重新布置锚泊系统以获得更好的抗风效果（如果时间情形允许）或者人员撤离浮式设施（在台风来临之前经常采取的措施，参见各油公司体系文件指南）。

有些浮式设施上面用专门的公式（8 缆锚泊系统）计算最小测试张力：测试张力 = 0.4（风作用力+流作用力+浪作用力），为了使用这些公式图表，下面举例解释了具体方法。

一般半潜式平台钻井装置拥有由 8 套锚链和锚构成的锚泊系统，锚泊时采用标准锚链之间夹角为 45°/90°的布锚方式，锚链粗细至少 76mm，试验安全负荷为 313.9t、破断负荷为 472.9t，布锚时锚链的测试负荷为 158.5t，约为破断负荷的 1/3，半潜式平台的工作吃水为 22.9m。预报从平台船首方向来的风暴时速可达 75 节，有义波高为 50ft，周期为 15s，同时风暴会产生 1.2 节的风生流。

那么在受风一侧锚链受力下，风产生的力：

$$F_w = C_w V_w^2 = 0.075\times75^2 = 422\text{kips} = 191.1\text{t} \tag{1-1}$$

式中，F_w 为风的作用力，kips，1kips = 0.453t；C_w 为风作用力的系数，kips/ft^2；V_w 为风速，m/s。

流产生的力：

$$F_c = C_c V_c^2 = 23.5\times1.2^2 = 34\text{kips} = 15.4\text{t} \tag{1-2}$$

浪产生的力：

$$W_d = 73.8\text{t} \tag{1-3}$$

计算得出合力为 280.3t。

计算过程中查图 1-6~图 1-8，如果该力仅由两根锚泊缆承受，则单根锚泊缆受力需要超过 143. 5t 的载荷，但是该数值并没有考虑平台前后左右移动垂荡所产生的剧烈波动的冲击力，使用该数值时需非常保守，如果使用该数值估计最小允许测试负荷，则计算结果为单根锚泊缆测试负荷 = 0. 4×280. 3 = 112. 12t。

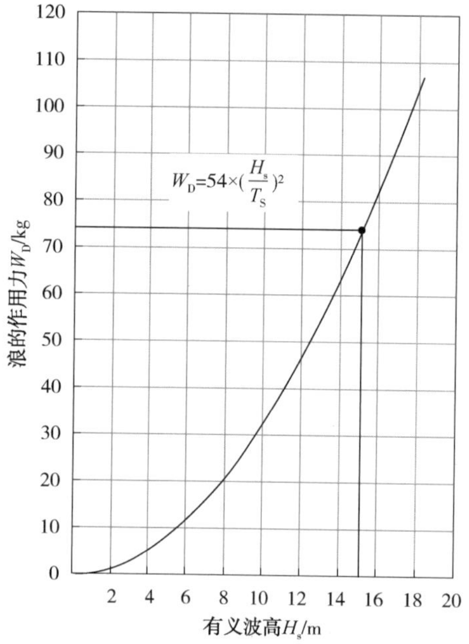

图 1-6　浪作用力系数变化表

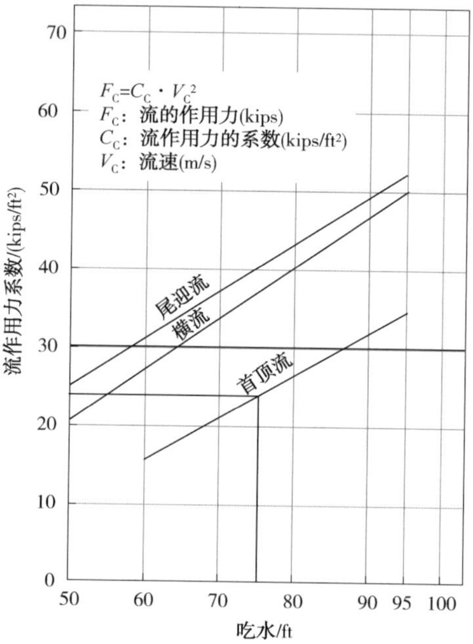

图 1-7　流作用力系数变化表

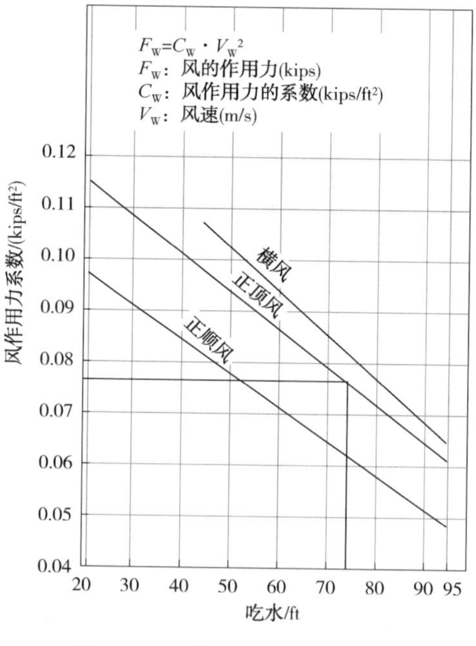

图 1-8　风作用力系数变化表

第三节　海洋工程用锚理论知识

在海工行业中，大抓力锚(High Holding Power Anchor，简称 HHP 锚，俗称大抓力锚)是一种专门设计用于移动设施临时锚泊的高性能锚具。这类锚以其卓越的抓底性能和稳定性著称，尤其适用于在泥砂、碎石或混合海底地质环境下为浮式设施提供强大且可靠的固定效果(图 1-9)。为了符合上述描述，在正确布锚后抓力需至少达到 10 倍自重，并且在黏土和细砂中也要达到这个抓重比，很多新型的锚抓重比超过 10，甚至能到 100 以上，成熟设计的大抓力锚考虑了以下问题。

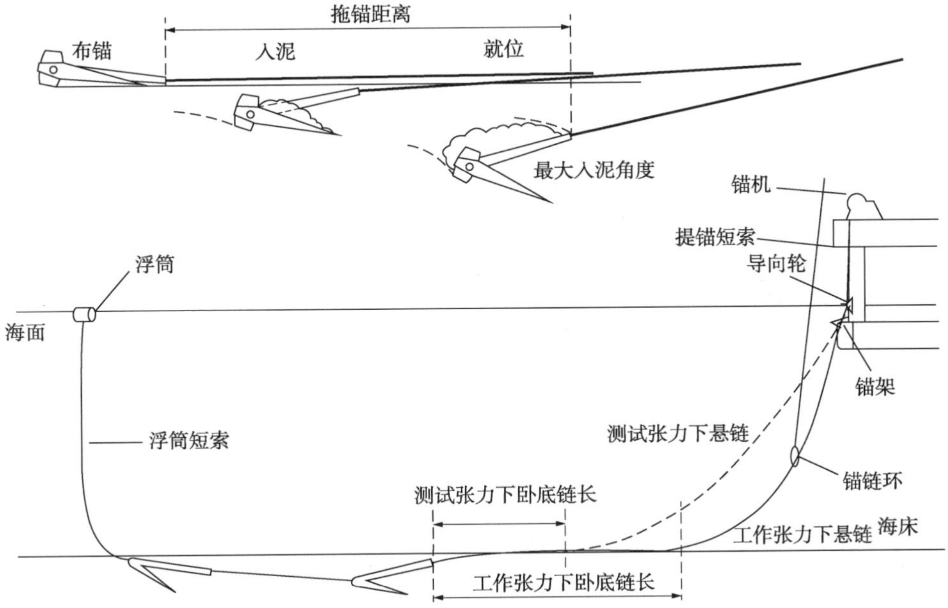

图 1-9　锚泊系统示意图

(1) 具有优秀的物理强度，其拉伸强度、剪切强度、弯曲强度、疲劳强度和耐磨耐蚀性能满足船级社和国家法规要求。

(2) 由于锚爪面积和锚杆设计组合以及对特定土壤的穿透性，使得锚具有了大抓力的特征。

(3) 为了达到适当的穿透和沉底，以及强力抓底性能，阻碍锚穿透的部分都是经过精心设计的。

(4) 作为设计的一部分特征，正确布锚后，当锚被拖曳到地底时，锚应该具有保持稳定和正确方位的能力。

(5) 锚必须具有一个非常良好的、坚固耐用的设计和长生命周期与最低限度维护。

(6) 易于部署和回收，以及通过锚作船快速安全操作。

(7) 该设计在松散的砂土以及硬质黏土壤类型均需要有较好表现，此外还要求能够改变锚杆和锚爪之间的角度，通常有 32°适用较硬的底质和 50°适用柔软的烂泥两种调整方式。

一、现代大抓力锚优缺点

目前，在海洋石油工程行业中，尚未研发出一种能够在所有类型的海底地质条件下表现优越、具有同等高效能的大抓力锚。这意味着，在选择和安装锚泊系统时，通常需要权衡各种因素，并根据实际作业环境做出最适宜的选择，尽管这可能并非理想的解决方案。现场操作指挥人员虽然在某些特定情况下无法直接决定使用何种类型的锚，如在遇到特别复杂的海底地质问题时，可以考虑更换为更适应该条件的锚型，但他们肩负着现场作业安全上的责任，即对供应商提供的数据进行细致研究，包括但不限于锚具的具体类型、布锚方法以及相关技术性能参数等信息。此外，他们还应当充分利用浮式设施的操作手册，这些手册中包含了针对不同水深下的最小锚泊缆长度建议，以及推荐的工作拉力和测试拉力数据，这些都是为了确保在设计风暴标准下能够具有最大的抓底力和有效的位置保持能力。因此，即使面对一定的局限性，操作人员仍需通过科学分析与合理决策以最大限度保障锚泊系统的安全与有效性。图 1-10 和图 1-11 是使用较为广泛的海工用锚。

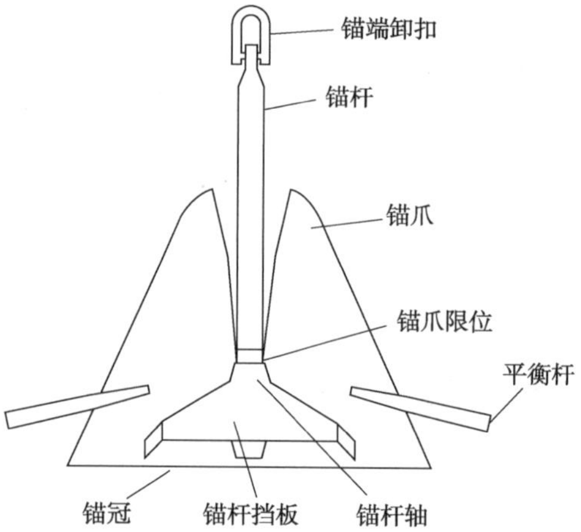

图 1-10　Stevin MK3 示意图

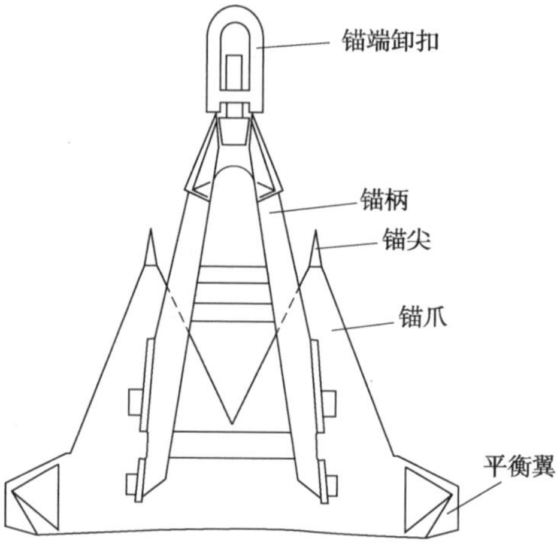

图 1-11　Stevin MK5 示意图

二、海工锚的设计限制和布锚理论

大抓力锚通常是拖曳埋置锚(Drag Embedment Anchor，DEA)，其概念和设计源于海工领域对高效稳定锚泊系统的需求。这类锚的设计目标是在复杂的海洋环境中为浮式设施提供可靠的固定方式，特别是在不适合传统锚固或需要更大抓底力的情况下。具体的起源和发展可能没有明确的历史记录点，但随着深海石油勘探、海上风电场建设等海洋活动的扩展和技术进步，工程师们不断研发改进锚的设计以适应更广泛的海洋地质条件。拖曳埋置锚的特点是能够通过锚作船或其他专用设备将其拖入海底后，利用自重和特殊构造在土壤(底质)中形成强大的抓底力，这使其成为一种现代海洋工程中的重要锚泊技术解决方案。该类锚的设计和使用通常与专业的海洋工程咨询公司、科研机构以及相关制造商的研发成果紧密关联。为了使设计发挥应有的作用，锚必须有外力拖曳到海底地面以下，使整个锚爪埋入海床里直到产生最大的阻力，很显然，只要有足够强大的绞车和锚泊缆，锚就可以在特定的土壤类型中达到并超过最大抓底能力，此时锚可以被继续拖曳或者被拉破土，为了达到最大抓底能力有以下约束条件。

(1) 锚泊缆、钢缆或者锚链，将具有最大的设计允许载荷，超过该载荷锚泊缆的材料将受损或断裂。

(2) 锚本身也不应承受超过其设计的允许载荷。

(3) 锚泊缆的张力不能高到使锚泊缆完全离开海底的程度，这样会对锚杆施加垂直方向的力并使锚破土而出。

海工用锚与传统用锚有较大区别，海工用锚多依赖于辅助其作业的锚作船。在完成抛锚作业后，往往并不能单独依靠自身的锚机完成起锚作业，后面的章节会详细介绍，本节重点关注抛锚及锚落地以后的行程，具体步骤如图 1-12~图 1-16 所示。

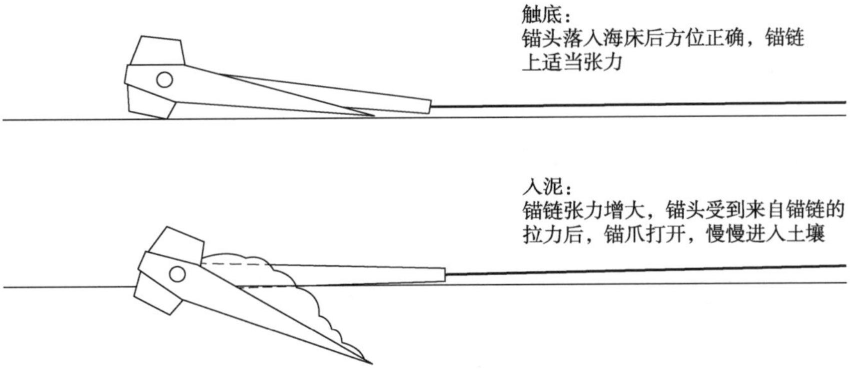

图 1-12　布锚方法示意图(步骤 1~2)

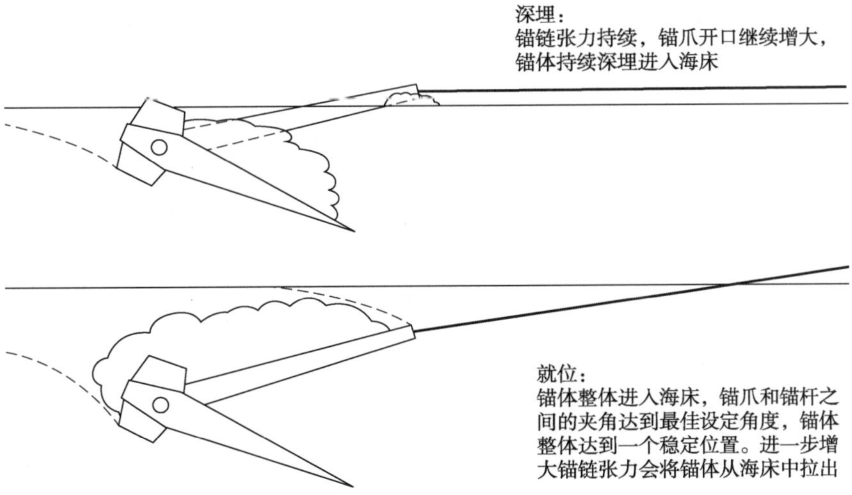

图 1-13　布锚方法示意图(步骤 3~4)

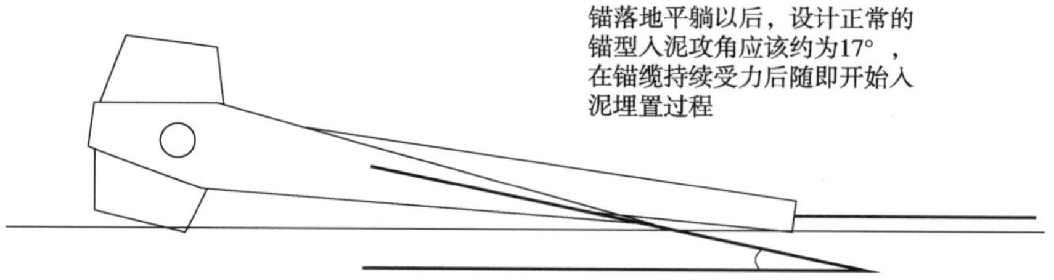

图 1-14　锚的落地攻角

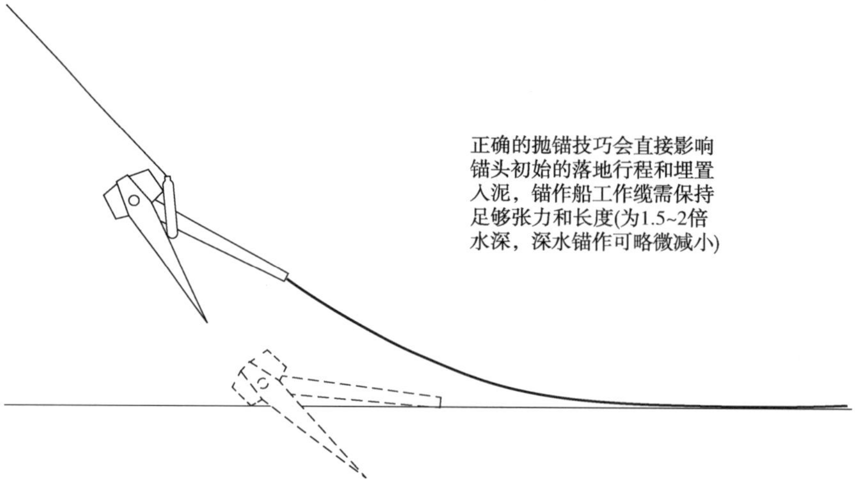

图 1-15　锚的落地正确方法示意图

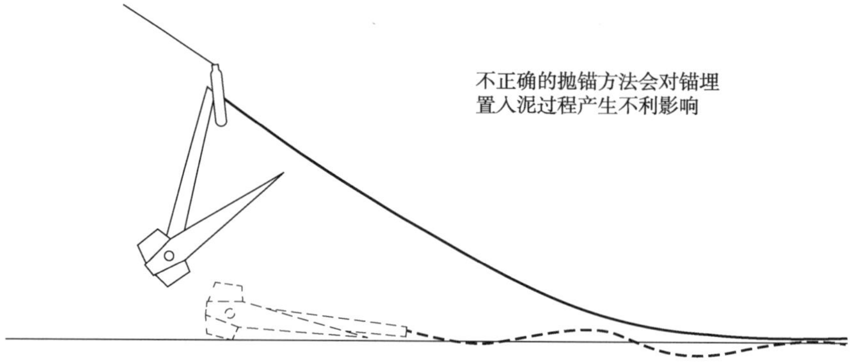

图 1-16　锚的落地错误方法示意图

三、海底底质对布锚造成的影响

大抓力锚抛锚时第一个操作是将锚以一定姿态放置到海床上，其固有的设计构造使其能够调整方位，以确保锚爪能够有效地切入土壤(海底)，与海底接触的锚爪必须呈略微向下倾斜的角度，即锚的“入泥攻角”，一般介于 17°~20°之间。

在坚硬的土壤、砂石和黏土中，这种特性很有效，但是在软泥中有些锚的设计(图 1-17)，特别是像 Danforth、LWT 和 Moorfast 等型号，往往会向后(锚冠方向)沉入烂泥中，导致锚爪翘起。如果对锚泊缆施加拉力，会导致锚被拉出锚“坑”，土壤的阻力会使锚爪继续上升，持续对锚泊缆施加拉力可能永远不会使锚真正行进入泥。

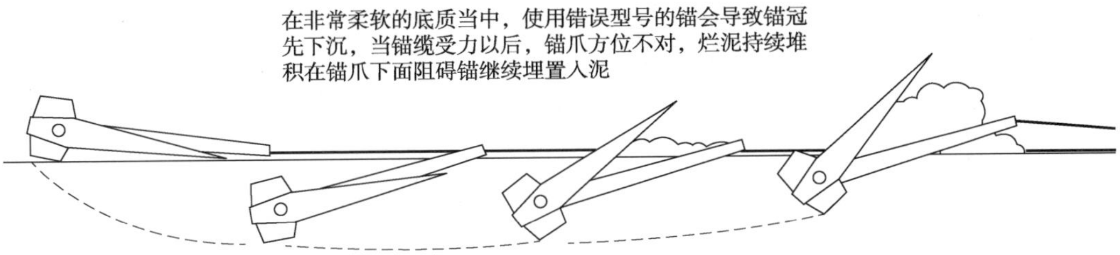

图 1-17　柔软底质问题

如果怀疑存在以上问题，解决方案是抛锚完成几个小时以后，向锚短索施加轻微拉力（直接用卸扣连接在锚冠上的短索），将锚拉到能正确行进入泥的位置上来。如果这个方法不起作用，通知锚作船锚短索保持轻微张力（图 1-18），同时浮式设施绞进锚泊缆可能会使锚重新导航定位并行进入泥。另外的一个解决方案是立即抛下一个串联锚（图 1-19），理论上第二个锚的阻力会使第一个锚重新入泥定位。在非常极端的情况下，唯一的方法可能是仅仅依靠抛下更多的串联锚，依靠其锚重达到设计要求的抓底能力或者更换锚的类型。

很多现代海工锚，特别是 Bruce 设计的型号，以及 Vryhof 公司（现已被 Delmar Systems 公司收购）的 Stevpris、Stevin 型号由于其设计没有碰到上述的问题，但越复杂的设计在初始布锚作业时越需要谨慎操作。

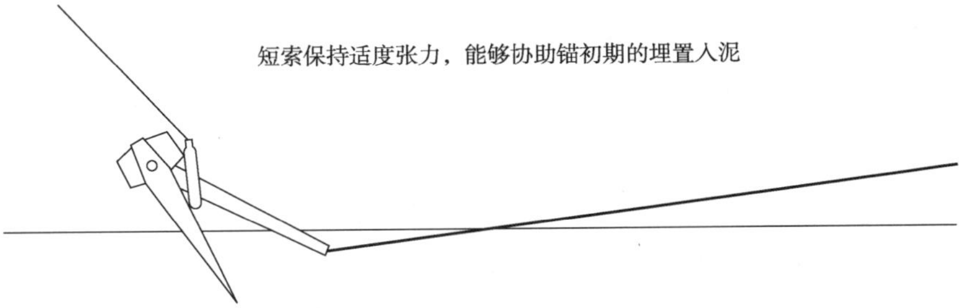

图 1-18　柔软底质短索张力保持解决方法

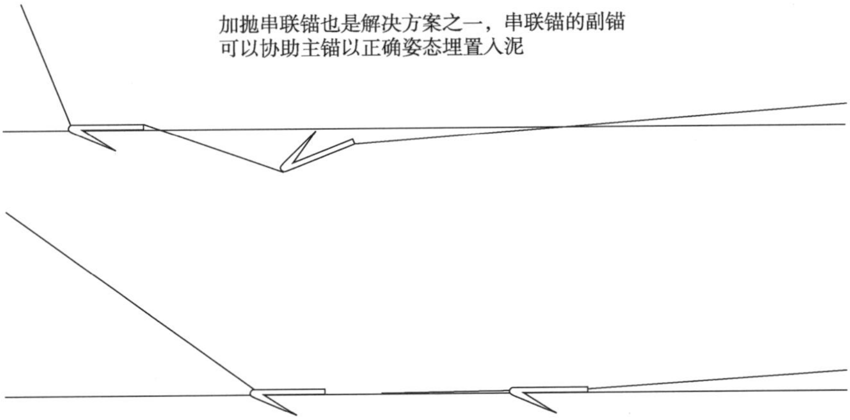

图 1-19　柔软底质加抛串联锚解决方法

平锚爪双干锚(图 1-20)的设计为作业人员提供了灵活选择，可针对不同海底底质特点进行优化，砂质海底锚爪角度用 30°，烂泥底用 50°，并且 Bruce 有绝佳的自我扶正能力，其公司设计者声称即使锚倒置在海床上也能迅速恢复到工作状态。大抓力锚为了实现预期的高抓底力，必须能够深入海底达到足够的深度，使锚爪完全埋置海底，并展开至最大预设角度。理想的状况是，锚爪的所有部分都应嵌入海床之下，以充分发挥其设计性能。实践证明，锚埋入海底越深，其最大抓底能力越强，锚固力也相应越大，但这一过程需通过缓慢收绞锚泊缆实现。此类型的大多数锚可以在淤泥、疏松砂和软黏土中穿透入泥并深埋，但是不会深埋在坚硬的黏土和硬砂中，导致锚固效果受限。

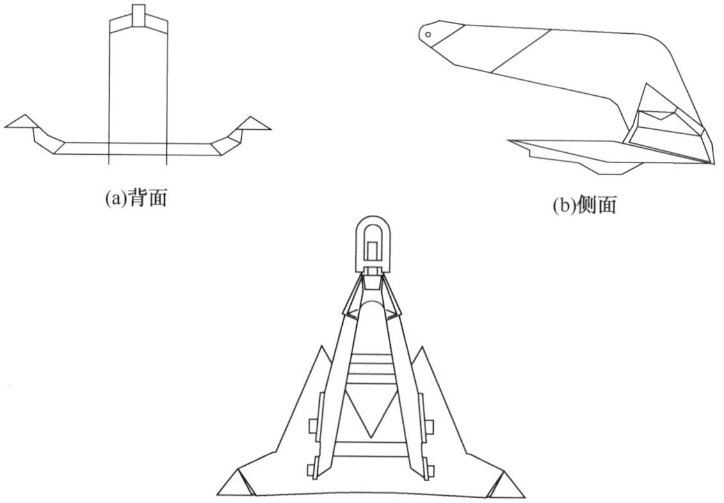

(a)背面　(b)侧面　(c)正面

图 1-20　Bruce 平锚爪双干锚示意图

需要提醒的是，在泥土中，除了非常软的烂泥，由于锚链在被锚拉入泥土时受到的阻力，与锚链一起使用的锚可能无法达到其最大的设计入泥深度(表 1-5)。

表 1-5　拖曳沉底锚的锚爪入泥深度

锚型号	锚爪埋置入泥深度(锚爪长度)/m	
	砂/较硬黏土	泥(淤泥、较软黏土)
Stockless	1	3(锚爪角度固定)
Moorfast	1	4
Offdrill	1	4
Boss	1	4. 5
Danforth	1	4. 5
Flipper Delta	1	4. 5
GS	1	4. 5
LWT	1	4. 5
Stato	1	4. 5

续表

锚型号	锚爪埋置入泥深度(锚爪长度)/m	
	砂/较硬黏土	泥(淤泥、较软黏土)
Stevfix	1	4.5
Stevpris	1	4.5
Bruce FFTS	1	5
Bruce TS	1	5
Hook	1	5
Stevmud	1	5

对于大抓力锚最佳穿透入泥的锚爪角度可以参考以下数据。砂：30°~35°；烂泥和黏土：50°；硬黏土/硬砂：25°~30°。在锚的设计中，部分锚具允许对锚爪设定特定的展开角度，而其他一些锚则不具备这一可调功能。当锚具备角度可调节能力时，会在锚干与锚爪铰接点处安装一套专门设计的重型锁紧机构，当锚爪调整至理想的工作角度范围(一般为25°至30°之间)时，这些锁紧装置会作用于锚爪以保持其在预设角度，并确保锚能在此角度下有效抓牢海底土壤，从而达到最佳的固定效果。这种针对角度调节的设计有助于锚根据不同的海洋底部条件和使用场景实现更精准、高效的导航定位。如 Bruce 和一些固定锚干的锚，锚爪角度均设计在25°~30°之间(图1-21)。另外，光滑、无脊设计的锚爪已被证明可以提高锚的穿透埋置能力，并在各种类型的土壤中都能增强锚固力。

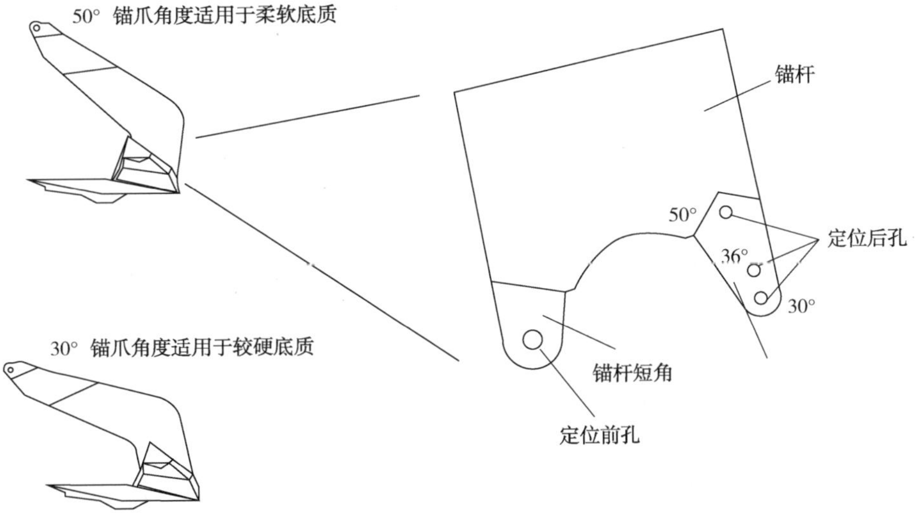

图1-21　Bruce FFTS MK4 锚锚爪角度设置

20 世纪 90 年代后期发展起来的有动力贯入锚(Dynamically Penetrating Anchor，DPA)和吸力沉箱锚(Suction Anchor)，吸力锚国内海洋工程浮式设施应用不多，第一次应用是在渤海×××油田设施，近期投入运营的“深海一号”的锚泊系统类型也采用了吸力锚，锚泊系统能否采用吸力锚，取决于浮式设施所处位置的海底地质条件，吸力锚更偏向于较软地质。吸力锚安装操作复杂，需要动用额外的配备浮吊和水下机器人的专用船舶，本书不做深入探讨，至于动力锚国内尚无应用案例，相比吸力锚而言，动力锚具有操作简单、成本低的优势，有兴趣的读者可自行查阅相关资料；其他类型请参考图 1-22~图 1-24。

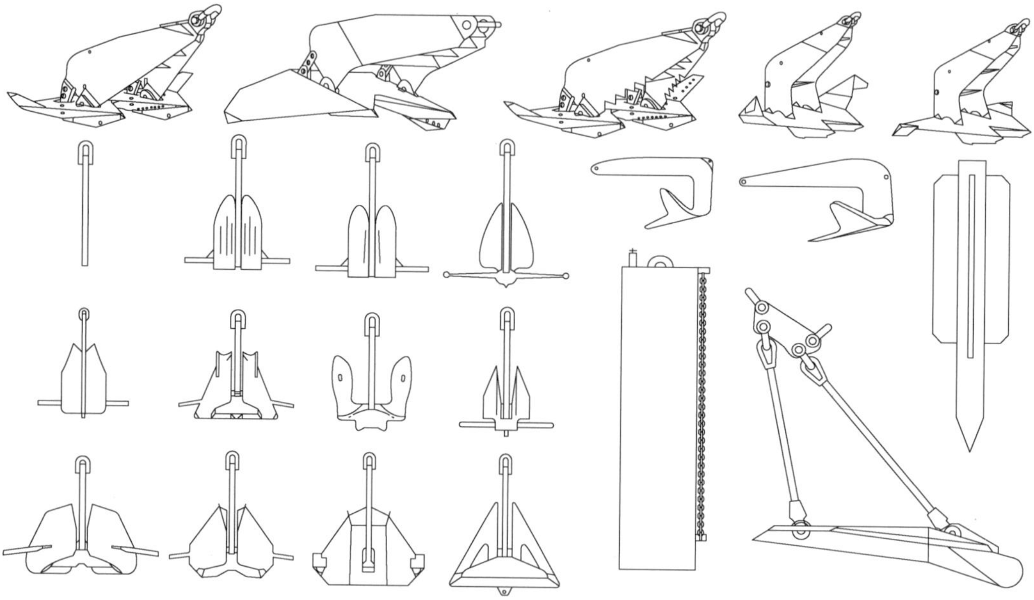

图 1-22　应用广泛的海工锚

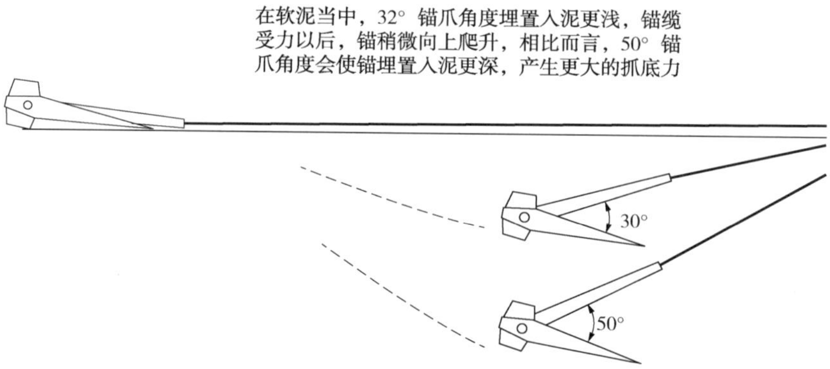

图 1-23　锚爪角度影响——软泥底

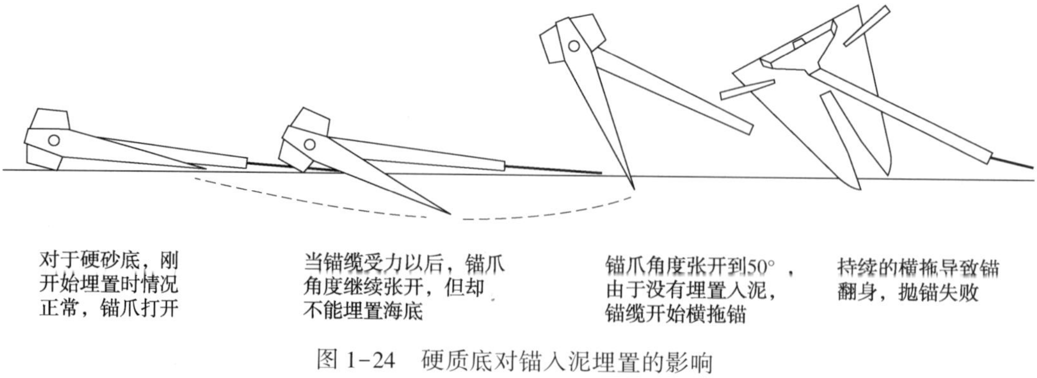

图 1-24　硬质底对锚入泥埋置的影响

实际海洋工程应用中的海工锚多配置平衡杆，其主要功能是在穿透入泥埋置期间使锚相对于泥土保持水平，类似于 Danforth 和 LWT 锚型号，平衡杆损坏弯曲或灭失以后可能导致锚在土壤里行进困难或者破土而出；稍现代一点的设计，如 Bruce 或者 Stevpris 锚型号无实体平衡杆，仅依靠设计的固有的几何形状保持平衡稳定，作业时必须正确布置才能发挥作用，参考图 1-25 对比示意图。

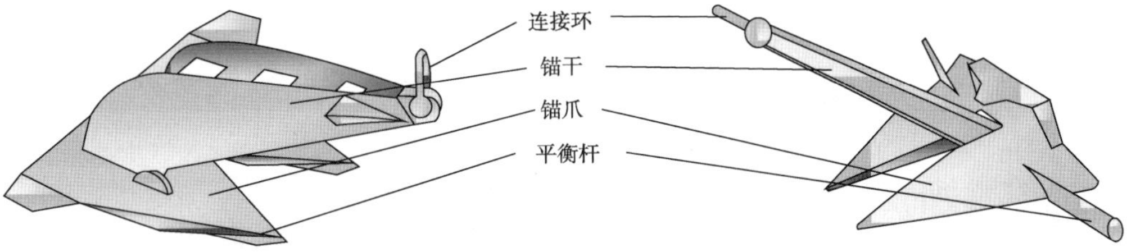

图 1-25　锚的结构对比示意图

为了寻找更有效的锚设计和锚泊缆材料，国内外大量的研究和试验仍在如火如荼地进行，深水复杂的铺管、钻井作业和生产作业，在海底环境条件下，现有设备严重受限制，海工行业需要更加轻便、环保和安全的锚设备，像 Bruce 和 Vryhof 这样的锚设备制造商继续为一般用途和特定用途生产进行创新设计，这些方案已经在世界范围内普遍得到推广应用。为了特殊用途和一般用途作业，锚固系统制造商不断地提高钢材的质量和设计，国内巨力索具和亚星锚链为专业生产锚链和海洋系泊链的龙头公司。近年来在海洋工程领域加大了投资力度，亚星锚链研制开发的深远海长期性的锚泊系泊索是针对南海地域台风等极端海况的考验以及海水侵蚀，能够有效地控制住浮式设施的极端运动响应，能够满足特定设计使用寿命并且在最初安装后不再干预的系泊链，满足海水中 26 年连续不间断使用的要求。

许多现代新型材料的锚泊缆也正在被测试使用，关于聚酯纤维和碳纤维复合材料方面，工程师们正在尝试用这些材料建造各种类型的缆绳，以寻找一种更有效和经济的锚泊缆，整体趋势是以合成缆绳取代钢制锚链和锚泊缆，中海油水深超 1500m 的“深海一号”能源站锚泊所用的 16 根锚泊缆由浙江四兄弟绳业有限公司制造，这是中国缆绳行业真正意义上自主开发、自主研究、自主生产的海洋工程锚泊缆，意味着中国纤维绳索企业成功打破了欧美在深水系泊领域的长期垄断，也表明国内聚酯缆制造工艺达到了国际先进水平。

四、锚的抓底能力估算

大多数浮式设施会参考制造供应商的数据，配备锚设备的一个效率图表，这些图表的有效性需要谨慎参考使用，因为通常只给出两种假设曲线，被宽泛地定义为砂或者黏土，同样在浮式设施操船手册当中，对锚的特定的测试拉力给出了指导，以图表形式相对于水深给出了最小的或者最佳的锚泊缆长度，从导向轮舷外开始计算，计算公式如下：

$$H_M = H_R \left(\frac{W_A}{10000} \right)^b \tag{1-4}$$

式中，H_M 为锚的抓底力，t 或 kips；W_A 为锚的质量，lbs，通常超过 10000lbs；b 为表

格里查到的系数；H_R 为表格里查到的系数，kips。

然而，其他估算锚抓底能力的方法，例如使用黏土和烂泥两张图表直接来查各种不同类型的锚的抓底力大小，该种做法快速并相当可靠，但是应该指出的是实际底质土壤的描述留下了很大的解释空间，因为底质土壤至少被分成四种不同类型，下面举例说明。

1. 9t 的 Bruce Cast 的锚被布置在烂泥当中，预计该锚的抓底力是多少？

1kip = 1000.0lbs，19836lbs = 9t

通过公式 $H_M = H_R\left[\dfrac{W_A}{10000}\right]^b$，查表得出：$H_R = 32$，$b = 0.92$，$W_A = 19836$lbs。通过公式(1-4)得：$H_M = 60.1$kips。

2. 15t 的 Stevpris 被布置在硬底质海床上，底质主要是砂和黏土混合物，则其抓力为多少？

$H_R = 210$，$b = 0.94$，$W_A = 33060$lbs。通过计算得：$H_M = 646.3$kips，相关数据如表 1-6 所示(由 NCEL 美国海军土木工程实验室提供)。

表 1-6　不同大抓力锚数据

锚型号	较软底质(软黏土或粉砂)		较硬底质(砂或硬黏土)	
	H_R	b	H_R	b
Boss	210	0.94	270	0.94
Bruce Cast	32	0.92	250	0.8
Bruce Flat Fluke	250	0.92	N/A	N/A
Bruce Twin Shank	189	0.92	210	0.94
Danforth	87	0.92	126	0.8
Flipper Delta	139	0.92	N/A	N/A
G. S. AC-14	87	0.92	126	0.8
Hook	87	0.92	100	0.8
LWT	210	0.92	126	0.8
Moorfast	87	0.92	60	0.8
Navmoor	139	0.94	270	0.94
Offdrill	189	0.92	270	0.8
Stato	139	0.94	60	0.94
Stevdig	250	0.92	290	0.8
Stevfix	189	0.92	290	0.8
Stevin	139	0.92	190	0.8
Stevmud	250	0.92	N/A	0.8
Stevpris	189	0.92	210	0.94
Stockless(fixed)	46	0.92	70	N/A
Stockless(movable)	24	0.92	70	0.8

图 1-26 和图 1-27 分别是砂土和烂泥中锚抓底力大小的两张图，展示了各种类型的锚抓底能力的数据，使用起来可能更方便，这些引用数据最早也是由 NCEL 计算验证，并于 1987 年公开发表。值得现场作业人员注意的是，这些图并没有说明砂和泥的精确特性，锚的性能可能会由于海底土壤地质成分组成而与预测值有很大的差异，但在现场作业人员实际使用估算时这些图非常方便，后期的 MK3 和 Bruce，以及后续的型号图中并没有收纳，但其抓重比远远超过上述类型的锚，理论的抓重比均达到了 50 以上(图 1-28)。

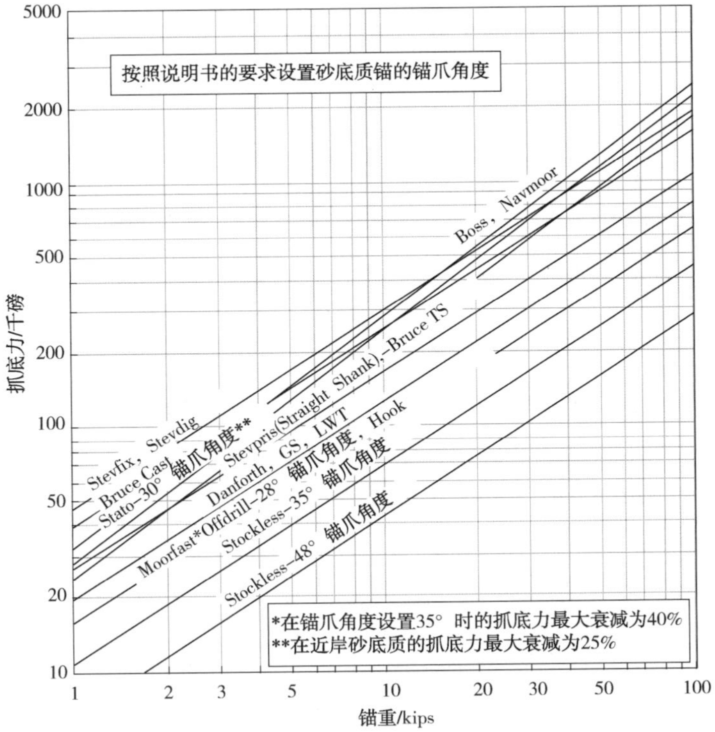

图 1-26　不同锚的砂底抓底力

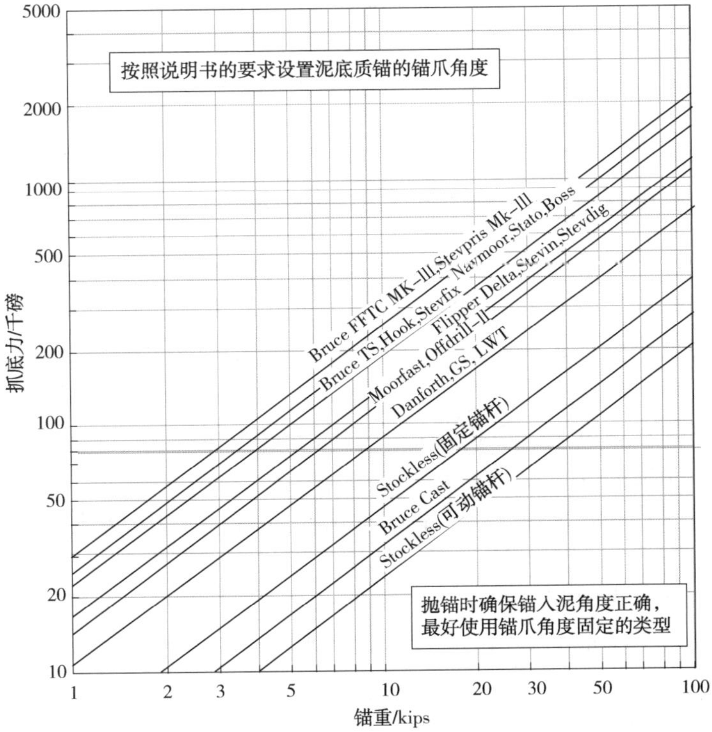

图 1-27　不同锚的泥底抓底力

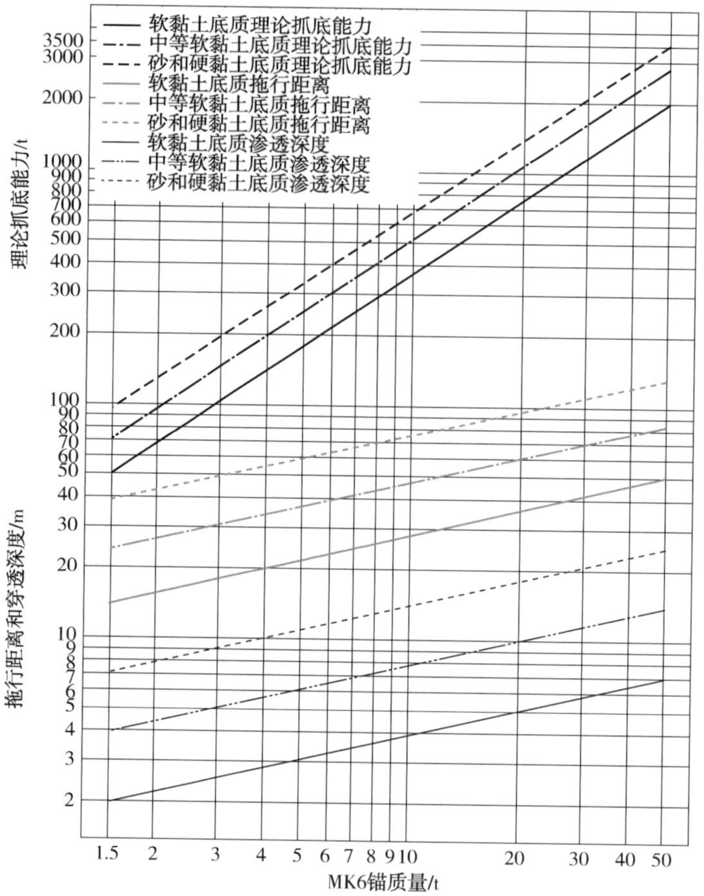

图 1-28　MK3 和 MK6 理论抓底能力示意图

五、锚泊缆的摩擦阻力

在锚泊系统中，锚泊缆的一部分将与海底接触，由于锚泊缆与海底土壤接触产生的摩擦阻力，锚泊缆与海底接触部分有助于提高锚的抓底能力。提高的大小取决于锚泊缆的材质、链条或钢缆的组成结构、单位长度的质量以及与之接触的海底土壤类型。钢缆的附加阻力很小，由于其光滑的截面积，在实际应用中常被忽略。然而，链条可以提供相当多的额外摩擦力，特别是在厚重的“黏性”地面，如海底黏土层，用一般的摩擦系数可以很容易地计算出锚泊缆所能增加的摩擦力，表 1-7 显示了在各种海底土壤类型中启动和滑动的这些因素，采用启动因素计算锚链在海底拖曳时的摩擦力，采用滑动因素计算锚链在海底滑动时的摩擦力，表 1-8 和表 1-9 则对海底地质类型进行了分类和详细描述。

举例说明：一座浮式设施锚泊在海底底质条件是较硬黏土条件的区域，浮式设施有 15t 的 Stevin MK3 锚和 76mm(3ft)直径的锚链。计算表明，在最大风暴所产生的张力条件下，将有 1200ft 锚链留在海床上，每根锚泊缆的摩擦力是多少？(1)计算锚的抓底力。锚质量 15t 查表锚抓底力约为 198t。(2)计算锚链产生的摩擦力。链条的长度=1200ft，水下锚链单位质量=77.9lb/ft，海床上锚链总质量=1200×77.9=93480lb。查表锚链静态启动采用的系数为 1.01，锚链的摩擦力为 1.01×93480＝94414lb＝42.8t，因此得出锚产生的总的抓底力为 198+42.8＝240.8t。

表 1-7　锚链摩擦系数

海底类型	摩擦系数	
	启动（静态）	滑动（动态）
砂	0.98	0.74
砂泥混合	0.92	0.69
硬泥	0.91	0.62
软泥	0.90	0.56
黏土	1.25	0.81
砂石	0.80	0.60

表 1-8　海底底质和锚抓底能力因素

底质类型	描述	锚抓底能力
泥	通常是固结的，从非常柔软到柔软，在港口和海湾附近有粉砂到黏土大小的沉积物，土壤力量随深度线性增加，12psf/ft ± 4psf/ft，大约相当于标准贯入试验（SPT）在水深 20 英尺时 2 击/ft	抓底能力能够稳定合理提供锚爪张开入泥，有些类型的锚布锚时需要特别对待以确保锚爪入泥行进
砂	中等至致密砂，散装湿密度 γ 为 110～140pcf，典型的近岸沉积物特征，SPT 范围为 25～50 击/ft	如果使用锚爪的角度是砂中适用，锚抓底能力与此保持一致
黏土	中性黏性土壤剪切强度（Su）与深度保持一致，Su 的范围为 5～14psi，SPT 的范围为 4～16 击/ft	如果在砂和泥范围内具有很好的抓底力，在这里同样适用，对于较硬黏土（Su>7psi）锚爪使用砂的角度和能力估算
硬土	非常硬且结实的黏土（Su>14psi，1psi＝0.00689MPa，SPT>16 击/ft）、厚重的砂（SPT>50 击/ft，γ>140pcf），在强流、冰川和疏浚区域会出现层状海底的情况	抓底能力与锚穿透入泥深度保持一致，锚爪可能需要设法打开至适用砂底的角度以提高锚入泥沉底能力，有时可能需要冲水吹填
层状海底	由砂、砾石、黏土和泥层或者混合物构成的非均匀海底	抓底表现不稳定
珊瑚和碎石	也包括珊瑚和岩石被一层薄薄的沉积物覆盖的区域，这些沉积物区域不适合抛锚	不适合永久性系泊，如果锚被岩石凸起或掉进岩石缝隙则可用于临时系泊。 可考虑垂直穿透类型的锚（动力锚）

表 1-9　海底土壤分级表

主要分类			符号	主要名称
粗粒度土壤一半以上的颗粒直径超过 0.06mm	碎石一半以上的颗粒无法通过 2mm 粗筛	纯碎石	GM	分级清楚的砾石，砾石和砂混合物，有很少或者没有石灰岩
			GP	分级不清的砾石，砾石和砂混合物，有很少或者没有石灰岩
		带细粉碎石	GS	粉砂石、砾石混合物
			GC	黏土、砾石、砂石混合物
	粗砂一半以上的颗粒无法通过 2mm 的粗筛	纯砂	SW	级配良好的砂，砾石和砂混合物，有很少或者没有石灰岩
			SP	分级不清的砂，砾石和砂混合物，有很少或者没有石灰岩
		带细粉的砂	SM	粉砂石，细粉和砂的混合物
			SC	黏土状的砂，砂和黏土混合物

续表

<table>
<tr><th colspan="2">主要分类</th><th>符号</th><th>主要名称</th></tr>
<tr><td rowspan="6">细粒土超过一半颗粒通过 0.06mm 筛分</td><td rowspan="3">淤泥和黏土含水率小于 50%</td><td>ML</td><td>非有机土、极细砂、粉岩、像黏土的粉砂</td></tr>
<tr><td>CL</td><td>低-中等塑性的无机土、砾质黏土、砂质黏土、贫瘠黏土</td></tr>
<tr><td>OL</td><td>有机黏土、低塑性有机淤泥</td></tr>
<tr><td rowspan="3">淤泥和黏土含水率大于 50%</td><td>MH</td><td>无机淤泥、云母状的硅藻状石灰砂或者淤泥、塑性淤泥</td></tr>
<tr><td>CH</td><td>高塑性无机黏土、厚黏土</td></tr>
<tr><td>OH</td><td>高塑性无机黏土</td></tr>
<tr><td colspan="2">高有机土</td><td>PT</td><td>泥煤淤泥和其他有机土壤</td></tr>
</table>

六、锚的抓底能力

在布锚作业当中经常碰到的问题集中在不正确的布锚方式和抛锚作业后锚缆达不到张力要求两类。

（一）不正确的布锚方式

抛锚时速度太快，以致锚在海床上处于不稳定的位置，使提锚短索受力可以让锚在海床上有个好的入泥角度，也可以使锚仅仅沿海床移动。经验丰富的锚机(绞车)操作者可以通过控制锚短索释放速度来控制锚爪的平衡，从而使锚头平稳地触底，入泥。不正确的布锚方式包括以下 3 方面。

1. 锚头短索和锚头环被缠绕

通常发生的原因是锚作船和平台在抛锚和放锚到海底过程中的不正确操作，不管使用的是锚冠短索还是锚头环系统，在抛锚操作过程中，当锚贴在船尾滚筒下面时，锚作船必须继续往前行驶，准备放到海底时绞车保持张力，这是抛锚操作的一个基本原则。在锚接触到海底时，锚作船放出的钢缆总长度是 1.5~2 倍水深，对于锚爪角度固定的锚类型，锚触底以后要求短索不受力，使得锚自行埋置入泥。

2. 锚头环无法退出

在锚落地以后，经常碰到的问题是锚头环无法退出，这样会造成锚作船向平台设施方向拖回锚链和锚头。在退锚之前收短锚头短索使其受力是解决该问题的办法，在退锚过程当中锚作船收短锚泊缆后的长度不能小于 1.5~2 倍水深(对于锚爪固定的锚，建议锚作抛锚后不要去拉动锚头，保持船位在锚点正上方附近)，并且退锚时要保持船位在抛锚时的方位线上。

3. 过快试拉张力

布锚完成以后，如果过快拉张力锚能够被拉破土、拉出锚“坑”，如果试拉张力要求为 200t，那么为了锚作船退锚或锚沉底埋置，初始的试拉张力不应超过 50~100t，浸锚超过 30min，再慢慢增加到 125~150t，1h 后可以增加到 150~175t，再过 1h 就可以测试 200t 张力值了。

在铺管船铺管作业当中，所有锚的布置移动非常迅速并且获得相当高的张力，采用的方法是降低单个锚所需要达到的张力，使该锚的张力分摊到其他锚上面，以使整个锚泊系统保持足够的张力保证铺管船在预计方位线上和获得铺管时需要的张力。

(二)抛锚作业后锚缆达不到张力要求

表 1-10 列举了抛锚后锚抓底表现不佳常见问题和解决方案，在半潜式平台等设施作业过程中，仅少数选项是实际可行的且不会浪费大量作业时间，包括以下实际可行的措施。

(1) 在坚硬底质中，将锚爪角度设置成较小角度。

(2) 在柔软到中等的底质中，加抛串联锚。

表 1-10 列举了两种不同的抛串联锚的方法。注意：尽管有在串联锚作业中直接使用锚链环的尝试，但是锚链环的干扰可能会使串联锚达不到应有的抓底能力，较好的方法是将锚绞上甲板，拆掉锚链环将锚头短索直接连接在锚冠上再重新进行抛锚和串联锚作业(图 1-29)。

表 1-10　锚抓底能力不够的原因及解决措施

问题	现象	可能的原因	可能的解决方法
泥底表现不佳	张力持续保持在 1/2~2 倍锚重，且锚泊缆在海床上	锚爪没有行进、埋置入泥	增加锚爪面积和平衡杆
			将锚爪角度固定或焊住
	在张力测试中张力持续下降并走锚	锚不够稳定	增加另一个平衡杆
			增加平衡杆长度
			使用不同型号的锚或大级别的锚
		底质比预期更软	设置锚的角度到砂的角度，如可能减少 5°~10°
	稳定后的张力小于测试张力	底质比预期更软	使用更大的锚
			使用不同种类的锚
		底质较硬，且海底沉积物较少	增加锚链
			增加串联锚
砂底/硬土底表现不佳	张力持续保持在 1~3 倍锚重，且锚泊缆在海床上	锚爪没有行进、埋置入泥	削尖锚爪，使锚爪锋利面积加大更宜穿透泥土
			将锚爪角度固定或焊住
			使用轻型钢管或钢板延展锚冠长度
			用水压喷射帮助锚爪入泥
	张力持续保持在 3~10 倍锚重，且锚泊缆在海床上	锚爪没有穿透	减少锚爪角度，对于硬质黏土可能需要减少到 25°
			削尖锚爪
			延长或增加平衡杆
			使用大级别或不同型号的锚
	测试期间张力快速下降并持续走锚	锚不够稳定	延长或增加平衡杆
			使用大级别或不同型号的锚
	稳定后的张力小于测试张力	地质太硬，入泥埋置深度不够	使用大级别或不同型号的锚
			增加锚链
			串联锚
			使用桩锚

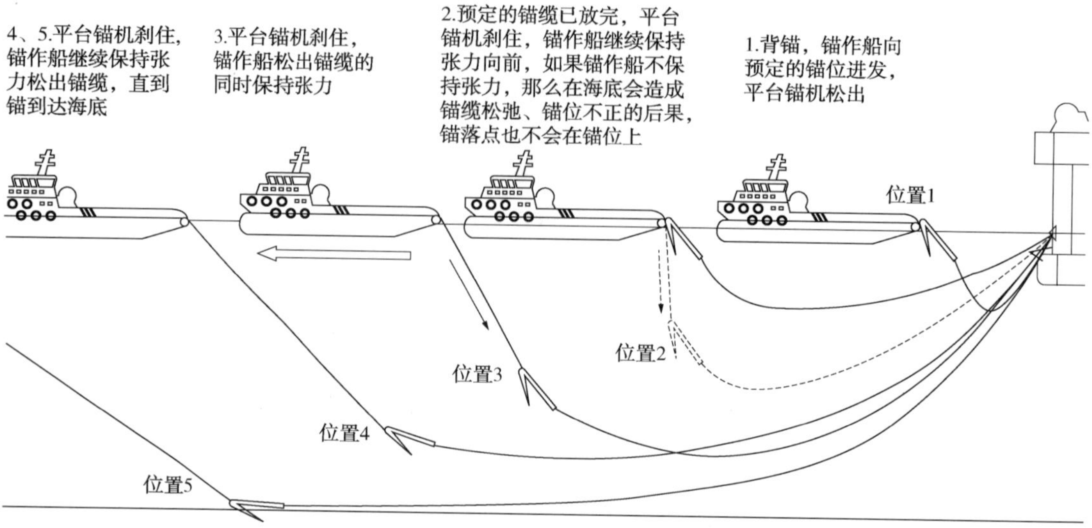

图 1-29　正确抛锚步骤

锚落地以后并非立即被埋置到最大深度，在达到最大抓底能力之前，锚的行进即被拖行一段距离，拖行的距离与锚的类型、海底地质有很大关系，如图 1-30 所示。

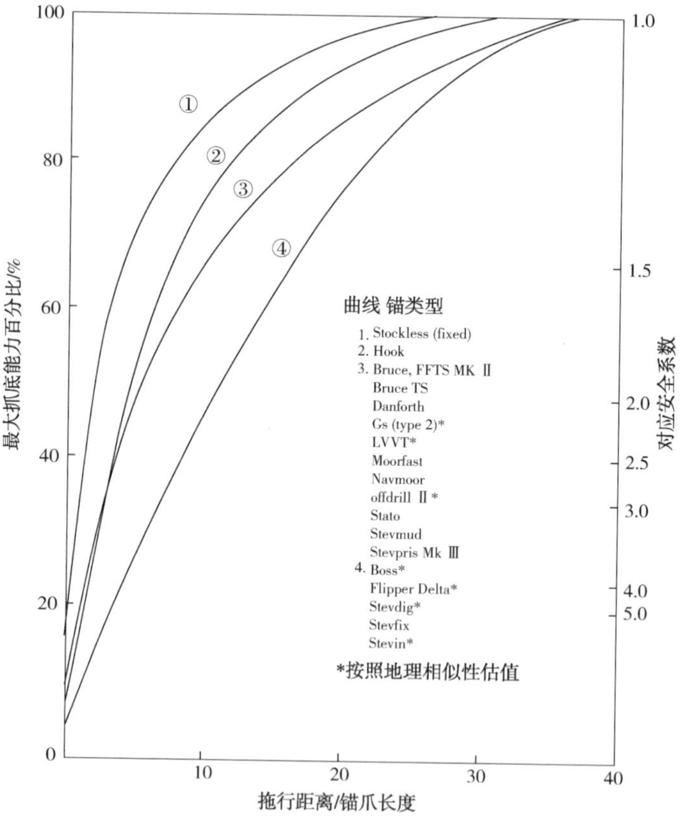

图 1-30　锚最大抓底能力和埋置拖行距离对应关系示意图

一旦锚机或绞车开始收紧或绞进时，锚泊缆(链)受力，锚入泥姿态正确，锚爪便表现出最初的穿透动作，锚开始行进和埋置沉底过程，锚爪会被前面的堆积物扰动。当锚爪下前方向的土壤变得非常坚硬并且锚爪再也无法进一步穿透时，该锚达到了最大的穿透距离。如果继续绞进锚机或绞车，锚可能会继续被拖行而不是向下穿透埋置，土壤的压实作用迫使其颗粒周围的水排出，降低了剪切强度。

如果在张力刚刚达到峰值时，高拉力又被放松，从扰动土里面压出来的水又会回到颗粒结构里面，结果就是锚泊缆重新受力以后，锚又可以继续穿透沉底更深，从而使锚增加了抓底力。因此，如果在绞锚过程当中采用提高张力和放松锚泊缆的技术，将使锚获得较高的穿透能力和抓底力，这种技术在砂土和压实良好的土壤中特别有用，有时使用张力调节技术，即用停止休息和连续较高张力的方法，但是如果要获得较高的剪切强度，最好是用最高张力至少一半或以上的张力放松。图 1-31 为 MK5 锚入泥拖曳埋置过程，由 ROV (水下机器人)拍摄，Vryhof 公司提供照片，仔细观察海底锚落地并埋置的过程可以给锚机操作人员更多理性认识。

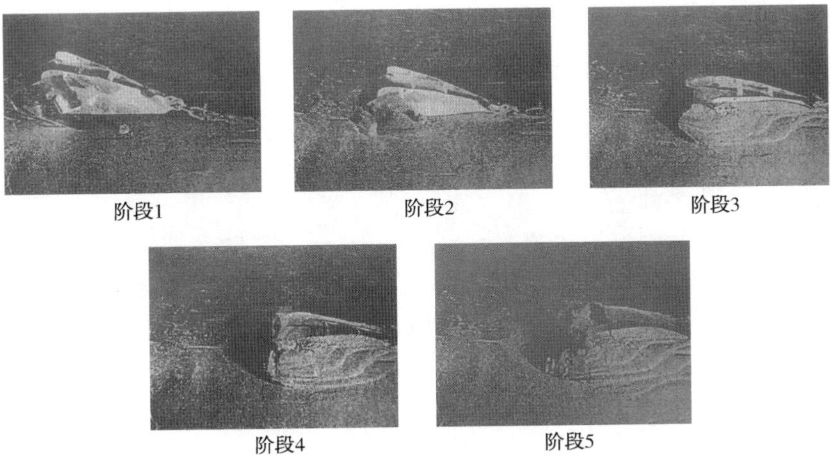

图 1-31　MK5 锚入泥拖曳埋置过程

第四节　锚泊系统张力计算

一、锚泊系统悬垂量

需要知道的参数：

(1) 锚泊系统中锚泊缆悬挂长度或者 1/2 悬链线的长度，在任意张力和水深的组合下，通常简称为悬垂量。

(2) 在锚泊缆张力、出链长度和水深的任意组合下，锚泊缆在海床的触地点。

(3) 在选择任意的绞车或导向轮处锚泊缆张力垂直和水平的分力。

需要知道这些参数的原因如下：

(1) 为了计算最大张力时需要布置多少锚泊缆，确保锚不会受到垂直向上的力而减少锚的抓底能力。

（2）如果锚泊缆长度受到限制，为了避免锚受到向上的拉力，则锚泊缆的张力必须有上限。

（3）如果海底有障碍物可能与锚泊缆纠缠在一起，知道锚泊缆在何处与海床接触以及相关的张力对于避开障碍物非常重要。

（4）锚泊缆水平方向的分力是用于抵御风、浪、流产生的力，该力可能将平台从原来位置推开。

（5）锚泊缆垂直方向的力可能会影响到平台的稳定性。

（6）在起抛锚过程中知晓锚泊缆的触地点和离开导向轮的距离，可以使拖航船长安排锚作船在何处使用问号钩提离锚链，以消除某些类型的海底状况对锚链产生的强大的摩擦影响。

悬垂量的理论和方程可能相当复杂，有几种计算机程序可以给出很好的结果，本文提出的公式对大部分的应用有足够的精度，给出的结果误差为5%，许多平台操作手册已经为大多数应用计算提供了数据，但是偶尔会出现计算数据应用不足的情况。

二、张力计算示例

（一）锚泊方案张力计算验证

在非常坚硬的海底或者海床上形成大的岩石和坚硬的碎片区域时，大多数传统的锚不会起作用，因为其无法穿透行进埋置入泥，下面的例子给出了可能的解决方案，并取得了令人满意的结果。具体条件如下。

（1）海底条件坚硬的岩石上覆盖着层状硬砂。

（2）待就位设施半潜式双船体平台（350ft×225ft）作业吃水时排水量为19500t。

（3）锚泊系统8×15t LWT（轻型大抓力锚）锚3ORQ锚链长度3500ft。

（4）作业水深350ft。

（5）测试拉力标准1/3破断负荷158t。

（6）工作张力91t。

（7）根据平台操作手册，从导向轮计算出链长度为2400ft。

（8）锚链可用长度3500ft，平台锚链舱里最少预留600ft。

为完成平台锚泊就位作业，必须布置足够质量的锚链和锚，再加上锚链与海底摩擦力使其能够承受测试张力和工作张力。在3500ft锚链测试张力每1000ft 3in锚链质量38t，第一只锚质量15t，1000ft 3in锚链38t；第二只锚质量13t，共计104t，1000ft 3in锚链38t；第三只锚质量15t，1000ft 3in锚链38t；第四只锚质量15t，共计106t。摩擦系数取0.75，锚和锚链产生的抓底力总计为0.75×210=157.5t，该数值在正常作业使用时是足够的。但作为附加条件随着环境外力增加到测试张力的3/4时，作业需停止并依靠平台推进器减小上风锚泊缆的张力，在同一个区域另外一个解决方案是使用一艘大马力拖船连接在平台拖带设备上，用于在风流向上减缓锚泊缆的张力。国内目前还没有在类似的海底地质布锚以进行作业的案例，但是了解成功案例的做法，对于后期作业中出现的复杂状况可以提供参考，国内油服企业前些年引进的配备推进器的半潜式老旧平台，推进器大多数已被撤除弃用，如果出现上述情况，显而易见采取的是使用大马力拖船在风流方向上协助减缓锚泊缆张力的方案。图1-32是计算用到的一些术语，图1-33是计算中经常使用到的受力分析图。

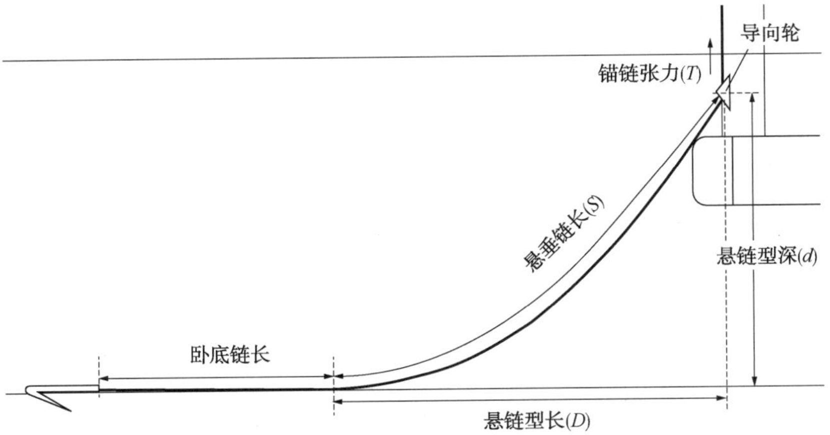

图 1-32　计算术语

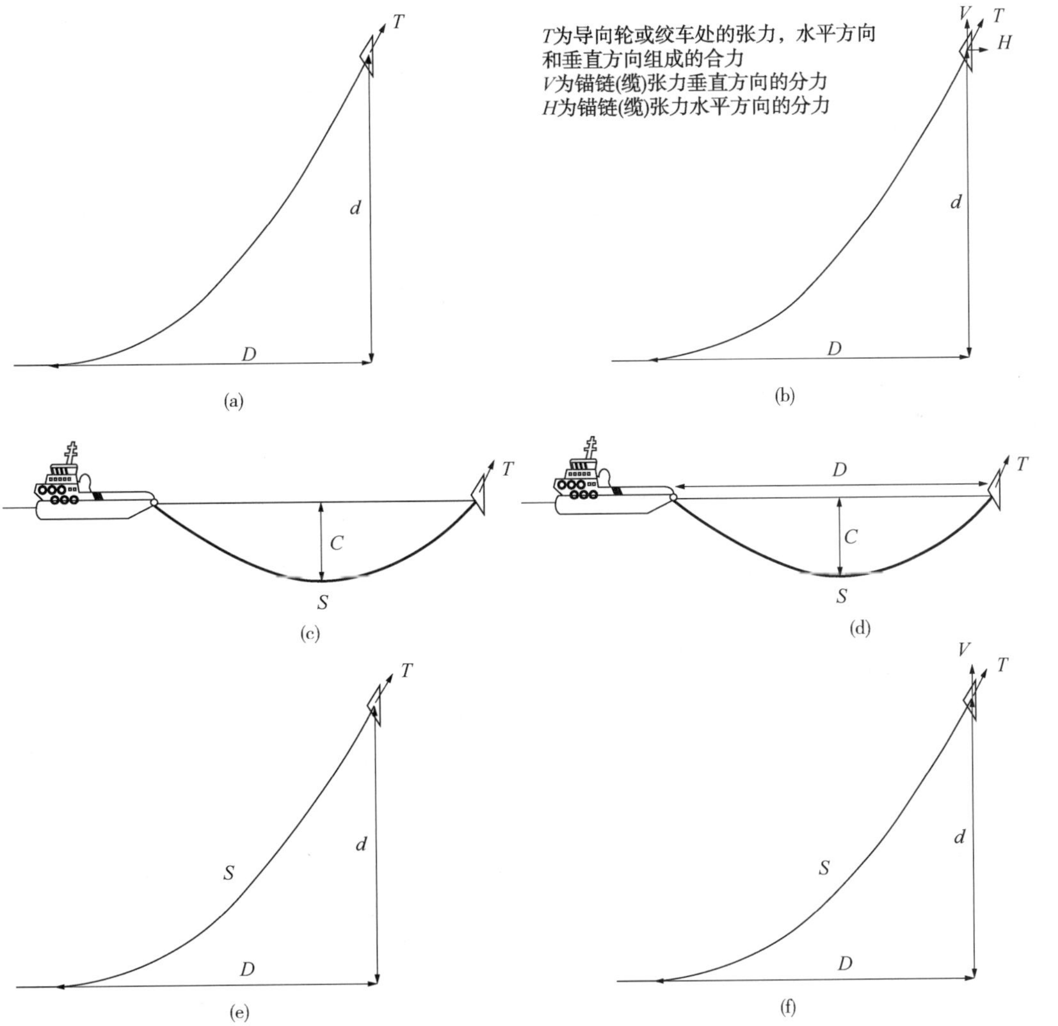

图 1-33　锚泊受力分析图

由图 1-33(a)可得：

$$D=\left(\frac{T}{W}-d\right)\cosh^{-1}\left(\frac{\frac{T}{W}}{\frac{T}{W}-d}\right) \tag{1-5}$$

由图 1-33(b)可得：

$$T^2=H^2+V^2 \tag{1-6}$$

由图 1-33(c)可得：

$$C=\frac{S^2W}{8T} \tag{1-7}$$

$$C=\frac{T}{W}-\frac{T}{W}\sqrt{1-\left(\frac{WS}{2T}\right)^2} \tag{1-8}$$

由图 1-33(d)可得：

$$D=S\left(1-\frac{WC}{3T}\right) \tag{1-9}$$

由图 1-33(e)可得：

$$S=\sqrt{\frac{2dT}{W}-d^2} \tag{1-10}$$

由图 1-33(f)可得：

$$V=\sqrt{2TdW-(dW)^2} \tag{1-11}$$

$$V=WS \tag{1-12}$$

(二) 悬垂量计算示例

半潜式钻井平台每条锚链长 1400m，锚链直径为 76mm，规格为 ORQ-3。如果要在 180m 水深锚泊，那么该平台风暴生存条件下悬垂链的长度和锚链的触底点(大约 1/2 破断负荷)在作业吃水平台每条锚链的导向轮水平面 8m 以下。如图 1-34 所示。

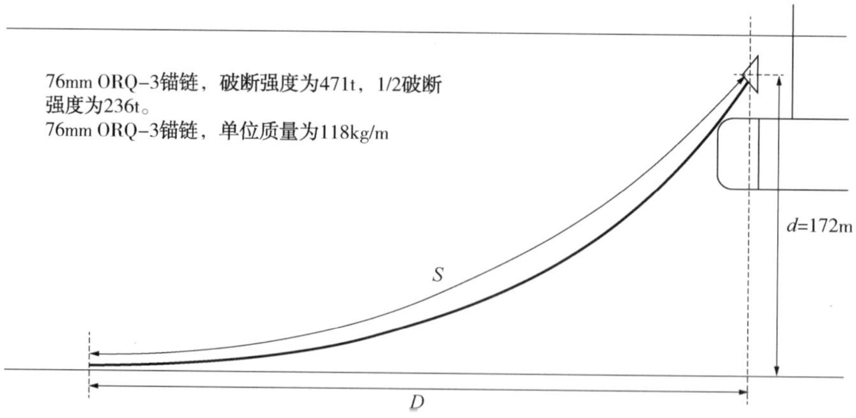

图 1-34　悬垂量计算示例

悬垂链长计算：

由公式(1-10)得：

$$S=\sqrt{\frac{2\times172\times236000}{118}-172^2}$$

$$S=\sqrt{688000-29584}$$

$$S=\sqrt{65846}$$

$$S=811.4\text{m}$$

触底点至导向轮距离计算：

由公式(1-5)得：

$$D=\left(\frac{236000}{118}-172\right)\times\cosh^{-1}\left(\frac{\frac{236000}{118}}{\frac{236000}{118}-172}\right)$$

$$D=1828\times\cosh^{-1}(1.0941)$$

$$D=1828\times0.4309$$

$$D=787.69\text{m}$$

为方便有兴趣的读者计算，特附上反曲余弦表(表1-11)。

表1-11　反曲余弦表

求取值	余弦值	求取值	余弦值	求取值	余弦值	求取值	余弦值
1.00	0.0000	1.20	0.6224	1.40	0.8670	1.60	1.0470
1.01	0.1413	1.21	0.6372	1.41	0.8771	1.61	1.0549
1.02	0.1997	1.22	0.6517	1.42	0.8871	1.62	1.0628
1.03	0.2443	1.23	0.6659	1.43	0.8970	1.63	1.0706
1.04	0.2819	1.24	0.6797	1.44	0.9067	1.64	1.0784
1.05	0.3149	1.25	0.6931	1.45	0.9163	1.65	1.0860
1.06	0.3447	1.26	0.7063	1.46	0.9258	1.66	1.0936
1.07	0.3720	1.27	0.7192	1.47	0.9351	1.67	1.1011
1.08	0.3974	1.28	0.7319	1.48	0.9443	1.68	1.1086
1.09	0.4211	1.29	0.7443	1.49	0.9534	1.69	1.1159
1.10	0.4436	1.30	0.7564	1.50	0.9624	1.70	1.1232
1.11	0.4648	1.31	0.7684	1.51	0.9713	1.71	1.1305
1.12	0.4851	1.32	0.7801	1.52	0.9801	1.72	1.1376
1.13	0.5045	1.33	0.7916	1.53	0.9888	1.73	1.1448
1.14	0.5232	1.34	0.8029	1.54	0.9974	1.74	1.1518
1.15	0.5411	1.35	0.8140	1.55	1.0059	1.75	1.1588
1.16	0.5584	1.36	0.8249	1.56	1.0143	1.76	1.1657
1.17	0.5751	1.37	0.8357	1.57	1.0226	1.77	1.1726
1.18	0.5913	1.38	0.8463	1.58	1.0308	1.78	1.1794
1.19	0.6071	1.39	0.8567	1.59	1.0389	1.79	1.1862

续表

求取值	余弦值	求取值	余弦值	求取值	余弦值	求取值	余弦值
1.80	1.1929	2.20	1.4254	2.60	1.6094	3.00	1.7627
1.81	1.1996	2.21	1.4305	2.61	1.6136	3.01	1.7663
1.82	1.2062	2.22	1.4356	2.62	1.6177	3.02	1.7698
1.83	1.2127	2.23	1.4406	2.63	1.6219	3.03	1.7733
1.84	1.2192	2.24	1.4456	2.64	1.6260	3.04	1.7768
1.85	1.2257	2.25	1.4506	2.65	1.6300	3.05	1.7803
1.86	1.2321	2.26	1.4555	2.66	1.6341	3.06	1.7837
1.87	1.2384	2.27	1.4604	2.67	1.6382	3.07	1.7872
1.88	1.2447	2.28	1.4653	2.68	1.6422	3.08	1.7906
1.89	1.2510	2.29	1.4702	2.69	1.6462	3.09	1.7940
1.90	1.2572	2.30	1.4750	2.70	1.6502	3.10	1.7975
1.91	1.2634	2.31	1.4799	2.71	1.6542	3.11	1.8009
1.92	1.2695	2.32	1.4846	2.72	1.6581	3.12	1.8042
1.93	1.2756	2.33	1.4894	2.73	1.6621	3.13	1.8076
1.94	1.2816	2.34	1.4942	2.74	1.6660	3.14	1.8110
1.95	1.2876	2.35	1.4989	2.75	1.6699	3.15	1.8143
1.96	1.2935	2.36	1.5036	2.76	1.6738	3.16	1.8177
1.97	1.2995	2.37	1.5082	2.77	1.6777	3.17	1.8210
1.98	1.3053	2.38	1.5129	2.78	1.6816	3.18	1.8243
1.99	1.3112	2.39	1.5175	2.79	1.6854	3.19	1.8276
2.00	1.3170	2.40	1.5221	2.80	1.6892	3.20	1.8309
2.01	1.3227	2.41	1.5267	2.81	1.6931	3.21	1.8342
2.02	1.3284	2.42	1.5312	2.82	1.6969	3.22	1.8375
2.03	1.3341	2.43	1.5357	2.83	1.7006	3.23	1.8408
2.04	1.3397	2.44	1.5402	2.84	1.7044	3.24	1.8440
2.05	1.3454	2.45	1.5447	2.85	1.7082	3.25	1.8472
2.06	1.3509	2.46	1.5492	2.86	1.7119	3.26	1.8505
2.07	1.3565	2.47	1.5536	2.87	1.7156	3.27	1.8537
2.08	1.3620	2.48	1.5580	2.88	1.7193	3.28	1.8569
2.09	1.3674	2.49	1.5624	2.89	1.7230	3.29	1.8601
2.10	1.3729	2.50	1.5668	2.90	1.7267	3.30	1.8633
2.11	1.3783	2.51	1.5712	2.91	1.7304	3.31	1.8665
2.12	1.3836	2.52	1.5755	2.92	1.7340	3.32	1.8696
2.13	1.3890	2.53	1.5798	2.93	1.7377	3.33	1.8728
2.14	1.3943	2.54	1.5841	2.94	1.7413	3.34	1.8759
2.15	1.3995	2.55	1.5884	2.95	1.7449	3.35	1.8790
2.16	1.4048	2.56	1.5926	2.96	1.7485	3.36	1.8822
2.17	1.4100	2.57	1.5969	2.97	1.7521	3.37	1.8853
2.18	1.4152	2.58	1.6011	2.98	1.7556	3.38	1.8884
2.19	1.4203	2.59	1.6053	2.99	1.7592	3.39	1.8915

续表

求取值	余弦值	求取值	余弦值	求取值	余弦值	求取值	余弦值
3. 40	1. 8946	3. 80	2. 0104	4. 20	2. 1137	4. 60	2. 2072
3. 41	1. 8976	3. 81	2. 0131	4. 21	2. 1162	4. 61	2. 2094
3. 42	1. 9007	3. 82	2. 0158	4. 22	2. 1186	4. 62	2. 2116
3. 43	1. 9037	3. 83	2. 0185	4. 23	2. 1211	4. 63	2. 2138
3. 44	1. 9068	3. 84	2. 0212	4. 24	2. 1235	4. 64	2. 2160
3. 45	1. 9098	3. 85	2. 0239	4. 25	2. 1259	4. 65	2. 2182
3. 46	1. 9128	3. 86	2. 0266	4. 26	2. 1283	4. 66	2. 2204
3. 47	1. 9159	3. 87	2. 0293	4. 27	2. 1308	4. 67	2. 2226
3. 48	1. 9189	3. 88	2. 0319	4. 28	2. 1332	4. 68	2. 2248
3. 49	1. 9219	3. 89	2. 0346	4. 29	2. 1356	4. 69	2. 2270
3. 50	1. 9248	3. 90	2. 0373	4. 30	2. 1380	4. 70	2. 2292
3. 51	1. 9278	3. 91	2. 0399	4. 31	2. 1403	4. 71	2. 2314
3. 52	1. 9308	3. 92	2. 0426	4. 32	2. 1427	4. 72	2. 2335
3. 53	1. 9338	3. 93	2. 0452	4. 33	2. 1451	4. 73	2. 2357
3. 54	1. 9367	3. 94	2. 0478	4. 34	2. 1475	4. 74	2. 2379
3. 55	1. 9396	3. 95	2. 0504	4. 35	2. 1498	4. 75	2. 2400
3. 56	1. 9426	3. 96	2. 0531	4. 36	2. 1522	4. 76	2. 2422
3. 57	1. 9455	3. 97	2. 0557	4. 37	2. 1546	4. 77	2. 2443
3. 58	1. 9484	3. 98	2. 0583	4. 38	2. 1569	4. 78	2. 2465
3. 59	1. 9513	3. 99	2. 0609	4. 39	2. 1592	4. 79	2. 2486
3. 60	1. 9542	4. 00	2. 0634	4. 40	2. 1616	4. 80	2. 2507
3. 61	1. 9571	4. 01	2. 0660	4. 41	2. 1639	4. 81	2. 2529
3. 62	1. 9600	4. 02	2. 0686	4. 42	2. 1662	4. 82	2. 2550
3. 63	1. 9628	4. 03	2. 0712	4. 43	2. 1686	4. 83	2. 2571
3. 64	1. 9657	4. 04	2. 0737	4. 44	2. 1709	4. 84	2. 2592
3. 65	1. 9686	4. 05	2. 0763	4. 45	2. 1732	4. 85	2. 2613
3. 66	1. 9714	4. 06	2. 0788	4. 46	2. 1755	4. 86	2. 2634
3. 67	1. 9742	4. 07	2. 0813	4. 47	2. 1778	4. 87	2. 2655
3. 68	1. 9771	4. 08	2. 0839	4. 48	2. 1801	4. 88	2. 2676
3. 69	1. 9799	4. 09	2. 0864	4. 49	2. 1824	4. 89	2. 2697
3. 70	1. 9827	4. 10	2. 0889	4. 50	2. 1846	4. 90	2. 2718
3. 71	1. 9855	4. 11	2. 0914	4. 51	2. 1869	4. 91	2. 2739
3. 72	1. 9883	4. 12	2. 0939	4. 52	2. 1892	4. 92	2. 2760
3. 73	1. 9911	4. 13	2. 0964	4. 53	2. 1915	4. 93	2. 2780
3. 74	1. 9939	4. 14	2. 0989	4. 54	2. 1937	4. 94	2. 2801
3. 75	1. 9966	4. 15	2. 1014	4. 55	2. 1960	4. 95	2. 2822
3. 76	1. 9994	4. 16	2. 1039	4. 56	2. 1982	4. 96	2. 2842
3. 77	2. 0021	4. 17	2. 1064	4. 57	2. 2005	4. 97	2. 2863
3. 78	2. 0049	4. 18	2. 1088	4. 58	2. 2027	4. 98	2. 2883
3. 79	2. 0076	4. 19	2. 1113	4. 59	2. 2049	4. 99	2. 2904

同样在锚作就位作业中很有用处的是锚泊缆离开海底的高度与锚泊缆到平台导向轮的水平距离之间的关系，用来作业中与平台设施附近的海底障碍物保持最小间隙，图 1-35 展示的是 76mm 的锚链平台设施布置在 120m 水深的情况。

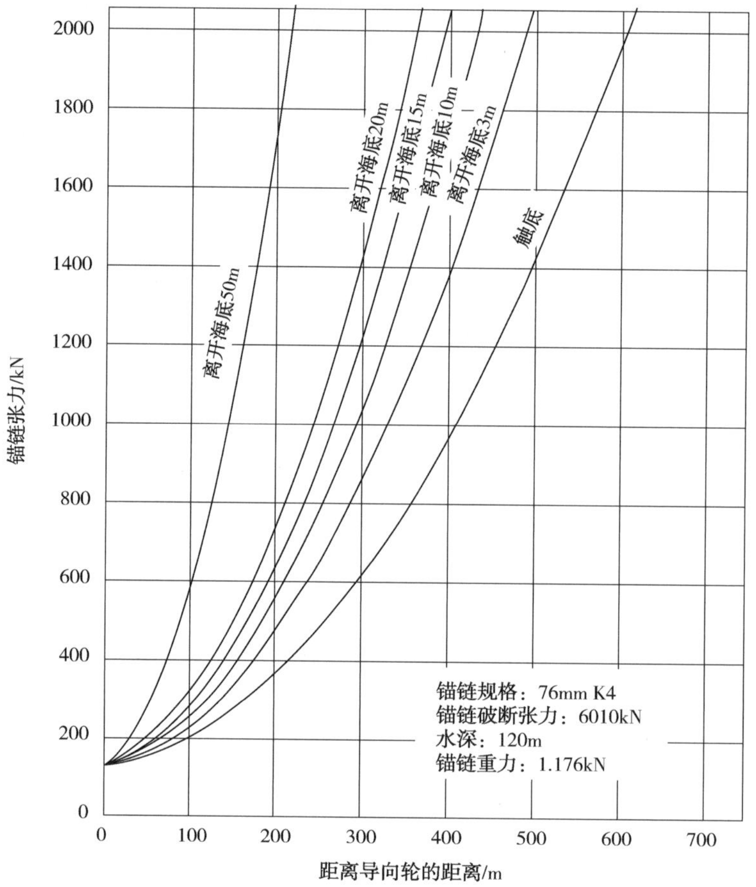

图 1-35　锚链张力与锚作船到平台导向轮的水平距离对照图

图 1-35 用于确定抛锚作业时悬垂锚泊缆最低点距离海底的大致深度，对于马力较小的锚作船和黏性的海底状况作业时，特别的用途是让第二艘锚作船知晓何处使用捞锚钩提起悬垂链。

举例来说，在非常黏性的海底，100m 水深海域锚链直径为 76mm 的浮式设施准备布置 1200m 锚链，但是只有两艘系柱拉力为 80t 的拖轮可用，从图 1-34 可知在锚链放出 800m 后，锚链就会触底并且锚作船是以最大功率牵引拖拉锚链。悬垂量 H 距离是 100m 时，一艘锚作船不得不使用 89t 的拉力，而且这在实际操作中可能还达不到，在海底地质情况非常不利的情况下，尤其是回收锚链的过程当中，比较谨慎的做法是安排第二艘锚作船使用捞锚钩在距离设施 600m 的地方钩起锚链，在锚机绞回锚链时使锚链远离海底。在抛锚作业当中锚作船可能在离平台设施 600m 的时候停滞不前，在这种情况下安排第二艘锚作船在离平台 400m 处用捞锚钩钩起锚链，以便第一艘锚作船继续前进。经过几十年的快速发展，国内锚作船的建造取得了长足的进步，中海油服锚作船海洋石油 681/691 的主推进器总马力输出高达 28000hp，已足以应付水深千米级别半潜式平台的锚作与就位作业。如今国内海域参加百米级水深锚作与就位作业的锚作船主机马力基本上是 12000hp 以上，不太可能会出现上述案例中的情况，但作业人员熟练掌握了计算方法，仍然会对提高锚作船作业能力大有帮助。表 1-12 为悬垂锚链关键数据表。

表 1-12 悬垂锚链关键数据表

锚链长度/m	悬垂深度/m	水平拉力/t	马力要求/hp
100	100	18	1500
	50	44	3900
	25	93	8500
600	150	27	2100
	100	47	4100
	50	103	9400
800	150	54	4900
	100	89	8100
	50	186	16500
1000	150	89	8100
	100	142	12600
	50	292	26500
1200	200	94	8700
	150	139	12500
	100	207	18000
1400	300	79	7100
	200	133	12000
	100	283	27000
1600	300	108	9900
	200	177	15000
	150	243	23000
1800	300	145	
	200	225	
	150	300	
2000	300	190	
	200	270	
	150	350	

表 1-13 和表 1-14 的数据在锚泊系统收紧、测试、布置、设计等多种作业场合都能派上用场，使用时非常方便，图 1-36 介绍了表中所展示的各个参数。

表 1-13　布置、收紧、设计锚泊系统所需数据

悬链型深/m	锚链张力/t	悬链长度/mm	悬链型长/mm	锚链张力/t	
				水平分量	垂直分量
60	75	271	262	68	32
60	100	315	307	93	37
60	125	353	346	118	41
60	150	388	381	143	45
60	175	419	414	168	49
60	200	449	444	193	53
60	225	477	472	218	56
60	250	503	498	243	59
60	275	528	523	268	62
60	300	551	547	393	65
60	325	574	570	318	67
60	350	596	592	343	70
60	375	617	613	368	72
60	400	638	634	393	75
60	425	657	654	418	77
60	450	677	673	443	79
60	475	695	692	468	81
60	500	714	710	493	83
80	75	310	296	66	36
80	100	361	349	91	42
80	125	406	395	116	47
80	150	446	436	141	52
80	175	483	474	166	56
80	200	517	509	191	60
80	225	549	541	216	64
80	250	579	572	241	68
80	275	608	601	266	71
80	300	635	629	291	74
80	325	662	655	316	77
80	350	687	681	341	80
80	375	712	705	366	83
80	400	735	729	391	86
80	425	758	753	416	89
80	450	780	775	441	91
80	475	802	797	466	94
80	500	823	818	491	96

续表

悬链型深/m	锚链张力/t	悬链长度/mm	悬链型长/mm	锚链张力/t	
				水平分量	垂直分量
100	75	344	324	63	40
100	100	401	384	88	47
100	125	451	436	113	53
100	150	496	483	138	58
100	175	538	525	163	63
100	200	576	564	188	67
100	225	612	601	213	72
100	250	646	636	238	76
100	275	678	668	263	79
100	300	709	700	288	83
100	325	739	730	313	86
100	350	767	758	338	90
100	375	794	786	363	93
100	400	821	813	388	96
100	425	846	839	413	99
100	450	871	864	438	102
100	475	896	888	463	105
100	500	919	912	488	108
120	75	373	347	61	44
120	100	437	414	86	51
120	125	492	472	111	58
120	150	542	524	136	63
120	175	587	571	161	69
120	200	629	614	186	74
120	225	669	654	211	78
120	250	706	692	236	83
120	275	741	728	261	87
120	300	775	763	286	91
120	325	808	796	311	94
120	350	839	827	336	98
120	375	869	858	361	102
120	400	989	887	386	105
120	425	926	916	411	108
120	450	953	943	436	112
120	475	980	970	461	115
120	500	1006	996	486	118

续表

悬链型深/m	锚链张力/t	悬链长度/mm	悬链型长/mm	锚链张力/t	
				水平分量	垂直分量
140	75	400	366	59	47
140	100	469	440	84	55
140	125	529	504	109	62
140	150	583	560	134	68
140	175	632	611	159	74
140	200	678	658	184	49
140	225	720	702	209	84
140	250	761	743	234	89
140	275	799	783	259	93
140	300	836	820	284	96
140	325	871	856	309	102
140	350	904	890	334	106
140	375	937	923	359	110
140	400	968	955	384	113
140	425	999	986	409	117
140	450	1028	1016	434	120
140	475	1057	104. 5	459	124
140	500	1085	1073	484	127
160	75	424	382	56	50
160	100	498	463	81	58
160	125	562	532	106	66
160	150	620	592	131	73
160	175	673	647	156	79
160	200	722	698	181	84
160	225	768	746	206	90
160	250	811	790	231	95
160	275	852	832	256	100
160	300	892	872	281	104
160	325	929	911	306	109
160	350	965	947	331	113
160	375	1000	983	356	117
160	400	1034	1017	381	121
160	425	1066	1050	406	125
160	450	1098	1082	431	128
160	475	1129	1113	456	132
160	500	1158	1144	481	136

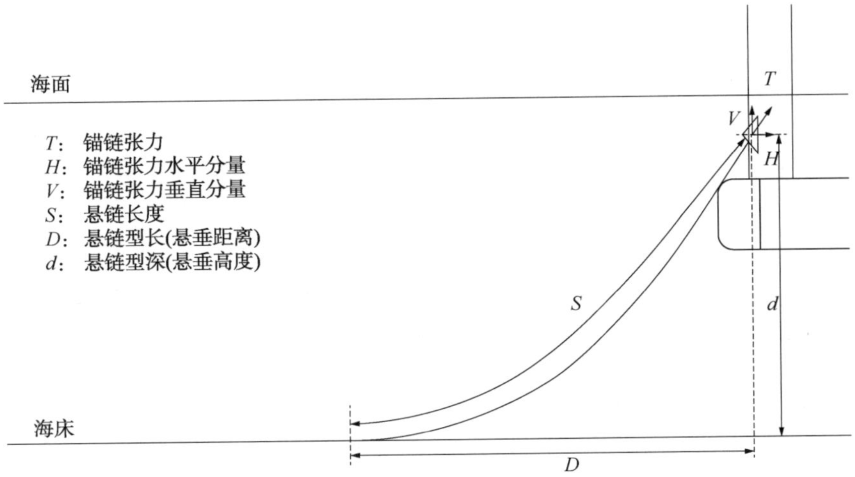

图 1-36　锚泊系统各参数简写

表 1-14 展示锚链直径为 76mm 的锚链系统悬垂链总长度和导向轮到锚作船的距离、水深、锚泊缆张力大小之间的关系。

表 1-14　悬垂链长度和导向轮到锚作船的距离、水深、锚泊缆张力对照表　　m

水深	简称	距离									
		150	200	250	300	350	400	450	500	550	600
100	*L*	610	710	790	870	940	1010	1070	1130	1180	1280
	D	600	700	780	860	930	1000	1060	1120	1180	1230
	H	140	190	240	290	340	390	440	490	540	590
	V	50	60	60	70	70	80	80	90	90	100
200	*L*	850	990	1110	1220	1320	1420	1500	1590	1660	1740
	D	820	960	1090	1200	1300	1400	1490	1570	1650	1720
	H	130	180	230	280	330	380	430	480	530	580
	V	70	80	90	100	100	110	120	120	130	140
300	*L*	1030	1200	1350	1490	1610	1720	1830	1930	2030	2120
	D	970	1150	1310	1450	1570	1690	1800	1900	2000	2090
	H	130	180	230	280	330	380	430	480	530	580
	V	80	90	110	120	130	140	160	170	180	190
400	*L*	1170	1370	1550	1700	1850	1980	2110	2220	2340	2440
	D	1080	1290	1480	1640	1790	1930	2060	2180	2290	2400
	H	120	170	220	270	320	370	420	470	520	570
	V	90	110	120	130	140	160	160	170	180	190
500	*L*	1290	1520	1720	1890	2050	2200	2340	2480	2600	2720
	D	1160	1410	1620	1800	1970	2130	2270	2410	2540	2660
	H	110	160	210	260	310	160	410	460	510	560
	V	100	120	130	150	160	170	180	190	200	210
600	*L*	1390	1640	1860	2060	2240	2400	2560	2700	2840	2970
	D	1210	1490	1730	1940	2130	2300	2460	2610	2760	2890
	H	100	150	200	250	300	350	400	450	500	550
	V	110	130	150	160	180	190	200	210	220	230

续表

水深	简称	距离									
		150	200	250	300	350	400	450	500	550	600
700	*L*	1480	1760	1990	2210	2400	2560	2750	2910	3060	3200
	D	1250	1560	1830	2060	2260	2450	2630	2790	2950	3100
	H	100	150	200	250	300	350	400	450	500	550
	V	120	140	160	180	200	210	230	240	250	270
800	*L*	1560	1860	2110	2340	2350	2470	2920	3090	3260	3410
	D	1270	1620	1910	2160	2380	2590	2780	2950	3120	3280
	H	90	140	190	240	290	340	390	440	490	540
	V	120	150	170	18	200	210	230	240	250	270
900	*L*	1620	1950	2220	2470	2690	2900	3090	3270	3440	3600
	D	1270	1660	1970	2240	2480	2710	2910	3100	3280	3450
	H	80	130	180	230	280	330	380	430	480	530
	V	130	150	170	190	210	230	240	260	270	280
1000	*L*	1680	2030	2320	2580	2820	3040	3240	3430	3610	3780
	D	1250	1680	2020	2310	2570	2810	3030	3230	3420	3610
	H	70	120	170	220	270	320	370	420	470	520
	V	130	160	180	200	220	240	250	270	280	300

三、工作/测试张力

（一）测试张力

很多浮式设施操作手册规定了在所有作业水深的最短锚泊缆长度，长度从平台设施的导向轮开始向舷外计算，最短锚泊缆长度通常基于认可的标准或者由该水域的船级社或监管部门规定，在实践中设计者尽力确保设施在最恶劣的(设计风暴)海况中生存，避免发生设施的任何一根锚泊缆的张力过大将锚泊缆完全提离海底并可能导致锚破土的情况。

举例来说，由监管部门规定的标准的锚泊缆长度公式如下：

$$S=L+500 \tag{1-13}$$

式中，L 为从导向轮向舷外计算的长度，m；S 为破断张力下的悬垂部分，m；500 为卧底锚泊缆的安全裕量，m。更贴近实际的或经常使用的标准是使用一半的锚泊缆破断负荷，并使用较短的卧底链，比如说 50m 或 100m。

举例来说，某平台锚链为 K4 级别，直径 76mm，破断力为 615t，由公式(1-10)计算作业水深为 300m，则布置的锚链最短为：

$$S=\sqrt{\frac{2\times308\times300}{0.111}-300^2}=1255\text{m}，加上安全裕量\ S=1255+50=1305\text{m}$$

平台和设施人员必须对其锚泊系统有信心，一旦正确布置到位就能承受风暴载荷(当然平时的工作负荷属于正常范围)。大部分分布式锚泊系统的平台设施布锚完成以后，每个锚都需要通过预先设定的最小值试拉试验，如果发现锚不能保持设定的最小抓底力则该锚需要重抛，增加出链长度或者加抛串联锚，在极端的情况下需要一只以上的串联锚或者改变锚的型号。一般情况下取锚泊缆破断负荷的 1/3 为试验拉力，尽管有些地方的取值可能会更高，有时试验拉力的负荷值被错误地认为是预张力。

所有的锚链和钢缆都有一个安全负荷，超过安全负荷的外力可能会导致金属变形。锚链和钢缆的受力不应超过标定的安全负荷值，一般的安全负荷值约为破断负荷的7/10，在破断负荷的1/3到1/2之间取一特定值再加上一些安全系数被证明是恰当的，同时也要注意到一旦试拉力负荷值被确定使用，在试拉力过程中试图超过该数值是没有意义的。需要引起注意的是，许多浮式设施(如半潜式平台)的锚泊系统在布锚时，被设计成在0.5倍破断负荷下获得最大的恢复力，超过该数值属于极端生存风暴范围。从工程实践的角度来看，平台设施此时的完整性存在相当大的疑问，由于锚机绞车的能力限制，很少有锚在锚作完毕以后能够被试拉到如此高的数值。另外相关经验表明，浮式设施用超过1/3到1/2锚泊缆破断负荷之间频繁测试其锚泊系统可能会导致锚泊缆遭受超过材料屈服强度的应力等潜在问题，而且大部分情况是只有经过详细检验或者在较低的张力负荷下锚泊缆突然断裂时才会发现存在隐患，这也从侧面证明，选择的测试张力没有必要超过锚最大抓底能力。

举例来说，K4级76mm锚链破断负荷为615t，1/3的破断负荷约为205t，标准的15t Danforth在砂底情况下抓底力能够达到80t，有风浪情况下即使考虑到锚链产生的摩擦力约为65t，显然该锚也承受不了试拉张力的负荷，合理选择抓重比更高的锚，如抓底力超过100t或更高的15t的Bruce TS或Stevpris，在砂底或者泥底将能提供足够抓底力。

表1-15为双船体设计某半潜式钻井平台，该平台使用3in ORQ级锚链，表1-15中所列张力是平台在零偏差位置静水中所有锚平均受力的工作张力，当平台偏离零偏差位置(表1-15中所示3%水深、5%水深、7%水深)时所需的工作张力值、所需的测试张力值均为350000lb(约为158.6t)，但是如果试拉张力小于350000lb，则可能是作业地点天气海况较为温和，使用较小值作为最佳张力。

表1-15　某浮式设施张力观测值

水深/ft	测试张力/klb	近似最佳工作张力/klb		
		3%水深	5%水深	7%水深
200	350	225	170	130
400	350	250	210	175
600	350	270	230	200
800	350	280	245	220
1000	350	290	260	235
1200	350	295	270	245
1400	350	300	280	255
1600	350	305	285	265

值得注意的是，有时会碰到在理论上抓底力不足的锚实际使用效果却没有问题，与适用各类海底地质达到满意测试拉力的现代设计的锚比较，因更换平台锚设备代价高昂、程序烦琐，故一些平台设施仍在使用老旧型号的锚，锚泊缆包括锚链、钢缆和锚之间的相互作用力以及抓底能力也可能与说明书上所预测的不同，不过，正如本书前面一直强调的那样，设施作业人员必须熟知身边的锚设备并使之发挥最大潜能。

(二) 工作张力

工作张力/预张力用来定义锚泊缆(链)的张力，使平台设施保持在预定的范围以内，通常表示为初始的期望位置偏移的水深百分比，参考平台操作手册提供的相关图表。通常情况下，平台操作手册里面已包含这些数据，平台工作人员通过这些数据能够计算理想的初始预张力，以至于在承受1/3破断负荷的外力情况下，平台偏开初始位置的距离保持在3%~4%水深以内，这通常也是平台钻井系统或者万向(挠性)接头安全工作范围。如果使用了正确的工作张力，那么锚泊系统的设计达到的标准为：蒲氏12级风力，锚泊缆的1/2破断负荷，平台偏离距离不超过10%，在此范围内平台工作人员能够拆掉隔水管系统使之悬挂，即让隔水管系统悬挂在平台上，但也要与留在海底的防喷器断开连接。

一般来说，锚泊系统的设计能够保证浮式设施即使在极端风暴载荷下也能维持生存。举例来说，通常情况对于大型半潜式平台风浪力从船首计算出锚链最大张力228t，从侧面计算出锚链最大张力为235t，上述计算结果是基于一艘600m水深使用直径76mm锚链的半潜式平台，锚链长度布置正确，初始张力为165t，锚链布置长度为1770m，K4锚链破断张力为612t。正如前面提到的，许多操作手册包含锚泊系统的详细数据，一般情况下，随后页面所列举的表格使用起来非常方便，但在许多浮式设施(半潜式平台)上也会发现一种分析方法，将详细说明在给定的条件下一组锚泊缆被破坏的后果。通常情况下也会被制作成表格，表中所示的大型现代半潜平台，分析的目的之一是向船级社证明，如果锚泊布置锚链长度正确、锚链预张力正确，则平台在蒲氏12级风的海况下，即使有一根锚链断裂，离开起始的位置偏差通常不会超过水深的10%，相关规则也规定，断缆后最高张力必须有一个安全系数，以锚链张力与破断负荷的比例表示，例如，K4锚链破断负荷为6010kN，经过分析最大拉力3282kN，则安全系数为1.8(6010/3282)。所要求的安全系数可能因世界各地的规则或者签发平台合格证明的机构(国内通常是监管部门或者船级社)而有所不同。

在所有锚泊缆通过拉力测试以后，一方面锚泊缆通常要放松到工作张力，工作张力对于不同的设施有不同的意义，在铺管船和浮吊上面，工作张力是保持船舶在作业要求的范围以内，并将船舶纵荡、横荡和首摇运动最小化或至少在很大程度上减弱张力，这将多数依靠作业负责人的经验，且在具体实施过程中可能会有很大差异。另一方面在浮式钻井设施上将其工作张力调整至精确值，在钻井作业的大部分时间里，设施通过隔水管与海底井口的防喷器系统相连，隔水管系统的作用是将海水与钻井环空进行隔离，隔水管通过万向(挠性)接头与相邻的设备连接，并通过类似的方式与钻井船连接，允许在垂荡、横荡、首摇、纵摇、横摇方向上移动，隔水管的顶部即在万向(挠性)接头的下面，还有中间部分的伸缩筒，允许浮式钻井设施在一定程度上可以升降(图1-37)。

万向(挠性)接头只能在有限的范围里工作，通常允许的最大角度为10°，为了使浮式钻井设施保持在球形(挠接)接头的工作极限内，锚泊缆的张力必须设置在使受风浪作用的钻井设施偏离零偏差位置一段距离后，让钻井船到达万向(挠性)接头的工作极限之前锚泊缆受力达到测试张力。离开零偏差位置的距离、偏移量，通常用水深的百分比表达，因为偏移距离会随水深的变化而变化，离开平衡位的距离可以用如下公式来计算：

$$\text{离开平衡位距离}=\text{水深}\times\text{万向节正切度数} \tag{1-15}$$

举例：作业地点水深为1000ft，则离开平衡位距离=水深×万向节正切度数=1000×tan2°=1000×0.034=34ft。

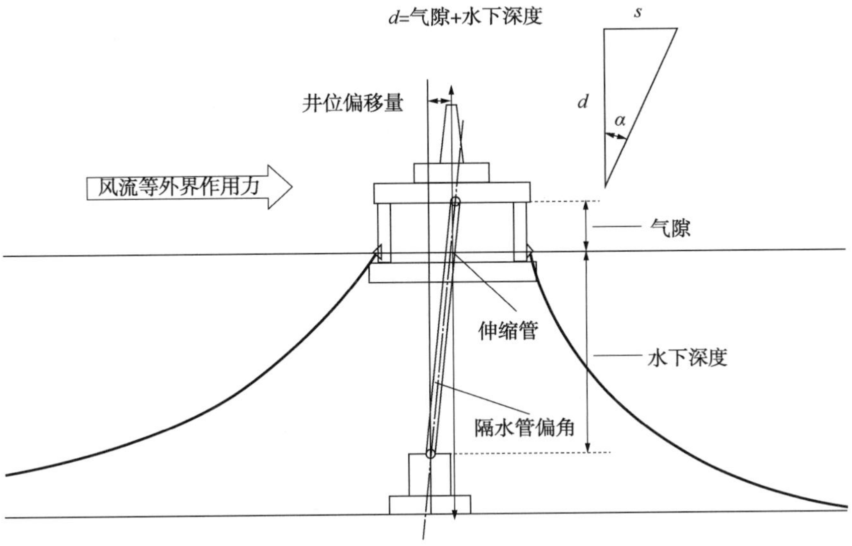

图 1-37　钻井设施零偏差位置示例

表 1-15 展示了不同水深和偏移量的锚泊缆的工作张力，依据隔水管的角度百分比代表 2°、3°、4°依次为 3%、5%、7%，在偏开 4°时就须准备解开隔水管，并解开连接在上面的海底的防喷器，一般来说如果任何一段时间角度持续维持在 1.0°~1.5°，则钻井作业会停止，除非钻井船会回到原来的零偏差位置。

虽然理论上隔水管可以承受 10%的角度，但实际常采用的做法是在这样的压力到达之前就已经断开井口装置连接，通常会选择 4°~5°，此时锚泊系统受力已经超过了测试张力，会有导致溜(走)锚或者断缆的可能，隔水管 4°的角度会使隔水管严重损坏，更重要的损失是防喷器和井口等水下设备。钻井设施有偏差位置，如图 1-38 所示。

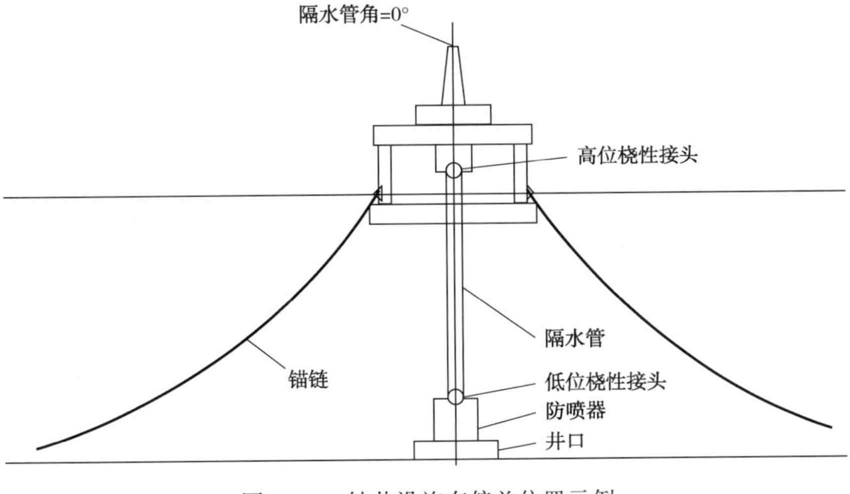

图 1-38　钻井设施有偏差位置示例

第二章　锚泊设备

第一节　锚　设　备

与其他航海类专业书籍分类整理略有不同，本书只涉及4种常见类型的浮式设施锚泊系统广泛应用的大抓力锚，一些只是用于特别的浮式设施、特殊作业设计和其他不常见的锚，例如20世纪90年代后期。

一、型号A类锚

这种类型的锚特征是有可以活动的锚干、锚爪后部配较长的平衡杆，通常锚干较长、锚爪非常尖，当半潜船首次被建造并用于海工行业时，大多数锚是现存的或从商船和海军服务中使用的类型修改而来的，并在那个时代安装在移动式近海船舶上。最常见的型号包括Danforth、LWT、Moorfast-Stato-Offdrill和Boss(图2-1)。这类型的锚在硬和软的海底地质都表现相当，但是当锚链尺寸和规格超过ORQ和Grade3时，由于强度问题难以与锚链匹配。这类锚的锚爪角度通常为52°，但是可以通过限位系统改变成32°。当使用传统的锚冠短索时，锚作船只是正常抛锚，操作上没有发现什么难题，长的平衡杆能够变弯曲或松出(和丢失)，在非常硬的底质情况下特别锚爪没有设置正确的角度时锚会无法入泥；在非常柔软底质锚冠区域、平衡杆、锚干区域组合在一起会限制穿透入泥，降低效率。当锚泊系统使用锚链环回收系统时特别是当碰到链环与锚不匹配，可能会导致很多问题，比如锚链环会卡在锚爪和锚干之间，退锚时将会变得很困难，锚链环因为尺寸不能滑向锚干根部。抛锚完成退锚头缆时会直接将锚从地面带出。

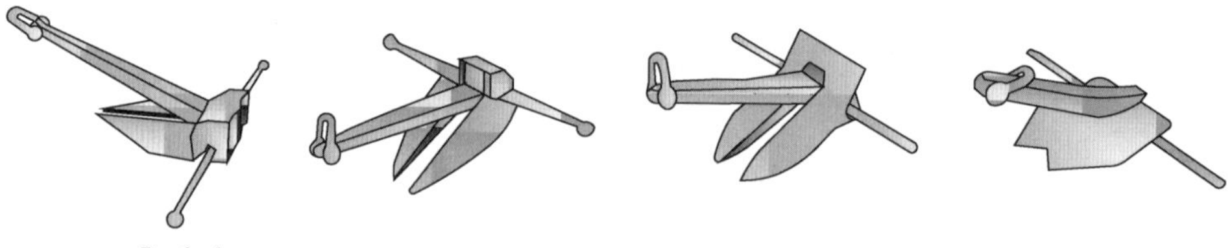

图2-1　锚的型号A

二、型号B类锚

该类型锚在相同质量下比型号A锚锚爪面积增大了很多，这个级别的锚代表向更符合海工油气行业要求的专业锚的发展。具有更宽阔的锚冠、在接近重心位置铰链链接、有相对较短的锚干，大部分有杆状的平衡杆，但是与型号A相比短很多，因为锚爪的宽度在锚冠处也宽了相当多，有些设计并没有包括平衡杆，而是内建了一个平衡的结构，锚爪延伸到锚冠处占据了锚的全宽。常见的型号包括 Stevin、Stevmud 和 Flipper Delta(图 2-2)，均能够在软或者硬质的海底使用，并可以调整角度以适应底质，其中 Flipper Delta 在国内自升式钻井平台上比较常见。当在锚泊系统中使用锚链环回收系统时，抛锚或者退锚碰到的问题比较小，因为锚链环的退出比较容易，前提是使用推荐的抛锚方式。通常这些锚在锚作船船尾易于操作，与型号 A 相比同样大小的锚有更好的抓底能力。

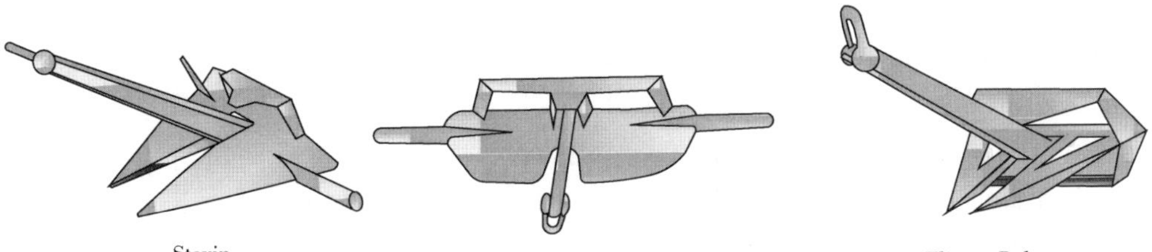

图 2-2　锚的型号 B

三、型号 C 类锚

该级别的锚是适合可移动分布式锚泊系统较先进的类型，其特征是有固定的锚干和非常大的锚爪面积，锚干和锚爪通常是预制板状结构而不是铸钢，一个开放式的由钢板组成的锚干，有助于减小锚入泥时的土壤阻力，该类锚可以穿透行进到的深度，(同一底质)远超型号 A、B 类型锚，能够提供更高的抓底能力。

某些型号的锚干可以调整角度，在穿透过程中的稳定性由锚爪的尾部的突起来保证，常见型号包括 Bruce Cast、Bruce SS&TS、Stevpris、Stevshark 和 Hook(图 2-3)。所有这些设计依靠精确的布锚和回收技术以及相配套的锚链环操作方法。锚作需要特殊的作业程序，不正确的操作会严重损坏锚和船舶。锚在锚架上存放不当可能会导致严重问题，除非锚架做过相应的改造，如果锚没有得到绑扎固定，那么会存在因波浪的影响导致相邻船体结构破坏的可能性。

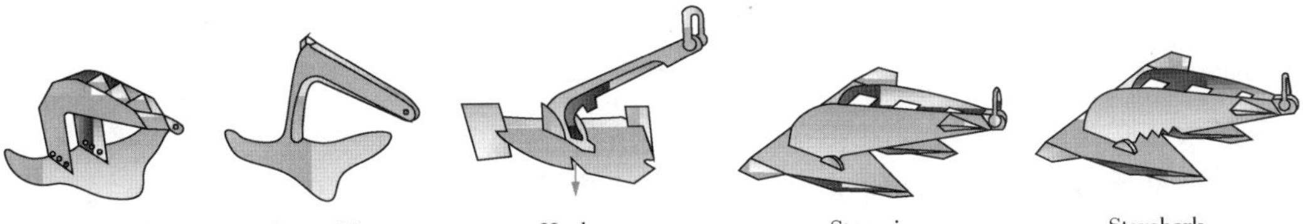

图 2-3　锚的型号 C

根据很多业内的实际经验，Stevpris 和 Bruce TS 作为多用途锚的代表，适当正确布锚时，其能力令人惊讶，并可以在多种底质类型上使用，但同时必须认识到，如果锚穿透入泥太深，产生的抓底能力通常让起锚变得非常困难，而马力较小、低功率绞车的船舶正常作业会受到限制。例如，比较 15t 的 Danforth 与同样大小的 Stevpris 在砂底或泥底布锚之间的差异，Stevpris 的设计抓底能力是 Danforth 的 2～4 倍，最近相关公司进行的测试中，Stevpris 锚的最大抓底能力达到了自身质量的 40 倍。

非常有必要提一下 Vryhof 公司，海洋工程中起抛锚作业会经常碰到该公司的产品(不是广告)，1980 年，该公司锚设计专家通力合作，Stevpris 锚横空出世，该型号有梨形的锚干，抓重比大幅上升，超出了以前所有的设计。Stevshark 是特别加强版的 Stevpris，为获得更好穿透性能针对各种硬土装有锯齿状的锚干和切割齿，锚爪部分特别加强。

四、型号 D 类锚

1990 年，Stevpris MK5 和 Stevshark MK5 被制造出来，相对于旧的设计(MK5)，易于操作性和强度得到了提高。1996 年，随着海洋工程快速发展，需要能够抵御垂直方向负荷的锚，在这种情况下，Stevmanta VLA(垂向负载锚)被制造出来。VLA 是一种设计，相当于通过钢缆将刚性锚干连接在板状基座上。锚的设计是用于抵抗垂向负荷，并且安装时利用传统拖曳埋置锚产生的水平负荷以获得最大的穿透力，调整拉锚时的不同位置，使锚爪获得最大的垂向的抓底能力，使 VLA 更加适合用于张力腿系泊系统。

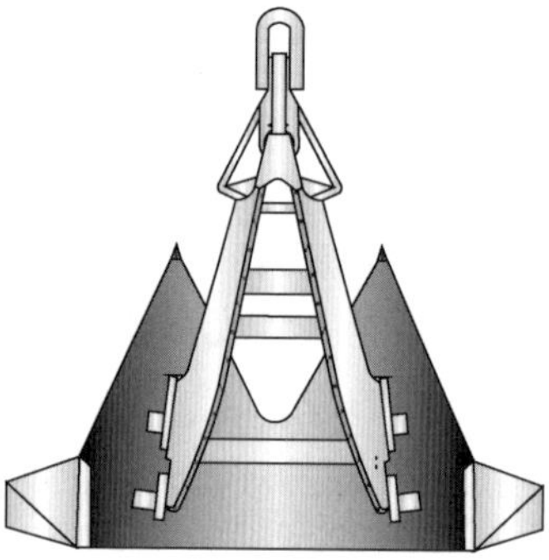
Stevpris MK5

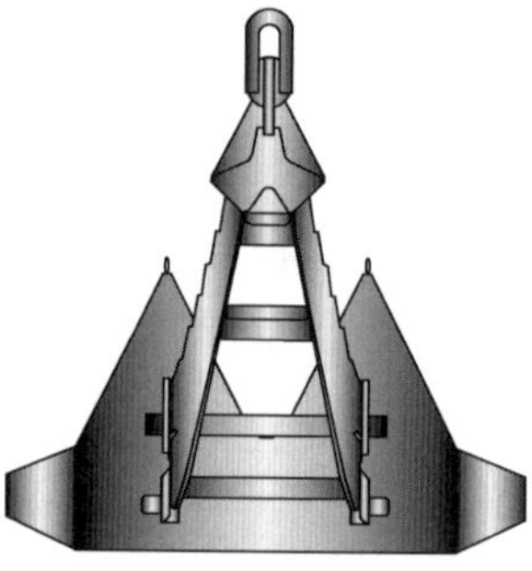
Stevshark MK5

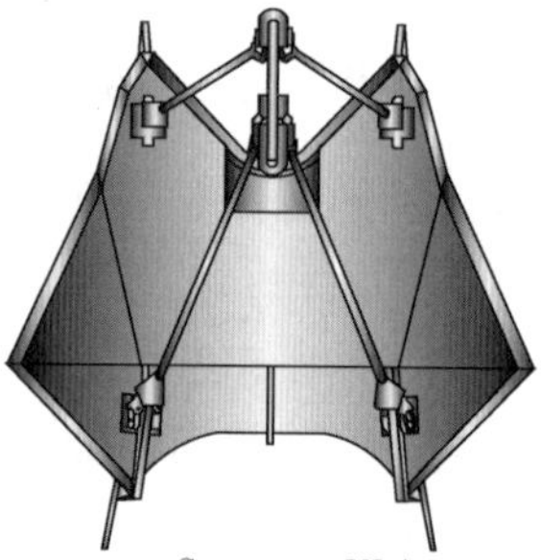
Stevmanta VLA

图 2-4　锚的型号 D

第二节　锚　泊　缆

一、锚泊缆

在移动式系统装置中目前主要有钢缆和链条两种类型，即有档链条和钢丝绳，尼龙缆等合成纤维材质较为少见。深水动力导航定位钻井平台“海洋石油 981”的锚泊导航定位系统采用了创新性设计，在作业水深 500m 时，将采用平台自身的 12 根长为 1750m、直径为 84mm 的 R4 锚链组成的 12 点锚泊导航定位系统；作业水深在 500～1500m 时，则采用锚链与合成纤维缆的组合形式。

目前国内使用锚泊系统的大多数浮式钻井设施其最大作业水深在 200～1000m，现在通常将 600～1500m 定义为深水，1500～3000m 则为超深水，仅使用锚链的浮式设施通常在 500m 左右时作业就会受到限制。当仅使用锚链的情况下测试锚链张力时，水中悬垂部分的锚链质量加上测试部分的张力叠加在设施导向轮上的合力会超过锚链的安全负荷，为了降低这种张力，锚链必须保持松弛状态，但设施位置很难维持在允许的偏差范围以内，这可以和第一章中平台设施系泊缆工作张力表相比对，该表使用的是 ORQ 标准锚链，对于更高等级的锚链比如 K4，可以增加平台设施的最大工作水深，但是由于锚链质量的增加，平台设施作业的可变载荷会相应减小。

铺管船、浮吊和生活支持平台通常使用钢缆作为系泊缆，可以允许布置所需的很长的锚泊缆，特别是在铺管船铺管作业中，通常布置的锚泊缆越长，所需要起抛锚的频率越低，能快速收放的绞车是铺管船的重要设备；与锚链相比，为了尽量减小在满负荷测试拉力下锚泊缆对锚的垂直方向抬升力的影响，需要布置更大范围的钢缆。

深水锚泊时，大概需要布置 1000~3000m 的锚泊缆，有些区域可能需要 6000~9000m 的锚泊缆。为了解决深水锚泊问题，有些平台设施配备了组合锚泊缆系统，锚链部分通常紧接在锚后面，以提供抵抗垂直抬升力，长度可能只有 150m；也有系泊缆 1/4 长度用锚链，3/4 长度用钢缆并全部盘在绞车上的组合，半潜式钻井平台“南海九号”锚泊系统即采用了锚链加钢缆的设计，和 MK5 锚连接在一起的锚链长度为 725m，其最大作业水深为 1524m，2014 年 11 月在南海完成首口千米水深井，也是国内浮式钻井设施首次完成千米水深的锚作和就位。

工作船、铺管船和浮吊等浮式设施在锚末端连接一段短链条，其主要作用是防止锚回收到锚架以后所产生的弯曲应力，就尺寸而言，锚链的直径为 2. 5~4in(62~104mm)，钢缆的直径为 2. 5~3. 5in(65~90mm)。目前最常见的锚链的型号是 ORQ-石油平台质量标准或 R4，由于其尺寸强度比优越，实际应用更常见。该锚链的特点是，以闪光对接焊方式和制造工艺以及优质钢铁质量生产的链条具有优越的抗疲劳和抗拉伸能力，以及相当大的抗磨损能力。

根据所采用钢材的公称抗拉强度，系泊链分为 R3、R3S、R4、R4S、R5 及 R6 六个等级，国内 2008 年亚星锚链即已研发出 R5 级别高强度锚泊链，2018 年 R6 级别系泊链研发成功，2020 年 R6 级别系泊链投产销售，为国内系泊锚链制造龙头企业。

永久性锚链环的使用对系泊锚链造成了磨损机制，作业人员必须予以考虑，沿着链条拖动锚链环会导致链条磨损。如果锚链环的材料采用错误的材料等级，会严重损坏锚链，平台设施的锚机和导向轮同样如此；如果链轮材质与链条使用的金属材质不匹配，即链轮比使用的链条更硬，这种情况也会导致链条受到磨损。

链条某种程度上非常脆弱，因为链条受到扭曲、冲击或过载负荷时，就会使钢的晶粒结构发生变化，从而导致强度突然恶化或者突然失效，锚链的疲劳生命周期也受到由平台设施运动引起的不断振荡的循环载荷的影响，但由于涉及大量变量，关于在一段时间内损失多少强度的数据结果是不确定的。正常使用中的链条和绞车以及导向轮尺寸保持契合，过大或过小的链轮都严重影响锚泊缆，不要对锚链过度施加张力，在风暴天气以后，如果作业允许，设施人员需目测链条状况的恶化和受损迹象。

二、钢缆

海上使用的钢缆结构主要有两种类型，在钻井设施和支持平台上使用的是 6×19+IWRC 的结构，这些设施的系泊锚泊缆一旦完成布置就保持静止，只进行轻微的和中等强度的调整。

在铺管船、挖沟船以及类似的支持船上面，其锚泊缆要经常调整部署，选用柔韧性更好的6×37+IWRC钢缆构造。钻井装置要求钢缆具有高强度、高延长性和弹性极限、出色的耐调试性以及耐磨性，使用6×19+IWRC钢缆结构，其大直径缆股可以提供所有这些品质，对于柔韧性的欠缺是可以接受的，相对较少的缆股钢丝数量（与6×37+IWRC相比），允许其在钢缆内部保留一层厚的锌（镀锌）涂层或润滑保护涂层。对于铺管船类船舶，系泊锚泊缆需要持续地收紧或放松以及围绕绞车滚筒和导向轮运动，因此钢缆结构设计上有增加柔韧性的需求，并且能通过增加钢缆每股钢丝数量实现，型号6×37+IWRC可以满足这个要求。

这些锚泊缆的使用寿命比静态平台设施的短得多，由于钢缆的使用频率较高和使用方式粗暴，断缆和严重磨损很常见，到目前为止，型号6×37+IWRC是能发现的最好折中方案。由于经常更换钢缆，所以不使用复杂的润滑剂和大量的镀锌层。在钢缆制作工艺规范中定义的一般碳素钢（例如美国石油协会-API-9AHE、英国标准-BS302和3656），其抗拉强度至少为180kgf/mm^{2}或者1770N/mm^2，在通常的钢丝绳定义中IPS相当于180kgf/mm^2，EIPS相当于190kgf/mm^{2}或1860N/mm^2，不同用途的钢丝绳，采用的结构也不同，国内海工钢缆还没有详细技术标准，现行标准为《重要用途钢丝绳》《粗直径钢丝绳》，与国外同类型产品相比较而言，系泊用钢缆在破断强度、耐腐蚀、耐磨损、抗疲劳等方面有明显差距，表2-1为某国产品牌钢丝绳厂家提供的数据。

表2-1　钢丝绳相关数据

钢丝绳公称直径/mm		钢丝绳近似质量/(kg/hm)		钢丝绳最小破断拉力/kN							
				1670MPa		1770MPa		1870MPa		1960MPa	
	D	FC	IWR	FC	IWR	FC	IWR	FC	IWR	FC	IWR
	5	8.65	10	12.3	13.3	13.1	14.1	13.8	14.9	14.5	15.6
	6	12.5	14.4	17.7	19.2	18.8	20.3	19.9	21.5	20.8	22.5
	7	17	19.6	24.1	26.1	25.6	27.7	27	29.2	28.3	30.6
	8	22.1	25.6	31.5	34.1	33.4	36.1	35.3	38.2	37	40
	9	28	32.4	39.9	43.2	42.3	45.7	44.7	48.3	46.8	50.6
	10	34.6	40	49.3	53.3	52.2	56.5	55.2	59.7	57.8	62.5
	11	41.9	48.4	59.6	64.5	63.2	68.3	66.7	72.2	70	75.7
	12	49.8	57.6	70.9	76.7	75.2	81.3	79.4	85.9	83.3	90
	13	58.5	67.6	83.3	90	88.2	95.4	93.2	101	97.7	106
6×37+FC	14	67.8	78.4	96.6	104	102	111	108	117	113	123
	15	77.9	90	111	120	118	127	124	134	130	141
	16	88.6	102	126	136	134	145	141	153	148	160
	18	112	130	160	173	169	183	179	193	187	203
	20	138	160	197	213	209	226	221	239	231	250
6×37+IWR	22	168	194	238	258	253	273	267	289	280	303
	24	199	230	284	307	301	325	318	344	333	360
	26	234	270	333	360	353	382	373	403	391	423
	28	271	314	386	418	409	443	433	468	453	490
	30	311	360	443	480	470	508	497	537	520	563
	32	354	410	505	546	535	578	565	611	592	640
	34	400	462	570	616	604	653	638	690	668	723
	36	448	518	639	690	677	732	715	773	749	810

续表

钢丝绳公称直径/mm		钢丝绳近似质量/(kg/hm)		钢丝绳最小破断拉力/kN							
				1670MPa		1770MPa		1870MPa		1960MPa	
	D	FC	IWR	FC	IWR	FC	IWR	FC	IWR	FC	IWR
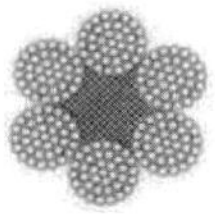 6×37+FC 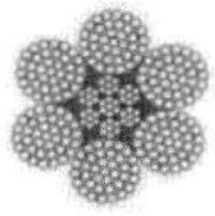 6×37+IWR	38	500	578	711	769	754	815	797	861	835	903
	40	554	640	788	852	835	903	883	954	925	1000
	42	610	706	869	940	921	996	973	1052	1020	1100
	44	670	774	954	1031	1011	1093	1068	1155	1120	1210
	46	732	846	1040	1130	1100	1190	1170	1260	1220	1320
	48	797	922	1140	1230	1200	1300	1270	1370	1330	1440
	50	865	1000	1230	1330	1310	1410	1380	1490	1450	1560
	52	936	1080	1330	1440	1410	1530	1490	1610	1560	1690
	54	1010	1170	1440	1550	1520	1650	1610	1740	1690	1820
	56	1090	1250	1550	1670	1640	1770	1730	1870	1810	1960
	58	1160	1350	1660	1790	1760	1900	1860	2010	1950	2100
	60	1250	1440	1770	1920	1880	2030	1990	2150	2080	2250
	62	1330	1540	1890	2050	2010	2170	2120	2290	2220	2400
	64	1420	1640	2020	2180	2140	2310	2260	2440	2370	2560
	66	1510	1740	2150	2320	2270	2460	2400	2600	2520	2720
	68	1600	1850	2280	2460	2410	2610	2550	2760	2670	2890
	70	1700	1960	2410	2610	2560	2770	2700	2920	2830	3060
	72	1790	2070	2550	2760	2710	2930	2860	3090	3000	3240
	74	1890	2190	2700	2920	2860	3090	3020	3270	3170	3420
	76	2000	2310	2850	3080	3020	3260	3190	3450	3340	3610
	78	2110	2430	3000	3240	3180	3440	3360	3630	3520	3800
	80	2210	2560	3150	3410	3340	3610	3530	3820	3700	4000
	85	2500	2890	3560	3850	3770	4080	3990	4310	4180	4520
	90	2800	3240	3990	4320	4230	4570	4470	4830	4680	5060
	95	3120	3610	4450	4810	4710	5100	4980	5380	5220	5640
	100	3460	4000	4930	5330	5220	5650	5520	5970	5780	6250
	105	3810	4410	5430	5870	5760	6230	6080	6580	6370	6890
	110	4190	4840	5960	6450	6320	6830	6680	7220	7000	7570
	115	4580	5290	6520	7050	6910	7470	7300	7890	7650	8270
	120	4980	5760	7090	7670	7520	8130	7940	8590	8330	9000

第三节 锚舾装设备

一、锚和锚泊缆的连接

图 2-5 为锚作船尾滚筒背锚示意图，展示了锚泊缆、锚和提锚短索的连接。

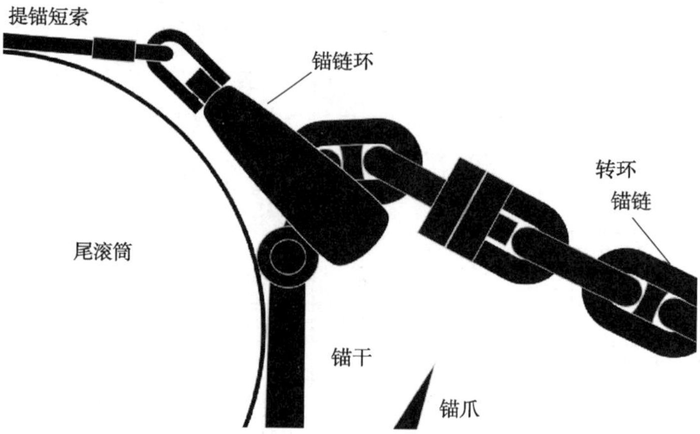

图 2-5　锚作船船尾滚筒背锚示意图

建议在锚链和锚卸扣之间使用特制的转环，又称“旋转接头”或“万向节”，但使用锚链环结构时需仔细考虑其位置，插图标注了锚链环正确位置，避免了作业时对转环施加的高冲击力，最好将锚和锚链之间连接的链环或卸扣的数量控制到最小，需要固定的插销和链环越多，越有可能出现松动、固定不当或在例行检查时忽视的情况，结局就是丢锚或其他可能的严重后果。当锚泊缆使用钢缆时，通常的做法则是连接时避免使用转环。

二、短索连接锚冠

在锚冠卸扣和短索之间加入一段链条是非常明智的做法，这是为了防止锚作过程当中产生的对短索的严重弯曲应力和尖锐夹角损害，使用现代方法制造的锚冠短索在抵抗张力方面非常结实，但应对强弯曲应力方面则不具备同样的能力，图 2-6 描述了应力如何发生以及在当中插入一段链条预防该种情况发生，同样地，在锚头短索和锚链环之间插入一段短链条也是明智之举。锚链环与短索连接部分总是用链条，作业当中，绞进锚链经过锚作船船尾滚筒时可以让锚链承受机械损伤和弯曲应力，另外锚链环规格必须与锚匹配。

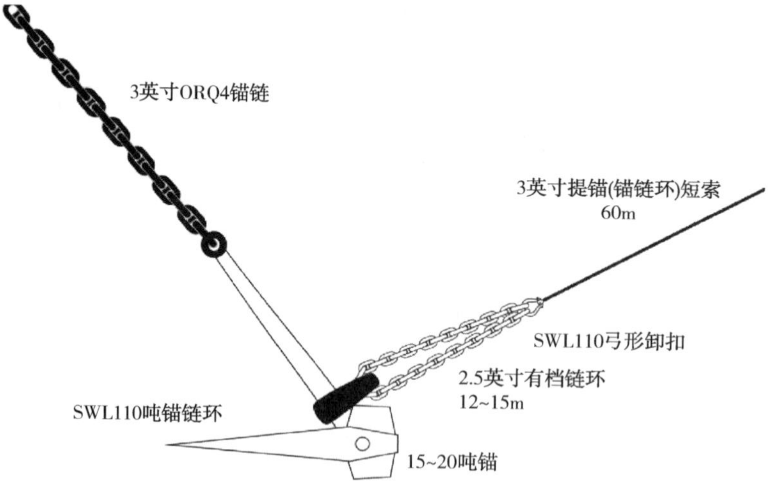

图 2-6　锚链环连接示意图

三、锚链环

锚链环类型如图 2-7 所示。

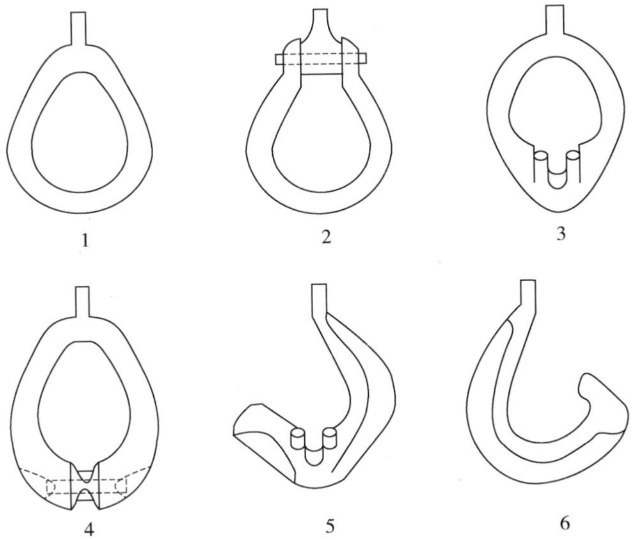

图 2-7 锚链环示意图

1. 长期性锚链环

作为浮标和短索的替代品被引入，最初作业人员使用简单的卸扣连接，后来使用特殊锻造的椭圆形状环将短索卸扣套在锚链上，不久之后就推出了梨形的带卸扣眼的锚链环设计，这种设计给予了锚链环优越的滑动和穿透性能。

2. 可拆卸锚链环

对于有些正在作业中的钻井设施，最好配备一个作业时不需要断开锚链就能正常作业的锚链环，为了满足这一要求，可拆卸的锚链环应运而生，单铰链螺栓的拆卸和装复能在锚泊系统锚链上快速装配锚链环。

3. 带滑槽锚链环

当某些钻井平台设施进入深水作业时，引入了长期性的钢缆锚链环，钢缆和锚链的组合锚泊缆变得非常有必要，这种锚链环包含一个滚轮，被安装在锚链环中间，有一组相对的钢缆滑槽，当锚链环与钢缆相啮合时，不管钢缆与锚链环角度如何，钢缆都会在其中一个滑槽上滑动；当锚链环在钢缆上滑移的过程中滑槽底部的加大半径结构有助于减少滑轮表面的磨损和防止严重的钢缆散开，滑槽的材质与钢缆并不一样，意味着锚链环并不会伤害钢缆，并且锚链环上滑槽很容易拆卸且费用相对便宜。永久性的锚链环上滑槽和铰链很容易拆卸，有些锚链环设计包含在锚泊缆经过时滑轮能够完全旋转，为了使这种设计更有效，滚轮直径更大且内部配有支撑轴承，结果最后的产品比前面讨论的显得更大，也昂贵许多，同样起锚时需要更大马力的锚作船才能使锚链环穿透海底到达锚的位置。

4. 带锁扣锚链环

随着浮式设施尺度和锚固力的增加，需要更大的起锚能力，虽然较大的起锚船可以提供更大的力量，但是作业人员认为需要一种锚链环能够完成起锚而不是对抗锚泊系统中阻碍起锚的锚链张力，目前带锁扣的锚链环设计符合这一需求，通过锁定锁扣前面的锚链，可以完全放松整个锚泊系统中的锚链张力，锚作船只需要对抗锚的质量以及其抗拒起锚的力。

5. 捞锚链问号钩

整体上的原则和带锁扣的锚链环一致，但是其问号钩能够在锚布置完成以后还能抓住锚链进行作业，这意味着这种问号钩可以在某些不可预见的情况下提供帮助，良好的平衡和“导向”设计使锚链环在锚链上滑动到达某一点时锚链悬链的角度高达45°。

6. 普通问号钩

通常布置在锚作船船尾1/3水深处，锚作船相对锚泊缆横移船位直至问号钩钩到锚链，锚作船接着移动，拖带问号钩接触到锚干和锚爪位置，开始起锚绞锚回收。

四、连接链环和卸扣

下面简单描述和解释常见的普通连接链环的使用，可拆卸连接链环，通常用于连接锚链部分，或者特制部件和锚链之间的连接。

（一）肯特环

此连接环由三个部分组成，比连接的部分尺寸稍微大一些，若装配正确，则非常坚固和牢靠。然而要注意以下事项：第一，这些配件制造时误差都较小，过于粗暴地敲打会损坏接触面。第二，接触面之间如果使用过于黏稠的润滑油脂将会造成妨碍，需要使用轻二级的润滑油后，彻底清洗所有接触面；拆开链环之前用打孔组件做好记号，装复时按照记号组装。第三，冲销应该干净，只能往一个方向前进，选用合适大小的冲销，需要两种不同型号的冲销，小一点的将销轴顶出来，大一点的用来压回去，用铅封从大一点的孔塞进去固定销轴而不是另外一侧的小孔。第四，当肯特环被连接在一段锚链当中并经过绞车或锚机的链轮时，必须是水平的状态。如果碰到链轮是垂直状态，有可能会被链轮较窄部分卡住造成锚机轻微延迟等各种问题。

（二）Baldt 链环

这些专门的连接链环经常与锚链钢缆一起装备使用，外形比肯特环纤细一些，在实际使用中并不像肯特环一样结实可靠，但是装配简单便捷使其用途广泛，与肯特环相比，操作更简单。

（三）梨形环

主要用来连接两端大小不一的链环，如连接锚卸扣和钢缆卸扣，或者连接直径大小不一的锚链和钢缆。

（四）短索链环

为在两段短索之间使用卸扣提供了一个简单的替代方案，其光滑和无突起的外形使之成为锚作船绞车上短索之间连接的理想选择，不像带横销和螺帽的卸扣，该链环中间的铰链部分在排缆时可以贴合下面一层钢缆有效避开对钢缆的伤害，同时防止绞车滚筒上钢缆和卸扣之间的阻塞或钢缆受力过大时埋入下一层钢缆问题，但是与传统弓形卸扣相比，拆装花费时间较长，除非作业时间非常紧急，否则使用此类连接链环是不错的做法。

锚链环布置步骤如图 2-8 所示。

① 将锚从锚架放下；②调整提锚短索的长度，使锚链环的位置出现在锚架以下；③提锚短索固定在平台设施主甲板；④当平台设施抛锚，链条通过锚链环时，不管链条是否受力或松弛，保证锚链环能不受链条负载的干扰；⑤在抛锚时操作人员必须密切注意，确保锚链环不会挂住或勾住锚链，特别是放锚的时候。

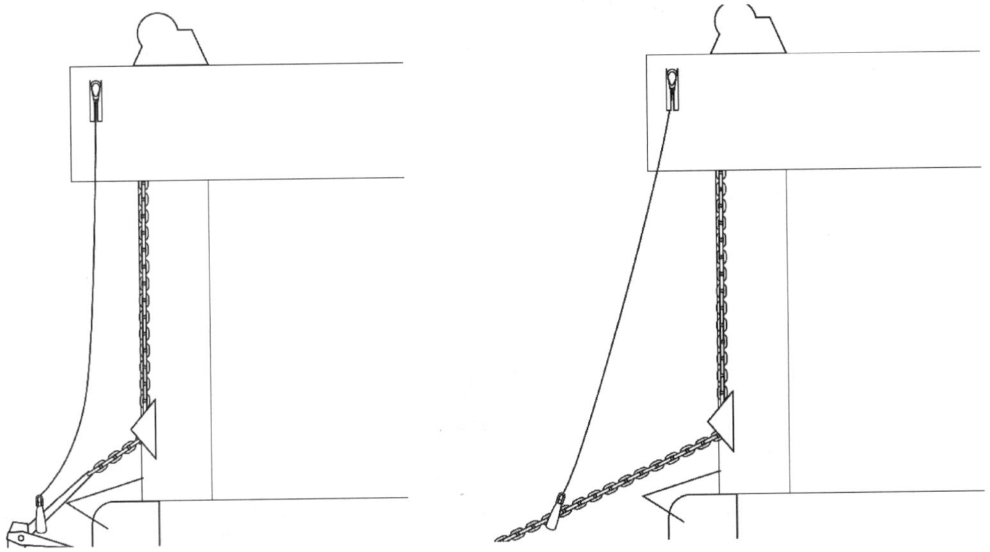

(a)锚链环系统 1　　(b)锚链环系统 2

图 2-8　锚链环布置

锚头短索(提锚短索)存放示意图及注意事项如图 2-9、图 2-10 所示。

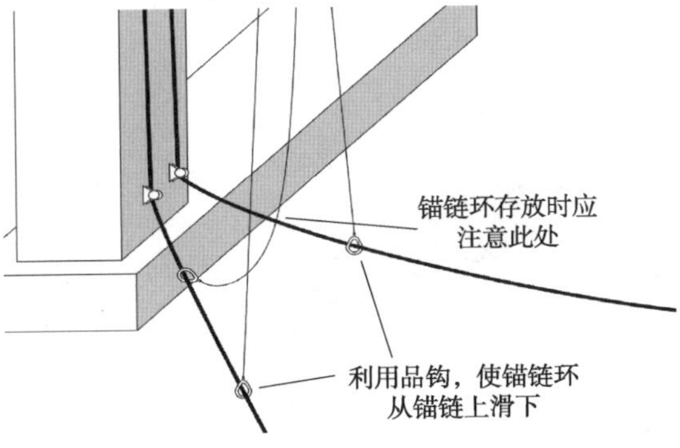

图 2-9　提锚短索存放示意图

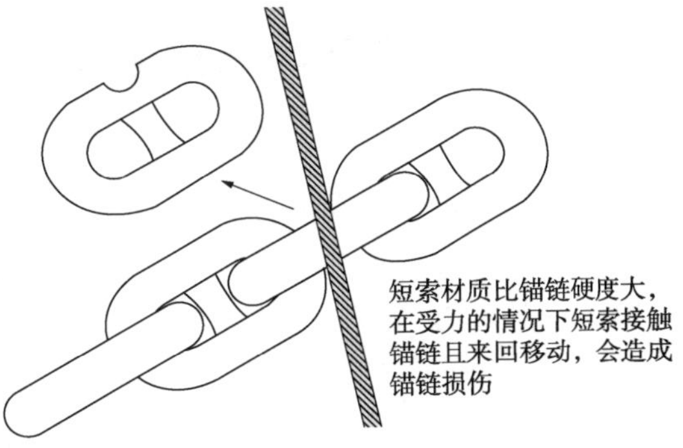

图 2-10　提锚短索存放注意事项

五、短索连接链条

一种少见但有相当好处的做法是在两根短索之间加入一段链条，链条可能 3 节或 4 节，有挡链环，典型的直径一般为 70mm 或 76mm，链条两端需要用到卸扣或绞链环连接。这样做的好处是，当锚作船甲板上有钢缆和链条连接时，链条可以很容易为所有常见类型的止链器、挡缆桩和鲨鱼钳等提供一个非常安全的“接触”点，如图 2-11 所示。

某些类型的连接点操作空间非常有限，通常需要大量的甲板水手人工操作进行连接和拆卸，短链为这些任务提供了很好的作业空间，绞缆机滚筒上钢缆排缆也不受这些短链的影响。如果提锚短索连接必须在锚作船或平台设施上工作，插入的这几节链条也为固定钢缆和锚链提供了方便。如果在起锚作业中锚作船需要额外的拉力，可以在短索连接的短链处增加另外一根短索（图 2-11）。类似地采用这种短链，极端张力情况下，短索在锚作船船尾收放都不会受到严重弯曲应力的影响（图 2-12～图 2-15）。

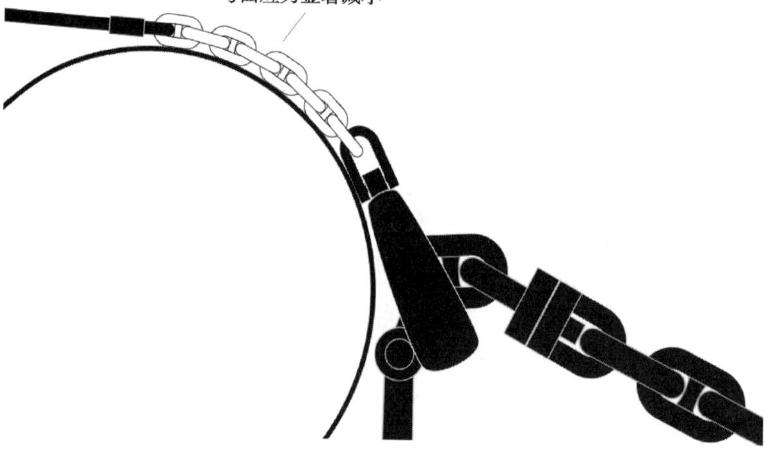

图 2-11　锚链环接头增加短链效果示意图

锚链环的问题：

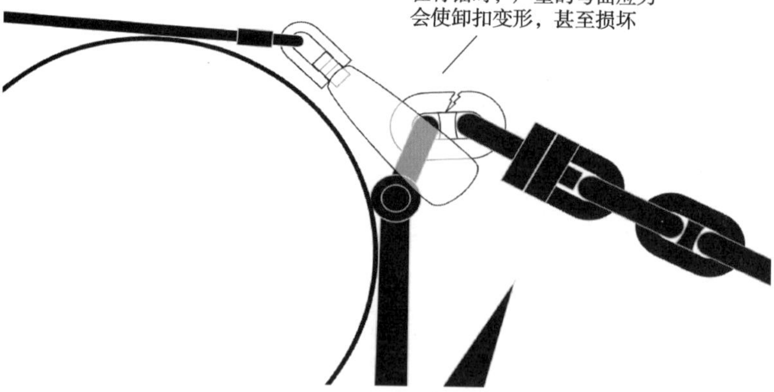

图 2-12　锚链环弯曲应力效果图

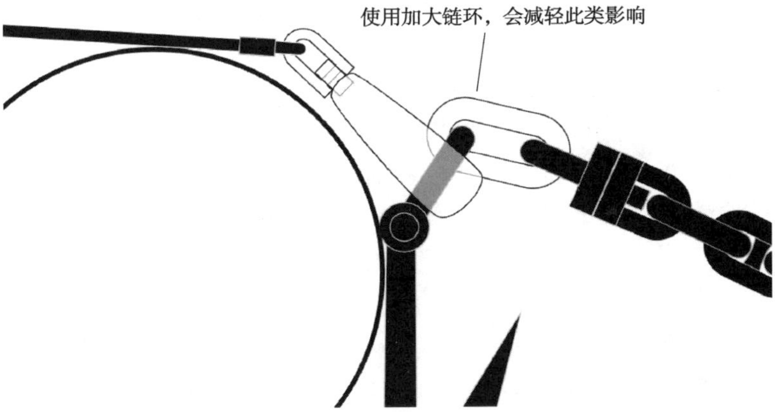

图 2-13　加大链环效果示意图

锚链环和转环位置：

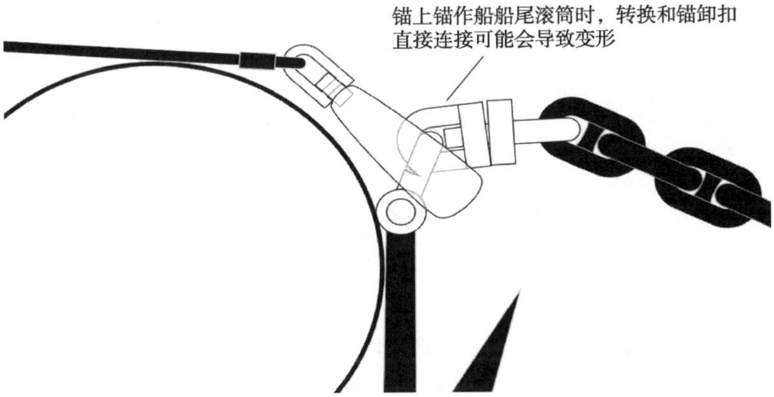

图 2-14　锚链环受到转环影响效果示意图

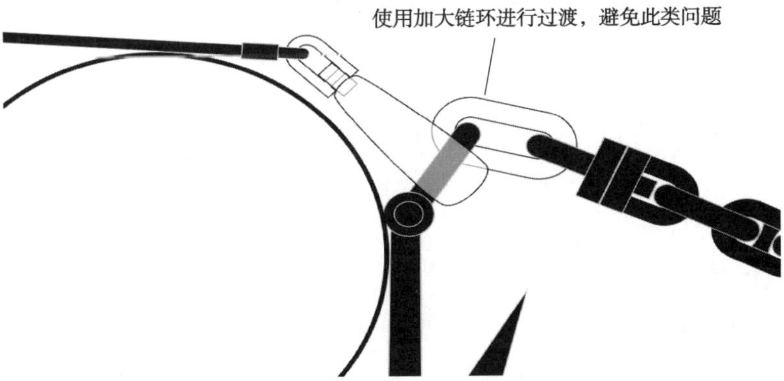

图 2-15　加大链环效果示意图

六、钢缆/短索类型

用于起抛锚作业的短索，无论是锚标系统还是锚链环系统，都是由钢丝绳构成，通常规格为 6×37 级别。在锚泊系统中用于起抛锚作业的短索使用频率高，且经常受到粗暴对待，必须具有很高的抗磨损和变形能力以及高强度/尺寸比。提锚短索能承受极端的拉伸压缩和弯曲载荷，因此必须既坚硬还能有合理的延展性。其使用寿命很短，一般不使用精细的涂层，也不镀锌，这一点应与锚作船的主拖缆做适当区分。根据锚作船的作业频次，主拖缆报废年限有时会很长，目前国内没有可以参考的标准，最终都是通过一年一次的第三方索具检验证明拖缆质量，一般拖缆采购时尽量选用镀锌而非光面的以延长使用年限。

大部分短索末端有硬的套环/眼环，眼环通常能够承受外力，有些短索可能有闭合的索接头，通常只在锚链环系统中提锚短索才会用到，铺管船或浮吊抛下的锚不断地被移动，以方便船舶沿预定航线前进。其短索长度根据平均的作业水深来设计，该类船舶一般采用的标准为“suitcase/穿心环”设计浮标系统，短索在浮标和锚两端都使用 Flemish eye/绕匝索环和钢缆夹头方式，这种简单而坚固的接头可以在甲板上短时间内完成制作安装，这类船舶的短索寿命非常短，因为没有使用索接头，所以造成眼环强度方面有点损失和外形有点挤压，注意及时更换。

（一）短索

锚头短索通常是指长度在 5～10m 的紧连锚或者浮标等设备的短钢缆。

（二）短索组合

短索组合是指从锚头到水表面之间的钢缆组合或是指锚链环到锚作船工作缆之间的钢缆组合。

（三）锚链环短索

连接在锚链环上的短钢缆，在一系列短索组合中，锚链环短索比其他短索略粗，在使用该组合的设施上，锚链环短索需特别定制以便闲置状态时钢缆的长度足够从锚环（紧贴导向轮）延伸到主甲板存放/固定导航位置。大型半潜式钻井平台使用 76mm 链条或 76mm 钢缆作为锚链环短索，长度为 30～50m，也有平台因为结构方面的原因，使用长度过长的锚链环短索。

（四）浮标短索

浮标短索是指紧连水面标或水下弹性浮的一段 5m 长的短钢缆，通常比其他钢缆略细一点，相对于水面的浮标短索，是水下（海底短索）浮标系统中从锚冠开始到浮标配重块之间的钢缆组合。

（五）锚冠短索

在浮标系统短索组合中，直接连接在锚冠上的一段用于锚作的钢缆，通常的长度要在锚上锚架以后能够满足短索另外一端的甲板上固定，如图 2-16、图 2-17 所示。钻井平台设施的短索长度在 30～60m，在铺管船和其他浮式设施上，锚冠短索存放在绞车上，长度根据水深匹配。钻井平台的锚冠短索又称提锚短索，一般采用锚链环（PCC）模式的，不是直接连接在锚冠上，而是通过在锚缆（链）上滑动实现其功能。

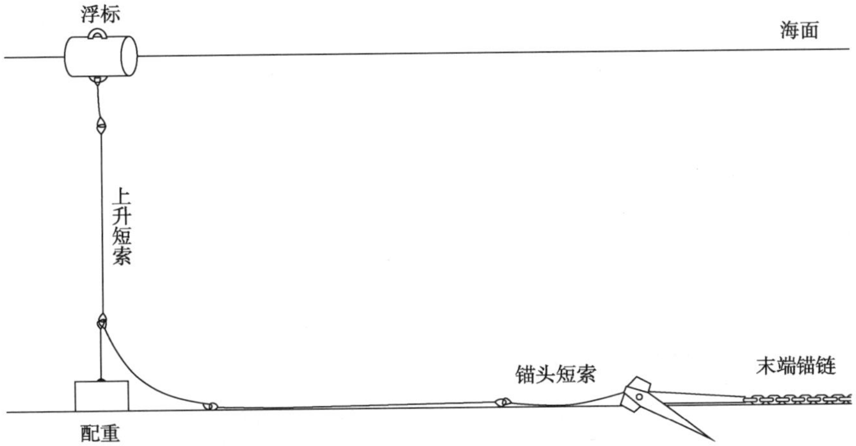

图 2-16 浮标系统示意图

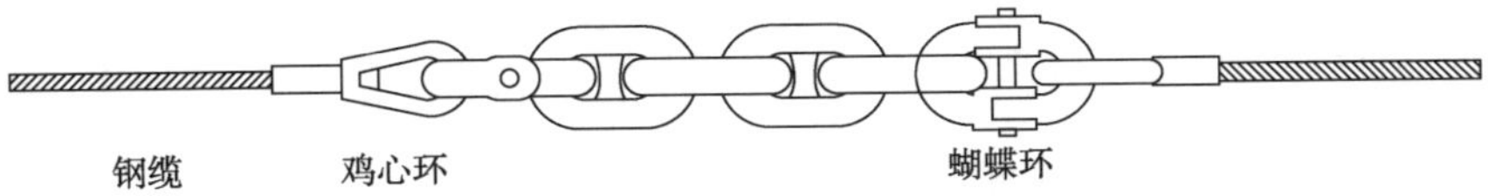

图 2-17 浮标系统连接细节图

七、短索/锚标/三角眼板/配重

（一）短索长度

大多数短索是按照标准长度订购和供应的，根据现场情况如水深、海底地质、最大波高、超过标准的长度确定短索组合。通常供应商提供以下规格的短索(表 2-2)。

表 2-2 短索长度类型

短索长度		短索长度	
ft	m	ft	m
15	5	250	75
50	15	400	120
100	30	500	150
150	45	600	200
200	60		

（二）短索颜色标记

类似于锚作船上的卸扣标记，浮式钻井设施所携带的钢缆短索经常使用颜色标记系统，以便于甲板工作人员和锚作船上船员识别。通常的颜色编码系统如表 2-3 所示。

表 2-3　短索长度颜色区分方式

短索长度/m	颜色	短索长度/m	颜色
5	红	60	蓝
15	黄	120	白
30	绿		

卸扣也可以用类似的颜色标记，如表 2-4 所示。

表 2-4　卸扣颜色标记方式

安全工作负荷/公吨	颜色	安全工作负荷/公吨	颜色
35	绿	85	蓝
55	红	110/120	黄

（三）锚标

锚标的作用主要有：承受钢缆短索在水面的质量；标记锚在海底的位置以便锚能够回收；特殊用途如弹性标、水中支持标，承受水中短索和其他部分的重量。图 2-18～图 2-20 所示包括了常用的各种浮标。

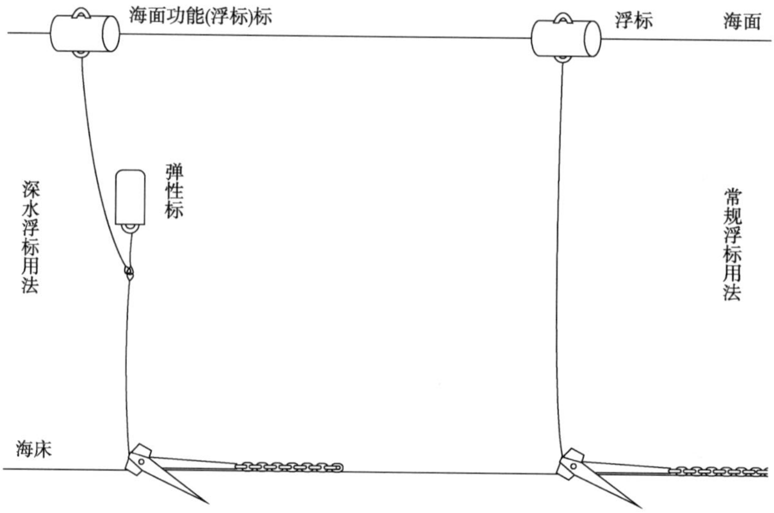

图 2-18　浮标的用法

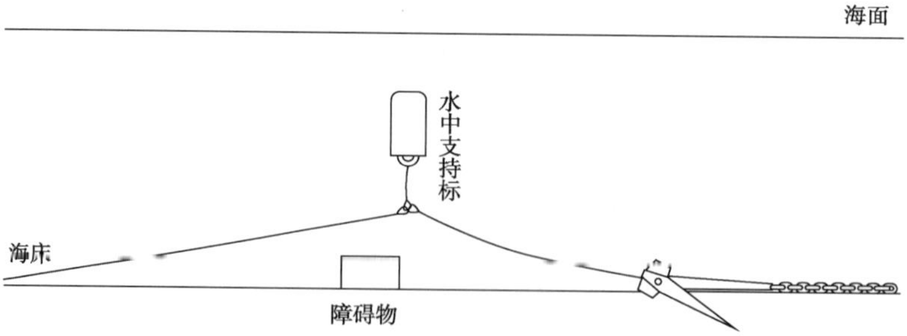

图 2-19　水中支持标

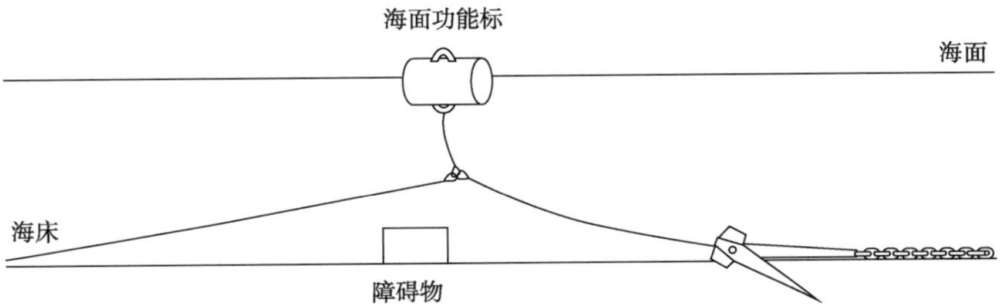

图 2-20　海面功能标

（四）三角眼板

三角眼板这两个连接装置使锚泊缆或短索组合的三个元素连接在了一起，图 2-21~图 2-27展示了三角眼板、肾状眼板和浮标在锚泊缆和短索组合中的应用。三角眼板的材质必须和系统中最强材质一样坚固，通常为钢质。

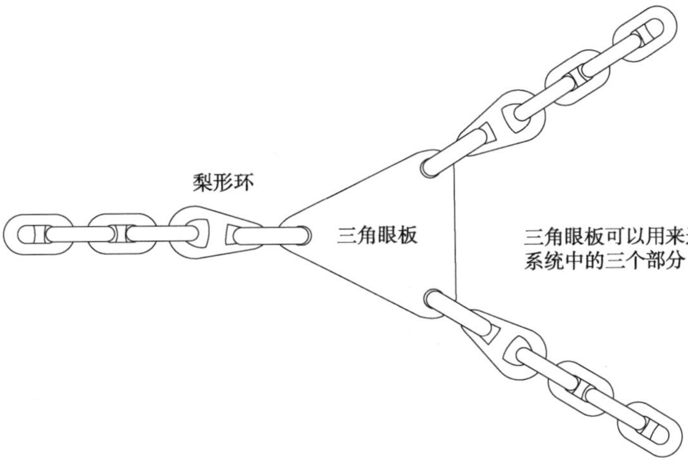

图 2-21　三角眼板

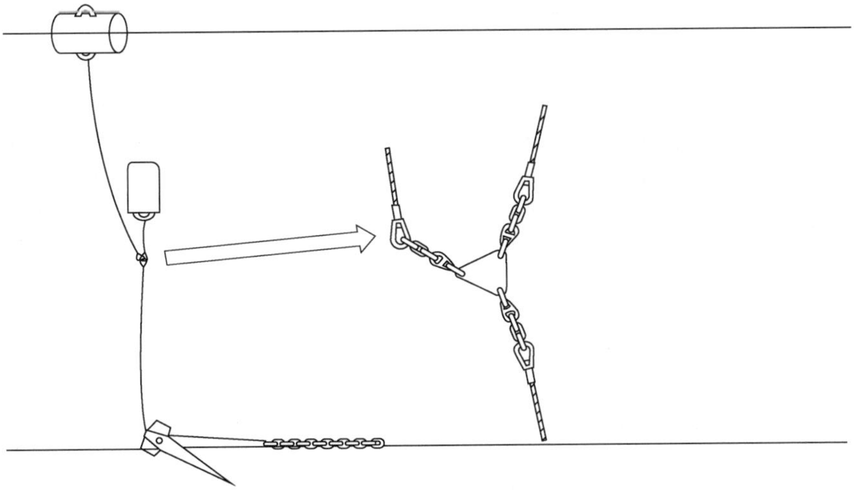

图 2-22　三角眼板的使用

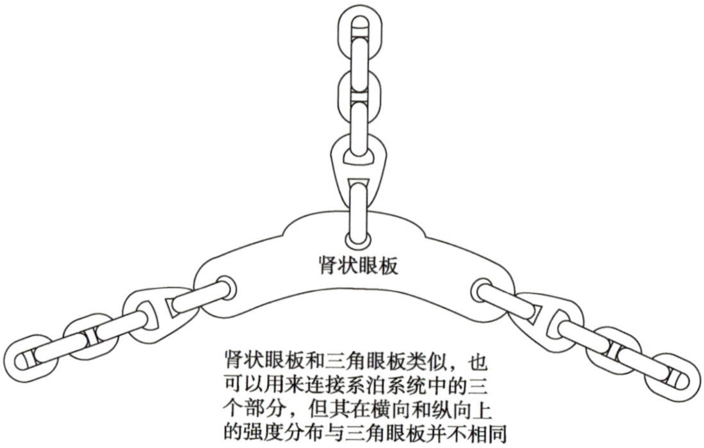

图 2-23　肾状眼板

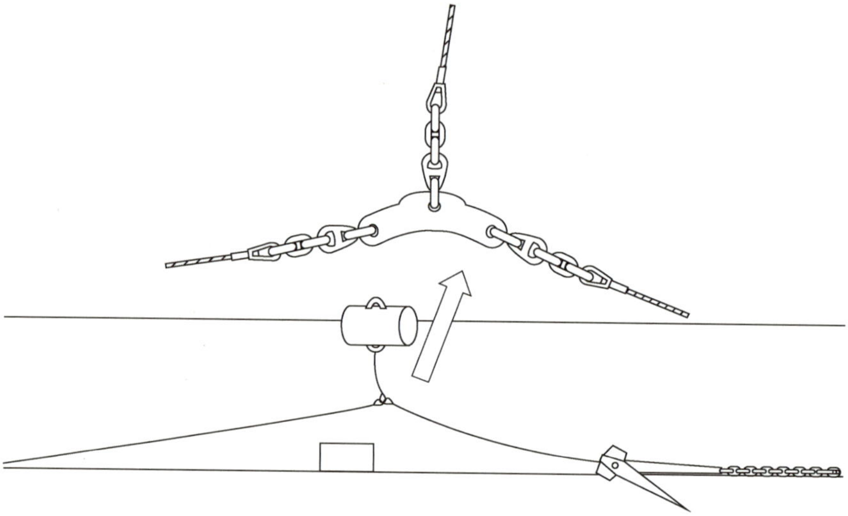

图 2-24　肾状眼板的使用

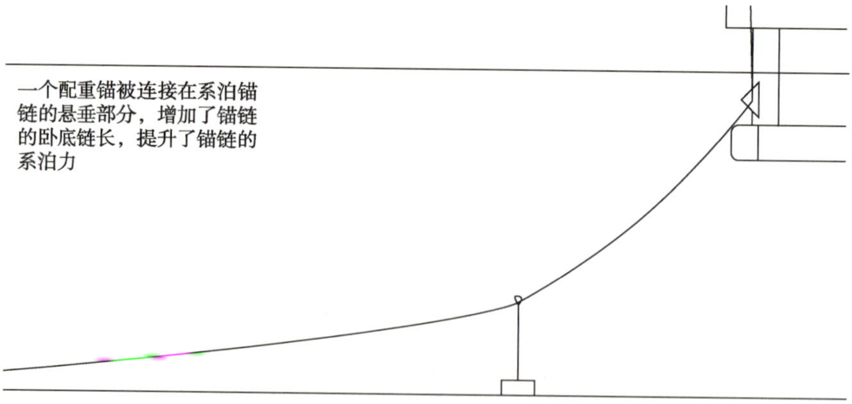

图 2-25　浅水锚泊作业浮标使用示意图

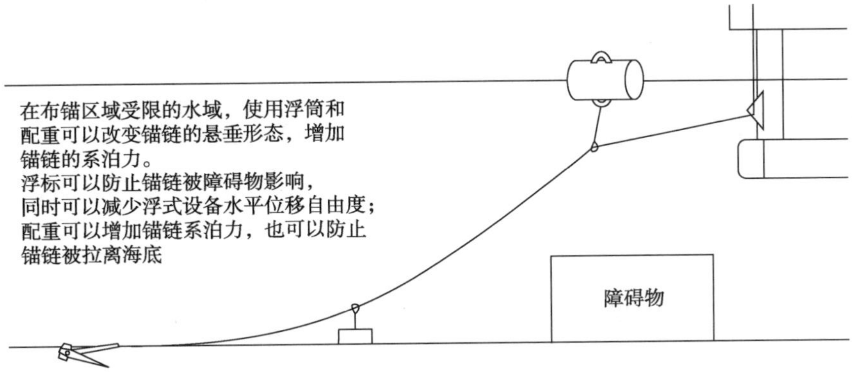

图 2-26　限制水域锚泊作业浮标使用示意图

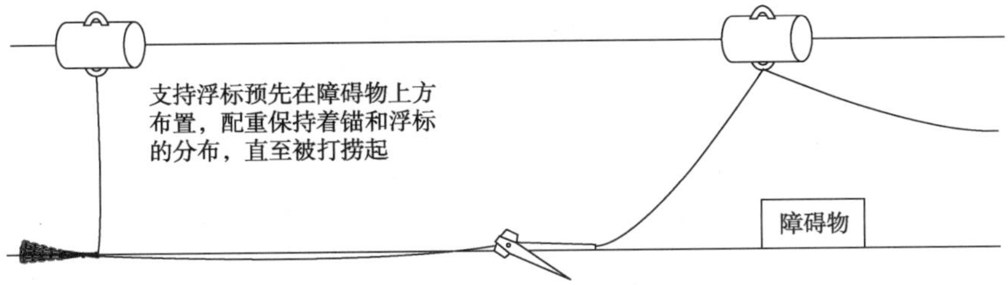

图 2-27　预抛锚作业浮标使用示意图

（五）配重

书中出现的用于锚泊系统的配重通常由 1～2t 的废旧锚链捆起来堆成一团，用吊车或起重机可以随时吊起。在一些特殊的起抛锚作业中用来固定海底锚短索或者临时保持短索组合的位置。图 2-28 展示了一些应用，特制的重型水泥混凝重块用作配重以减少锚泊缆悬垂不封，增加其海底平躺的部分，从而增加锚的抓底能力。40m 直径为 64mm 的有档链条，加上两根安全负荷 5t 6m 长的吊货钢丝构成的配重约为 4t。

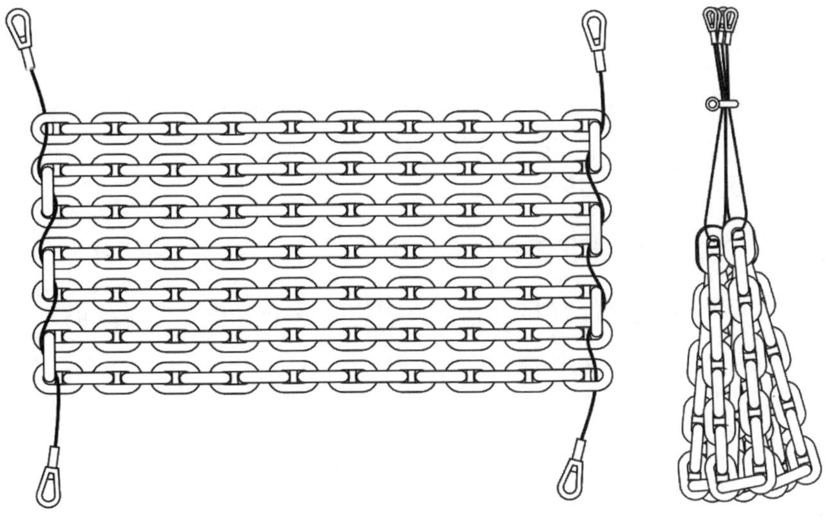

图 2-28　配重布置示意图

第三章　布锚方案

第一节　对称布锚模式

传统海工油气领域开发出来的布锚方案满足了浮式设施专门的功能，即浮式平台设施在抵抗特定的自然环境力的同时，还能继续保持正常作业。

一、固定位置模式

当平台设施保持静止或在小范围内移动时，使用的模式通常是或多或少的均匀分布，可以选择特定的艏向以抵御已知的盛行恶劣天气，也可以选择在已知的接近平台设施下风时的风险下提供额外的保障，半潜式钻井平台、生活支持船使用该类模式。

在浮式钻井平台进行钻井作业的情况下，其位置必须维持在连接在海底防喷器上的隔水管可以承受的很小误差范围以内，工作的允许范围通常以水深的百分比表示，其角度很小，最理想状况为0°，最大角度绝对不能超过10°。当浮式钻井设施进行钻井作业时，需要能够精确地从一个井口向另外一个井口转移，进行此类工作时当然期望有比较好的布锚模式去横向控制和移动平台设施。在国内海域，浮式钻井设施的艏向习惯随季风改变，能够较好抵御从该方向来的风浪，一般设施的艏向还取决于生活区的位置、通信、盛行风流向等，其他海域作业时同样有类似的“最佳”艏向，在锚泊系统中使用该艏向以抵抗最大的环境外力。

二、移动模式

铺管船、电缆挖沟/敷设船等布锚模式是设计用来更精确沿选择路径移动设施，在铺设的管线方向上发挥最大的拉力(或在挖沟/敷设的情况下发挥拉力)，该模式还设置了正横附近的锚以横向调整设施左右舷位置。

三、满足艏向要求的固定模式

在某些作业中，特别是在现有井口上方的钻井设施，由于水下设施的限制，会特别要求设施的艏向和方位。除非锚被前后左右均匀对称布置，否则很难达到精确的艏向控制，特别是所有的锚应处于相同的工作张力，以便在无风浪情况下将平台设施固定在所需位置。改变锚泊缆的预期方位，无论向哪个方向超过5°，都不会很明显对锚泊的平台设施的艏向产生很大的影响。也就是说，如果按原计划布置锚和锚泊缆，对称分布的锚泊缆布置能实现预期的平台艏向；否则，通过拖船拖拉设施改变船艏向的方法通常不会获得成功，特别是锚链系泊系统(图3-1、图3-2)。

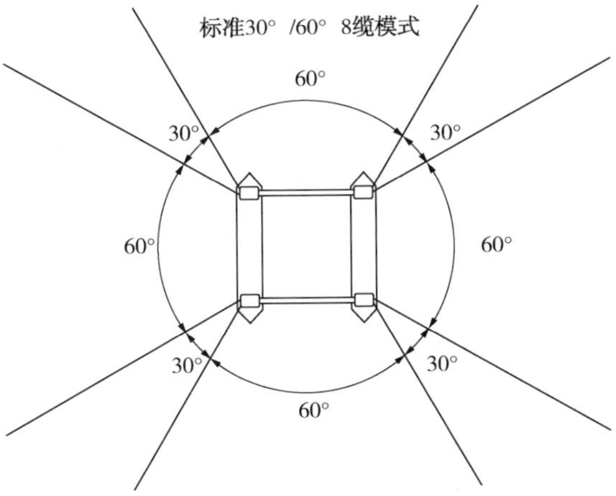

(a)8 缆布置示意图

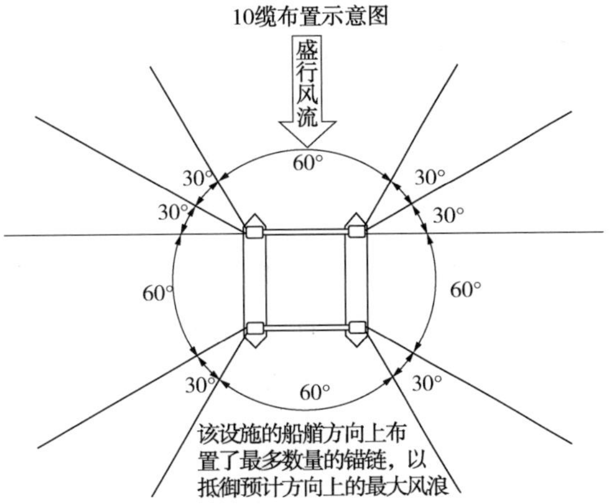

(b)10 缆布置示意图

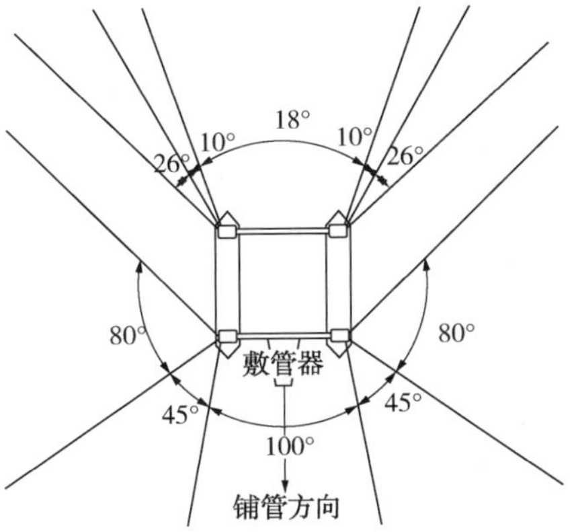

(c)布锚方案 3

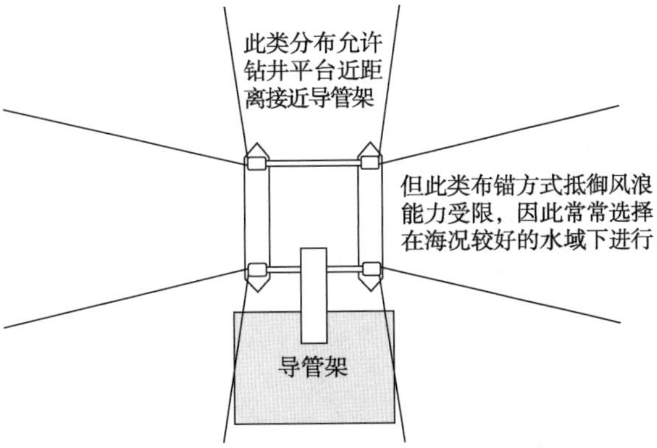

(d)布锚方案 4

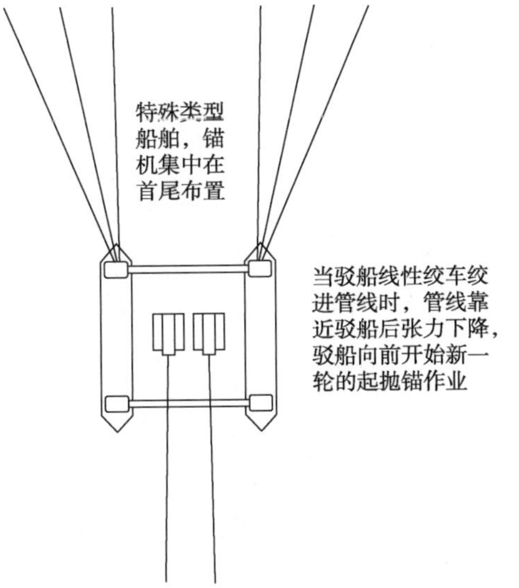

(e)布锚方案 5

图 3-1　布锚方案

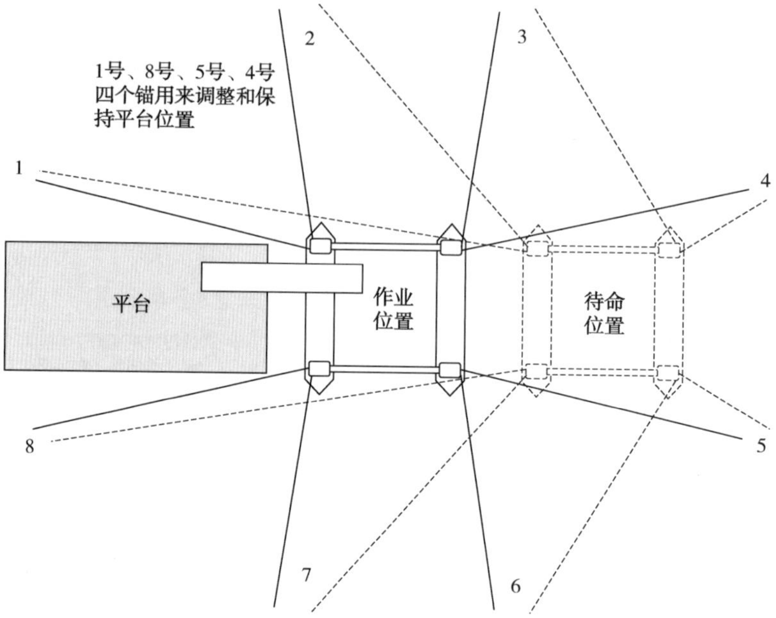

(f)布锚方案 6

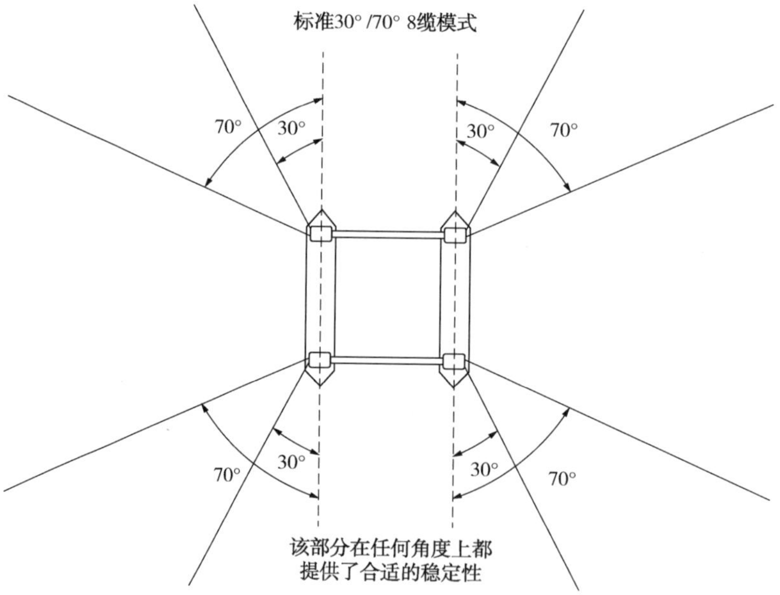

(g)布锚方案 7

图 3-1　布锚方案(续)

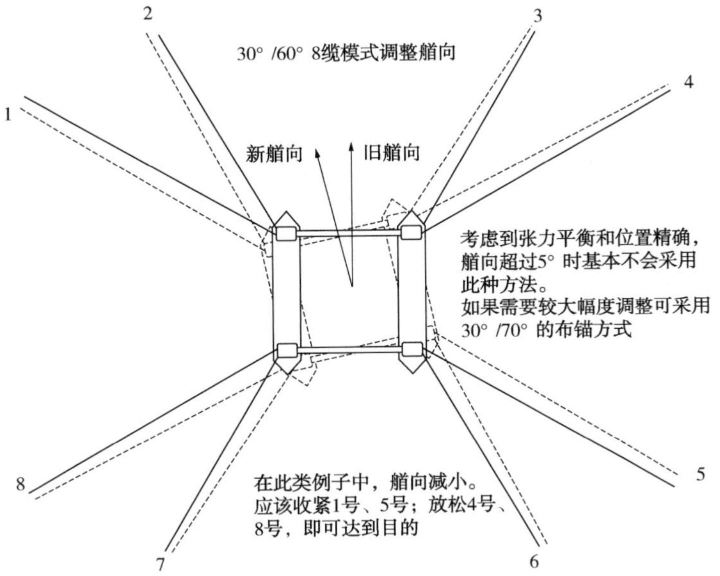

图 3-2 锚泊转向示意图

四、改变艏向要求的固定模式

在移动模式下(铺管船等)，不断地移动锚的位置和改变艏向是通过逐步扩大船首锚的角度实现的，在持续地重复地移动这些锚，产生了导致设施偏向期望艏向的张力。如图 3-3、图 3-4 所示。在固定模式下，不改变锚的实际位置，使用标准 45°/90°或者 30°/60°模式很难改变方向超过 5°，在风浪流较小、海况温和的情况下才允许这样做，但代价是较大的，环境负荷由较少的锚泊缆承担。

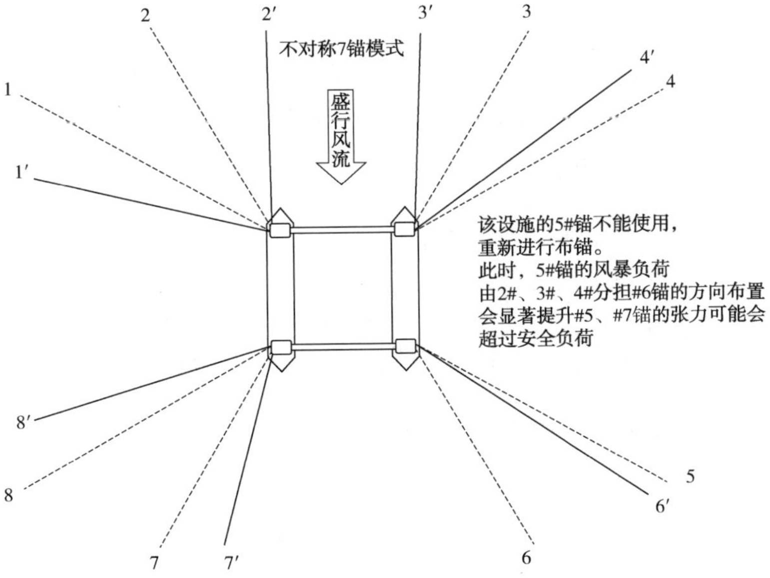

图 3-3 不对称布锚示意图(7 锚)

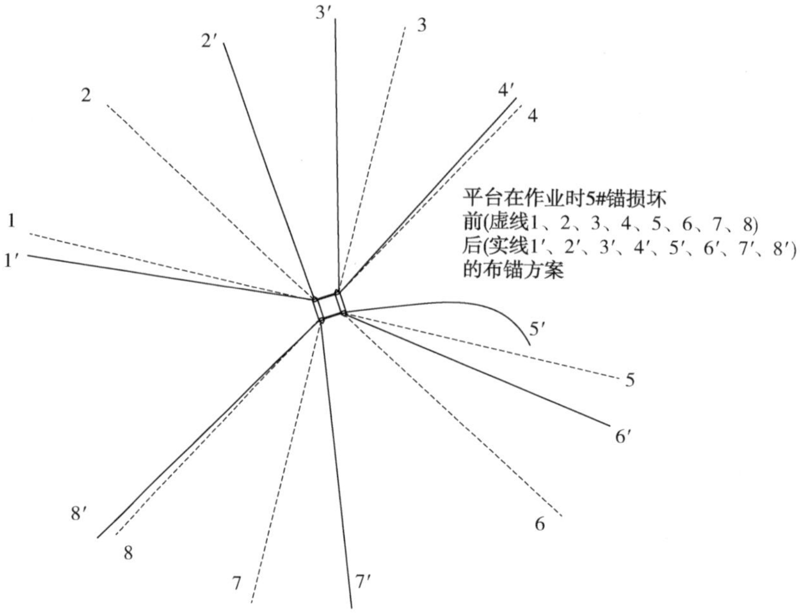

图 3-4　不对称 7 锚布置实例

在正常锚泊系统模式的 8 锚或 10 锚的对称分布中，如果艏向改变较大，如 10°以上，那么由于张力失去平衡，锚泊系统失去了至少三锚之间的分担环境负荷的能力。

第二节　不对称布锚模式

一、不对称布锚模式

在某些情况下，需要布置不对称布锚模式，这可能是由于存在海底障碍物，或者平台设施设备出现问题或损坏，以至于平台设施一条锚泊缆无法使用，图 3-1～图 3-9 为常见的 7 锚不对称模式的插图，当平台设施在作业中出现下导向轮损坏，只能使用 7 锚进行布锚作业的情况。

从操作的角度来看，有必要计算这种模式所能承受的最大环境力，并建立应急计划和在现场条件(风、浪、流)接近计算结果时暂停作业的标准(图 3-1～图 3-3)，有关图中锚的编号，大都采用从浮式右舷第一只锚为 1 号锚，剩余的锚编号以此类推，但也有从设施左舷开始编号的，并非固定不变，作业时要细致阅读作业计划和程序。

二、不对称 7 锚布锚作业方案实例

某半潜式钻井平台，作业水深 140m，锚泊时 3 号锚泊缆导向轮损坏丢失，相当于平台锚泊作业期间只有 7 根锚泊缆，船东/作业者决定继续作业，如图 3-4 所示重新布置了剩下的 7 根锚泊缆。

作业水域最坏天气的来向为西北，因此接近正横 3 号的锚泊缆失效是可以接受的，表

3-1 展示了初始布锚方案、重新布锚方案的方位和距离。

表 3-1 锚方位距离对照表

锚编号	初始艏向		调整后艏向	
	方位/(°)	距离/m	方位/(°)	距离/m
1	330	850	314	890
2	018	870	014	905
3	(074)	890	(070)	(886)
4	104	845	075	926
5	150	860	137	881
6	195	900	195	923
7	260	950	255	952
8	285	930	304	915

从以往的气象记录该作业平台位置遭遇的 50 年一遇最坏天气如表 3-2 所示。

表 3-2 50 年一遇天气对照表

最大风速/(m/s)	最大风速风向/(°)	(有义波高/m)/(周期/s)	流速/kts
38	315+	10. 8m/11. 9s	0. 7
31	000+	11. 0m/12. 0s	0. 8

假定该平台推进器能发挥出 70%负荷的推力为 40t，桡性接头最大偏差为 8. 6°或者偏开井位中心距离 23. 7m，通过系泊分析，将平台偏离井口中心距离为基准制定了一套标准，计算结果如表 3-3 所示，偏离中心的距离在桡性接头允许范围以内。

表 3-3 风向和风速限制(风速拟取海平面 10m 高度的风速)

风向/(°)	风速限制/(m/s)	风向/(°)	风速限制/(m/s)
360	45	180	43
045	47	225	50
090	43	270	>60
135	43	315	>60

在平台单根锚泊缆失效以后计算出的结果将决定平台偏开中心位置的距离，计算结果列表以后发现风速 50 节时，不管是 4 号、2 号、6 号、7 号锚泊缆失效，平台偏差位置都将移出桡性接头允许范围，仔细研究结果会发现锚泊缆失效后，风速 43 节风速方向 135°和 180°(锚泊缆 4 号或 5 号失效)平台偏差位置移动到允许范围以外。

钻井平台在比正常较低的风速范围下能够继续作业，如果天气预报预计未来天气风速超过 43 节、风向为 045°~090°~225°之间，则应早做准备停止作业解开隔水管以防止损坏水下设备。

第四章　锚泊就位作业计划

第一节　制订计划的准备工作

根据作业的复杂性以及涉及的特殊作业船只，锚泊就位作业必须有足够详细的作业计划，目前国内都是预先完成“拖航计划”制订的形式向主管机关申请拖航移位许可，该计划的组成部分应包括实际工作具体执行人等信息，还必须包括应急计划，以便在任何情况下都具有足够的灵活性，以适应天气海况、设备操作等因素的变化无常，下面以实际将要进行的作业举例，某平台需要在指定地点进行钻井作业，该平台是有动力推进设施已经拆除的浮式半潜式钻井装置，配备 8 根锚链的锚泊系统。

项目的实际负责人(拖航指挥人员)需详细考虑下列问题。

(1) 钻井平台是否能够在考虑到水深、海底地质和天气条件(特别是预期的最大风暴条件下)的情况下在指定地点锚泊并执行工作计划，该设施的锚泊系统，包括锚抓底能力、链长、锚的类型等，是否和其操作手册中描述一致?

(2) 是否存在任何妨碍所选船舶成功执行锚泊作业和维持平台位置的特殊状况，例如，海底地质为非常规地质，需要不同类型的锚或者更长的锚链？是否存在上层建筑结冰和浮冰对装置的危险？是否存在其他不合理的威胁?

(3) 如果布锚程序中要求锚泊缆和锚越过海底障碍物，并与其保持安全距离，平台上现有的锚机(绞缆机)能否执行该操作?

(4) 是否有足够的锚作船进行计划中的起抛锚作业，是否因等待船舶产生延迟?

(5) 如果需要专门的或额外的系泊设备，从何处来和何时来？类似的假设是关于短索的数量、卸扣、额外的锚和锚链，以及其他项目的实际情况，如果达不到要求，如何就现有的设备执行计划?

(6) 平台操作人员和锚作船是否有相关作业经验，实际水平如何？是否需要经验更丰富的人员协助或者提供指导?

在研究了上述问题以后，可以制定更详细的计划，将其分解成不同的组成部分，作业计划和检查清单是大多数作业两份最基本的文档。

第二节　锚泊就位作业计划标准文本

锚泊就位作业计划通常遵循以下格式。

一、任务描述

地理位置、水深、海底状况、障碍物特征的详细资料，包括显示管道、海底设备、井口等位置的图表，根据对象或特征定义的要避免的锚泊限制，一定数量的海图、地质调查报告，如附近的管线以及其他船舶的锚泊详细布置图、任何允许的误差也应该包括在内。

二、锚作方案

在测试拉力达到以后，用所有锚参照平台的方位和距离进行描述，描述包括预抛锚或者组合锚泊缆的信息，应提供一份或者多份图纸，描述作业地点上的抛锚方案、平台设施的艏向，并精确说明误差；详细说明平台锚链环的短索或者浮标的短索组合，图中还应包括卸扣和链环的具体尺寸。

概述部分包括参考的天气预报或标注的说明，由现场监督、业主代表、主管机关提供的就位计划批准，作业地点的油气管道关闭和冲洗确认，通知作业地点附近的其他作业船只和设施等。

在本节中，详细介绍抛锚方法和过程，具体描述每个锚的抛锚步骤，有时会详细描述具体锚作船抛锚和具体锚的编号以及在抛锚过程当中如何精确监控各锚作船的位置。如果需要两条锚作船参加作业和使用专业钻井设施，那么将列出作业更精确的细节，一套完整详细的图纸有助于描述更复杂的作业，该段落将规定布锚以后要达到的最小张力，并详细说明测试张力方法和要达到的张力。如果计划使用串联锚，则应包括程序和注明平台所需的最小锚泊缆长度，锚泊缆悬链的曲线图可与任何特殊系泊锚泊缆的平台图纸一起使用。

本部分将包括对所使用锚的类型、任何特殊注意事项或程序的描述、系泊缆的长度和尺寸、绞车出缆速度、锚短索或浮筒短索的详细信息以及锚泊缆编号系统，安装在平台上的拖缆装置的细节也可以包括在内。

三、天气条件限制

在计划本节中，可根据风速、浪高、天气预报有效性和预期、时间限制、能见度和任何其他海洋或气象条件，设定最大允许作业条件，通常在风速达到七级或者浪高 3~4m 就会停止作业。

如果在正常生产的油田工作，必须遵守特定的规则，确认平台的绞车(锚机)系统、推进系统和内外部通信系统都已完全运行并经过测试，确保平台的导向轮和锚架完全可见；确保绞缆长度计数为 0，向相关人员通报情况并召开安全会议，其他确认可能包括对导航定位系统和显示设施的系统检查。

四、导航定位、通信系统

本章节将介绍用于监测浮式设施和拖轮位置的导航定位设备，将包括以下操作说明：在起抛锚过程中何时监测拖船；何时使用辅助(备用)系统确认锚或拖船的位置，位置系统故障时的行动，位置数据的存储和备份(以避免丢失)，导航定位人员的人数和职责等。

在生产任务繁忙的大型油田作业区域，需要一个简短的联系方式登记表格，显示该位置附近固定和移动装置值守的无线电频道和呼号，以及所有相关方或机构的移动电话号码、卫星电话号码、沿岸应急救援机构电话、公司岸基应急指挥中心联系方式等。

五、相关方职责和权利

通常会规定负责或参与该行动的高级人员的职责、责任和权限，包括平台经理、业主代表，也包括拖航组组长、主拖船船长、锚作船船长等。

六、计划的附录章节

这可能有当地(港口国)的通知、警告和建议，在其水域拖航/锚泊时需要遵循的程序等。在系泊作业之前、期间和之后，应向法定或地方机构发送例行的信息，并向为其作业的所有船舶船长发送相关文件副本。通常情况下，包括船舶的平面图和正视图以及船舶操作手册中的任何相关摘录都是有用的，这可以向锚作船和其他相关方提供船舶的相关细节，在锚回收过程中使用相同形式的程序，可根据需要修改部分内容。

附录里面还可以包含井场调查报告，前期井场调查所花费时间与将要进行的作业类型和锚泊地点关系密切，在作业点附近海底有管线、井口和其他设备时必须有精确的完工位置图。在钻井平台远离任何障碍物承担钻井任务时，海床的井场调查很少进行，大部分是依靠前期的地质资料和标准海图提供的信息。尽管根据提供的海床信息对锚的抓底能力能做出大致判断，但在钻井过程当中还是能碰到意外情况出现，特别是勘探开发井的情况，即使在看似均匀的海床面中，几乎由致密砂和淤泥形成的纵梁也会导致锚拖曳行进时或无法正确埋置入泥，抛锚完成后，如果存在管线和其他敏感的海底障碍物，可使用物探船确定这些障碍物的位置，检查系泊缆和锚的实际位置，现代的测量调查中用的是比例尺为1：5000的海图，这对精确绘制海底沉积物、锚泊缆位置等已经足够，但在井口、采油树和其他复杂区域比例尺为1：1000的海图精度会更高。

第三节　批准和许可

国内只有国务院批准、符合资质的石油公司才能从事石油、天然气勘查开采，申请油气矿权，国内目前只有中石油、中石化、中海油和延长石油四家。根据以前的文件规定，在我国水深5m以上的海洋油气勘探开发权专属于中海油公司，统一负责我国对外开采海洋石油的业务，享有在对外合作海区内进行石油勘探开发、生产和销售的专营权。近年来，中石油、中石化等国内石油巨头在国内、国外都在不断争取海洋油气开发的权利，中海油也通过公开招标和对外招商等形式，吸引外国投资者在中国合作勘探开发油气资源。国内石油公司获得国务院批准以后，需到自然资源部申请勘查许可证，获得在该区块工作的权利。首先按照现行石油勘探规范，开展必要的地调和钻井，摸清海底油气资源分布情况；其次按照储量规范，提请储量评审，国家实行矿权分段管理，获得储量备案后，才可以向自然资源部申请将探矿权转为采矿权，在探矿权转采矿权的时候，还需要有环境保护部门出具的环评报告；最后还需要做油田开采总体方案，报发改委批准，整个流程跨越时间幅度较大。

到企业具体施工阶段，在指定地点锚泊前，平台设施必须得到作业者的正式许可，这只是企业层面的内部同意。在平台设施开始作业之前，还需要海油安办颁发的浮式设施备案通知书、交通部海事局颁发的水工证、船级社拖航检验(海上湿拖证书)、保险公司承包同意等，在存在生产平台和海底管线的油气田中，如果浮式设施被拖航就位在这些油田设施附近，通常需要得到最靠近作业现场的设施负责人的书面同意。

为保护海上油气田，世界上很多沿海国家都为其设立了安全区，未经受保护项目所有者的正式许可，任何船舶都不得进入安全区。同时，负责锚作和就位作业的人应该认识到，在锚部署或回收过程中，为了海底管线、井口和生产平台安全则需要关闭，这个过程可能需要时间，试图略过这个过程强行直接靠近作业地点是非常不明智的做法。

当浮式设施穿越数个业主界面分界线进行挖沟、铺管施工时，获得施工许可证通常是在规划阶段，然而比较明智的做法是确保施工船舶将其作业计划提前通知在附近的固定或移动设施。同样当钻井平台等浮式设施靠近其他相似性质的设施时应该提早通知对方，如果没有，则可能会让附近设施相关负责人对正在进行的作业产生误判，导致不必要的麻烦。通常的做法是前往作业地点前，岸基向有管辖权的地方海事局申请发布航行警告、提醒或告知附近船舶设施等。

浮式设施保险在此类作业活动中有很多相关利益，一般浮式设施的锚作就位作业由船东先前购买的一切险覆盖，但如果是大于 300 海里的长距离拖带作业，则需要船东单独购买保险覆盖本次作业，保险公司也会派遣验船师到设施上核实相关手续和证书办理情况。

如图 4-1 所示，是水工证的示例。

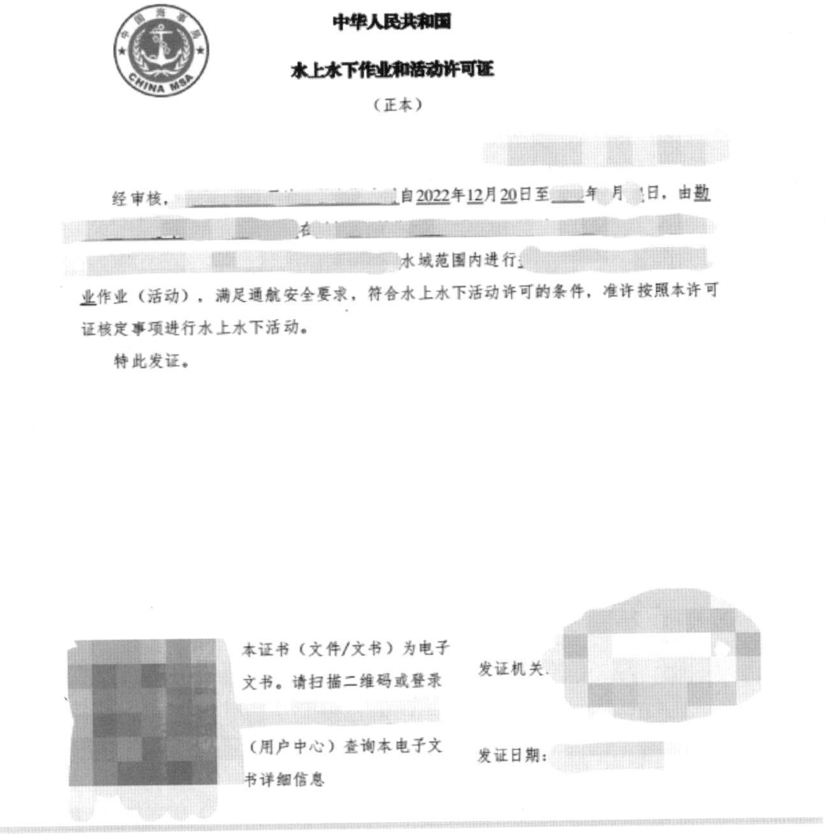
中华人民共和国

水上水下作业和活动许可证

（正本）

经审核，[illegible]自2022年12月20日至[illegible]年[illegible]月[illegible]日，由勘[illegible]在[illegible]

[illegible]水域范围内进行[illegible]

业作业（活动），满足通航安全要求，符合水上水下活动许可的条件，准许按照本许可证核定事项进行水上水下活动。

特此发证。

本证书（文件/文书）为电子文书。请扫描二维码或登录[illegible]（用户中心）查询本电子文书详细信息

发证机关：[illegible]

发证日期：[illegible]

图 4-1　水工证

第四节　锚作船规格和功率

本节描述完成这项工作所需船只的最低规格，将详细说明以下内容：作业所需最小船只数量、制动马力、系柱拉力、主拖缆绞车和拖缆的长度及直径加上备用工作绞缆机、滚筒数量和工作缆规格、储缆滚筒数量和容量、液压钢缆/链条止动器-数量、锚链舱容量和链轮尺寸、备用设备-短索、工作缆、捞锚钩等，列明有关于每艘船将使用的业主提供的设备的详细情况，例如业主可能会为每艘船提供提锚短索、铰链链接、卸扣等；还可能包括高级船员和普通船员的最低配员、船上的燃料和消耗品、专业设备，如导航定位装置(由租船方提供和监督)，以及船舶在起租前可能需要通过拖轮拖航前检验等。

从成本和资源的角度出发，锚作船的选择程序非常重要，有时候需要综合考虑，错误的锚作船选择可能会直接导致整个作业出现严重停滞和风险，浪费大量的时间、人力和物力，作业过程中锚作船也会受到批评投诉，甚至可能会被就地解租，举例来说，要求一艘8000 匹马力/90t 系柱拉力锚作船在 150m 深的水中拖曳 1500m 的 3. 5in 直径的锚链，海底地质黏滞，锚重 20t，稍有现场经验的人员可以快速判断该作业明显超出了目标船的能力。

一、选择参数

需要知道以下参数，并利用这些参数大概了解所需合适船舶的规格。

(1) 锚泊处水深及底部情况(锚作船功率、绞车功率)。

(2) 建议的最大浪高/涌高、风速和作业时预期的流速，由锚作就位作业负责人决定(船舶功率/尺度/推进器功率)。

(3) 所使用锚的类型和质量(艉部开门的尺寸、尾滚筒尺寸、甲板空间)。

(4) 拟敷设的锚泊缆的尺寸、类型和长度(船舶功率、绞车功率、止索系统的尺寸和功率)。

(5) 布锚方法，锚链环，浮标系统(绞车功率、滚筒容量、止索系统尺寸和类型)。

(6) 抛设串联锚的需要(甲板空间和短索的存储容量)。

(7) 额外处理锚链的需要(锚链舱容量和链轮尺寸)。

(8) 浮式设施锚机绞车类型和收放速度(动力收放、重力释放)。

(9) 使用专用锚泊设备、串联锚或预抛锚的需要(甲板空间、工作滚筒数量、存储滚筒容量、止索系统的数量)。

二、锚作船能力估算

一个简单的数学计算就能判断一艘锚作船是否有能力完成作业，另外一种获得近似马力的方法是通过查阅浮式设施的操作手册去查阅推荐的锚作船的功率。假如一艘锚作船系柱拉力为 120t，绞车静态制动力为 350t，最大绞力为 250t，如图 4-2 所示，浮式设施将在160m 深的水中锚泊，海底底质坚硬，必须布置 1220m 长直径 76mm 的锚链，锚链单位质量 0. 118t/m。如果锚作船在尾滚筒处施加 100t 的拉力，浮式设施松出的整根锚链范围内，则锚链悬垂链部分的长度、锚链的水平和垂直张力为多少？

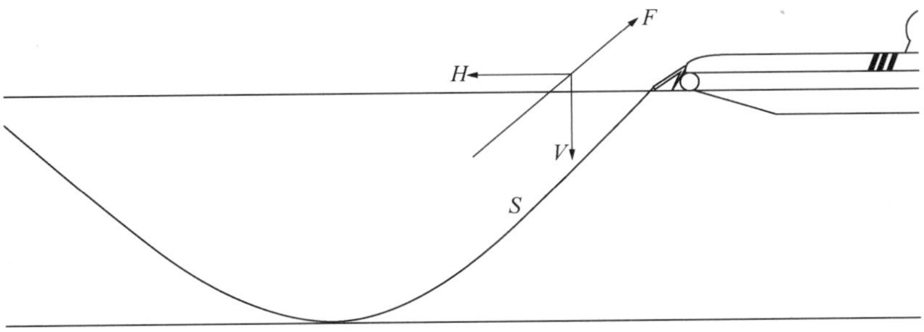

(a)锚作船能力估算示意图

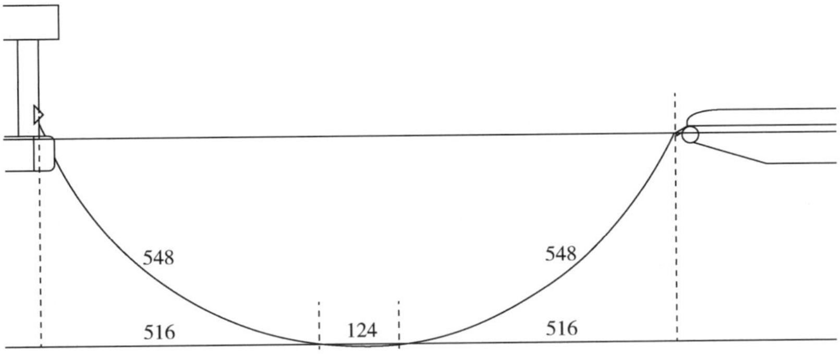

(b)锚作船能力估算结果示意图

图 4-2 锚作船示意图

已知：锚链在海底滑动摩擦系数，取 0.62；锚作船工作缆直径为 70mm；破断负荷为 330t；钢缆安全系数为 2.7；静态拉力 119t。

由公式(1-10)，可得：

$$S=\sqrt{\frac{2Fd-d^2}{W}}$$

$$S=\sqrt{\frac{2\times 119\times 162-162^2}{0.118}}$$

$$S=548\text{m}$$

$$F=H+Wd \tag{4-1}$$

$$F=100+0.118\times 162$$

$$F\approx 119\text{t}$$

由公式(1-2)，可得：

$$V=0.118\times 548$$

$$V=64.664\text{t}$$

由公式(1-6)，可得：

$$H=\sqrt{119^2-64^2}$$

$$H=100\text{t}$$

由公式(1-5)，可得：

锚链悬垂长度：

$$D=\left(\frac{119}{0.118}-162\right)\cosh^{-1}\left(\frac{\frac{119}{0.118}}{\frac{119}{0.118}-162}\right)$$

$$D=846\times\cosh^{-1}(1.1915)$$

$$D=846\times0.61\approx516\text{m}$$

卧底链长为：

$$1220-548\times2=124\text{m}$$

锚作船(船尾滚筒)和平台(锚架导向轮)的距离为：

$$124+516\times2=1156\text{m}$$

124m 锚链重为 124×0. 118≈14. 6t，锚链静止需要的拖力为 14. 6t，如果在坚硬底质上移动至少需要的额外拖力为 14. 6×0. 62≈9t，从以上计算得出该船有能力完成作业。如果平台已松出 1220m 锚链，大约还需要松出 50m 锚链，以便锚作船能继续前进到达预定锚点，加上留在海床上的 124m 锚链，锚作船的拖力还需增加 15t，整体需要的拖力已经接近锚作船的最大输出功率，加上海况因素，工作缆还要承受更大张力，保险起见有必要将直径 70mm 的工作缆换成直径 76mm 的工作缆。

三、适用锚作船规格示例

在选好锚作船功率/系柱拉力之后，再加上其他构成这些船舶规格的因素使用半潜式平台在功率计算中所使用的例子，可以得出以下合适的船舶规格，除了必须在 160m 水深海域抛锚，这艘船还需要携带两个额外的 18t 的 Stevin 锚和足够长的短索，用来抛设浮标和两个串联锚。主锚和副锚之间的距离为 200m，必须额外携带 400m 长的短索，再加上需更换的一段锚链，由锚作船将其运送到浮式设施上，这段长度是 700m(一段长度)，与要更换的部分一样，18t 的 Stevin 锚最大宽度为 6. 9m，因此，所需船舶规格确定如下：制动马力为 1200，系柱拉力为 125t，锚链舱能力为总长 1500m，起抛锚绞缆机绞力为 250t 2 台，起抛锚滚筒储存能力为 700m、70mm 钢缆，存储滚筒丝盘容量为 2×800m、70mm 钢缆，工作滚筒链轮尺寸为 76~80mm 链条，船尾尾滚筒尺寸至少 4m 宽。鲨鱼钳和 KARM 止缆叉适用于 76mm 的链条和 70mm 的钢缆，挡销船舶尾部止缆系统、拖带绞车和主拖缆，加上备用甲板区域面积大小至少 20m×10m。机动性能包括双推进器、可变螺距推进、一个或多个侧推器 10~15t 推力，船应配备锚链、钢缆打捞钩，至少两台甲板绞车和小型吊车，配备钢缆短索、卸扣、氧气乙炔气割等。

船长和船员必须熟悉起抛锚操作和锚链更换操作，所要求的船舶类型为图示类型的锚作船(图 4-3)。

请注意：当仅使用钢缆进行锚作就位时，对马力和系柱拉力的要求不像浮式设施使用锚链锚泊的那么大，但如果要更换整根锚泊缆，则可能需要相当大的甲板空间操作，并且需要能够容纳所有钢缆的动力存储滚筒。

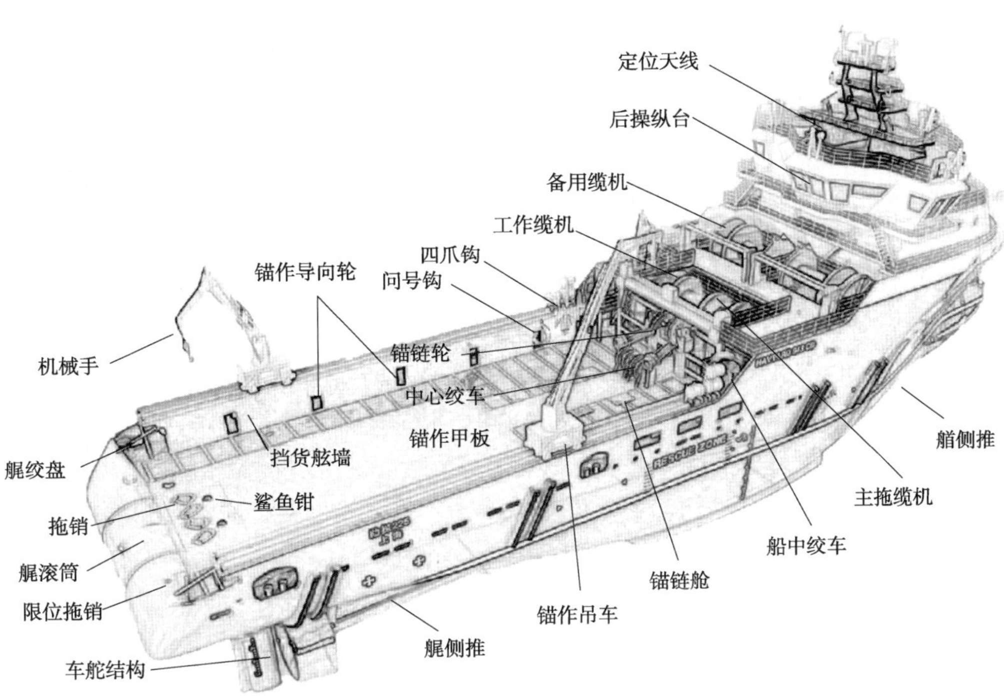

图 4-3　常见锚作船设备示意图(以勘探 225 轮为例)

四、作业简报和技术交底

锚作与就位作业是浮式设施和锚作船之间的合作项目，在工作开始前，对整个作业进行准确、全面的介绍和技术交底，可以避免作业时的混淆和错误，简报包括但不限于以下内容。

(1) 向船长提供作业程序的书面副本，包括所有正确的航行计划和作业计划。

(2) 向船长提供有关浮式设施的基本数据——锚泊缆尺寸和类型、锚的尺寸和类型、短索和索具的运行方法和安装、吊机吊臂长度、锚编号系统，以及显示推进器、主拖缆位置的平台平面图，靠近时对锚作船的危险(水下的凸出物等)；在起租时设施工作人员和负责作业的人员详细了解锚作船规格数据，这对作业途中核实锚作船的规格和是否充分发挥其性能都是有帮助的。

(3) 简报应同意通信语言和术语，以及锚作船必须向浮式设施报告的事项，如锚到底、锚上尾滚筒、水面浮标下水等。

(4) 讨论应包括锚作船数据表中示例所示的船舶技术细节，必须评估船舶的任何缺陷或缺陷对操作的影响。

(5) 在给船长消化理解作业计划的时间后，应该鼓励他发表意见，提出建议，并添加适当的修改方案，这些作业计划通常从浮式设施的角度来看是令人满意的，但当作业计划被交给锚作船时，船长可能会有很好的理由对他的下属船员说："什么乱七八糟的东西"，一位明智、务实的指挥拖航移位的负责人会仔细倾听所有相关参加作业人员对作业计划的建议或意见，并根据需要做出修改。

（6）如果平台绞车、锚机速度或任何其他方面有特殊性，请确保锚作船船长知道该情况。

（7）浮式设施工作人员必须表现出较高的专业水平，以争取锚作船的合作意愿和信任。如果时间和环境允许，指挥拖航移位的船长或负责人应该和锚作船船长们小聚，进行简短的讨论，说“一点儿正确的废话”，这种面对面的接触，尤其是在实现了相互尊重的情况下，将大大有助于解决问题，特别是当时间和作业环境让人感到疲倦和无奈的时候。

详细的锚作船规格数据在起租时就应该详细了解，这对作业途中核实锚作船的规格和是否充分发挥其性能都是有帮助的。

第五节　起抛锚作业基本原则

以下注意事项或多或少适用于浮式设施锚泊作业的大部分起抛锚作业，来自无数次作业总结的宝贵经验，应牢记于心，以提高每项作业的整体效率。

一、抛锚作业

（1）安排抛锚作业顺序，使困难或有问题的锚最后作业，直到至少四个主锚、平台四个角都有主锚受力。

（2）让锚作船在小范围使用锚泊缆，将锚固定在锚作船滚筒下作为“机动锚点”。

（3）如果条件许可，在任何方便的地方抛锚/刹住锚链，在主锚抛完后，总是可以起锚，重新导航定位到正确的位置。

（4）在天气变坏的时候，用最强劲的锚作船顶风顶浪作业。

（5）在一个对称的锚分布模式下，设施将达到最终想要的方向，如果锚按照计划布设且各锚张力是均匀的。

（6）当在来自设施正横的强风或洋流中抛锚时，在抛这些抗风锚之前，将浮式设施移到顶风或逆流处。

（7）在配备双螺旋桨的浮式设施上导航定位和抛锚时，一旦抛下一个锚，就会严重影响转向和机动性，一般设施倒车动力很小，只能有效地保持锚泊缆的伸展。一旦抛锚，试图用这种推进系统进行大幅度的航向改变和花哨的操纵就很少奏效了，尽量借用锚作船的协助，这意味着，如果抛锚且锚抓底，必须使用正确的拖船部署维持航向。

（8）在狭窄或受限水域，计划最初的进场路线，并留出一条撤离路线，抛锚时工作船的合适位置选择应能使浮式设施绕过下锚位置，避开前方的危险，如果在进场过程中主要危险来自左舷首，那么第一个抛下的锚应该是右舷后部锚，并在右舷首锚锚短索上连接适当的锚作船，在需要时起到改变方向的作用。

（9）在锚回收过程中，确保起最后一个锚时，浮式设施已经出限制区域或远离危险，可能需要使用锚作船进行协助或自行起锚。

（10）即使在严重的风暴条件下，假如一半的锚已经抛下，如果适当地部署就位，可以将设施船舶保持在原地，在起抛锚作业过程中，在边际天气恶化时不要继续进行作业，留在原地，利用连接长的主拖缆的主拖船部署作为机动锚点，除非能确定把所有的锚都收回来，并清楚地知道下风的位置和危险，否则就不要继续作业，直到天气好转。

（11）当回收锚时，总是先做打捞工作和类似困难的锚泊缆，由于经常需要高张力和拉力，所以需要浮式设施剩余的张力帮助支持任何从事打捞作业的船舶活动，而且只有在锚作船设施有对角锚抓底的情况下，才需要施加这些力。

（12）抛锚前要对所有设备进行目视检查，利用任何有机会的时间让锚作船甲板进行检查，目测检查销轴是否松动、链接和设备是否故障。

（13）不要为了节省时间而跳过一些好的做法，例如使用大小合适的开口销卸扣、更换损坏的短索、安装好设备以降低施工难度，并在每一阶段重新检查起抛锚程序的进展情况，看看是否可以根据情况的变化加以改进或更改。

（14）“如果这种状况有可能发生，而且没有预先准备，那么该状况发生的概率会大大增加”的定律适用于锚泊作业的每一个阶段，预测可能出现的问题的后果，制定应急计划，经验丰富的指挥人员经常依靠直觉，如果“感觉”不对，则可能正在进行的操作就是错误的。

（15）锚作船是浮式设施的“辅助船”，在浮式设施的指令下工作，为了使锚作船发挥出最好的性能，在设施上发号施令的人必须了解每一艘船的能力和限制，并密切观察船员们的行为和操作方式，通过这些去了解锚作船船长的能力。有些人（有经验的话）是可以通过锚作船接第一根提锚短索靠离操纵判断一艘船舶的表现；明智的拖航指挥人员也会确保他能看到锚作船和浮式设施的首次互动，由于锚作作业时间过长，锚作船上经常配备两名船长，轮流指挥操纵船舶。

二、作业良好实践

（1）在抛锚（下锚）过程中，锚链会与锚架接触，造成结构严重划伤，某些等级的锚链会对锚架造成磨损损伤，同样的情况发生在回绞过程中，链条可能会摩擦锚架的边缘。为了避免对锚链和锚架可能造成的损害，一个良好的做法是使用浮式设施（半潜式）在刚好锚架被淹没的吃水处进行绞锚，或者绞锚链时有海浪的冲洗，这样做的作用是防止热量积聚、减少链条和锚架之间的摩擦，这样的结果是减轻了对锚架的损坏和链条的磨损/划伤。

（2）由于各种原因，作业人员发现自己不得不在浮式设施（半潜式）深吃水状态下进行起抛锚操作，而锚架和导向轮则被淹没在水下，如果可能的话，应该避免这种情况，特别是在浮式钻井设施看不到导向轮或锚架的情况下，锚的准确位置和方向与其的关系将会存在疑问。由于判断链长的唯一方法可能是链长计数器或标记，两者都容易出错，可能导致严重的问题，例如，锚可能已被拉起并越过锚架，当释放锚链时，锚降落在较低的设施船体处会造成严重的损害。另一个问题是靠近锚的锚链或锚部件的损坏，如果不进行目视检查（如果在水下则不可能进行目视检查），通常在抛锚时才有可能发现此类损坏。如果不能看到物标，纠缠的提锚短索和损坏的短索也是一个麻烦。

第六节　就位最终艏向

一、艏向选择的依据

许多因素影响锚泊浮式设施的航向，最好的处理方法是考虑到每一种类型的设施或操作。在使用重型浮吊、潜水支持或工程支持浮式设施的施工作业中，船艏向的选择受作业要求的影响最大，重型浮吊可能必须停靠在半潜式平台或自升式平台的特定方位，因为吊机必须放置在特定作业面，潜水支援船可能必须停泊在一个固定的位置，且是工作需要的放置海底设备的位置，停泊在钻井平台旁边提供住宿支援的锚泊或自升式装置，通常受到舷梯通道入口位置的限制，尽管有专门建造的配备伸缩舷梯的住宿支持船，可能以一个有利的艏向靠泊，并仍能到达钻井平台的入口位置。

二、半潜式钻井装置艏向选择

大多数半潜式钻井平台应该选择朝着天气最恶劣的方向即顶风顶浪进行锚泊，原因如下。

（1）在强风暴中，风和浪的力是以水下和水面(上层)的最小剖面展示的，这意味着海浪和天气的作用力方向正对着设施。

（2）通常情况下，那些装有推进器的装置，如果在最恶劣的天气中顶风顶浪，能够在其最有效的方向即沿艏尾线施加推力。这在传统的配备双推进器的设施情况下尤其如此(与那些吊舱式旋转推进器相比)，推进器可以减轻迎风(船头)锚泊缆上的冲击负荷。

（3）有些浮式设施有六台锚机(绞缆机)，前面四台、后面两台，理论是六个点应该布置在船首的方向，以抵抗最恶劣的风浪涌浪。

（4）大多数半潜式钻井装置的机舱位于平台的前半部分，钻井设备位于船的中部或尾部。在可预测天气条件的地区，顶风顶浪锚泊是很有意义的，这样在发生井喷或井控问题时，这些关键区域和相关的小型船舶位置(救生艇位置)就处于潜在或实际发生危险区域的上风。

（5）在可能遇到 H_2S(硫化氢气体)的区域，如果浮式设施迎风锚泊，开始控制和疏散的关键区域得到了部分保护。

（6）在管道铺设作业中，铺管船必须遵循设计和勘测的管道路线，而不能过多考虑理想的艏向。由于在恶劣天气下，管道铺设将不得不停止，所以制定的唯一标准操作程序是暂停管道铺设工作，移动驳船调整艏向，并优化锚泊布局，以便安全度过风暴。

（7）现场作业人员应该明白，在常规铺管船的管道坡道是暴露在外面的，海浪可能冲上坡道进入工作区域，并可能通过水密门和舱口进入开放的船体内部；与此类似，连接在船舶尾部并引导管道以平滑曲线朝向其在海床上的着陆点的铰接吊钩或尾部部分也可能因大的追击浪或横浪而损坏。

（8）较小排水量的浮式设施，如挖沟船和钻井船，在航向上几乎没有选择的余地，但必须优化锚泊模式，以考虑到当时盛行的天气或洋流。在恶劣的条件下，这些船只通常会驶离工作地点，并重新组织锚泊，也可在拖船的协助下保持艏向和位置。

三、自升式平台艏向选择

(1) 当这些设施在就位时，最关键的因素是承受由风作用在高耸桩腿上引起的倾覆运动的能力，以及由波浪和洋流作用在桩腿上的滑动力。将有一个最佳艏向，其中最恶劣的环境荷载方向可以由至少两条桩腿共同分担。在三条桩腿装置的情况下，这可能是与最恶劣天气方向偏移约45°的设施艏向，负载将由船首方向和一艘船尾方向的桩腿分担。在自升式钻井装置的情况下，特别是如果可能遇到H_2S气体，将住舱、机舱和直升机甲板区域置于钻台和分流管线的上风位置，是设定艏向时需要考虑的一个因素。

(2) 如果存在非常强的洋流，并存在冲刷海底桩腿基础的情况，那么可能会有一个最佳艏向，提供一些屏蔽或减少冲刷的力。

(3) 当自升式钻井设施在导管架旁边就位时，由于自升式钻井设施的特殊构造，将存在艏向限制。在深水中，如果设施非常靠近导管架，强风和涌浪可能会引起自升式设施船体摇摆，并且在极端条件下的这种运动可能会导致与导管架接触，在这种情况下，碰撞产生的冲击力可能相当大。

四、作业气象限制

起抛锚作业的限制因素是风力、涌/浪高度和潮/洋流强度，一般来说，使用浮标系统锚作的天气环境限制略低于使用永久性锚链环系统的限制。如果锚作船的工作甲板一直被汹涌的海浪淹没，即使船舶可以进行操纵，但从人员落水或被海浪冲撞的风险角度来看，船员的安全必须是考虑是否达到操作能力极限的主要因素。

如果锚作船不能抵挡风海或水流，并准确地与锚一起向所需方向行驶，则该船可能已经达到了操作极限，船舶机动性和功率的巨大差异意味着很难制定硬性规则，并且每次操作的情况差异很大，需根据实际发生的事情做出判断。

业内多数经验表明，大多数9000~14000hp范围内的锚作船在横风超过30节的风力以及海平面达到15ft(5m)有义波高时将开始遇到困难，当在超过横流2节的水流中工作时，上述马力范围内的大多数锚作船将开始使用最大侧向推进器功率，从而达到其运行极限。

超大功率的锚作船可能仍然能够在比所示条件更恶劣的条件下进行作业，但在波涛汹涌的海面上，这些船舶的尺度和排水量对用于作业的短索和索具施加了冲击载荷，可能会造成比预期更大的损害，由此可见，索具的强度也关系到能否继续进行作业。

使用锚作船辅助的铺管船作业通常在超出正常的天气海况条件下继续进行，但是取决于这些锚作船船员的丰富经验和相对专业的锚作船的能力，加上铺管船锚索具的简单实用，如手提箱浮标(类似穿心浮)和单根锚冠短索的设计，是允许起抛锚作业继续进行的基础，船长短、干舷低和专用锚作船的操纵灵活性使其具有很好的适浪性，而船体较长的锚作船将在同样的涌浪中严重纵摇，并且由于高干舷和宽阔的方形船尾，会导致大风浪打捞浮标和工作缆的作业极其危险。

如果浮式设施要停泊在靠近另一个设施(平台)的受限位置，或者存在海底障碍物，则可以设定严格的气象标准，当浮式设施或与其他海上设施一起工作时，例如某油公司设定的此类标准为：风速 25 节平均风速，波高 3.0m 有义波高，流速 1.0 节，能见度 0.5 海里。

负责锚泊作业的指挥人员还应考虑这样一个事实，即在起锚和抛锚的不同作业时间阶段，锚作船在不同阶段将近距离靠泊进行作业，如果气象条件接近船舶操纵能力的极限，如今锚作船大都配置动力定位系统，虽然完全失去动力的概率很低，但船舶无法排除在浮式设施近距离作业时完全不会出现重大发动机故障，那么锚作船靠离浮式设施的上风侧可能会面临严重的碰撞风险。

在开始抛锚作业之前决定前往就位地点时，必须仔细审查天气预报，并将获得的最新数据与当地观测相结合，天气窗口的条件必须满足浮式设施至少能够布置 50% 正常数量的锚，其花费的时间，取决于锚泊作业的类型、锚机特性和锚作船能力，还应该记住，抛锚作业时间必须包括接近位置并准备作业进场的时间。如果锚泊缆使用锚链，半潜式钻井装置平均需要 2~3h 抛出每个锚；如果锚泊缆使用钢缆，则需要大约 1h，由于绞车的速度，使用钢缆作为锚泊缆的浮式设施可能只需要 1/2h 到 3/4h 抛锚。

在世界上许多海域，存在“当地”船舶已经习惯的特殊天气和海洋条件，例如中国南海海域的冬季涌浪条件、琼州海峡的高潮汐流速度、变幻莫测的内波流等，如果浮式设施和锚作船到达这样的地区，其人员对当地情况很少了解或根本没有经验，建议仔细询问当地锚作船船长并获得尽可能多的知识，浮式设施指挥人员应以开放的心态观察并研究“当地”方法，因为需要完全适合该地区和当地海洋地理环境。

还应该记住，浮式设施指挥人员有时可能会发现自己与对当地海洋地理环境没有经验的锚作船一起工作，并认为对他们的要求是不合理的，在这种情况下，浮式设施指挥人员可能不得不鼓励锚作船船员，并详细介绍作业流程以增强船员完成作业的信心，甚至可能安排一位有经验的人员上一艘或多艘锚作船进行指导工作，为实际完成这项工作提供支持；在海上油田，作业人员或锚作船如果尝试失败，很少受到批评，但直接明确拒绝尝试执行一项任务，特别是在判断船舶设备和条件没有问题的情况下，锚作船就要承担可能被停租的风险。

第七节　浮式设施初就位进场

一、选择进场路线通常做法

浮式设施进场时通常需要考虑下面几个因素：

（1）在该地点的操纵空间；

（2）海面和海底障碍物的位置；

（3）风流方向；

（4）最终艏向；

（5）抛锚计划；

（6）浮式设施自身推进系统的操纵能力（如有）。

如果一艘浮式设施只在船尾安装了推进器，那么通常最好用机动移动到目的地沿上一根锚泊缆的反方向方位前进，通常是船尾锚，首先是将尾锚尽可能地抛到正确的位置；其次向井位方向移动，继续松尾锚泊缆，随着浮式设施接近指定位置，锚链逐渐增加张力；最后施加全制动刹车，使浮式设施接近最终位置，同时准备抛第一个锚，通常指的是上风船首锚。

通常最好是顶风顶流进场，而且风流向越接近进场方向，就位任务越容易完成。进场线可以选择 3 海里的航行距离，这样就有时间组织锚作船并调整航向，使船泊沿着预定的进场线前进，同时调整所有船泊的拉力和推进器功率，使航速稳定在 1.5 节到 2 节之间（视浮式设施锚机抛锚速度）。利用导航定位设备的显示，调整航向和速度平衡所有作用在上面的力，包括浮式设施、推进器、风、海浪、流，航迹图和导航定位设备的读数应显示航迹线、偏离左舷或右舷的距离以及以到达预定位置的航向。

双推进（船尾）浮式设施可在顺风情况下达指定地点，抛下船尾锚，到达最终位置附近后，再抛艏锚作为第二锚，这比第一个选项更困难，由于大多数浮式设施的受风面积较大，庞大的浮式设施减速非常困难而延误抛锚时机。在船头和船尾都装有推进器的船只具有更大的机动性，但如果他们使用锚作船拖带，通常在船头，那么虽然沿船尾进场线进场是可行的，但更安全的做法是抛下艉锚制动。

图 4-4～图 4-12 显示了受限水域的进场路线。

传统和谨慎再加上常识和控制设备的位置，通常决定了大多数浮式设施将顶风顶流朝着指导航定位置前进，负责人会想去实地仔细勘察一下作业水域的具体状况，尤其在一个狭窄水域，在许多作业中，一艘拖船或多艘拖船被用来控制航向以及提供拉力。如果拖航船长在能观察到拖船效果的同时能在必要时命令拖船迅速采取行动中止靠近，那么拖航船长通常觉得指挥起来比较舒服。

在强风或强流中，抛下顶风船首锚，松开锚泊缆，使浮式设施慢慢后退到预定位置，这似乎是一个合理的选择，有时与钢缆锚泊缆一起配合运行良好，但如果是锚链，就很难有足够的速度沿计划进场线放出锚链。将放出的锚链铺直也是一件极度困难的事情，直接从浮式设施上抛锚很简单，只要是使用永久锚链环系统，就可以用捞锚钩将船首与抛下的锚保持距离，但当使用浮标系统时，显然最好是向前行进。

另一种常用的方法是将锚短索传递给一艘锚作船，这艘船首先从船尾跟随浮式设施前进，同时保持短索清爽，并充当舵的角色。图 4-4～图 4-5 显示了浮式设施就位常用部署，这些部署计划将在浮式设施进场之前完成，使用两条锚作船时的 2 种方法如下。

方法 1，一艘船为主拖船，另一艘船系上风船首锚短索（图 4-4）。浮式设施抛下下风船尾锚，在浮式设施抵达预定位置后刹住锚链。

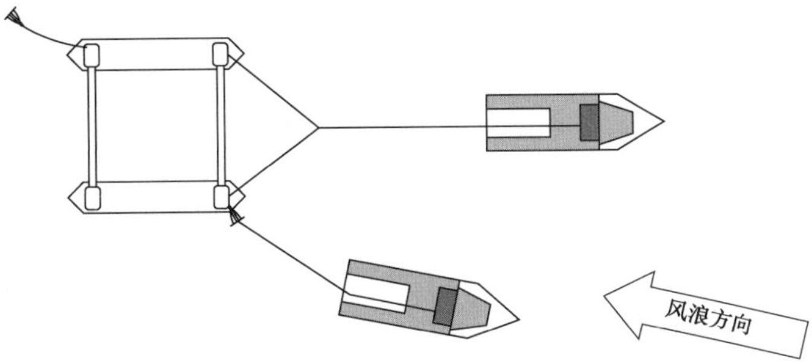

图 4-4　浮式设施双锚作船顶风流进场示意图 1

方法 2，一艘锚作船用作主拖船，另一艘锚作船连接下风锚短索，一旦浮式设施到达下风锚预定锚位就抛锚，锚作船在设施船尾处协助设施绞车将锚放松到海床上，完成设施船尾锚浮标布置后，移向上风首锚短索，准备抛下一个锚(图 4-5)。

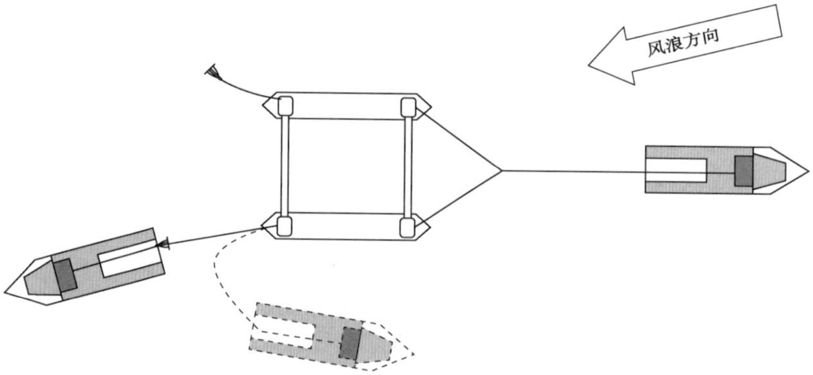

图 4-5　浮式设施双锚作船顶风流进场示意图 2

二、浮式设施进场/就位(三艘锚作船)

浮式设施进场就位具体步骤请参考图 4-6~图 4-9。

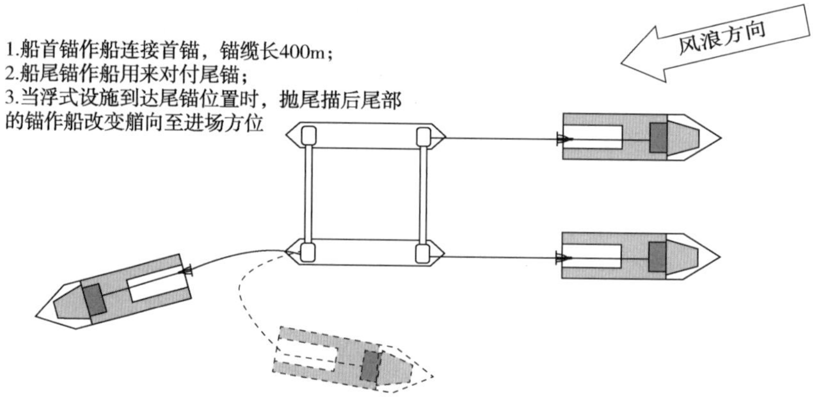

(a)浮式设施进场-三艘锚作船 1

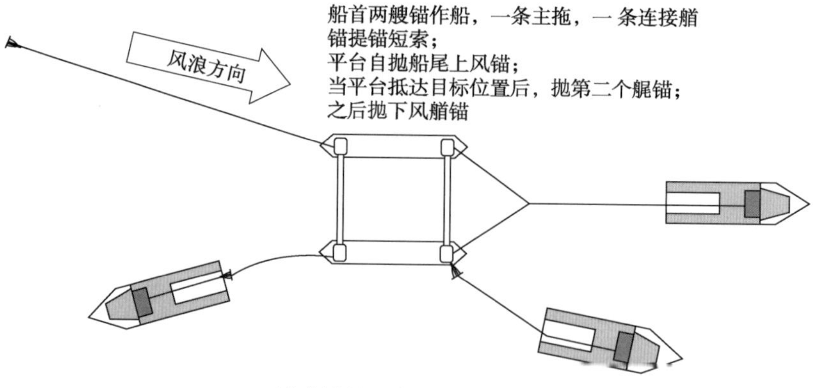

(b)浮式设施进场-三艘锚作船 2

图 4-6　浮式设施进场

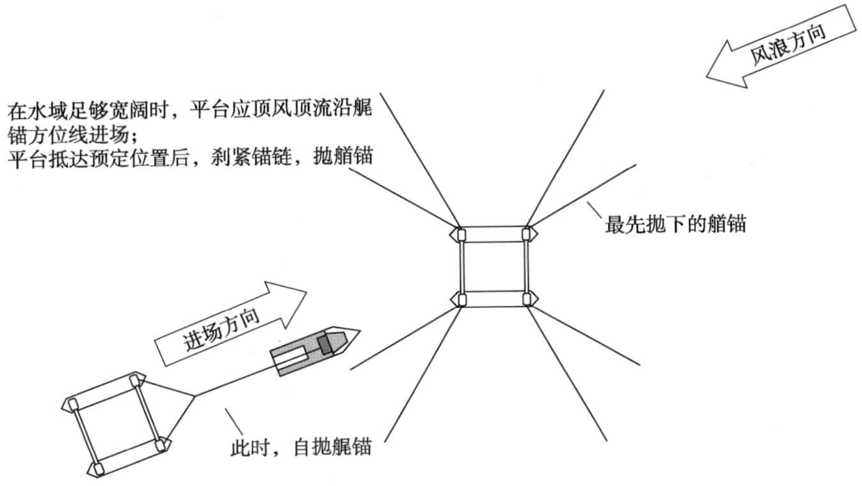

（c）浮式设施进场-三艘锚作船 3

图 4-6 浮式设施进场（续）

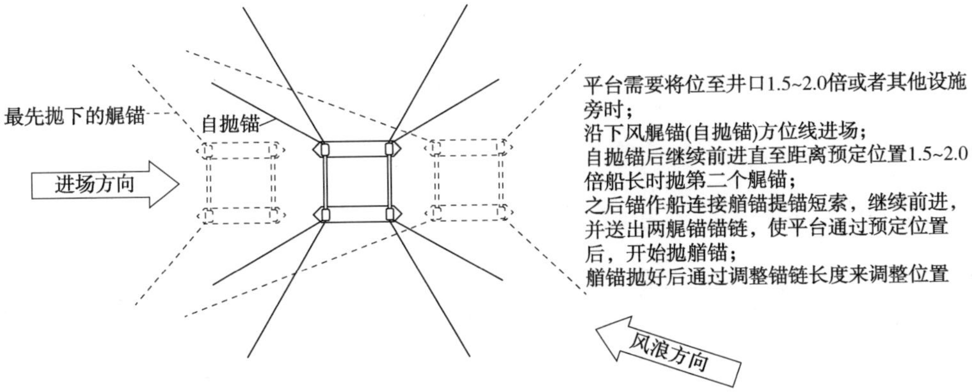

图 4-7 浮式设施就位作业

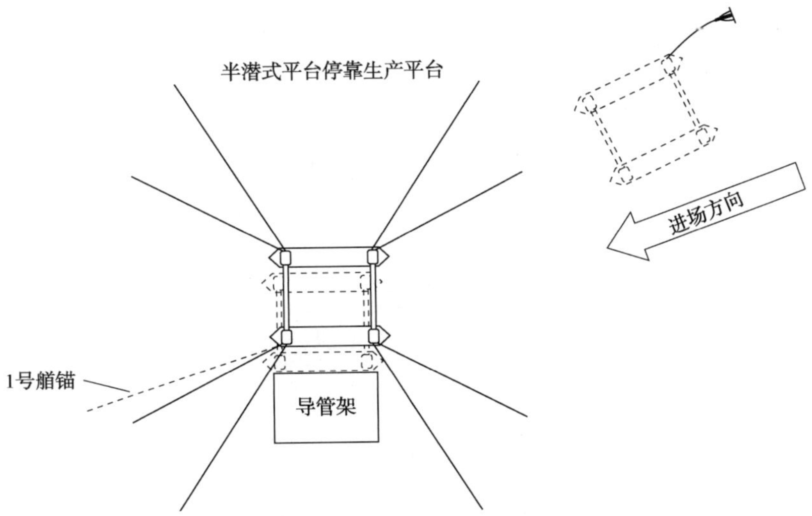

图 4-8 半潜式平台停靠生产平台示意图

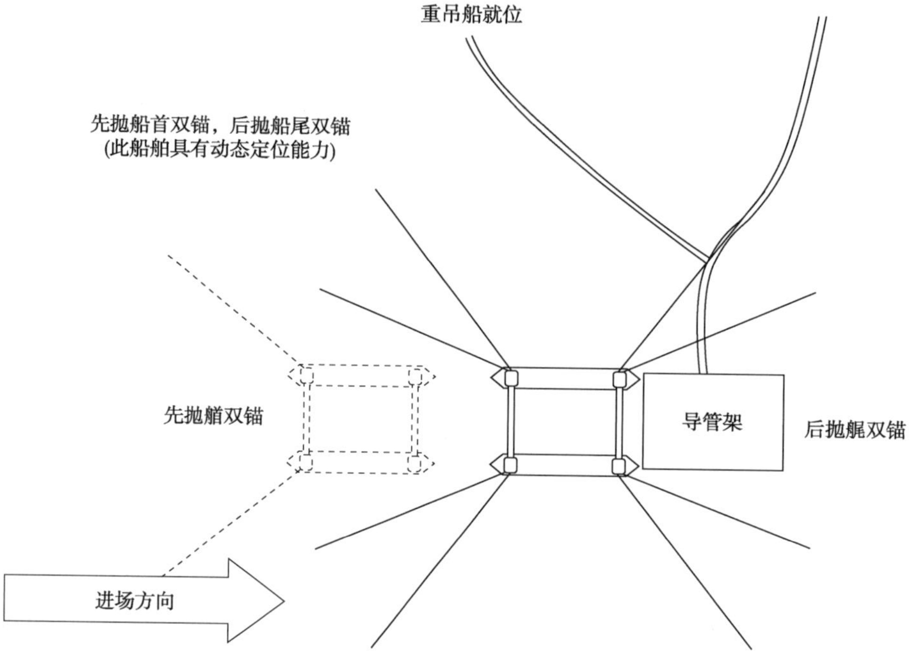

图 4-9　重吊船就位示意图

三、浮式设施开放水域初就位步骤

进场初就位抛锚程序如下：①当艉锚抛好后，平台驳船继续向上风预定位置移动，同时送出艉锚锚链；②到达预定位置附近后，刹紧艉锚锚链，平台会向左舷转向；主施轮向右转向，调整平台艏向；③主拖继续顶风稳定艏向，锚作船开始抛上风艏锚；④锚作船在背锚时要注意风流的影响，且不应妨碍主拖稳定艏向的操作(图 4-10)。

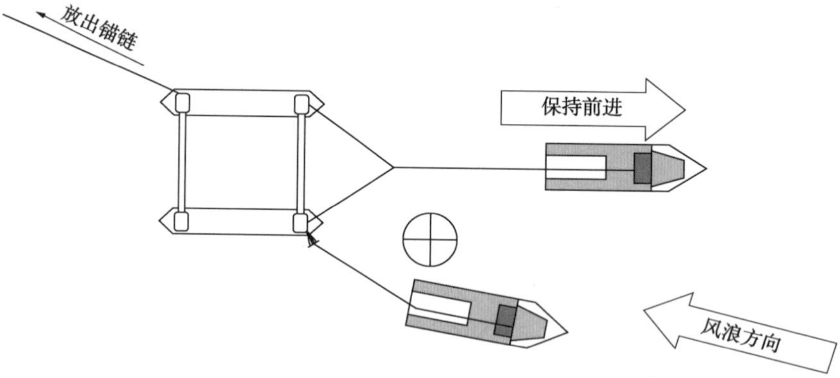

(a)浮式设施进场初就位步骤 1

图 4-10　浮式设施进场初就位步骤

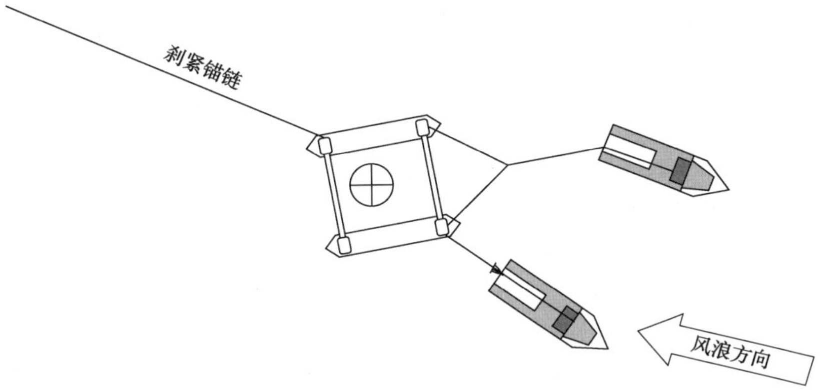

(b)浮式设施进场初就位步骤 2

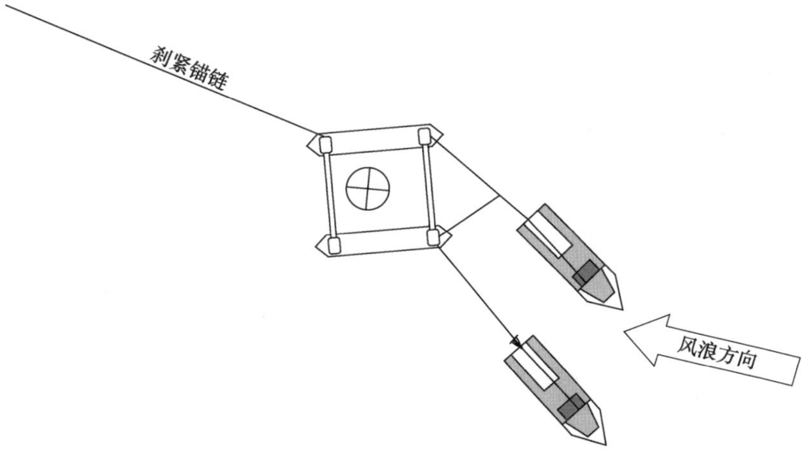

(c)浮式设施进场初就位步骤 3

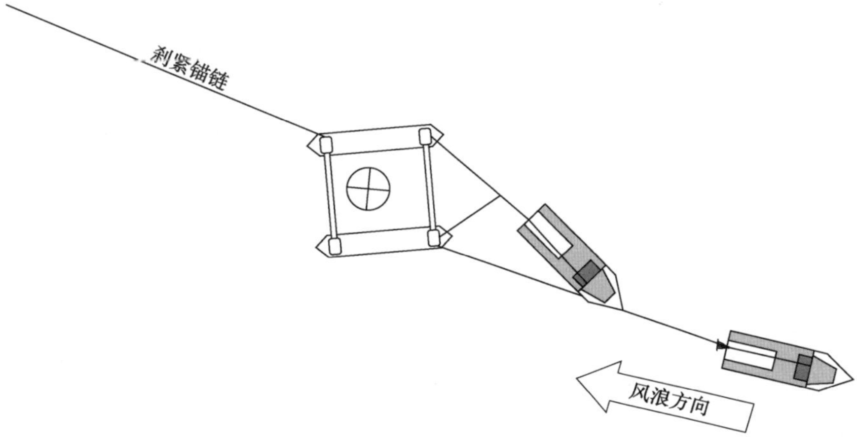

(d)浮式设施进场初就位步骤 4

图 4-10　浮式设施进场初就位步骤(续)

四、浮式设施开放水域就位（两艘锚作船）

开放水域，两艘锚作船进场步骤如下：①距离目的点 3 海里的附近，准备进场，将主施缆收到合适长度；②减速，连接上风艏锚短索；③进一步减速，转向至顶风顶流。此时上风艏锚连接装置不受力；④调整位置，将艉锚锚架保持在进场线上，备锚；⑤根据水深情况，在合适位置开始自抛锚；⑥继续前进，保持整体姿态顶风顶流，继续送出艉锚锚链；⑦抵达预定位置，刹紧艉锚锚链，稳住船尾，艏向抛上风艏锚；⑧主拖继续稳定船尾，抛第二个艉锚；⑨抛上风第二个艏锚，抛好后解主拖；⑩抛下剩下的副锚。调整平台位置，测试锚链张力，完成抛锚作业。如图 4-11 所示。

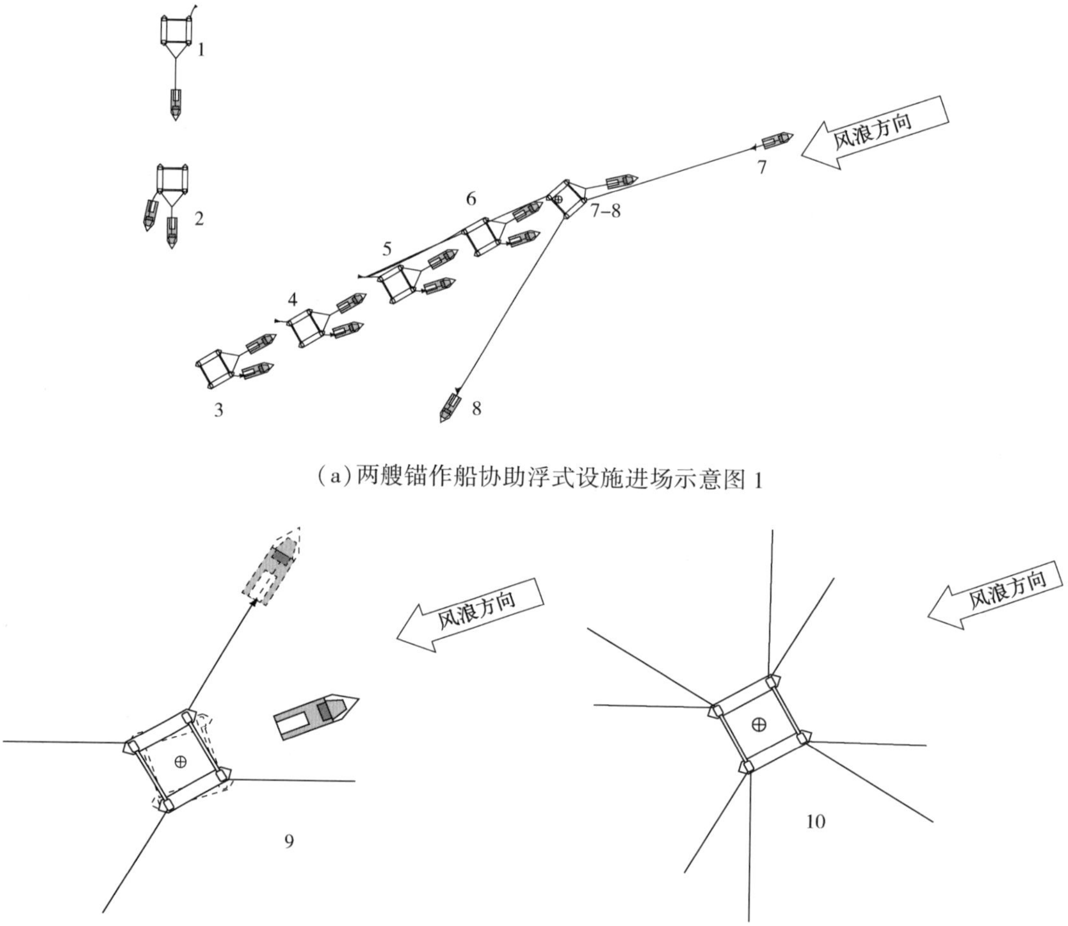

（a）两艘锚作船协助浮式设施进场示意图 1

（b）两艘锚作船协助浮式设施进场示意图 2

（c）两艘锚作船协助浮式设施进场示意图 3

图 4-11　两艘锚作船协助浮式设施进场示意图

五、浮式设施受限水域就位

受限水域，三艘锚作船进场步骤如下：①右舷艉锚已经抛入海底，左后艉锚连接提锚短索准备抛锚。主拖船进场，准备进行声呐探测。②继续前进，距离预定位置合适距离后，右后艉锚刹住。开始抛左后艉锚。右后艉锚的锚作船去连接左前艏锚的锚短索。探测装置继续探测，确定井口位置。③左后艉锚抛妥，两艘锚作船去连接左右艏锚的锚头短索。送出左右艉锚锚链，继续前进，使平台越过井口位置。此时锚链应注意悬垂形态，保持受力。④主锚抛妥后，抛剩下 4 个副锚。在锚链跨过海底管线时，应使用捞锚钩钩住锚链直至抛妥锚链受力。通过收放锚链，使平台移动至预定位置。如图 4-12 所示。

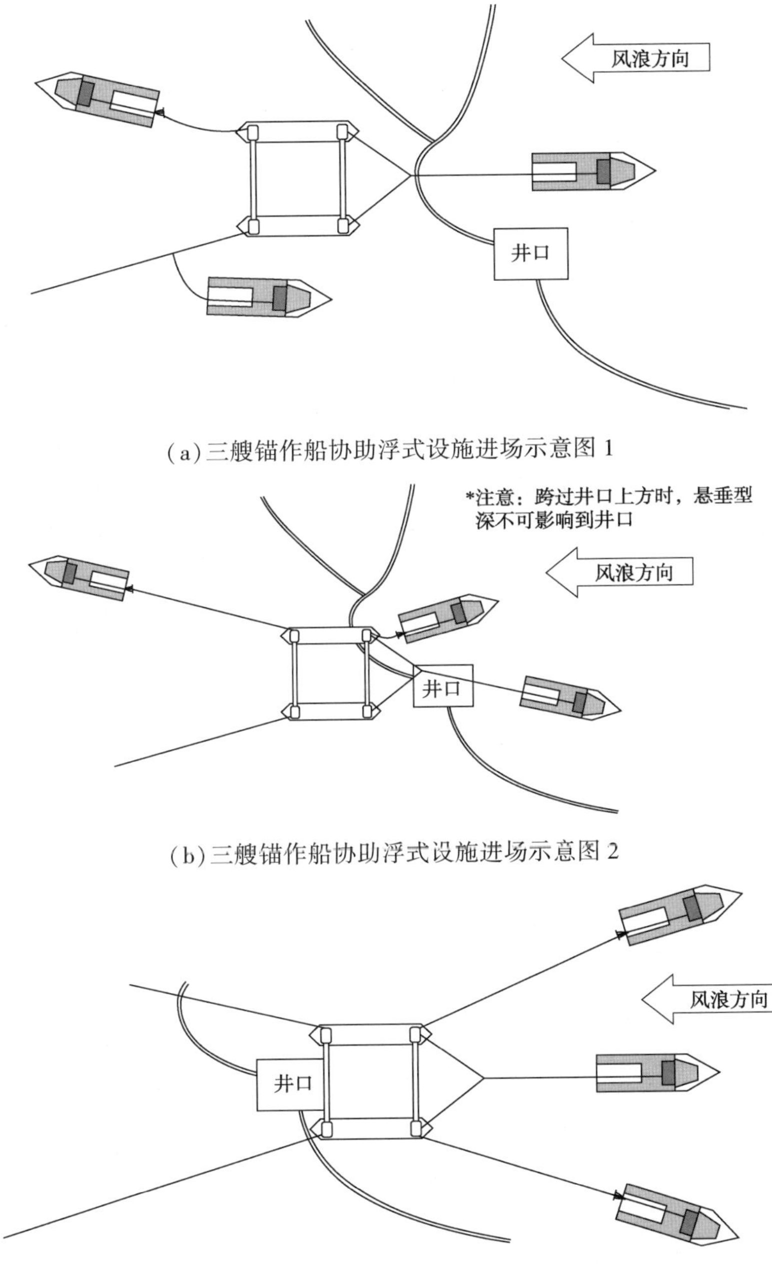

(a) 三艘锚作船协助浮式设施进场示意图 1

(b) 三艘锚作船协助浮式设施进场示意图 2

(c) 三艘锚作船协助浮式设施进场示意图 3

图 4-12　三艘锚作船协助浮式设施进场示意图

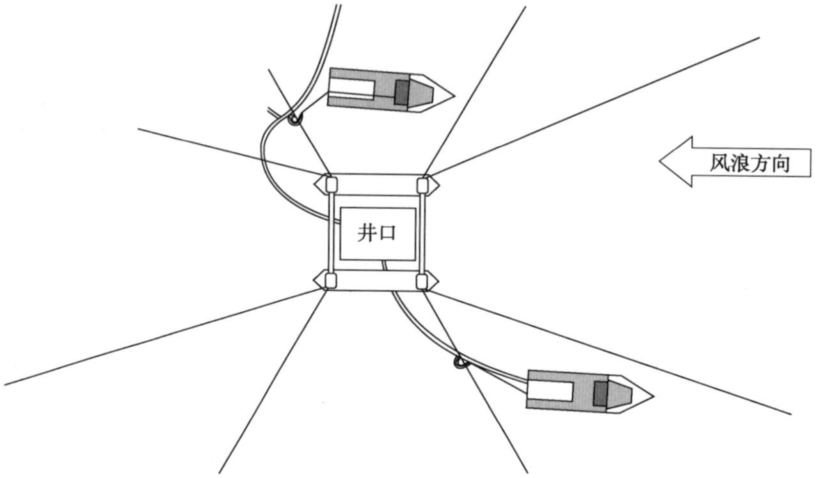

(d)三艘锚作船协助浮式设施进场示意图 4

图 4-12　三艘锚作船协助浮式设施进场示意图(续)

六、开放水域浮式设施撤离

开放水域，两艘锚作船撤离步骤如下：①首先起四个两舷的副锚；②完成上风艏锚和下风艉锚的起锚作业，连接主拖缆；③开始起剩下的艏锚，主拖船配合平台起锚，移位，控制艏向；④锚离底后，平台缓慢向下风漂移，锚作船跟随移动，艏锚上架，开始收绞最后一个艉锚锚链；⑤锚作船将艉锚起好后，平台开始向上风转向，锚作船跟随移动，待平台顶风稳定后，开始锚上架作业。如图 4-13 所示。

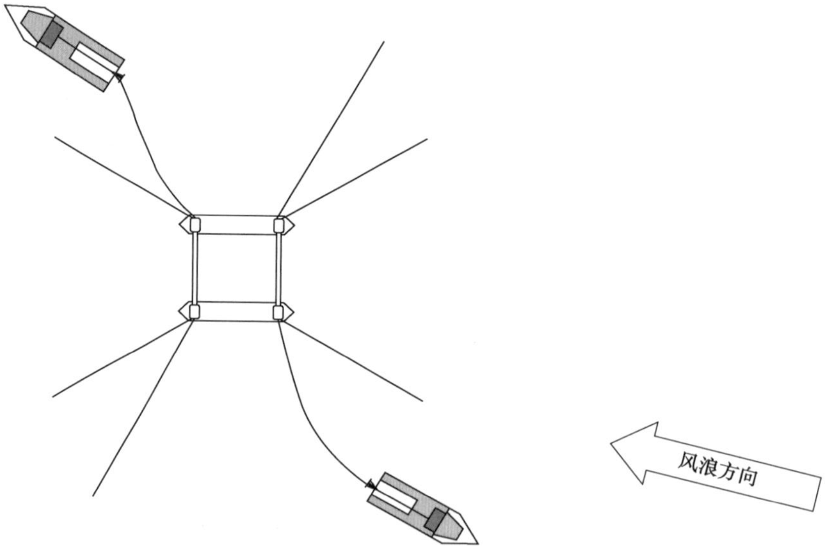

(a)开放水域浮式设施撤离 1

图 4-13　开放水域浮式设施撤离

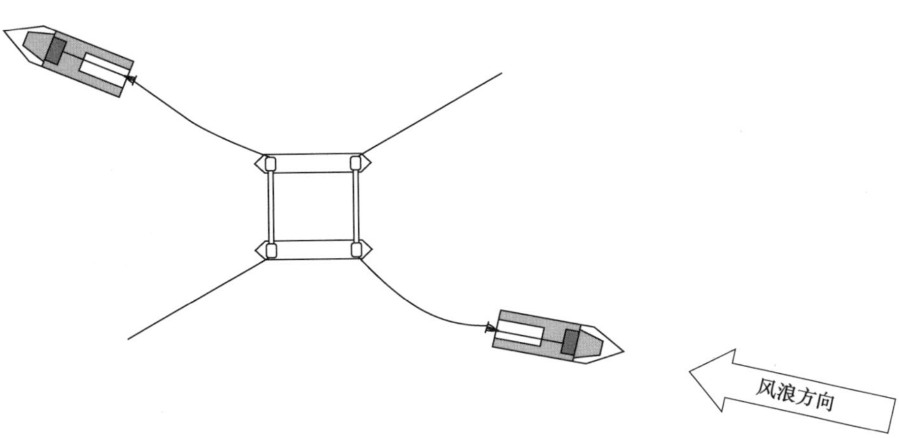

(b)开放水域浮式设施撤离 2

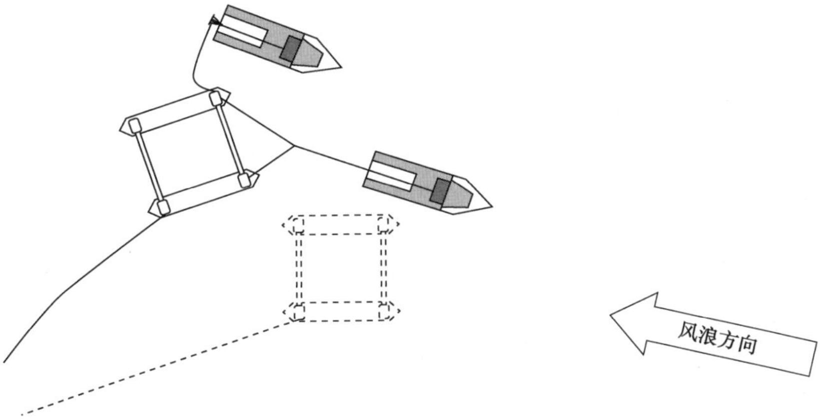

(c)开放水域浮式设施撤离 3

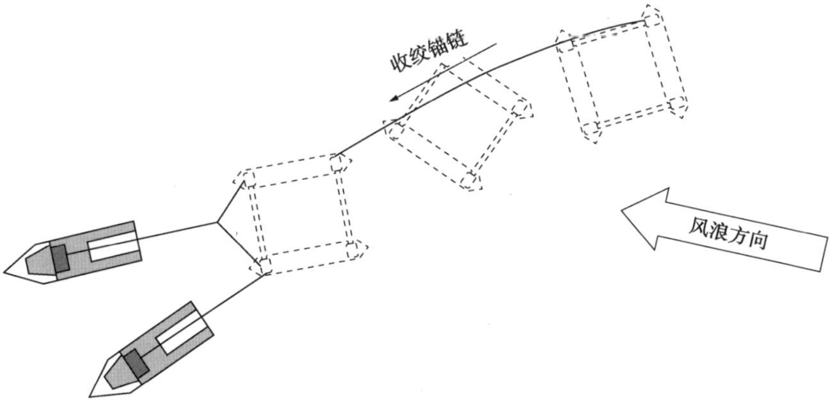

(d)开放水域浮式设施撤离 4

图 4-13　开放水域浮式设施撤离(续)

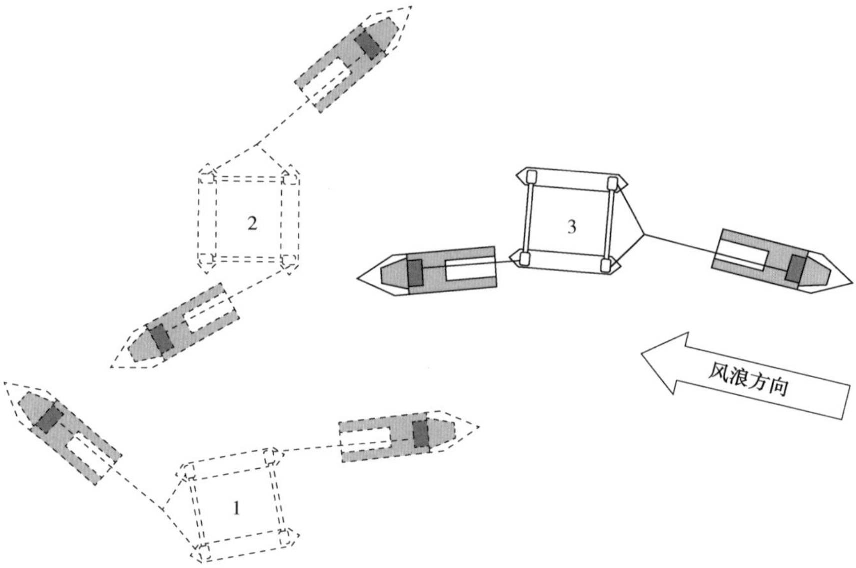

(e)开放水域浮式设施撤离 5

图 4-13　开放水域浮式设施撤离(续)

七、浮式设施受限水域撤离

受限水域，三艘锚作船撤离步骤如下：①初始位置，除 1#、2#、3#锚外，其余锚链均经过海底管线。②起左右两舷的副锚，起锚时根据锚链浮态，在适当的位置加派另一艘工作船用捞锚钩(问号钩)钩住锚链，防止影响海底管线。③一艘工作船 A 去接拖，一艘工作船 B 去起艏锚。艏锚起妥后，工作船 C 在上风艏锚处连接锚头缆和工作船 A 协作避免平台向导管架漂移；工作船 B 起妥艏锚去起另一个艉锚。④平台收紧上风艏锚锚链，稍微释放下风艉锚锚链，接拖的工作船协助平台移位。另外两艘工作船去起下风艉锚。⑤起上风艏锚。如图 4-14 所示。

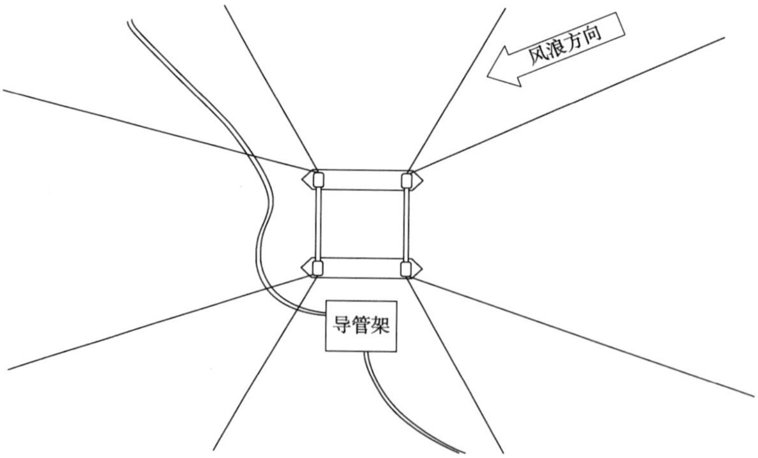

(a)受限水域浮式设施撤离 1

图 4-14　受限水域浮式设施撤离

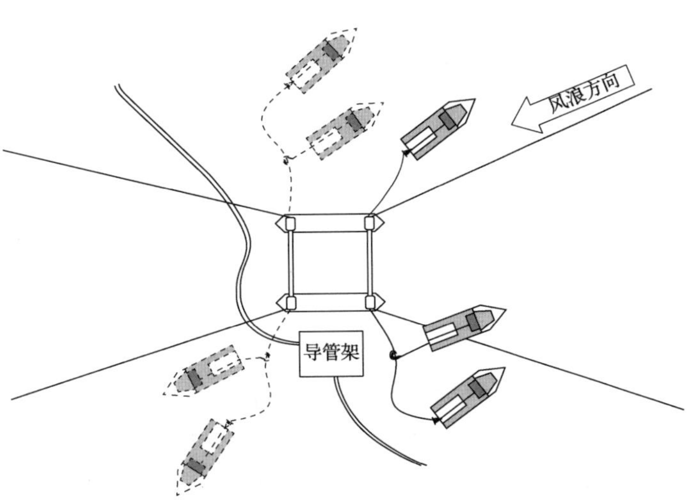

(b)受限水域浮式设施撤离 2

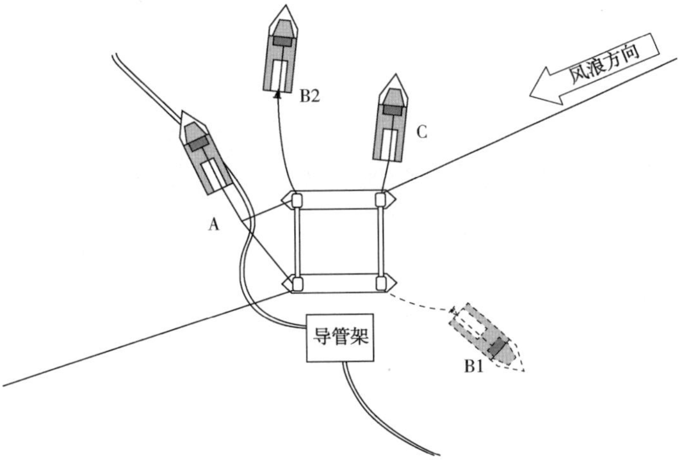

(c)受限水域浮式设施撤离 3

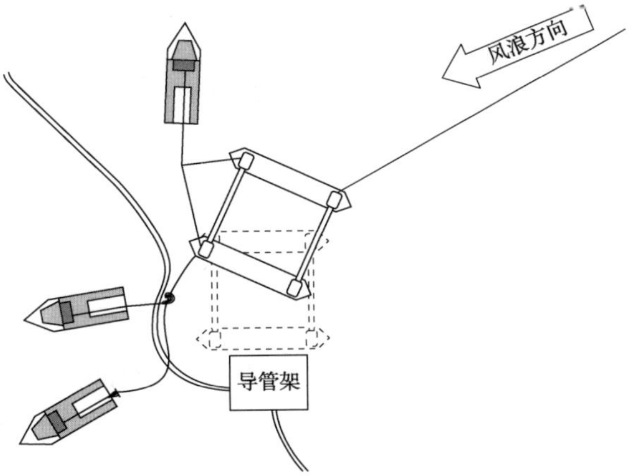

(d)受限水域浮式设施撤离 4

图 4-14　受限水域浮式设施撤离(续)

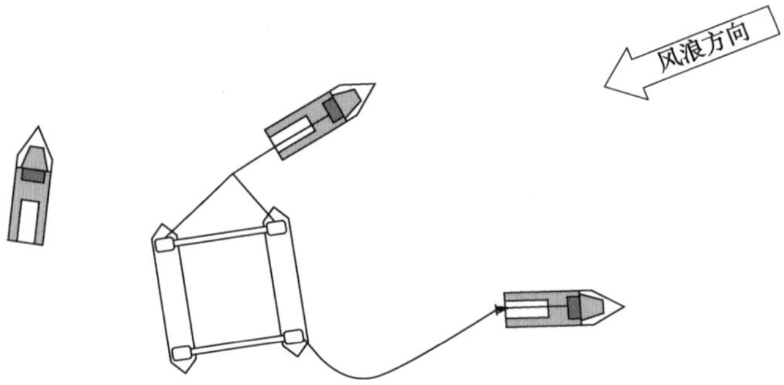

(e)受限水域浮式设施撤离 5

图 4-14　受限水域浮式设施撤离(续)

第八节　锚泊就位计划执行

一、作业会议/安全会议

在开始锚泊就位作业之前，应将作业人的部署和职责安排到最有利的程度，目的是保持正常工作，减少延误，减少对船舶或浮式设施船员的危险。在开始工作之前，建议与高级作业员工召开一次会议，这次会议应包括以下内容。

（1）作业计划。

（2）操作时间。

（3）查阅评审天气预报。

（4）人员安排/组织。

（5）设备状况检查。

（6）检查出来的或存在的问题。

参加会议的人员将根据所涉及浮式设施的类型而有所不同。

（一）钻井设施或支持驳船

在钻井设施或支持驳船(住所或服务船)上，包括以下参加人员。

（1）船长。

（2）浮式设施工程师/大副。

（3）首席工程师/轮机长。

（4）甲板工头。

（5）甲方代表。

（6）租船顾问。

（7）导航定位工程师。

（二）铺管船、浮吊等类似浮式设施

在铺管船等类似设施上使用“移动”的锚分布系统，该会议将在设施初就位或一些特殊阶段作业之前召开，包括以下参加人员。

(1) 船长/经理。
(2) 浮式设施总监。
(3) 塔台/吊车指挥人员。
(4) 甲板工头。
(5) 租船人代表。
(6) 塔台/吊车操作人员。
(7) 导航定位工程师。

(三) 半潜式钻井平台作业人员任务分工

假定有三艘锚作船参加作业，一座大型半潜式钻井平台准备动员作业，其作业人员安排如表 4-1 所示。

表 4-1　钻井平台作业人员分工

岗位名称	岗位职责	岗位名称	岗位职责
船长*	驾驶台或引航室指挥作业	轮机工程师*	设备检查和维护
大副*/浮式设施工程师	首席绞车操作手	电气师	设备检查和维护
钻工*/甲板水手	绞车操作手	稳性师*	中控室-控制台待命
吊车司机/甲板水手	起吊/回收锚头短索	导航定位工程师	驾驶室操作维护导航定位设备

注：有*的表示该人员携带了手持甚高频，可直接呼叫联系。

在铺管船/工作平台上通常分工如表 4-2 所示。

表 4-2　铺管船/工作平台上作业人员分工

岗位名称	岗位职责	岗位名称	岗位职责
船长	塔台总负责	左舷甲板水手	协助起吊左舷的短索等
塔台工头/大副	塔台负责指挥锚作船	右吊司机	负责起吊右舷的短索等
塔台控制人员	负责绞车控制	右舷甲板水手	协助起吊右舷的短索等
导航定位人员	操作设备向大副提供信息	机械师/电气师	机器设备巡检
稳性师	负责打排压载水	轮机长/电气师	待命随叫随到
甲板工头	负责甲板作业	机工	机舱值班
左吊司机	负责起吊左舷的短索等		

持续作业意味着作业人员是双套班子，作业值班时进行轮换，塔台工头或锚作业工头(甲板大副、水头)控制着日常锚作船作业，必要时呼请船长，有时还需要电气师或者机械师的协助。

二、起抛锚作业口令

国内作业时大部分作业人员均为中国人，作业时相互之间的交流不会存在大问题，但偶尔也会碰到要使用英文的情况，表 4-3、表 4-4 列举了在起抛锚作业中浮式设施和锚作船之间常用的传递各种命令和信息的含义。

（一）抛锚作业口令

表 4–3 抛锚作业相关指令

浮式设施发出的指令和通知	释义
Standby for pennant No.	锚作船船位移动到指定的锚架，与船员一起准备从浮式设施接收提锚短索
Move onto bearing true. . . . . . . Run anchor. . . . thousand feet/metre	锚作船锚已背妥，并得到将抛锚的方位和距离指令
Run the anchor or take off(俚语)	锚作船在方位上，当浮式设施绞车刹车松开时，应该开始向外移动
Hold up more to port/starboard	将船侧向左舷或右舷移动
Alter course XO to port/starboard	船应按指示改变航向
Move bodily port/starboard	船位整体向左舷/移动侧移动
On the mark. Stretch up	锚作船已到预定锚位，锚泊缆已放到位，锚作船应该使用更多的功率充分拉伸锚泊缆，消除锚泊缆任何松弛
Run anchor to bottom or set anchor down	在正确距离的位置抛锚到海底
Stand by. No weight on pennant	锚作船放松工作缆，保持静止待命
Buoy off or run the buoy	船应将水面短索与水面浮标连接后放入水中(浮标系统)，当浮标在水中时，锚作船通知浮式设施
Strip off the chaser	锚作船应沿锚泊缆方位退回，并将锚链环送回浮式设施(锚链环系统)
Deck the anchor	将锚绞上锚作船后甲板
Deck and double secure or deck and jaw off	将锚绞上锚作船后甲板并且用两根工作缆固定或锚头短索鲨鱼钳固定
More weight	在抛锚过程中，浮式设施绞车可能希望锚作船使用更多的动力，以保持锚泊缆放出更快或以更可控的方式运行
Ease down	锚作船动力减小
Run the piggy back	抛串联锚
Rig the J-hook(grapple)	准备问号钩(梅花钩)打捞
Re-run No. anchor	×××号锚重抛

（二）起锚作业口令

表 4–4 起锚作业相关指令

Pick up buoy NO. . .	起×××号锚标
Lift the anchor or pick it up	锚作船起锚，锚离底以后向平台汇报
Heaving in	平台通知锚作船开始绞进钢缆或锚链
Slack off on the pennant	锚快接近锚架时，通知锚作船松开短索，以便上架
Break out the chain/line	海底底质原因，平台锚机绞进时受力过大，指示锚作船向浮式设施靠近，缩短锚链
Stand by for the crane	锚上架后锚作船解掉短索，为平台吊车吊锚头短索做好准备
Anchor on the roller	锚作船通知浮式设施，锚正好紧靠在尾滚筒下面

续表

Rig for towing	浮式设施通知锚作船起锚作业结束，为拖带作业做好准备
Pick up the bridle	锚作船到浮式设施船首准备接受主拖缆的引绳
Stretch up the gear	指示锚作船连接好主拖缆以后，使主拖缆轻微受力以便船员可以目视检查龙须缆等是否正常
Back up on it or back of it	指示锚作船停止拉曳，不要让短索受力
Break cable at(designated point)	指示锚作船在何位置拆卸解开锚链链环或者从锚泊缆上解开锚

（三）通话和指示的传达

命令和指示尽可能简短、正式，无须过多地闲聊和解释，信息通过“收到”或重复指令确认，船船名称经常被缩写或缩短，以加快通知或命令的传递。例如，SINOPEC381 被缩短为“381”。

如果收到通知或命令的人没有答复，发送一方通常会说“do you copy... 船名”，如果接受建议或命令的一方没有明白和理解，那么可以使用“repeat please(请重复)”或“come back on that”或“say again”。在大风中，便携式无线甚高频设备的麦克风可能会接收到大量的背景噪声，从而使传输失真，在麦克风表面裹上一层柔软的泡沫可以大大提高传输质量，下雨天则注意防水，甲板的实践经验是在手持甚高频外面套一个塑料袋，效果不错。

三、就位后导航定位系统核对

使用具有较高可靠性和自检/诊断程序的导航定位设备意味着大多数操作相对来说是没有麻烦的，然而，进行以下常规检查，没有特定的优先次序，是很好的习惯做法，以确保导航定位人员的工作参数与实际负责操作的人员相同。

（1）确认租船人给出的最终位置坐标和导航定位公司的坐标是一样的，虽然这似乎很简单，但也发生过浮式设施抛锚位置错误的情况。

（2）检查预估到达地点的时间与导航定位系统精度较差的时期不一致。例如，当使用卫星系统时卫星覆盖在作业人员位置上不理想，这削弱了导航定位精度，一些无线电导航定位系统(双曲)受晨光昏影期或太阳黑子活动的影响，降低了导航定位精度。

（3）当使用基于短程和远程无线电的系统时，检查所有的发射台或所需基站的数量都在实际运行。

（4）非常近距离的导航定位系统可以被坚固的结构所遮挡，甚至被观察者所掩盖，应答器应该小心地选择安装位置以避免这种情况，在进入现场之前检查覆盖范围。同样，在繁忙的油田中，其他船只可能使用各种系统，一艘到达指定位置的浮式设施应该协调其活动，因为干扰可能会对性能和精度产生不利影响。

（5）抛锚作业负责人应与导航定位工程师密切联系，以确保预先规划和绘制的锚泊模式是实际需要的，距离和锚泊缆长度单位是商定的，屏幕上显示的锚编号是与平台实际编号系统相符合的。

（6）导航定位人员应考虑到陀螺罗盘的误差，如果使用陀螺输入，可能的话，用一些独立的方法检查显示的位置，确保在获得位置数据时，可以检索的形式每隔一段时间存储一次，这将使操作的所有阶段都能保持准确的记录。

（7）参考点和偏移量应在每次系统设置时重新检查。

（8）导航定位人员应与抛锚作业人员密切合作，这样就不会产生延迟。如果需要为一个特定的锚设置便携式设备，例如使用激光测距仪时，应该在船靠妥浮式设施之前准备完毕。

（一）重新抛锚

在布置完所有主锚以后，设施的位置通常已经接近最后目标位置，至少在允许偏差范围以内。在某些有海底障碍物的作业中，在接近最终位置以前，可能要求设施抛出全部系泊锚。无论谁用哪种方法，作业都已到了需要精确定位的阶段了。在浮式设施移动到最终位置之前，所有锚泊缆上的拉力应达到测试张力的一半左右，如果出现明显走锚的迹象，则应该重新抛锚或加抛串联锚。

重新抛锚通常发生的原因有：锚没有抓住，锚的位置不正确，锚泊缆本身有扭结、绕圈，锚泊缆“过短”(锚泊缆部署长度不足)。在开始重新抛锚之前必须收回的锚泊缆的数量取决于锚泊缆的类型(钢缆或锚链)、底部的性质以及将锚泊缆和锚抛到所需位置的方向变化量。

在锚链系泊的情况下，可能需要收回部署量的2/3，这是因为锚作船必须使用非常大的功率才能将一排锚链侧向穿过黏性的海底。如果重新抛锚时，一堆锚链躺在海床上，不仅锚作船启动拉锚时会遇到麻烦，而且如果由于锚“离线”而需要重抛，成堆的锚链可以将锚稳定在正确的位置，但锚链却沿曲线铺开。在风暴冲击载荷下，这条锚链可能会突然被拉直，导致受影响锚链的张力迅速下降，而其他相邻锚链的张力突然急剧增加会导致锚链失效和走锚，最后测试拉力负荷不能保证将锚链拉直。因此，该技术是将锚链大部分收回来，这样当锚作船施加大约3/4总马力时，锚链会悬垂在浮式设施和工作船之间的海床上，浮式设施绞车锚机停下来，准备放出锚链，锚作船沿计划锚泊缆方向前进，重新开始作业。

如果锚泊缆是钢缆，则可以在更远的地方进行重新布锚的作业，因为锚作船可以在离锚机绞车更远的地方伸展铺开锚泊缆，但这是一个不好的做法，拖动的钢缆侧面，特别是通过砂石和黏土底部或在岩石的情况，钢缆会遭受严重的磨损和摩擦损伤，在最坏的情况下，可能会卡在海底凸出物中，导致扭结、压碎或断缆。

如果在最初的张力测试过程中只有一个或两个锚溜锚，不要继续拉回去就位；如果锚泊缆缩短的距离低于要求的最小抛锚距离，就必须重新抛锚。在作业过程中，锚出链长度由以下距离组成。

（1）在测试拉力时避免锚泊缆被完全抬起所需的最小距离。

（2）估计锚泊缆被拖曳的距离。

（3）应急富余5%WD(水深)。

如果在其估计的拖动距离内锚没有抓底，第一个行动应该是浸锚一段时间，比如30min，然后以1/3~1/2测试张力测试，仍然会显示出溜锚的迹象，放松锚泊缆，让锚作船起锚，在锚位于锚作船尾滚筒时，以最大功率拉直锚泊缆，锚作船甲板人员应仔细检查锚是否有纠缠或损坏。如有必要，将锚起上甲板并进行检查，寻找丢失或损坏的部件、弯曲的锚爪、扭曲的锚爪、倒置的锚爪、特制的锚、丢失的卡阻(不正确的设置)等。

如果锚检查结果正常，然后锚作船加大到最大推进器功率伸展锚泊缆，浮式设施绞车锚机不应保持松弛状态，直到通过从浮式设施到锚作船的距离和方位以确定是否海底还有松弛的锚泊缆。假如还有松弛的锚泊缆，那么锚作船离开浮式设施的位置比锚机绞车锚泊缆链长计显示的数值小。如果所有松弛的锚泊缆都被拉直了，那么锚作船到浮式设施距离应该是互相关联的，随着拉伸的继续，绞车锚机的张力可能会上升，在锚泊缆是锚链的黏性海底上，由于锚链的接地阻力，这种情况可能不会发生，观察距离(锚作船到浮式设施)是否在增加。如果增加，那么原因就是松弛的锚泊缆；如果认为所有松弛的锚泊缆都被拉直，并且有足够的锚泊缆长度被拉出，包括拖曳距离，尝试比第一次拉力测试时拉回的量多放出一点儿，如果成功了，则锚作船可以继续向前移动，将回绞的锚泊缆加倍放出去，锚作船最后拉伸锚泊缆，把锚放到海底，试着用连续拉紧和放松的方法固定，间隔30min到1h。如果锚仍然不能正确抓底，而且没有明显的机械原因，可能会需要加抛串联锚。

(二) 张力测试

当浮式设施接近最终目标位置并且锚至少保持1/2锚泊缆测试张力时，开始测试张力操作。测试分阶段进行，按约定的数量均匀增加锚泊缆受力，在正常的分布式锚泊系统中，这是通过相同速度拉动一对对角相反的锚实现的，左船首对右船尾。绞车锚机绞进的速度一致，通常是先拉起四个主锚，然后通过对角线对拉起四个副锚。由于锚机绞车相互作用，浮式设施的位置移动最小化了。

测试途中不用加快进程，每次试拉的间隔时间为30min到1h，每次拉的时候保持15min的张力，然后锚泊缆放松20ft左右。这种缓慢渐进的磨合和放松在可疑底质的海底是非常重要的，在已知底质的海底上，试验测试过程可以缩短。使所有锚达到测试拉力，准确记录在最初布锚和最终测试拉力之间的锚链或钢缆长度，并计算出链(缆)量是否大于最小所需距离。保持测试张力5~10min，松弛锚泊缆到约1/2测试张力值，等待一段时间(可达30min)测试张力，然后再次让锚泊缆保持测试值。如果一切都很好，松弛锚泊缆到约1/2测试张力值，根据与最终目标位置的方位、距离调整各锚泊缆。

注：有些设施试验要求试验张力连续保持1h，这不是一个很好的方法，因为作用在锚泊缆上的张力和在锚上的效果无法判断，可能更可行的方法是证明锚抓底力保持在规定的数值，如1h内拉3次，每次保持10min，中间放松。

四、最终位置调整

在计算出到达最终位置的方位和距离之后，现在需要计算出每台绞车锚机的放缆量和收缆量。常用的方法有两种，一种是图解法，另一种是数学解法，有些导航定位设备自带程序用于计算放缆量和收缆量，自动给出结果，设施上的船长只要按照结果操作即可，非常方便，可用作第三种。前面两种方法原理相当简单，设施上的船长应有所了解，以备不时之需。

图解法采用大比例尺作图板，该作图方法操作简单、精度高。最受欢迎的图表是以1/10ft、1/2ft和1ft A3分表或A3mm网格。

（1）以合适的比例尺将浮式设施轮廓画到纸上，船首方向正确。

（2）按已布锚的锚泊方式，按比例将每个锚画在与浮式设施艏向的相对方位上。

（3）从当前位置到最终位置，以正确的方位和距离（长度）画一条线。

（4）围绕最终位置画出浮式设施形状。

（5）从最终位置到每个锚位置连线，测量每条线的长度，图上的新线和旧线之间的长度差是收缆或放缆的长度。

（6）为所有锚的收放锚泊缆数据制作一个表格。

（一）最终位置手动计算

计算示例：

移动距离 40m，移动方向 228°T，平台艏向 000°T，1 号锚方位 330°T，1 号锚水平距离 960m，需要收进多长锚泊缆？

减去角度 $330°-288°=42°$

则：距离分量 $B=\sin42°\times40=26.8\text{m}$，$Z=\cos42°\times40=29.72\text{m}$

原锚线长度 $C=960-29.72=930.28\text{m}$

新锚泊缆长度 $A=\sqrt{930.28^2+26.8^2}=930.66\text{m}\approx930.7\text{m}$

原锚泊缆长度 960m，新锚泊缆长度 930.7m，相减即得需缩短去度 29.3m。

对每个锚进行重复操作，并建立一张合适的表格。

（二）最终位置编程计算

如果有的锚泊缆在布锚后是松弛状态，没有完全拉直，那么实际出缆长度和水平距离的差异通过新的更长的计算结果也可以反映出来，另外，在计算船首和移动方向之间的夹角时，请记住从船尾缆锚的方位将使用艏向的反向延长线，计算可以很容易地在计算机上编程使用，能提高计算速度。如图 4-15 所示。

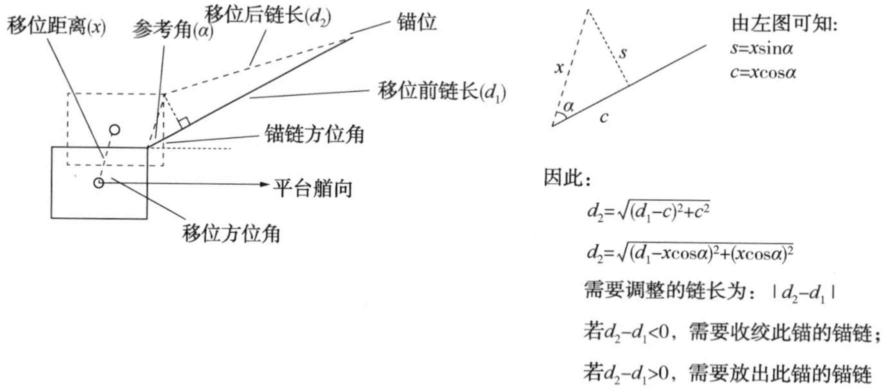

图 4-15　最终位置计算示意图

（三）利用绞车锚机调整位置

计算出绞车锚机收进和松出的长度后，首先检查绞车锚机是否有均匀的张力，其次将必须放松的绞车锚机放松，再次开始绞其他锚机绞车，要达成目的可能不止一步。例如，松出一半数量的锚泊缆，绞紧另外一半数量的锚泊缆。由于浮式设施受到风、洋流和锚泊缆的悬垂链的影响，计算出的数值很少能得到所需的准确结果，在松弛和绞紧之后，浮式设施会摇摆和垂荡，在新的位置附近振荡，即使在天气好的情况下，设施也需要 15min 以上才能稳定下来；到达平衡位置后，检查是否在需要的位置，在这个点上可能需要进行小的调整，这里放松 1m，那里拉 2m，这种尝试不应该匆忙，要有耐心；到达位置后，将张力调整到工作张力，再进行一次位置检查。如图 4-16 所示。

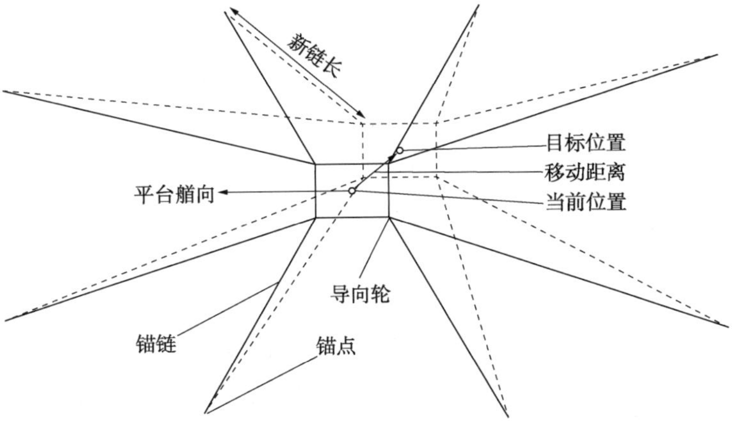

图 4-16　浮式设施移位示意图

（四）受限水域的锚泊缆位置验证

当锚泊缆穿过海底/海床障碍物，或两艘船的锚泊缆非常接近地交叉时，锚泊缆之间或锚泊缆与其下方某些物体之间的垂直距离通常通过使用最小张力值保持，只需要保持锚泊缆张力，就会存在经计算得出的距离，这适用于锚泊系统中的锚泊缆悬垂部分，为了验证这设计的间距确实存在并满足要求，作业合同条款中可能要求执行以下程序。

（1）在锚泊作业后，工程船可以操作水下机器人，以规定的时间间隔视频目测验证间距。

（2）需要安装报警系统，如果张力值低于预先设定的限度，系统能向浮式设施值班人员发出警报。

（3）在指定的间隔报告中，可能需要持续监测和记录张力值。

（4）在不遵守绞车锚机操作方法和特别注意事项的情况下，不允许使用绞车锚机。

（5）可能需要两套独立的锚泊缆张力传感器。

第九节　作业前检查

一、绞车锚机设备检查

在开始作业之前，要进行以下检查工作。

（1）校准绞车锚机张力计和记录仪，修复所有故障。

（2）校准锚泊缆长度计数仪。

（3）调整所有锚机绞车刹车允许参数。

（4）彻底测试所有绞车锚机。

（5）彻底检查所有参与作业船舶，并向有关人士作书面及口头简报。

（6）向所有绞车和吊车操作人员传达工作简报。

（7）在检查合格证书后，将所有所需的装备分发给各船舶，确保船上所有的卸扣、连接链环和其他设备都涂油润滑，确保锚作船已经检查了卸扣是否适合三角板、普通连接链环等。

（8）确保浮式设施锚绞车的棘轮有方向标记，机械计数器可用于计算绞车棘轮转数并换算成锚泊缆长度米数。

（9）让导航定位设备工程师参与进来，利用其知识完善作业程序，确保指挥人员作业中能充分发挥设备性能。

二、起锚作业工具箱

许多锚作船在开始起抛锚作业之前后甲板准备一篮子工具，对于半潜式钻井设施和支持驳船，则在甲板面以下储存相当多的工具和装备(或有时在岸基)最好集中并准备好下面所列的工具和装备，以便在锚泊作业工作期间可以立即使用，通常工具和装备集中可在顶部开门的承载力较大的专用工具集装箱中，一些小的工具装在尺寸较小的箱子中，对于持续的起抛锚作业，各种工具每次作业的准备各不相同，常规推荐的工具和装备如下。

（一）重型设备

重型设备类型如下。

2 个 J 型 110t 捞锚钩；

1 个 110t 重型四抓钩；

2 个梨形环；

4 个肯特环；

4 个 Baldt 连接链环；

12 根 8t SWL 5m 长吊货钢丝绳——软索节头；

12 根 5t SWL 5m 长吊货钢丝绳——软索节头；

12 根 3t SWL 5m 长吊货钢丝绳——软索节头；

2 个有档链接链长 5m、直径 76mm，两段开放链环；

2 个水面标-8t 浮力；

24 个 110t SWL 弓形安全卸扣；

6 个 85t SWL 弓形安全卸扣；

6 个 55t SWL 弓形安全卸扣；

8 个 35t SWL 弓形安全卸扣；

15 个 15t SWL 弓形安全卸扣。

（二）作业工具

作业工具介绍如下。

1 只或 2 只适用规格的备用锚；

1 套固定锚吊货索，通常是 3 根钢丝吊货索，由单环连接，配有大的软索节头；

2~4 根备用捞锚短索，用于问号钩或四爪钩，通常具备足够的长度构成 1.5 倍水深的短索组合；

6 个 110t Baldt 连接链环；

2 套提锚短索；

2 套大小适合短索直径的缆索掣；

2 榔头配 3~4kg 重的头；

2 个重型尖冲销，带手柄，用于连接链环的销轴；

2 个用于连拆装接链环的铅块；

12 个钢缆卡箍，匹配作业中的短索尺寸；

24 个开口销，大小适应作业中使用的每个弓形安全卸扣的尺寸；

4 个备用肯特环和 Baldt 链接环的销轴；

6 个匹配 Baldt 铰链连接环的销轴；

1 套匹配钢缆卡子的套筒/开口扳手；

1 组背包氧乙炔切割设备包括软管、切割枪、护目镜和手套；

2~4 个 Spelter 索节头-适合短索的尺寸；

4 套匹配 Spelter 索节头尺寸的合成树脂索节头复合填充材料套件；

3 根直径 30mm 的聚丙烯缆绳，长 100m；

2 个高能见度塑料漂浮浮标，直径 50~70cm；

1 台手动液压钳，适用于切割直径 30mm 的钢丝；

1 卷(50m)直径 12mm 的高强度无档链条；

12 条匹配 12mm 链条的特制链环。

三、作业检查表

表 4-5 展示了产生一份可行计划所需的行动/数据，实际上使用的计划格式千变万化，但是或多或少包括表 4-5 的内容。检查表是用于保证已分发的完整计划必须包含元素，通过修改适当的部分，检查表也可仅用起锚。

表 4-5 起抛锚作业检查表

作业细节	执行
(一)位置	
1. 海底水深图的深度和性质，水深图应覆盖整个抛锚区域。	
2. 如果是井口，需校准核对导向底座位置。	
3. 锚分布范围内的管道、电缆和其他障碍物。	
4. 盛行风、洋流和涌浪。	
5. 潮流方向和速度。	
6. 要求装卸货区域位于下方舷的位置或航向。	
7. 交通密度、类型、活动工作渠道/联系人。	
8. 固定平台或其他钻井船的位置。	
9. 租船人要求的作业位置精度	

续表

作业细节	执行
(二)导航定位系统 1. 所需的类型和设施的空间、电源、天线选址和声呐深度要求。 2. 昼/夜限制-精度变化。 3. 系统时间的准确性-不同的方位。 4. 系统出现故障后，需要多长时间设置和解决。 5. 系统单位，m/ft。 6. 可提供图形的放大时间和比例	
(三)锚索具及机械设备 1. 短索状态良好，绑扎解除。 2. 浮标是否漏水——油漆，配置尾缆，检查边缘是否开裂。 3. 锚：锚链连接牢靠，平衡杆确保牢靠，没有悬垂在锚架下面或绞缠在锚架上。 4. 短索和卸扣。 1)足够满足水深； 2)20%额外短索； 3)35/55/75/85t 卸扣-润滑备用； 4)所有以上卸扣的开口销。 5) 2)~4)项额外准备 20%。 5. 卸扣将适合短索的索节头。 6. 肯特环链条链接。 7. 铅块-可用。 8. 梨形卸扣。 9. 短索的颜色编码正确。 10. 短索状态良好。 11. 作业前的备品库存。 12. 串联锚的索具检查	
(四)吊车 1. 全面检验运行。 2. 尾绳、安全钩准备好。 3. 吊钩准备好	
(五)通信 1. 检查手 VHF-备用电池已充电。 2. 检查绞车/驾驶台/吊车通信	
(六)工作船 1. 船名、马力、船型、数量。 2. 船长和船员的经验。 3. 绞车系统：工作滚筒和拖带滚筒的丝盘容量。 4. 拖带装置：装配时间的长度。 5. 语言问题(如有)。 6. 约定的甚高频工作频道。 7. 工作缆的长度和直径。	

续表

作业细节	执行
8. 链（棘）轮尺寸。 9. 详细标注锚爪尺寸。 10. 尾滚筒直径。 11. 熟悉作业计划。 12. 船首推进器功率。 13. 机器或设备的缺陷。 14. 可提供焊接和切割设备	
（七）锚机 1. 刹车调整。 2. 计数器正确。 3. 检查润滑。 4. 功能测试。 5. 检查核对锚链长度。 6. 熟练锚机绞车操作人员是否足够。 7. 具体的预张力和测试张力	
（八）锚打捞设备 1. 锚链环：2 副带链环。 2. 适合平台锚链的四爪钩。 3. 锚链环（钩）索具布置-长度和尺寸	
（九）甲板准备 1. 需要的短索放置在甲板备用。 2. 卸扣放置在易于取用处。 3. 开口销分发给各船。 4. 锚抛好以后，浮标索具布置。 5. 绞车功率是否足够。 6. 所有绞车都已装好拖钩	
（十）文件 1. 公估师确认。 2. 租家动员确认。 3. 获得海事局等作业批准。 4. 合同条款/责任确认。 5. 作业计划会议。 6. 布锚计划通过。 7. 技术交底/安全/工作简报	

四、起抛锚作业计划和程序

表 4-6、表 4-7 的示例显示了起抛锚作业处理计划和程序如何在检查清单的帮助下产生实际作用，通常计划部分会根据需要进行简化或扩充。

（一）起抛锚作业程序

表 4-6　起抛锚作业程序

浮式设施名字 ……………………………………………………………………………………………
作业者名字 ………………………………………………………………………………………………
作业地点 …………………………………………………………………………………………………
地点经度……………………E 纬度 ………………………………………………………………… N
水深……………………地质 ………………………………………………………………………………
最终艏向 …………………………………………………………………………………………………
位置偏差 …………………………………………………………………………………………………
锚编号方位距离串联锚
1 ………。
2 ………。
3 ………。
4 ………。
5 ………。
6 ………。
7 ………。
8 ………。
调查导航定位装备

作业细节	执行
1. 布锚角度-30°/60°-20°/60°-45°/90° ……………………………………。 2. 抛锚距离和预张力/测试张力 ……………………………………………。 3. 短索和浮标索具准备情况 …………………………………………………。 4. 抛锚航向 ………………………………………………………………………。 5. 锚方位 …………………………………………………………………………。 6. 最终设施艏向 …………………………………………………………………。 7. 落锚位置-浮标 …………………………………………………………………。 锚 …………………………………………………………………………………。 8. 位置标记(如果有) ……………………………………………………………。 9. 锚作船的锚-平台船首短索配置，锚作船尾抛锚前 ………………………。 10. 报警点与位置设备操作员意见取得一致 ………………………………。 11. 如果有串联锚的计划 …………………………………………………………。 12. 串联锚与主锚一起抛或在主锚后 …………………………………………。 13. 在抛多少个主锚下来后将进行初导航定位 ……………………………。 14. 作业天气条件、涌浪、风速、流、锚作船能力、天气窗口 ………………。 15. 锚作过程中的流方向和速率 …………………………………………………。 16. 船长对详情进行介绍 …………………………………………………………。 1)简要介绍作业计划及建议 ……………………………………………………； 2)将计划告知绞车锚机和吊车操作员 ………………………………………； 3)中控对计划的建议 ………………………………………………………………。 17. 锚在甲板或在尾滚筒上下锚，如有海底管道等风险情况，需要在甲板上双固定锚或链条串联锚 ……………………………………………………………。	

续表

作业细节	执行
18. 告知船舶事宜。 1)船舶周围的水下危险-螺旋桨和舵……； 2)吊车吊臂长度限制……； 3)短索长度和尺寸……； 4)短索颜色编码……； 5)任何特别注意事项……； 6)海底危险……； 7)浮标和短索布置……。 19. 导航定位工程师作业简报……。 20. 许可授予……。 21. 应急计划的一致同意/制定……。 22. 由第三方批准的地点/艏向/作业计划……。	

（二）2 艘锚作船的抛锚作业操作程序

表 4–7 2 艘锚作船的抛锚作业操作程序

1. 离地点 5 英里-顶风顶浪。 1)缩短主拖缆-主拖船带龙须缆； 2)给船吊装足够的索具用以抛 3 个锚； 3)锚作船将短索卷上滚筒做好准备； 4)准备和检查/抛锚； 5)短索和浮标； 6)2 个艉锚和 2 个艏锚锚机接通电源。 2. 在距离地点 3 海里。 1)锚作船连接船首锚短索； 2)准备上进场线； 3)检查导航定位设备是否正常。 3. 距离井位 1 英里外，抛下风艉锚；抛下浮标，并保持浮标清爽；下锚至离海底不到 50ft 处，脱开离合器准备抛锚；导航定位人员每 50m 汇报。 4. 第一次报告距抛锚位置 150m，第二次报告距离抛锚位置 50m，第三次报告离落锚 25m 抛锚	5. 继续向井位前进。 1)每 200m 报告-1 号艏锚锚机松开离合器继续放松艉锚链-每 50ft 通知驾驶台离开井位 300m 时减速，增加汇报距离的次数； 2)离开井位 50m 时报告； 3)离开井位 25m 时刹住艉锚； 4)在井位上方时顶风顶浪，拉直艉锚和主拖船之间的锚链； 5)初始摆动后使平台稳定-调整平台的位置； 6)准备抛 1 号艏锚-上风锚； 7)调整位置，抛下风锚； 8)调整位置，抛船首下风锚； 9)调整位置，抛平台船尾锚； 10)调整位置，抛其他副锚； 11)调整位置，试张力； 12)压载

第五章　常规起抛锚作业

第一节　抛锚作业综述

一、作业前准备

（1）已制定抛锚计划，向船舶作业人员通报了情况，已通报平台作业人员，通信已正常建立并测试。

（2）锚机绞车启动检查完成，钢缆已放到位，计数器归零，拉力计校准，刹车张力调整，钢缆停止标记（可见）绘制。

（3）导航定位设备和抛锚系统（导航定位人员）检查。

（4）吊车正确布置，锚短索用合适的吊货索正确安装，可提供用于从安放位置拆卸锚短索的工具和设备。

（5）备用的短索、卸扣、开口销、问号钩、四爪钩和起抛锚作业工具箱内的物品检查。

（6）锚作船已经携带了浮标、短索和所需的装备，工作缆卷上滚筒，在各个方面船舶都已做好准备。

二、锚链环和浮标系统作业步骤

考虑到特定的锚泊操作，基本作业步骤必须修改，抛锚作业程序是单独处理的，使用锚链环系统的作业步骤如图 5-1～图 5-5 所示，使用浮标系统的作业步骤如图 5-6～图 5-7 所示。

抛锚前准备阶段：①锚短索准备妥当；②锚卡在锚架上；③锚机处在随时可用状态；④锚作船在安全区域外待命。

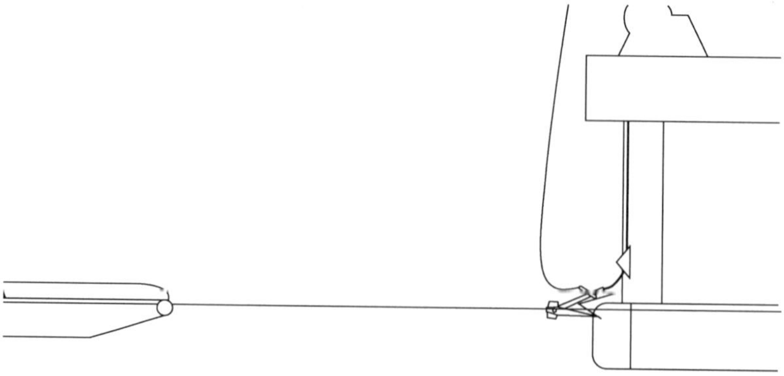

图 5-1　抛锚准备

接短索准备阶段：①提锚短索用吊车吊起；②提锚短索吊起接头部分应加装一根传递钢丝；③适当放出锚链，使锚头离开锚架；④锚作船进入作业区，和锚机现场建立联系。

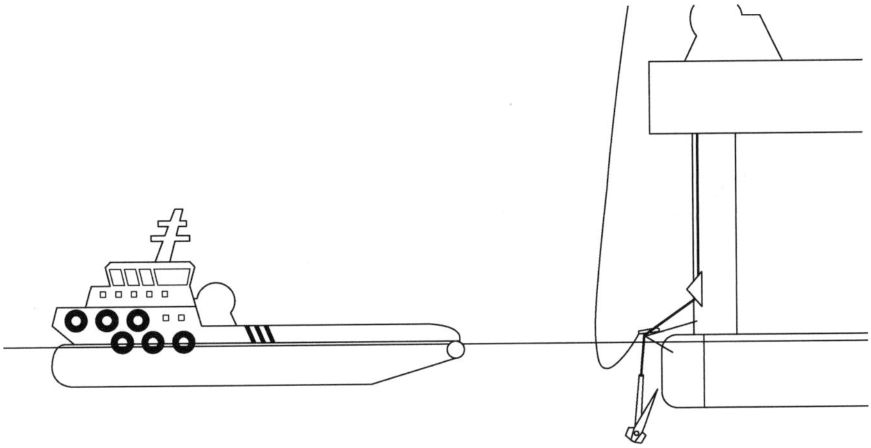

图 5-2　接短索准备

传递提锚短索阶段：①吊车将提锚短索接头吊至锚作船作业甲板；②锚作人员利用传递钢丝连接提锚短索和船中绞车；③锚作人员利用绞车和鲨鱼钳固定提锚短索；④摘钩；⑤连接提锚短索和工作缆。

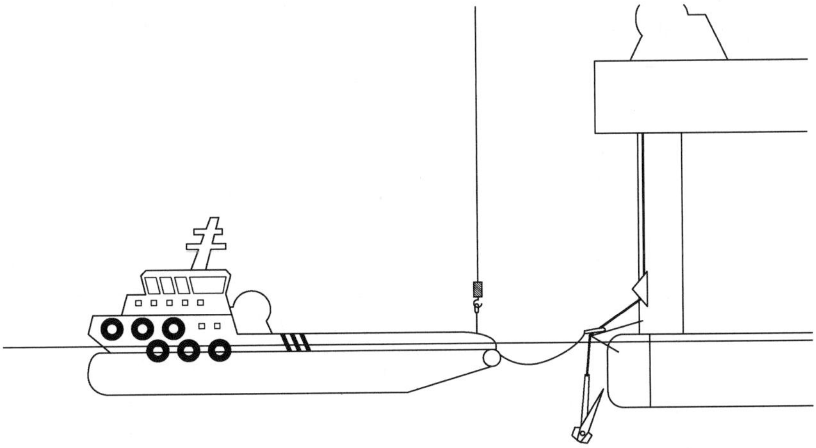

图 5-3　传递提锚短索

锚作船背锚阶段：①锚作船收绞工作缆，平台锚机松出锚链，使锚头拉到锚作船艉滚筒上；此时，如果锚作船过于靠近平台，或者锚链受力较小，锚头自然下垂，可能会导致锚链环滑落；②锚头越过中线，锚机保持温和张力，放出锚链速度与锚作船绞缆速度一致；③持续一段时间后，锚作船将锚头背至艉滚筒。锚机现场操作人员切换锚机速度，准备释放锚链。

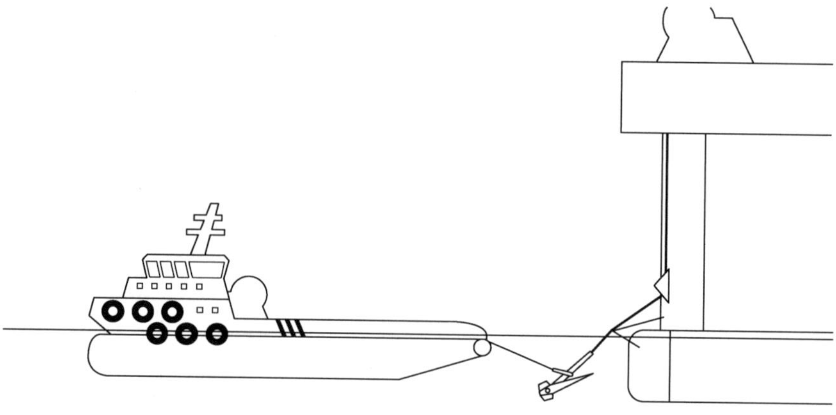

(a)锚作船背锚 1

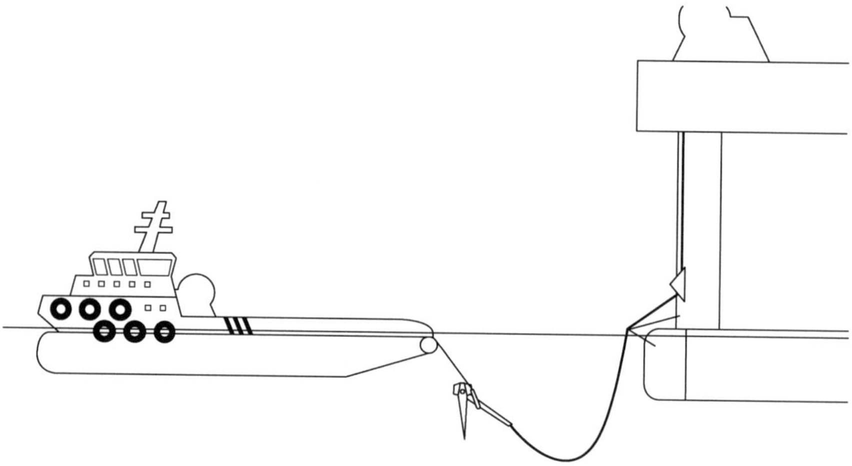

(b)锚作船背锚 2

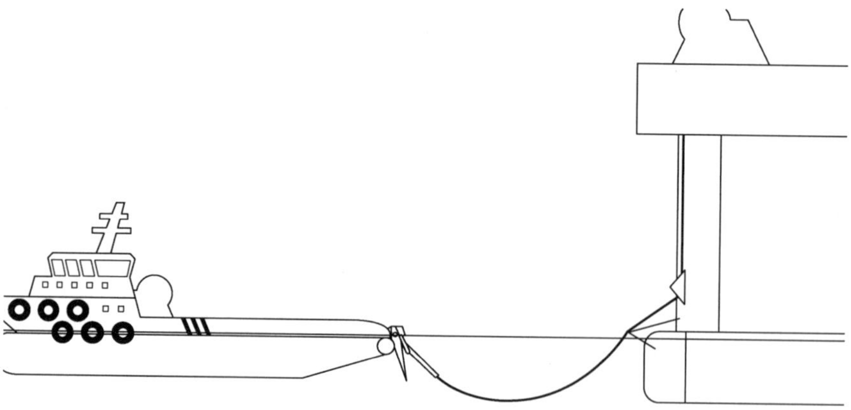

(c)锚作船背锚 3

图 5-4　锚作船背锚

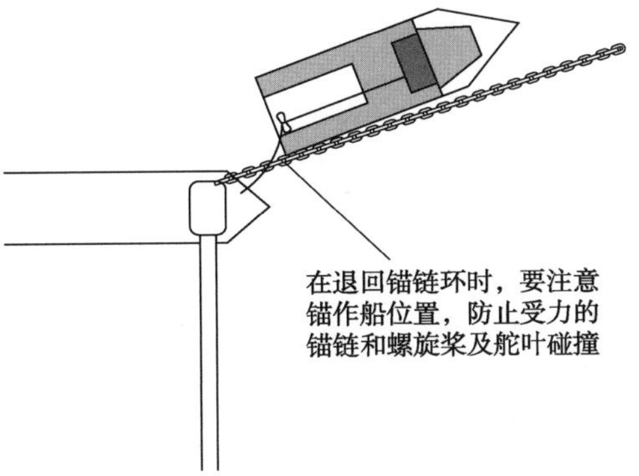

图 5-5　退回锚链注意事项

布置锚标系统操作步骤——以穿心浮标为例：①将穿心浮标连接至锚头短索；②锚作船连接锚头短索；③锚作船收绞工作缆，将穿心浮标收绞至如图 5-6 所示位置；④在抵达锚位后，锚作船增大功率，拉直锚链，同时在保持张力的情况下释放工作缆，锚落地时工作缆也要保持一定张力。

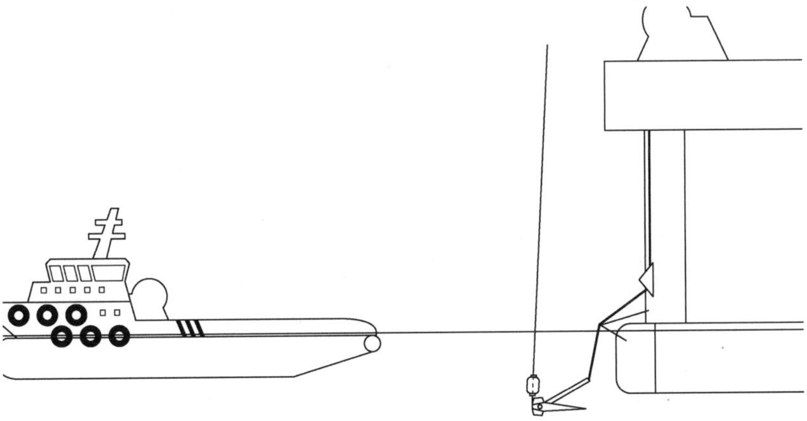

(a)布置锚标步骤 1

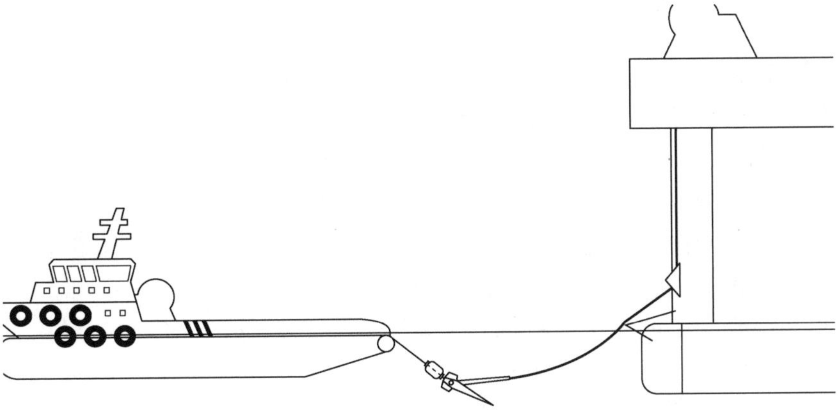

(b)布置锚标步骤 2

图 5-6　布置锚标

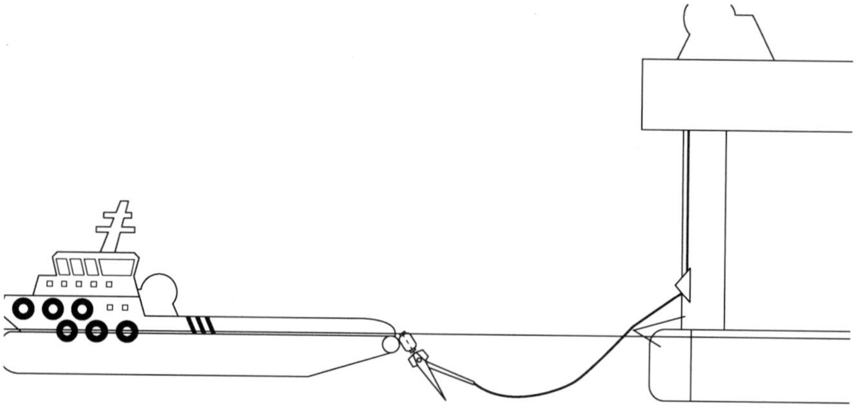

(c) 布置锚标步骤 3

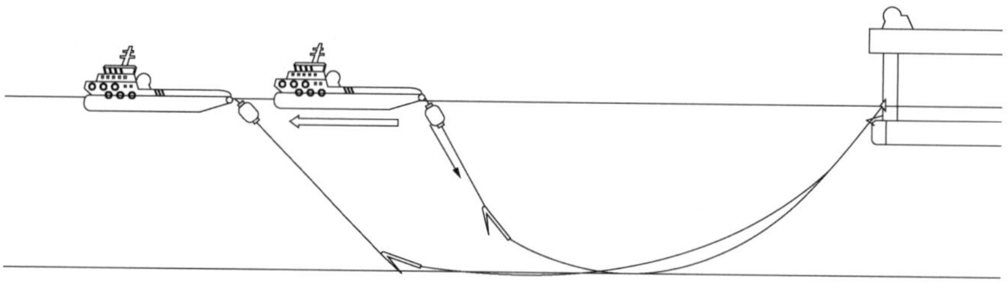

(d) 布置锚标步骤 4

图 5-6 布置锚标(续)

(1) 中控通知锚作船去特定编号的锚，平台甲板人员准备好锚短索。

(2) 绞车操作员启动绞车，启动低档离合，拆下挡板止链器，并关注吊挂和短索布置(连接锚冠或锚链环)情况。

(3) 吊车将短索传递到锚作船。

(4) 绞车锚机操作员松开刹车，将锚松出锚架。注意：一些现代大抓力锚(如Stevpris)必须在相同的张力下(20~30t)部署到锚作船上，以保持锚链环在锚干上啮合(具体要看锚的种类，Stevpris 一般卡不到锚干部位，最多卡在锚卸扣上)，锚不会从锚链环处滑落。

(5) 锚作船快速连接工作缆和锚短索并使船舶的位置与导线轮以及锚位于同一直线。

(6) 锚作船往前移动到 50~100m 距离，如果使用锚链环系统，就对工作缆保持一定张力(20~30t)。

(7) 绞车操作人员将锚链/钢缆松出 10~15m，与此同时，锚作船将锚干上的锚链环与锚干完全啮合，绞车操作人员与锚作船之间应目视确认正确的锚链环导航定位；如果使用浮标系统，锚也将正确导航定位，因为锚被拉向船尾滚筒。

(8) 绞车和锚机操作员放松并将锚送至船尾滚筒，放松的速度与船绞进的速度相同，直到锚贴在船尾滚筒上，当这种情况发生时，平台和锚作船距离可达 100m 或更多；此时，锚可被拖上工作船甲板进行彻底检查，如有损坏则更换短索；或为安全起见，抛锚时锚始终位于锚作船甲板；绞车锚机操作员松开约 150m 的锚链，准备绞车进行高速下放，准备高速放锚链时通知中控。锚作船移到正确的方位线上。如果绞车和锚机操作员的链长计有问题，可以派一名作业人员使用手动计数器计算“棘轮转数”。

（9）中控确认准备高速抛锚，绞车锚机操作员和锚作船确认已准备使用高速档，锚作船开始加车向前行驶，中控船舶确认行驶距离和方位。

（10）在抛锚过程中，绞车锚机操作员监控锚链/和锚泊缆的放出速度，并命令指示锚作船根据需要增加/减少功率，在“动力释放”的锚机绞车上，锚链和钢缆部署速度应保持在略低于最大速度的稳定速度；在“重力释放”的锚机绞车上，锚泊缆以一系列“刹住/松处”的形式布置放出，刹车在两个动作之间生效以防止刹车带过热，锚链放出长度通常为100m后，绞车锚机操作人员应观察锚链/钢缆，因其布置在较低的舷外的导向轮下面，所示不要太松弛地堆在平台下面，也不要无用地刹车，以阻碍锚作船的前进，绞车锚机操作员将监控如下参数：①出缆长度和出缆张力；②制动刹车压力；③出缆速度；④温度/压力。

注意：在有动力放缆系统的绞车锚机上面，主带刹（或驻车刹）是在出现绞车锚机失控时减缓放锚链出链速度或刹住溜出锚链的主要手段。

（11）中控监视锚作船船位便于提醒锚作船船长调整航向以保持在预定的方位线上。

（12）每放出100m的锚链，绞车锚机操作员便高频通知锚作船。

（13）绞车锚机操作员在放出正确长度的锚链/钢缆时刹住绞车锚机（一般拖航指挥人员会提前通知），并指示锚作船继续向前并拉伸锚泊缆/钢缆，中控确认锚作船位置/方位正常，锚作船增加推进器功率，比较理想地使锚链达到约1/3测试张力的拉伸。

（14）中控（如果认为拉伸满意）命令锚作船“抛锚”并确认位置，在这一阶段，绞车锚机操作员准备绞车锚机低档位的绞车进行回绞。

（15）锚作船确认锚在海底底部，根据所使用的锚泊系统的不同，绞车锚机操作人员现在可以收缆，直到达到1/2～2/3测试张力，但锚链（钢缆）距离仍然大于设计的距离。以某次抛锚作业为例，要求的出链长度为1250m，允许绞回距离为75m，初始回绞距离：25m，则剩余量为50m。如果使用浮标系统，绞车锚机操作人员仍将绞入以建立锚海底埋置行程，并命令锚作船开始抛投浮标程序。

（16）锚链环系统。绞车锚机操作员确认船舶已准备好退锚，锚作船开始退锚回浮式设施，绞车锚机操作员观察锚链（钢缆）张力，应保持稳定在回绞时达到的张力，锚作船确认锚链环已经退出锚本体了，绞车锚机操作人员施加动力并再次绞进锚链/钢缆，以测试锚是否仍然保持抓底，锚链/钢缆张力应该保持稳定，而不是下降。绞车操作员确认一切正常，船开始退回浮式设施，使用锚链环系统时，当锚链环沿着锚链被拉动时，锚作船上的工作钢缆会有节奏地跳动或抽搐，张力高、缺乏抽搐和突然抽搐都是没有成功退出的迹象，要么是锚被拖了回来，要么是锚链环抓住了松弛的锚链。如有疑问，锚作船应反向行驶，将锚链环重新拉到锚头，并重复步骤第13～15。

（17）锚链环被退回浮式设施，并被传递回吊车，捞锚短索暂时挂在锚架上。

（18）绞车锚机操作人员加大拉力以检查锚抓底是否稳固，如果使用浮标系统，则第17步完成抛设浮标操作。

（19）所有锚被布置完成后，进行试张力试验（见相关程序）。

（20）如果拉力测试操作成功，那么锚链环短索就会被正确地摆放好，绞车锚机就会为下一次操作(通常是最终导航定位)做好准备。

(21)如果使用浮标系统,一艘锚作船将绕着布置好的浮标,检查其是否漂浮在正确的高度,并用雷达测量距离/方位,以便告诉钻井平台设施可以生成准确的锚标示意图。

三、工作缆部署长度和收放量

在起抛锚作业中使用锚链环系统时,对已经部署或放出多少米钢缆进行跟踪是判断适当部署工作缆长度的关键。在钢缆长度传感器出现问题或不够精确时,可以用下面的简易方法对付,锚作船船长知道了工作缆的长度,在任何时候都能够判断锚作船相对于锚链环的位置。如果使用的工作缆是一整根钢缆,且钢缆末端与工作滚筒连接,知道从绞缆机滚筒到船尾滚筒之间的距离以及工作缆的长度,将工作缆往船尾导向销方向拉出,从工作滚筒到船尾导向销之间就有一个甲板长度的工作缆。如果工作缆长 200m,则应首先在工作缆滚筒 40m 处涂上 5 道条纹漆,再卷起钢缆,直到第一组钢缆卷在工作滚筒上;其次在滚筒上 40m 处涂 4 道条纹漆;再次重复上面的过程,直到 40m 钢缆卷上工作滚筒;最后当绞进或放出钢缆时,知道短索上的油漆条纹记号,可以很好地指导锚链环与船尾滚筒的相对位置,锚链环海底布置示意图如图 5-7 所示。

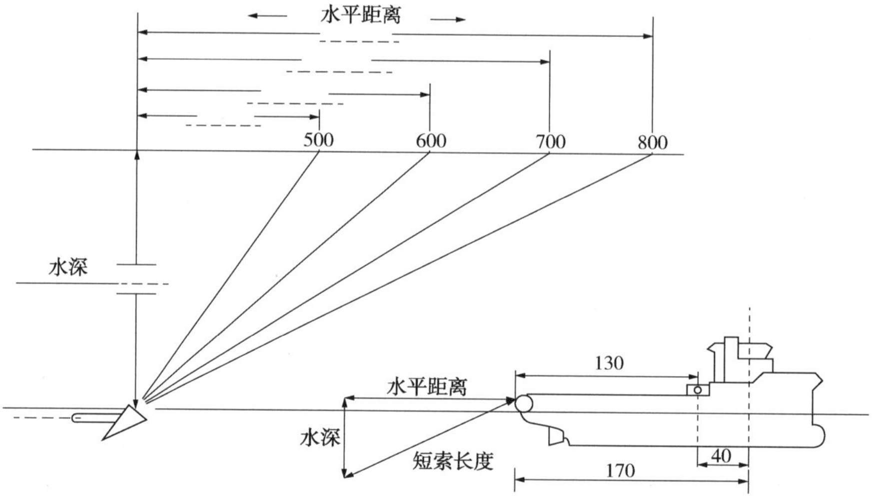

图 5-7 锚链环海底布置示意图(图中水深、距离和长度单位均为英尺,1 英尺 = 0.3048m)

在起抛锚作业中选择合适的雷达量程。

距离锚链水平距离为(导向轮到锚)3800ft,水深为 350ft,短索在船尾滚筒处的长度为 700ft,雷达天线至船尾距离为 170ft,则水平距离的计算如下:

$$\text{水平距离} = \sqrt{\text{短索长度}^2 - \text{水深}^2} \tag{5-1}$$

由公式(5-1)得:水平距离 $= \sqrt{700^2 - 350^2} = 606\text{ft}$。

尾滚筒到雷达天线的距离 170ft、776ft,锚到导向轮的距离 3800ft,到雷达距离 4576ft,除以 6080,得 0.75 海里,雷达可调距标圈设为 0.75 海里。

注意:实际距离由于锚链/钢缆悬垂量的原因比计算结果稍小,请参考悬垂量计算,但是比计算结果小 10%~15%,与实际距离非常接近。

锚作船向预定位置行驶示意图：①锚机现场操作人员和锚作船配合调整放链速度；②锚链触底以后需要锚作船增加推进器功率，尤其在黏土底质尤为重要；③锚机现场操作人员可以根据张力调整放链速度；④锚作船在抛锚时要保持锚链处在锚链线上，不得大幅调整航向；⑤当锚机现场人员放出预定锚链时，通知锚作船。详见图 5-8。

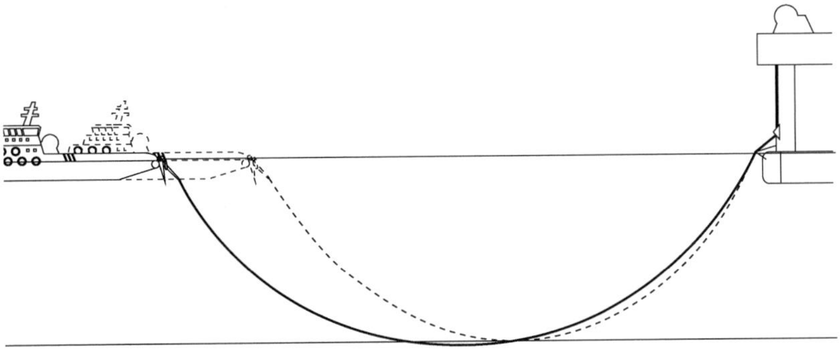

图 5-8 锚作船向预定位置行驶

在深水抛锚时，锚作船背锚时要放出大于两倍水深的锚链。

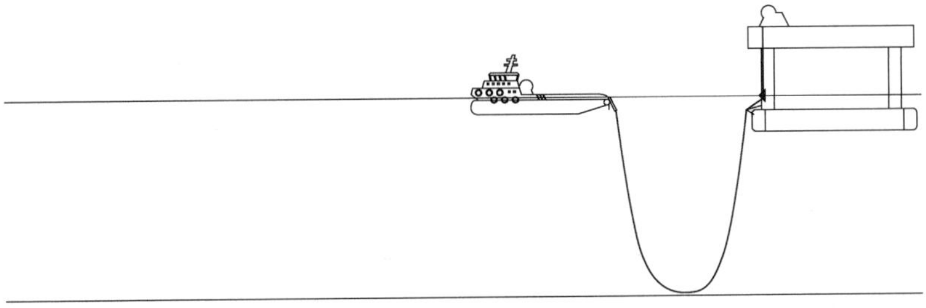

图 5-9 深水抛锚示意图

锚作船抛锚示意图：位置 1：锚作船背锚，向锚点移动；位置 2：抵达锚位，锚机刹住，测试张力后开始释放工作缆抛锚；位置 3：在释放工作缆的同时，锚作船向前移动；位置 5：释放工作缆至两倍水深，将锚抛至海底，锚机现场开始提升张力，张力测试完毕后方可退锚。详见图 5-10。

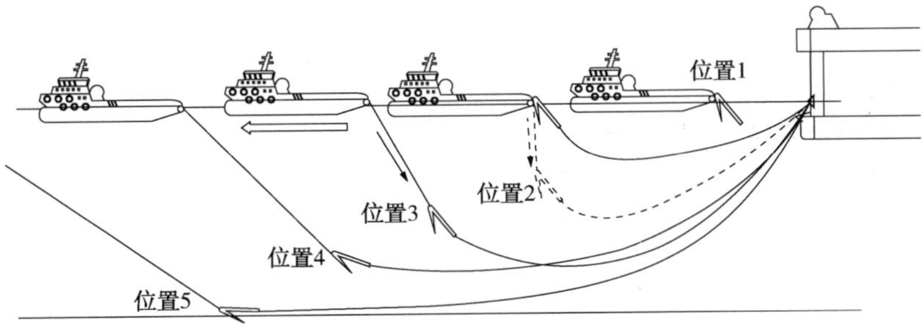

图 5-10 锚作船抛锚示意图

布置锚头短索、配重和浮标步骤：①抛锚至锚位，张力测试完毕后将提锚短索卡在锚作船鲨鱼钳上，连接配重和浮标索具；②锚作船继续前进，保证锚头在不受较大张力的情况下将配重放至海底；③连接并释放浮标。详见图 5-11。

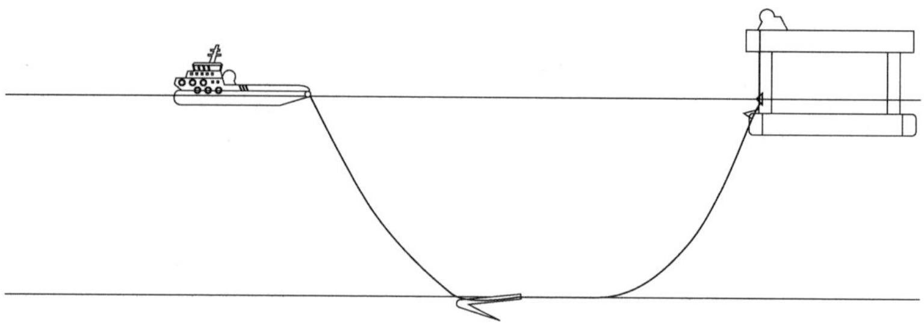

(a)布置锚头短索

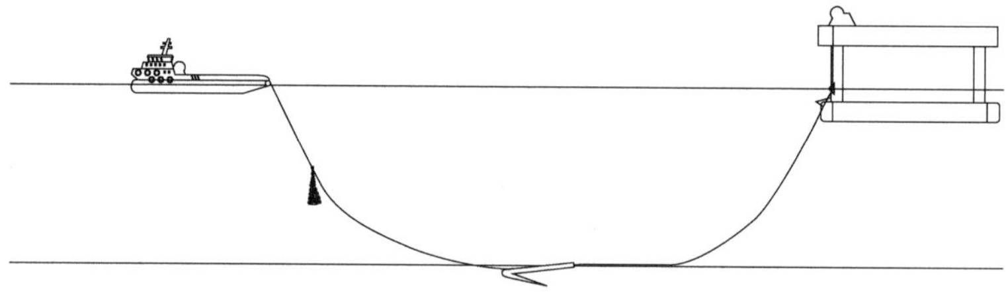

(b)布置配重

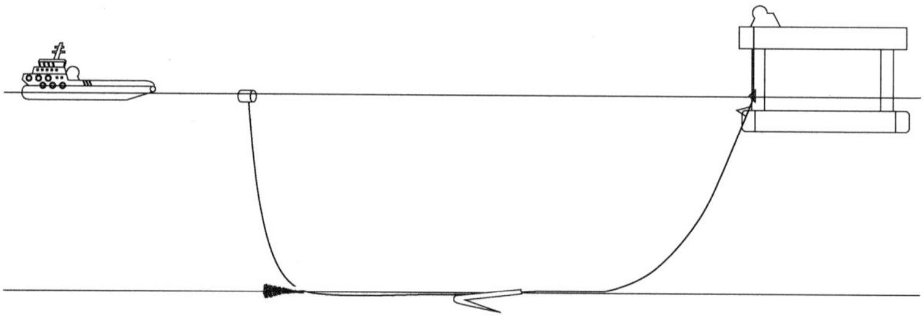

(c)布置浮标

图 5-11　布置锚头短索、配重、浮标

退锚链环步骤：①锚作船保持在锚链方位线上后退，将锚链环拉离锚头；②锚机现场人员时刻关注张力变化，如果张力出现较大变化，意味着锚失位；③锚作船在将锚拉离锚头后转向；④转向后的锚作船也应该沿锚链方位线方向向平台靠近。详见图 5-12。

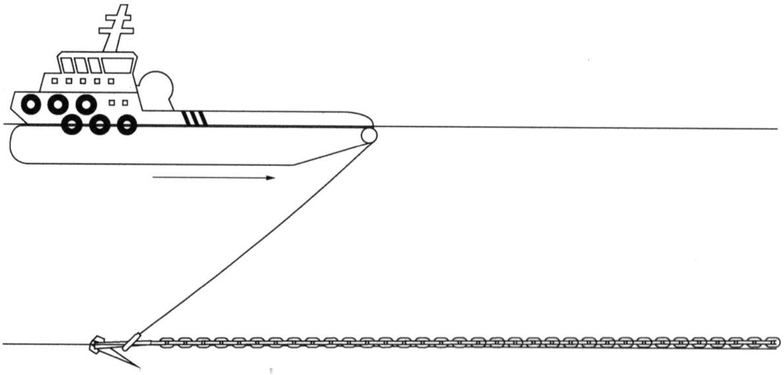

(a)退锚链环步骤 1

图 5-12　退锚链环

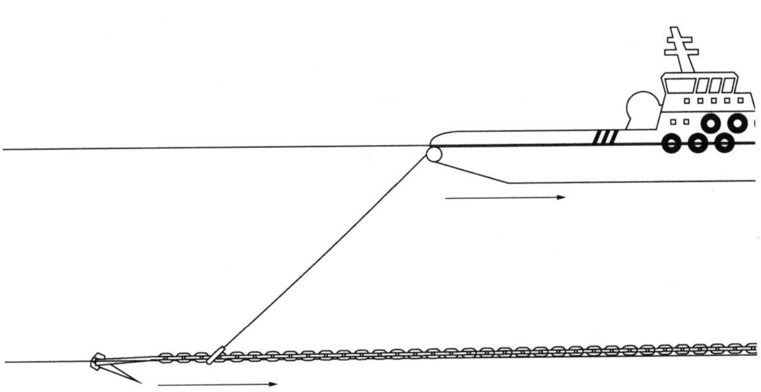

(b)退锚链环步骤 2

图 5-12　退锚链环(续)

吊离提锚短索步骤：①锚机保持张力，锚作船开始收绞工作缆；②将提锚短索鸡心环收至锚作甲板，用鲨鱼钳卡住固定；③吊钩在合适位置待命，锚作人员分离工作缆和提锚短索，挂钩；④脱开鲨鱼钳，吊车将提锚短索吊离锚作船；⑤将提锚短索接头妥善存放。详见图 5-13。

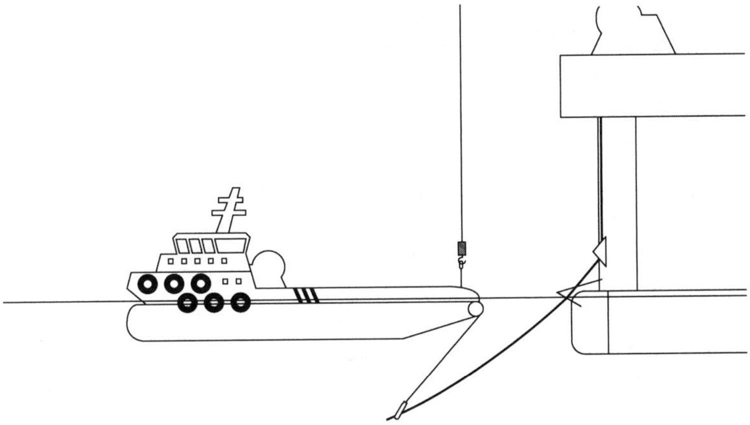

(a)吊离提锚短索 1

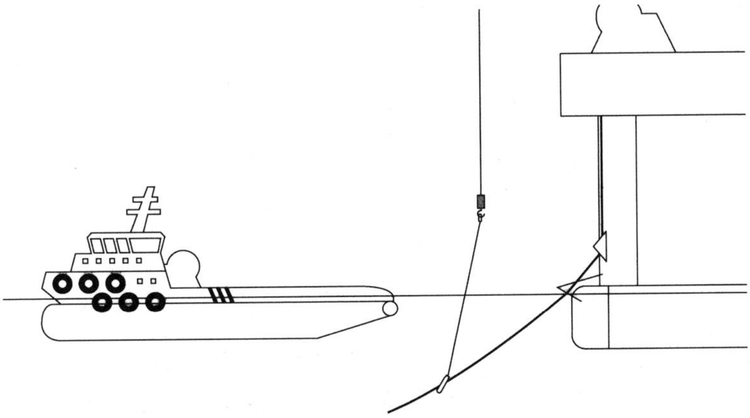

(b)吊离提锚短索 2

图 5-13　吊离提锚短索

第二节　起锚作业综述

一、作业前准备

吊车司机、甲板作业人员和绞车操作人员准备，通信系统正常工作，绞车锚机系统正常，起抛作业程序相关人员已审核(同抛锚作业)。

二、锚链环系统起锚作业步骤

锚链环系统起锚作业步骤如下，如图 5-14、图 5-15 所示。

锚作船起锚步骤：①锚作船抵达锚位后，向远离平台的放行继续前进，平台释放少许锚链；②在平台锚链释放完毕后锚作船收绞工作缆，观察张力变化；③当张力突然减小，则代表锚被提离海底。

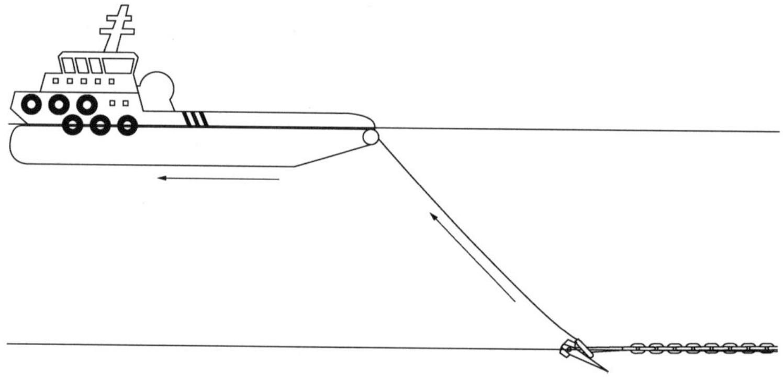

(a)锚作船起锚步骤 1

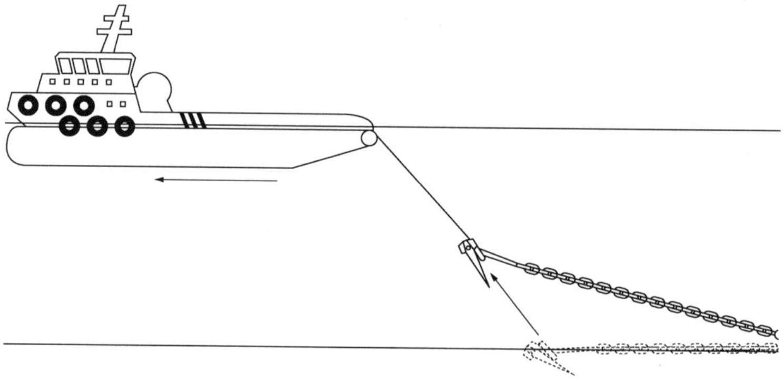

(b)锚作船起锚步骤 2

图 5-14　锚作船起锚

恶劣海况下，可以利用船体纵摇：①放出工作缆至 1.5～2.0 倍水深，略微向前移动，使工作缆收到轻微张力；②利用锚作船的船体纵摇，增加推进器功率，无须急于收绞工作缆；③在合适位置下，可以将锚起离海底。但要注意，如果钢缆太短或初始张力过大，当出现过大的纵摇幅度时，可能会导致断缆。

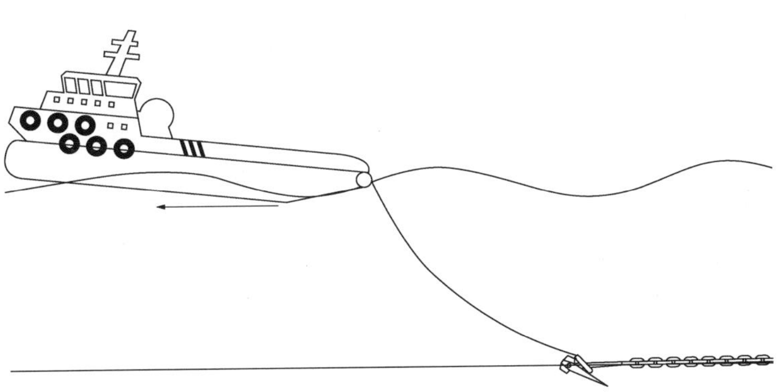

(a)恶劣海况下注意事项 1

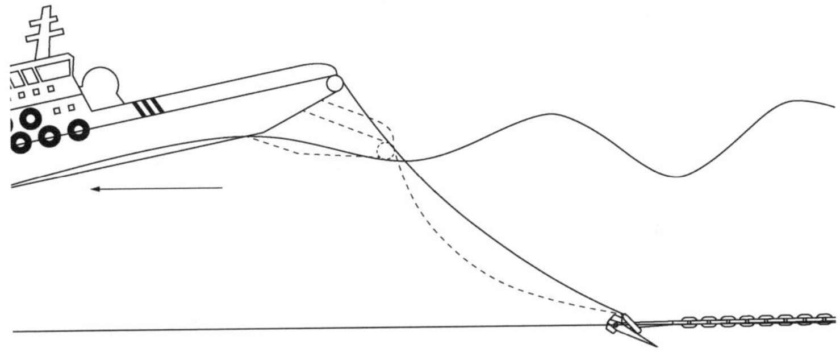

(b)恶劣海况下注意事项 2

图 5-15　恶劣海况下注意事项

(1) 浮式设施指示锚作船准备好工作缆。

(2) 中控呼叫甲板作业人员吊起锚链环短索。

(3) 绞车操作人员监督甲板作业人员连接锚链环短索，将其吊起并与甲板其他配件设施保持清爽，检查吊货索和引绳。

(4) 绞车操作员准备好绞车锚机，接通电源，绞车合上低档离合器，刹车，驱动离合器合上，止链器放下。

(5) 绞车锚机操作员与锚作船和吊车司机联系，指示锚作船到达合适位置接短索，吊机可能必须抬起吊杆，将锚链环链移向导向轮以便短索有足够的松弛，可以转到锚作船上。

(6) 当船到达合适位置时，吊车司机和绞车锚机操作员(控制员)降低短索高度到船尾，让锚作船船员获取引绳，连接锚作船甲板小绞车。

(7) 短索连接锚作船小绞车钢丝后，吊车松开短索索接头至锚作船船尾滚筒下方，锚作船船员利用小绞车钢丝(tugger)将短索索接头拉上甲板，吊车吊钩按要求跟着放松，甲板水手用鲨鱼钳和拖销卡住索接头。

(8) 锚作船在解开吊车钢丝并将工作缆和锚链环短索连接后准备离开浮式设施。

(9) 绞车操作员检查钢缆张力，并将其调整到 1/2~2/3 测试张力，3in 锚链通常起锚时张力应至少保持为 70~80t，绞车锚机操作人员与锚作船确认锚到导向轮的距离和方位。

(10) 当锚作船准备驶出离开浮式设施时，绞车锚机操作员将锚作船位置引导到锚链方位线上(目视)并通知中控；锚作驾驶台设置雷达测距，也可以要求激光测距，随着高精度差分导航定位的普及，很多作业在锚作船上也配备了导航定位设备，在显示器上也可以启用内置程序量取距离。

（11）绞盘锚机操作员指示锚作船沿方位线行驶，锚作船开始放松工作缆长度到1.5～2.0倍水深。保持驾驶室、绞车锚机和锚作船之间的密切联系，以保持锚作船在正确的方位线上。锚作船绞车操作员监测工作缆张力，张力应保持在10～20t，如果锚泊缆是锚链，锚作船速度为2～4节，如果锚泊缆使用的是钢缆，则锚作船速度可提高至4～6节。

（12）当锚作船接近锚时速度应降至1～1.5节以内，中控监视锚作船位置并在锚作船接近锚时及时通知锚作船，同时当锚链环碰到锚头并与其啮合时，绞车操作员应看到张力上升30～40t并立即通知锚作船，检查船舶位置，确认锚链环就在锚头附近，如果对位置有疑问，锚作船继续在方位线上前进，同时绞车锚机操作员开始绞进钢缆并监测张力，张力急剧地上升和下降表明锚链环没有到达锚头，保持拖曳直到钢缆张力上升到稳定值到达2/3测试张力，再次确认锚作船的位置。

（13）如果锚作船/中控确信锚链环已在锚头处，绞车锚机操作员将松出15～30m的锚链，同时锚作船开始用工作滚筒绞入锚缆开始起锚。

（14）锚作船绞锚到尾滚筒，检查锚链环是否正确地啮合在锚本体上，一切正常确认后通知设施，绞车锚机操作员开始低速回绞，如果锚链环不完全在锚干处，锚作船只是回了些钢缆，锚将停留在船尾尾滚筒下一段的地方。在这种情况下，锚作船将工作缆放松到水深1.5～2倍的长度，锚作船位置继续保持在方位线上，绞车锚机操作员绞进锚链，锚作船继续在方位线上前进，将锚链环拉到锚头处。

（15）在锚泊缆低档回绞时，当张力计或电机电流表读数表明平均拉力第一次出现与1/2原始测试拉力（或稍低）相当时，则锚机可采用高档位，提高回收锚泊缆速度，在绞缆过程中对锚链/钢缆进行目视检查，并冲洗掉上面的烂泥杂物。在回绞期间，也可以在主轴承和开式齿轮上加入润滑油脂，一并检查链条连接，绞车锚机操作人员也要注意导向轮的操作，确保横向摆动和旋转自由。

注意：链环通过棘轮（锚链轮）时应始终平躺（水平），连接链环可能会垂直进入棘轮，棘轮旋转时会将链条卷入，卡住的链环会缠绕一小段锚链。如果没有安装档链装置，并且被安置在绞车锚机后面或前面检查锚链的人员不够警惕，结果可能会严重损坏锚机棘轮、轴承和锚链，并需要麻烦的后续措施纠正这些问题，作业中关注所有奇怪的噪音和震动，定期在轴承盖上检查轴承是否过热，如有疑问，应立即停止，呼叫工程技术人员过来检查。

（16）在黏性海底底质情况下，回绞锚链张力非常大应为回绞锚链产生的张力非常大，锚链的回收是非常困难的，回绞锚链张力非常大，可能会达到测试张力，持续的高张力会损坏锚链，解决方法是尽可能将锚链提离海底。

（17）当锚链只剩余200～300m时，通知吊车司机准备起吊锚头短索。

（18）在剩余500ft时通知锚作船剩余的锚链量，锚作船船员们准备放松锚链环短索。

（19）绞车锚机操作员指示锚作船调整方位，以便锚上架。

三、锚链环位置

当锚上架后，锚链环的位置取决于以下因素：①锚的类型；②锚架型式（设计）；③锚链环短索和甲板固定装置的类型和长度。

锚链环硬压在锚上的锚上架方式的缺点之一是锚链环卡在锚爪和锚架之间，锚爪铰链可能会受到过大的应力，或者锚爪不能紧贴在锚架上，锚不能安全地固定在锚架上。

有些锚，特别是 Stevpris，被设计成可以将锚链环卡在锚链末端的锚干凹槽中，如果正确地对齐，锚链环总是在锚架支撑杆上方，后来的 Bruce 的设计模型是相似的，但是 Bruce MK 2 型、Danforth、LWT 和 Offdrill 等类型的锚，其中锚链环可以经过全部或部分锚干，总的原则是：最好将锚链环固定在锚干上方，而不是卡在锚和锚架支撑杆之间。为了实现这一点，必须在锚上架过程中采用适合特定锚类型的常规或技术，通常被分为以下三个不同的步骤。

① 把锚链环放到锚架上面；②锚上架；③传递锚链环短索。

如果碰到锚爪翻过来或者朝向其他错误方向，按照图 5-16 所示方法解决。在没有协助的情况下转动锚爪方向需要有耐心和经验丰富的绞车锚机操作人员的感觉，一旦锚被正确地拉起上架，应该紧贴锚架拉紧到 25～30t 的张力，锚机刹车刹住，合止链器和脱开离合器，具体方法如图 5-17 所示。

翻锚修正步骤：①如图 5-16 所示，在锚上架的过程中，锚发生翻转；②锚机释放锚链，锚作船协助向前，使锚脱离锚架；③如此往复，直至锚体翻转至锚正姿态。

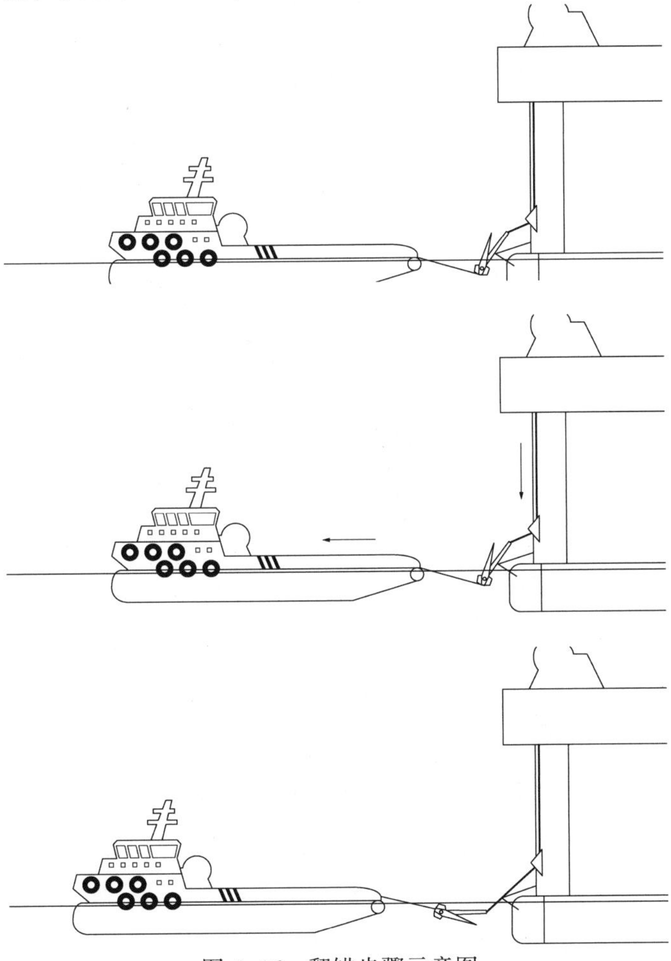

图 5-16　翻锚步骤示意图

传递提锚短索步骤(吊车范围受限)：①工作船从不受吃力锚链影响的方向靠近平台；②吊车放钩，连接提锚短索；③接好提锚短索后，放钩，锚链环顺着锚链向下滑动；④锚作船就位，吊车向右转向，使提锚短索越过锚作船船尾；⑤吊车放钩至合适位置，锚作船锚作人员利用传递钢丝固定提锚短索，摘钩；⑥吊车归位，锚作船连接提锚短索，同时锚作船向锚链布置方向平行移动。

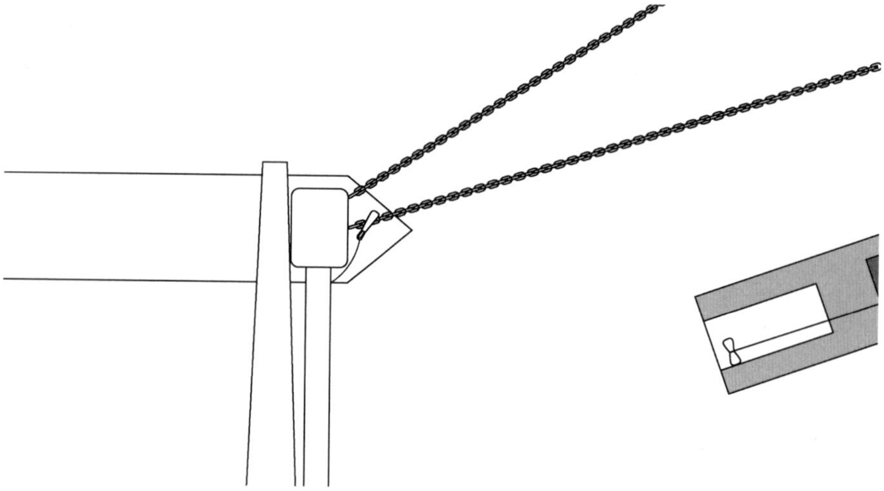

(a)传递提锚短索步骤 1

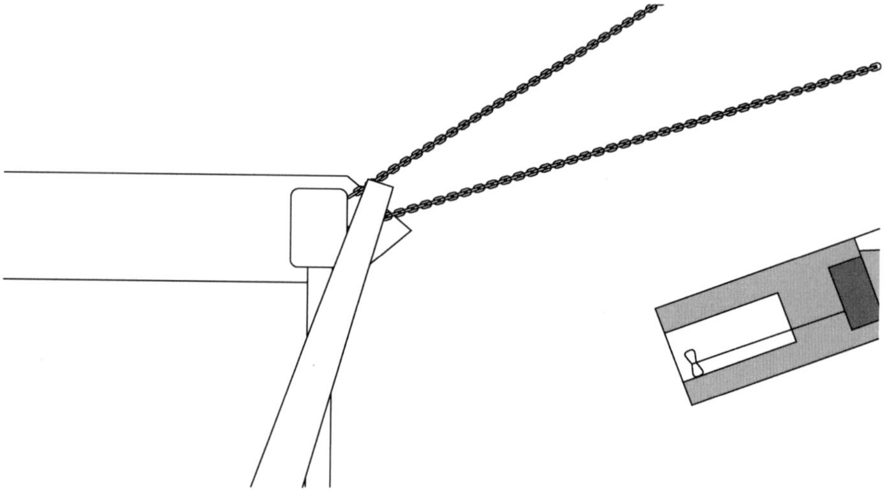

(b)传递提锚短索步骤 2

图 5-17　传递提锚短索

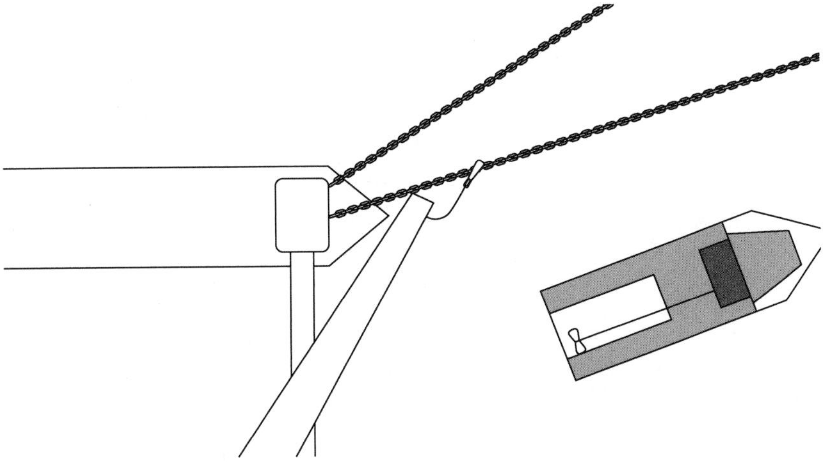

(c)传递提锚短索步骤 3

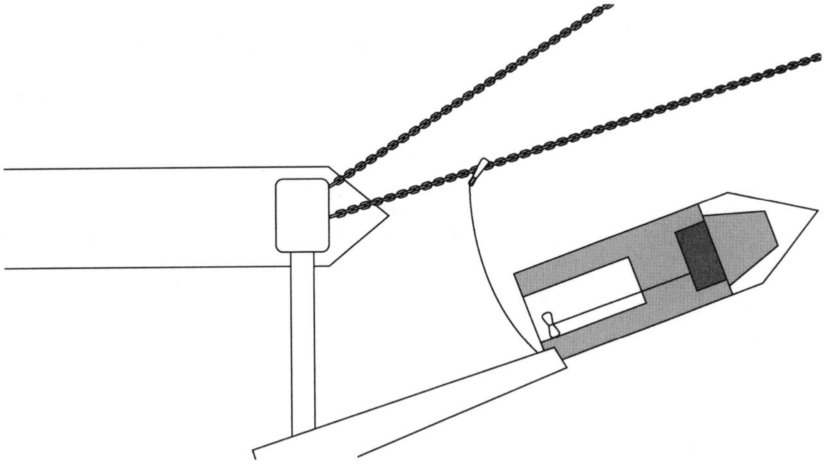

(d)传递提锚短索步骤 4

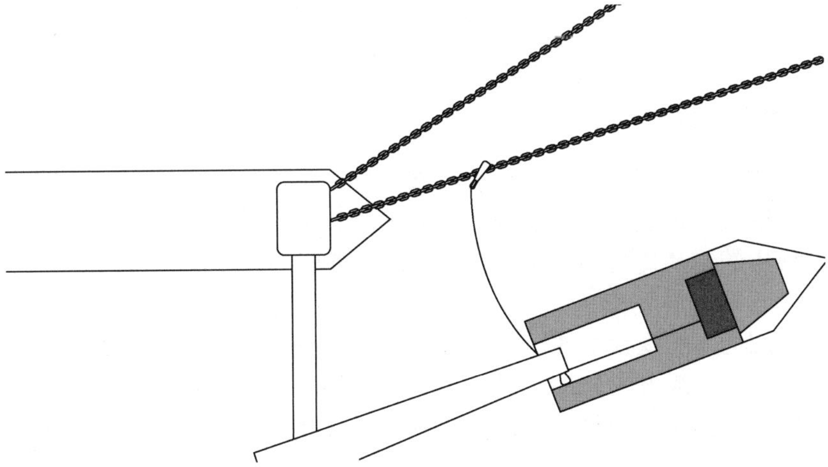

(e)传递提锚短索步骤 5

图 5-17　传递提锚短索(续)

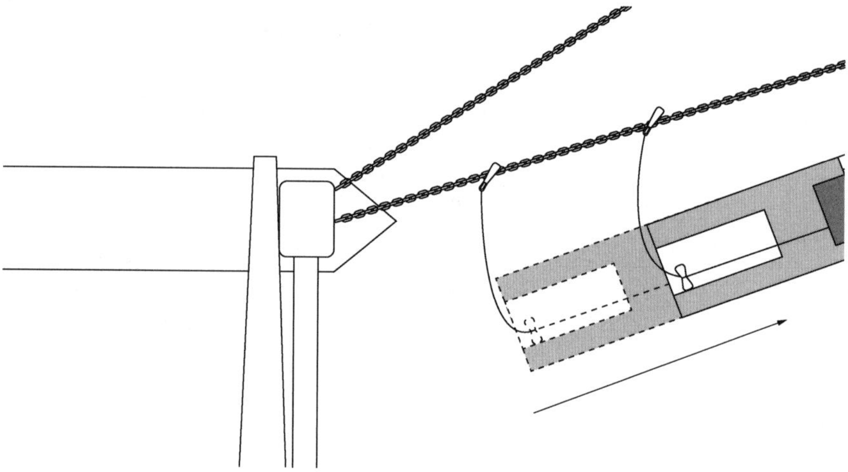

(f)传递提锚短索步骤 6

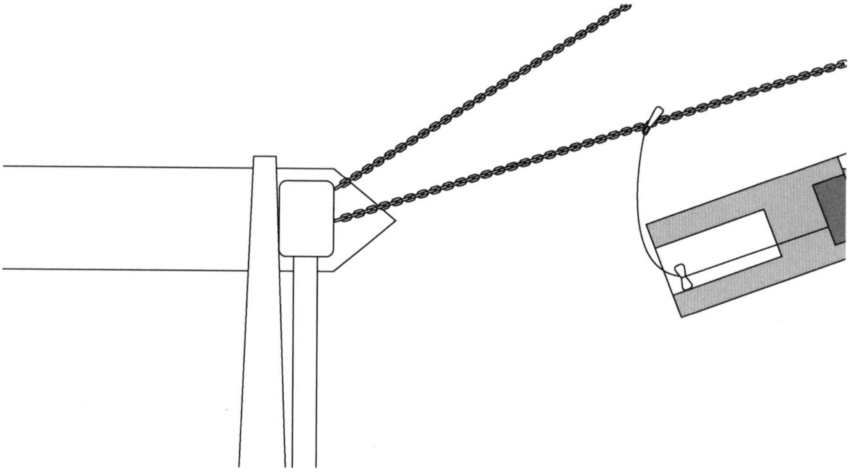

(g)传递提锚短索步骤 7

图 5-17　传递提锚短索(续)

四、浮标系统起锚作业

浮标系统起锚作业步骤和锚链环系统略有不同，如图 5-18～图 5-20 所示，在起锚作业过程中，使用锚链环系统和浮标系统的主要区别如下：

(1) 如果使用的锚是传统的 Danforths 或 LWT 类型的锚，锚泊缆可以松出几十米，使锚作船能够从海底提离锚头。

(2) 如果使用的是更现代的锚，如 Stevin 或相似类型的锚，在锚泊缆上保持一定的张力，并让锚作船逆锚泊缆方向施加力量，这是一种使脱离海底的方法，依靠平台锚机绞车的帮助是有限的。值得注意的是，锚起离海底所需要的外力可以总结如下(表示为抛锚作业以后所达到的测试张力的百分比)：沙土-12%～17%、黏土-60%、软泥/黏性土壤-100%或更多。

(3) 当锚链/钢缆在剩余约 150m 处锚机绞车缓慢绞入时，准备吊车等。

（4）在锚链还剩约60m时，锚作船位置保持在距离浮式设施40~50m，指示锚作船开始松开工作缆，锚链呈平滑的曲线直至将锚固定在锚架上。

（5）与锚作船工作缆断开连接后，将锚头短索传递到设施吊车上。

黏稠海底底质起锚步骤示意图：①锚作船起锚，平台锚机收绞锚链困难。维持在测试张力的75%左右固定；②锚作船转向平台位置移动至位置2，在锚作船靠近平台时，平台锚机继续保持张力，尝试收绞锚链。一旦发现张力下降，锚作船即可停止靠近；③当平台锚机可以继续收绞锚链后，锚作船二次转向，继续协助平台收绞锚链。

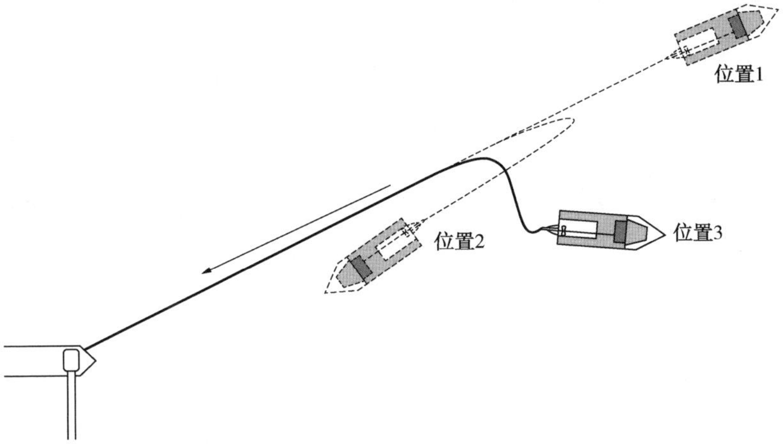

图 5-18 黏稠底质起锚

浮标系统起锚步骤1：①平台释放适量锚链，使锚头不存在张力；②缩短工作缆到略微超过水深的长度，使工作缆保持在与海底垂线呈25°夹角；③加车向前，直到将锚提离海底；④在恶劣海况下需要将工作缆释放出更长的长度，操作时也应更加温和。

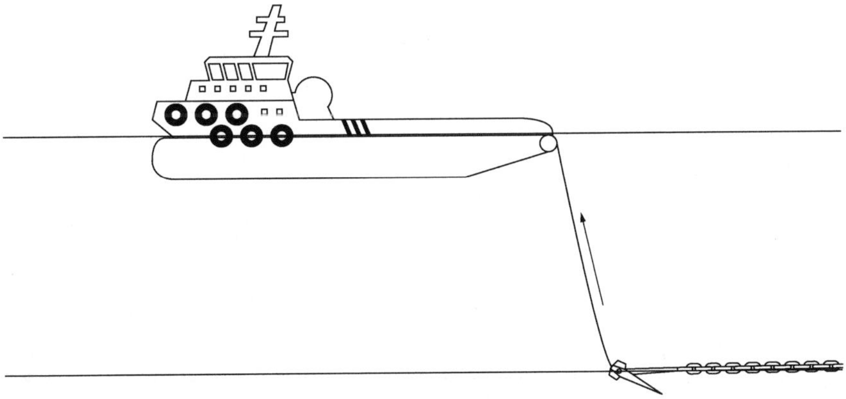

图 5-19 浮标系统起锚 1

浮标系统起锚步骤2：①直接收紧工作缆；②锚作船转向朝平台行驶；③锚链保持松弛，锚作船开始收绞工作缆；④通知平台收绞锚链，提升锚链张力；⑤当锚链张力减小时，意味着锚被起离海底。

浮标系统起锚步骤 3：在海底底质黏稠时起锚会非常困难，即使锚作船已经将锚起离海底，平台仍可能无法收绞锚链。解决方案一：锚作船将锚加倍固定，全力朝着锚链方位线远离平台设施的方向全力进车，持续 15~30min，尝试将部分锚链接离海底。

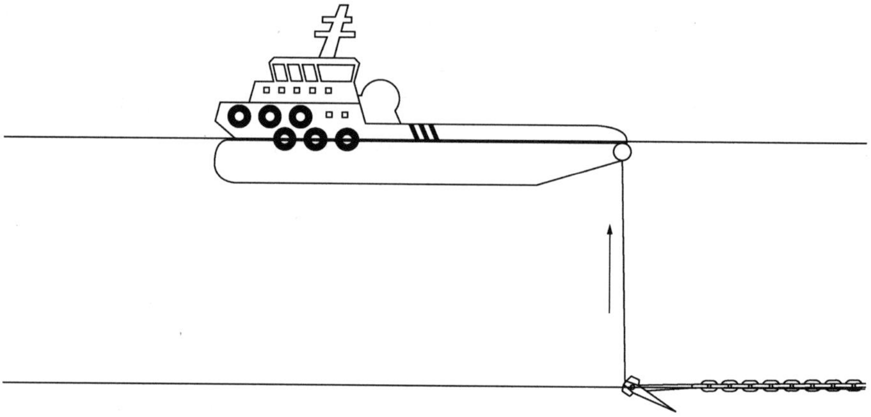

(a)浮标系统起锚步骤 1

(b)浮标系统起锚步骤 2

(c)浮标系统起锚步骤 3

图 5-20　浮标系统起锚 2

解决方案二：①锚作船正常将锚背至尾滚筒；②锚作船转向，朝向平台前进；③锚作船继续朝向平台前进，平台继续尝试收绞锚链，当锚机现场人员报告张力下降时，即可正常收绞锚链。

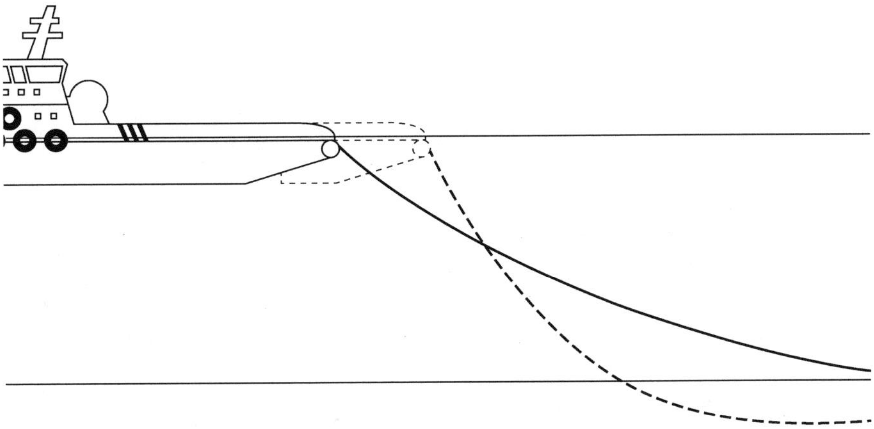

(d)浮标系统起锚步骤 4

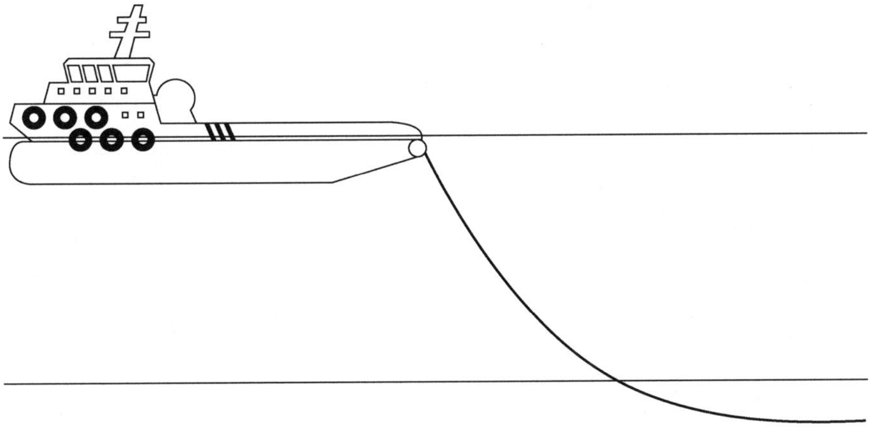

(e)浮标系统起锚步骤 5

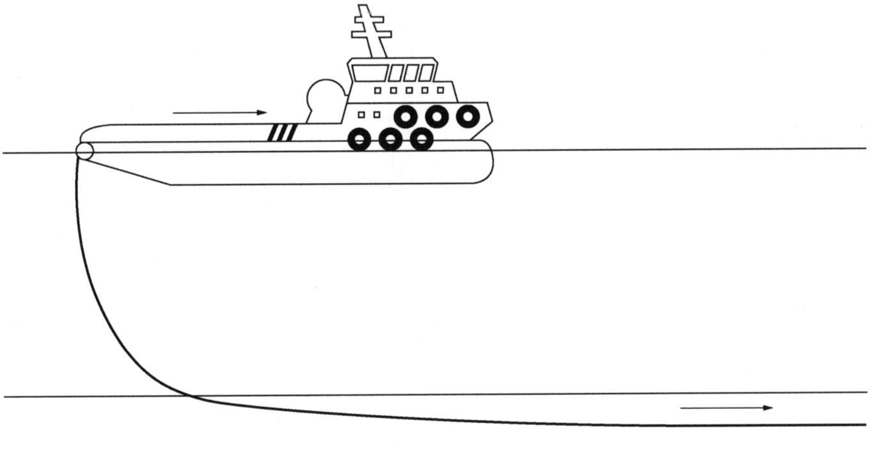

(f)浮标系统起锚步骤 6

图 5-20　浮标系统起锚 2(续)

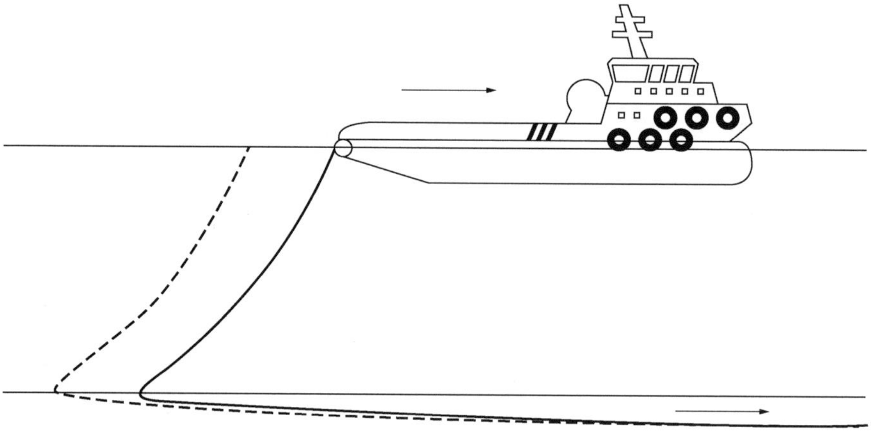

(g)浮标系统起锚步骤 7

图 5-20　浮标系统起锚 2(续)

五、锚上架后浮标和锚链环系统检查

当锚正确上架时，不论是浮标系统还是锚链环系统，都需要对锚、短索、索具连接和锚机等情况进行详细的检查，如图 5-21～图 5-23 所示。

锚上架步骤：①锚机现场在收绞至适当长度时停止收绞锚链，通知锚作船准备上架操作(一般为 30～50m)；②锚作船将工作缆缓慢释放，将锚放至艉滚筒以下此动作会使锚头从锚链环中滑出；③锚头滑出后，锚作船停止释放工作缆；④锚机现场开始收绞锚链；⑤锚作船控制船位，保持轻微张力使锚链环不会在锚链上滑动；⑥当锚链环被绞到锚架以上时，锚作船开始放松工作缆，平台开始缓慢收绞锚链；⑦当锚上架完毕后，锚作船靠近平台，此过程中提锚短索不再受力；⑧将提锚短索吊离锚作船。

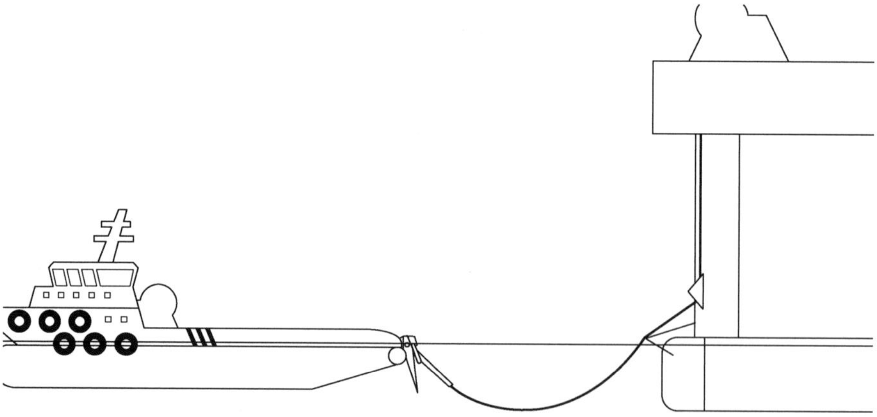

(a)锚上架步骤 1

图 5-21　锚上架

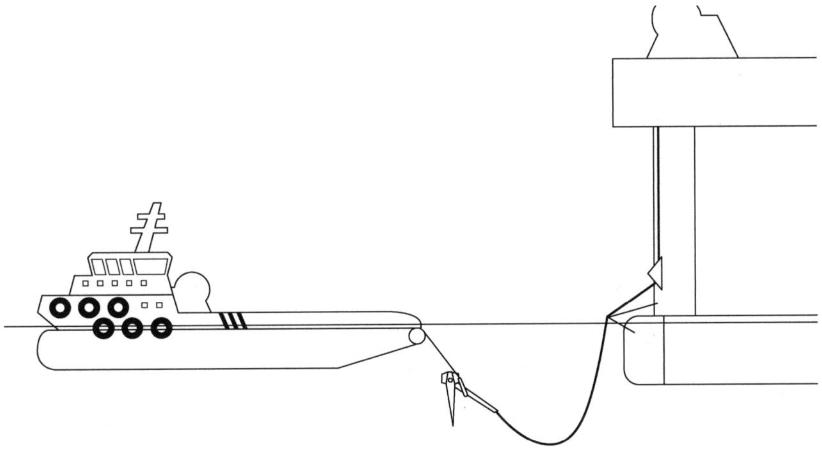

(b)锚上架步骤 2

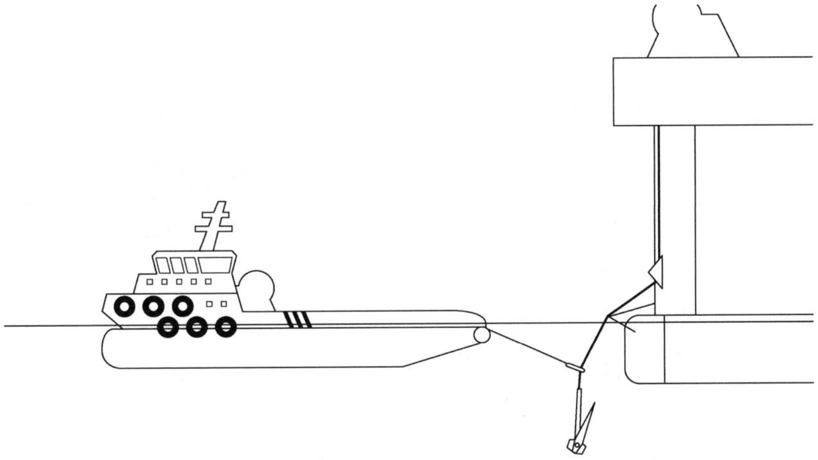

(c)锚上架步骤 3

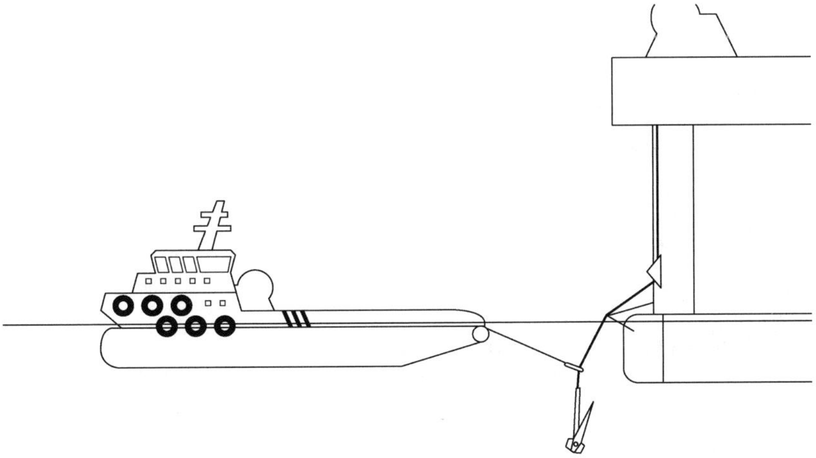

(d)锚上架步骤 4

图 5-21　锚上架(续)

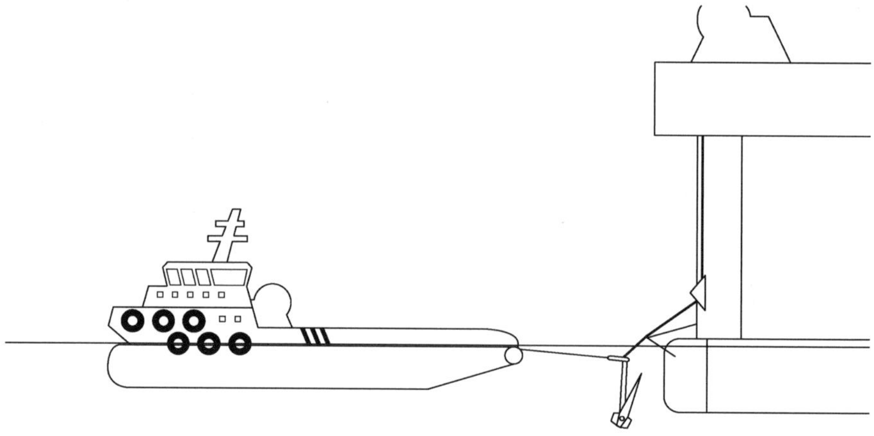

(e)锚上架步骤 5

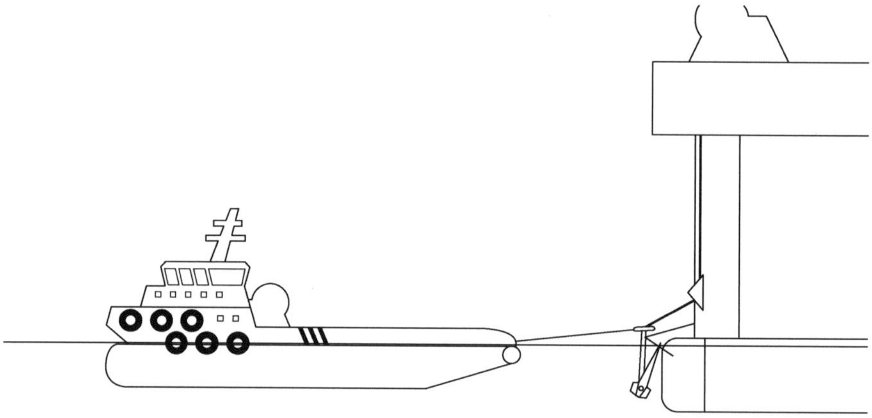

(f)锚上架步骤 6

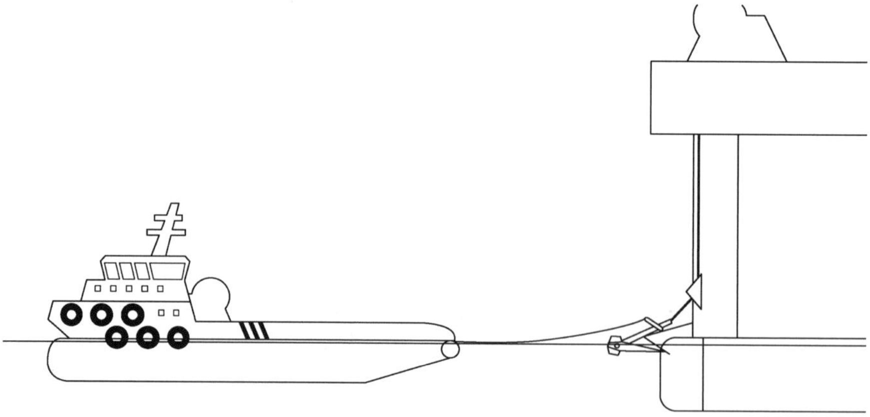

(g)锚上架步骤 7

图 5-21　锚上架(续)

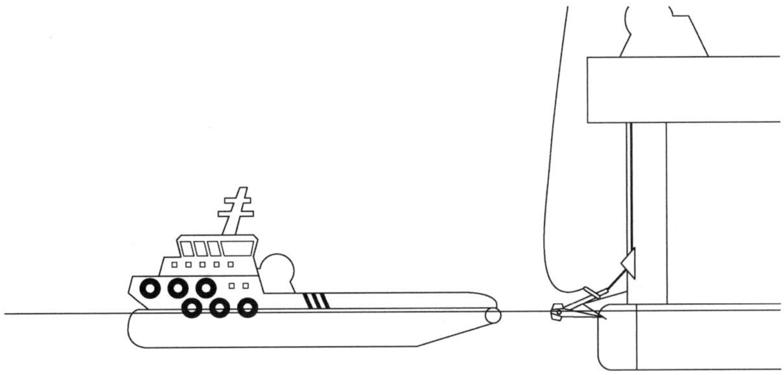

(h)锚上架步骤 8

图 5-21　锚上架(续)

锚上架步骤——特种锚(Stevpris 或 Bruce)：①锚机现场在收绞至适当长度时停止收绞锚链，通知锚作船准备上架操作；②锚机现场缓慢收绞锚链，锚作船缓慢释放提锚短索，将张力维持在 30t 附近为最佳；③当张力控制合适，锚头将以一个弧线从艉滚筒移至锚架，锚链环卡在锚干上特设的槽中，不会滑落；④锚作船要控制提锚短索保持一定的张力，避免锚头滑落；⑤锚上架后，锚作船拆掉提锚短索的连接，将提锚短索吊离锚作船甲板。

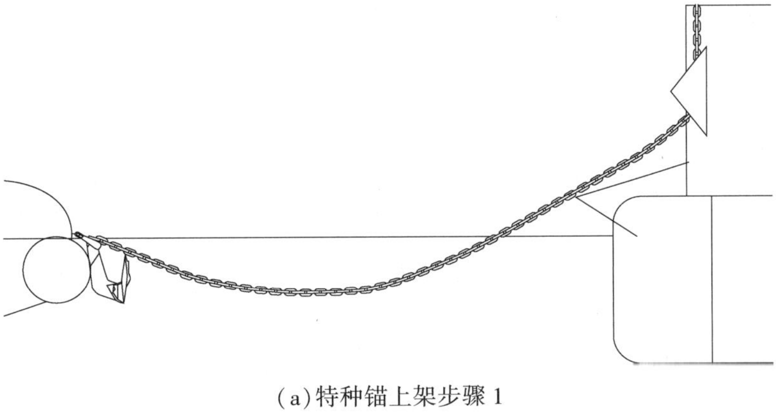

(a)特种锚上架步骤 1

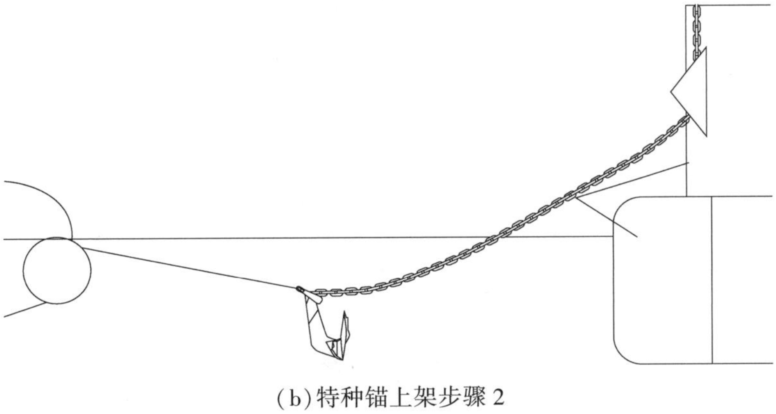

(b)特种锚上架步骤 2

图 5-22　特种锚上架

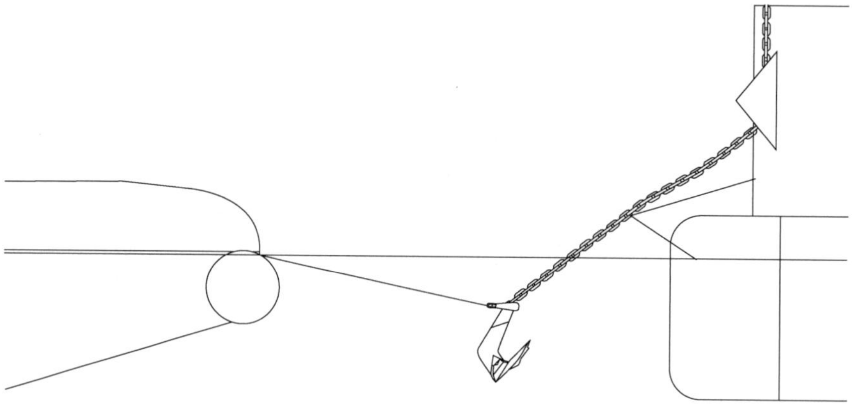

(c)特种锚上架步骤 3

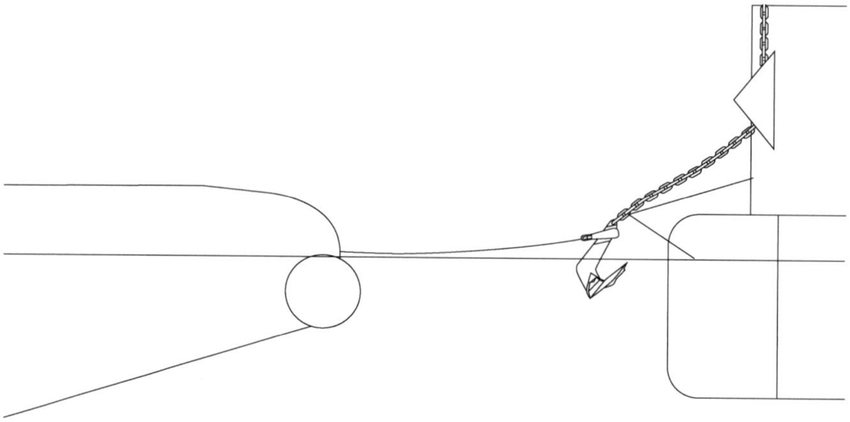

(d)特种锚上架步骤 4

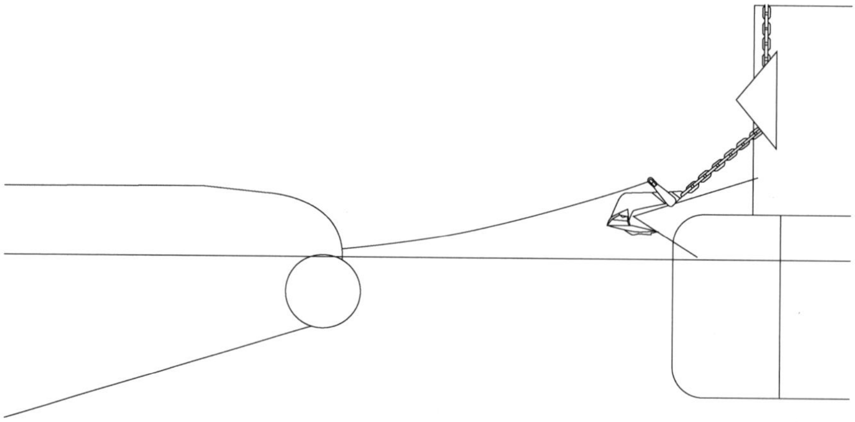

(e)特种锚上架步骤 5

图 5-22　特种锚上架(续)

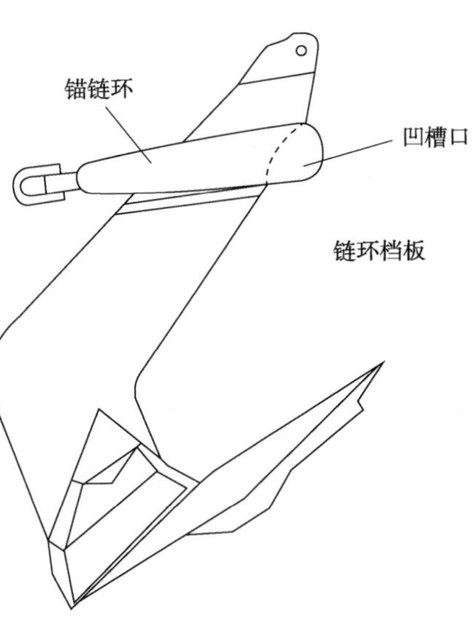

图 5-23　特种锚上架细节图

（1）锚机绞车室和任何其他显示点的计数器为 0。

（2）当锚正确上架以后，将棘轮向外侧和锚链管上沿之间的链条或钢缆漆一些明亮的颜色，如黄色或白色，在起锚时该标记越过锚架后，是锚机绞车操作人员的最佳指示，提醒在锚接近锚架时减速。

（3）如果时间允许，最好从锚架上放下锚，刚好离开锚架悬挂 3 个链环，检查重量/张力指示器，知道锚的重量和从锚机传感器处到锚的锚链长度就可以计算出相当准确的数值，可以相应地校对传感器。

（4）经常使用望远镜对锚、锚链/钢缆与锚的连接、锚链环和锚链环的短索连接、锚机与锚之间的锚链或钢缆进行详细的目视检查，检查有无损坏变形、松动的插销等。

（5）作业后检查起锚机绞车油位、大齿轮润滑、控制管线、软管损坏情况等，清洗绞车及周围，清洁甲板。检查起锚机制动器/刹车带磨损情况。

（6）在主甲板高度检查锚链环或锚冠短索眼环是否损坏/磨损。

第六章　特殊锚泊作业

第一节　特殊锚泊作业介绍

以下章节详细介绍了存在海底障碍物、其他船舶锚泊或需要修改正常计划等因素导致的困难又复杂的特殊锚泊就位作业，虽然所述的技术可适用于各种各样的情况，但每次困难且复杂的作业都是独特的，可能必须修改作业计划并编写操作程序以反映所涉及的船舶和设施。

一、两艘锚作船起抛锚作业

当进行抛锚或起锚作业时，使用第二艘锚作船协助第一艘锚作船可以使一项困难的工作相对简单。让一艘锚作船尽力抛锚或起锚，而另一艘锚作船只作为旁观者无所事事，这是一种糟糕的习惯做法；在这种情况下，作业负责人应该事先考虑，在作业的某些特定部分，两艘锚作船是否比一艘锚作船好，并将这一点纳入作业计划；还应时刻警惕备用船只的可能用途，并且在察觉到需要时立即将其投入作业。

二、两艘锚作船单根锚泊缆作业

当在一根锚泊缆使用两艘锚作船时，应注意以下事项。

（1）当使用第二艘锚作船在障碍物上方用J型钩，从浮式设施上监视其位置时需要利用所有可用方法，不要依赖于锚作船的雷达；使用浮式设施雷达、激光测距仪或光学测距仪和其他导航定位设备。

（2）除非浮式设施已用主锚“固定”且锚缆张力到位，否则不要试图停留在障碍物上进行锚泊，在这种情况下，如果在起锚或抛锚的过程中，浮式设施有明显的移动，那么障碍物的实际位置就会相对于浮式设施发生变化。虽然理论上借助导航定位设备可以准确掌握位置，但是位置频繁变化给辅助船操纵带来极大的挑战，无特殊情况，不建议进行此类高难度工作。

（3）要谨慎考虑使用一艘锚作船牵引另一艘锚作船进行锚泊就位作业的可能性，虽然现在是不常见的技术，但过去通常用于小马力的锚作船（见图6-1），在实际作业中，当碰到一艘锚作船的船首侧推进器能力特别小或动力故障时，这可能是合适的做法，领头的锚作船作为后面的锚作船的转向机构，但两艘锚作船之间的船首拖带连接必须足够强壮结实，通常不应使用普通系泊缆。

（4）当使用J型打捞钩作为支撑角色或任何其他时候，在打捞钩和工作缆/短索之间增加约5m直径68～76mm的短链条时，这使得捞锚钩，特别是短柄的型号，可以更有效地打捞。在如果J型钩受力过大，靠近或越过锚作船艉尾滚筒（见打捞作业）时非常有用。

（5）由于锚作船船尾区域的设计，当第一次安装在锚作船上时，甲板上的捞锚钩和四爪钩可能很难“越过船尾”，为了达到这个目的，不要让锚作船精心布置钢缆浪费时间，安排锚作船停靠到浮式设施旁边，利用浮式设施吊车快速将捞锚钩从船尾吊入水中。

（6）协调所有浮式设施资源，包括吊车、重型起重设备、照明、焊工、机械和电气专业工程师等人力资源，这些设备与人力资源相互之间需要通力合作。

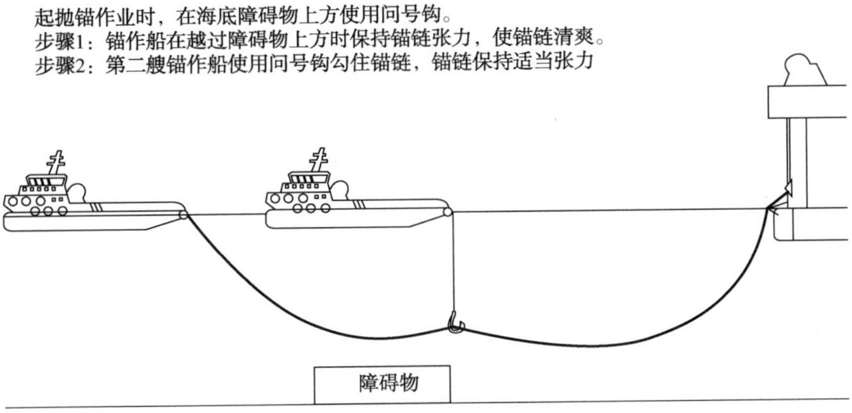

（a）双锚作船协助作业 1

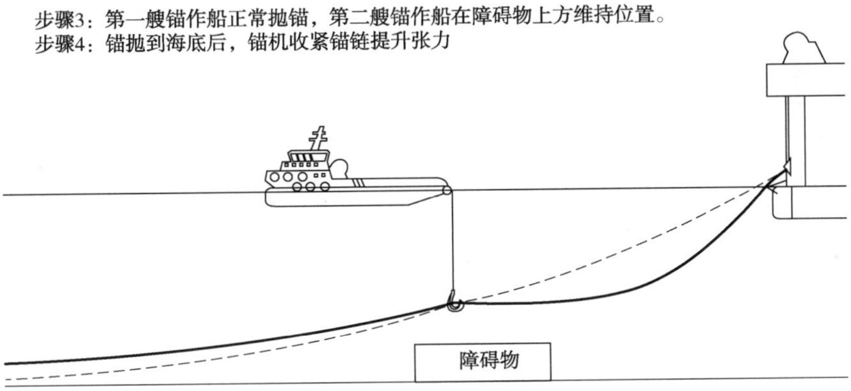

（b）双锚作船协助作业 2

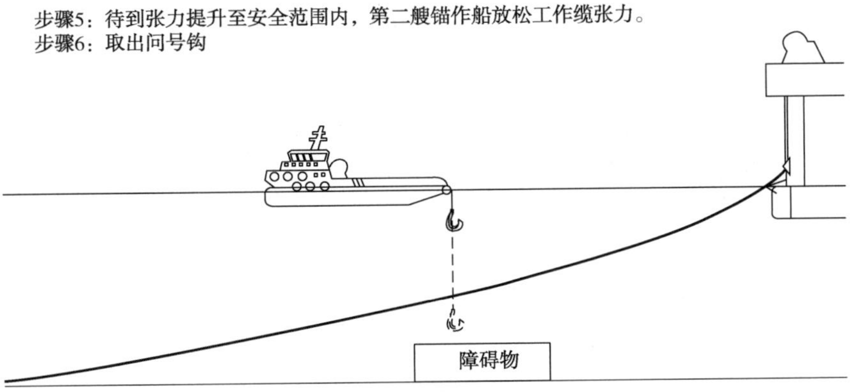

（c）双锚作船协助作业 3

图 6-1　双锚作船协助作业

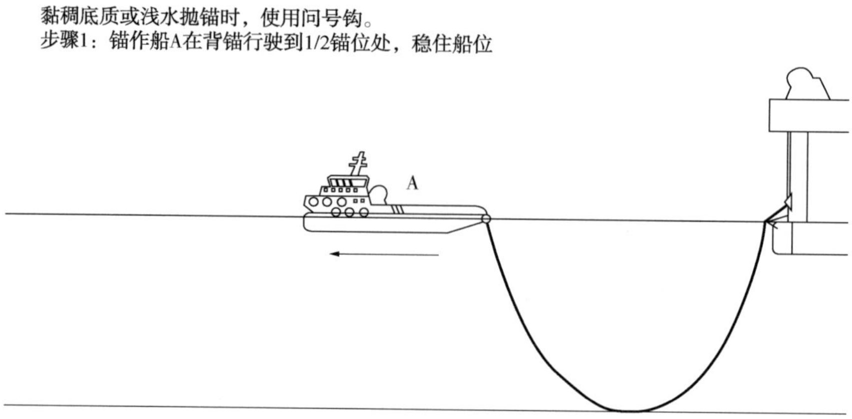

(a)黏稠底质起锚 1

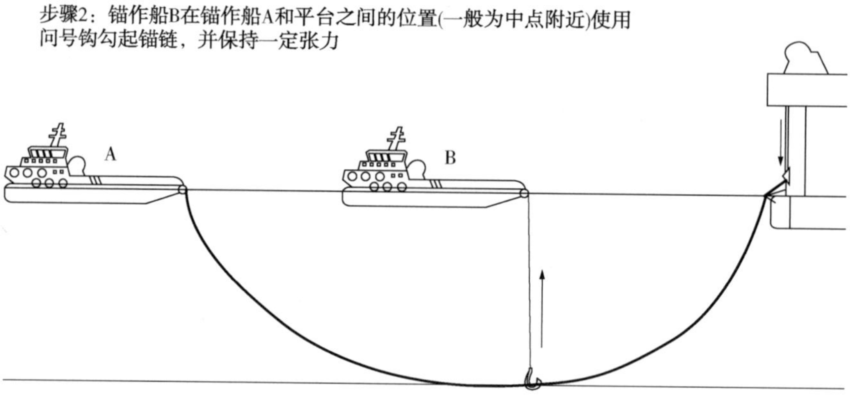

(b)黏稠底质起锚 2

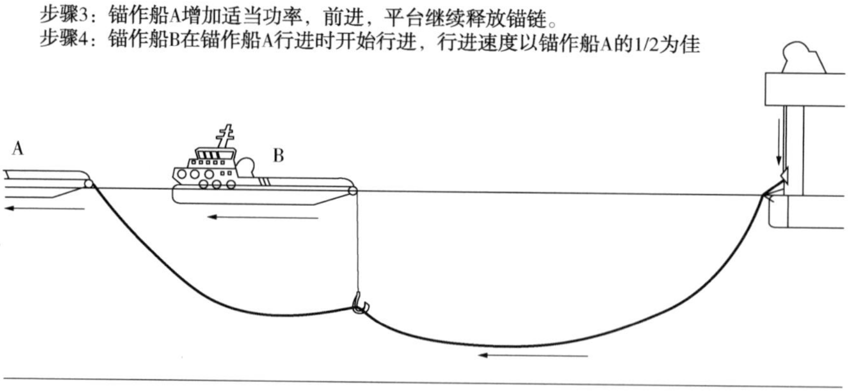

(c)黏稠底质起锚 3

图 6-2　黏稠底质起锚

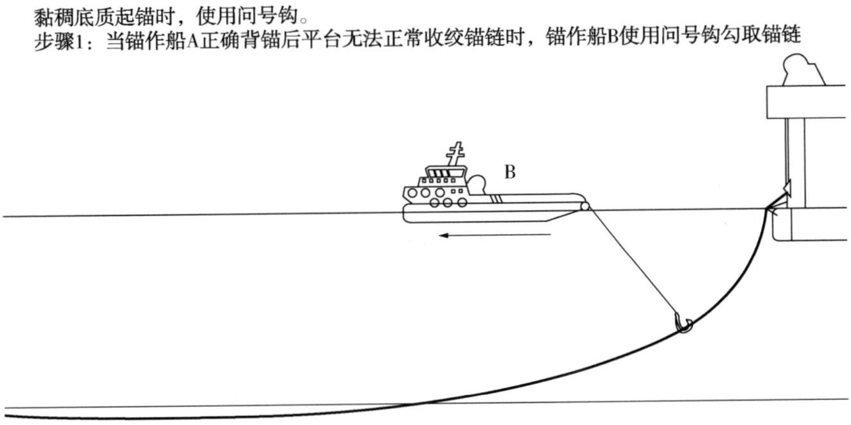

（a）黏稠底质问号钩起锚 1

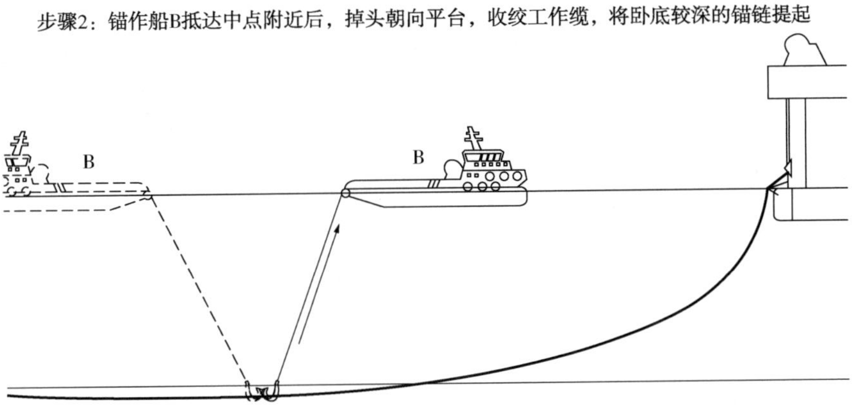

（b）黏稠底质问号钩起锚 2

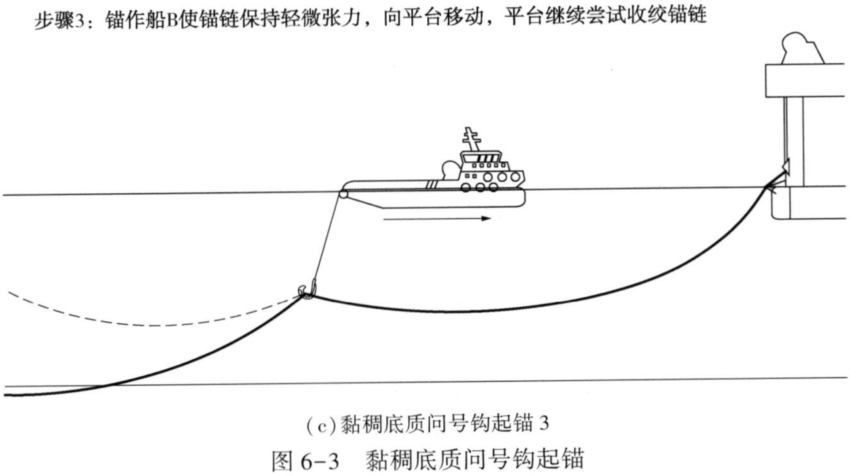

（c）黏稠底质问号钩起锚 3

图 6-3　黏稠底质问号钩起锚

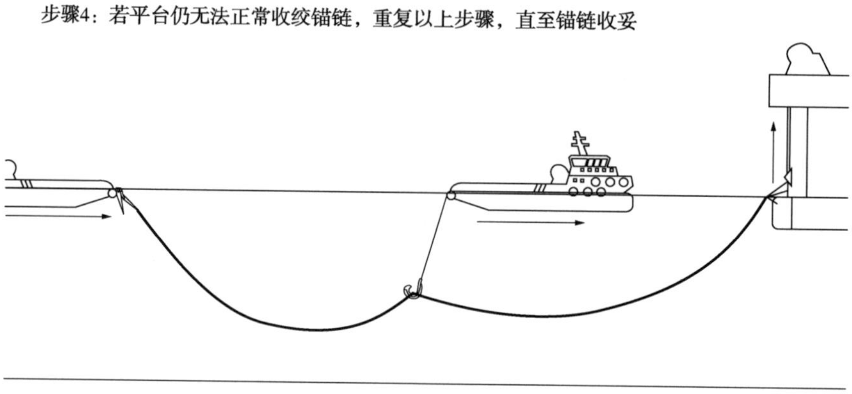

(d)黏稠底质问号钩起锚 4

图 6-3　黏稠底质问号钩起锚(续)

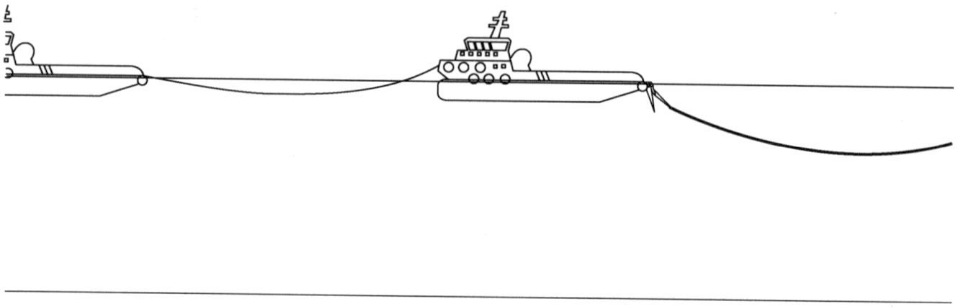

(a)串联拖带 1

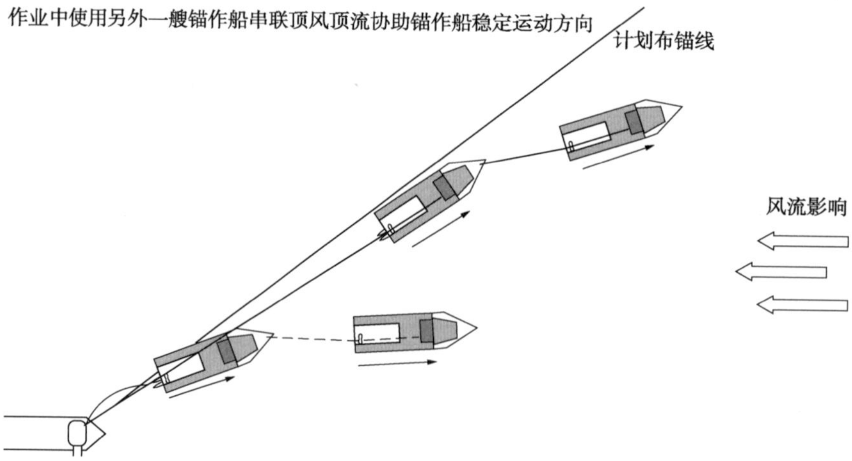

(b)串联拖带 2

图 6-4　串联拖带

三、多碎石光滑海底锚泊就位

图 6-5~图 6-7 示意了一座浮式设施锚泊就位极端情况的案例，其就位地点海底底质的沙子覆盖很少，散布的碎石非常均匀，没有凸起、山脊或大石块。在该海域，最猛烈的风暴的天气方向足以威胁并驱使浮式设施向岸线靠近，岸线方向在浮式设施船尾，该作业使用了半潜式钻井装置，其配有分布式 8 根锚链（76mm）和 15t LWT 锚的锚泊系统，实际不可能采用“桩锚”方案或安装特殊的所谓“岩石锚”方案，唯一可用的设备是浮式设施所携带的常规的锚链和锚，采用的作业方案是仅利用浮式设施的锚链和锚的自重实现锚泊就位，在海底放置足够长度的锚链和锚，使迎风主锚的试验张力值达到正常水平，迎风正横方向锚的试验张力值略低。

对天气数据的分析表明，锚泊系统应能抵御的风暴标准为：风速 78 节，波高 10.5m 有义波高，流速 1.1 节，水深 120m，浮式设施风暴吃水时导向轮位于水面以下 4m。

通过计算发现，在最大风暴时，如果承载所有负载，而下风锚链松弛，两个主锚上的负载将分别为 177t（链条破断负载为 613t），如果其中一个主锚走锚移位，则负载将上升到 204t，因此，锚泊装置底部单根锚泊缆处必须有足够的重量以抵御 204t 的风暴荷载。

对两个主锚在 204t 拉力下的计算表明，由公式（1-10）可得：锚链触底点距离为 622m（从导向轮开始）。

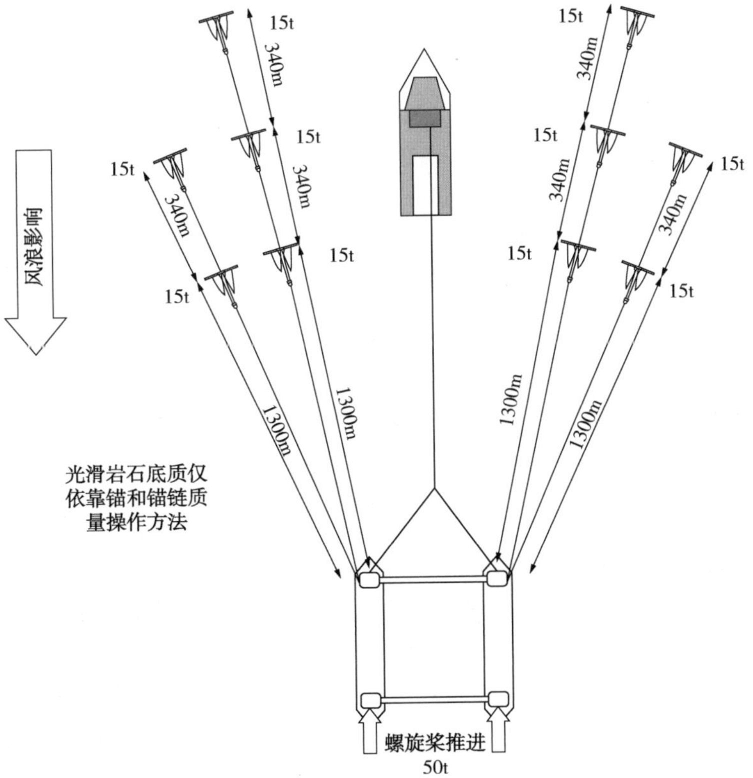

图 6-5　坚硬底质海底锚泊就位示例

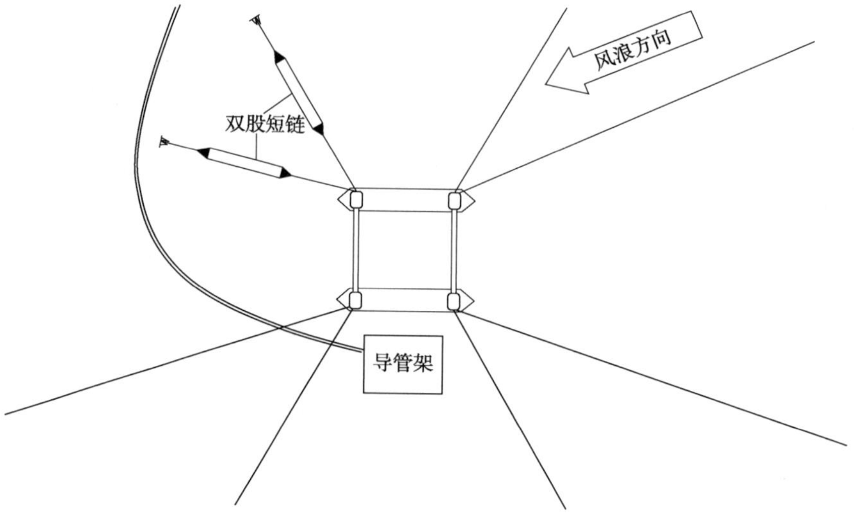

图 6-6　限制水域锚泊就位示意图(双股锚链)

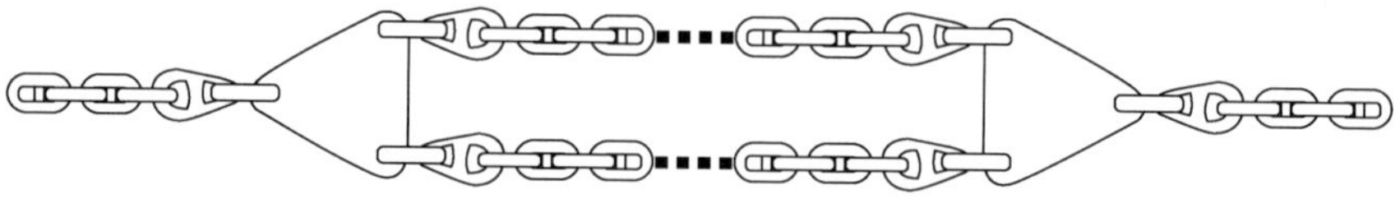

图 7　双股锚链细节图

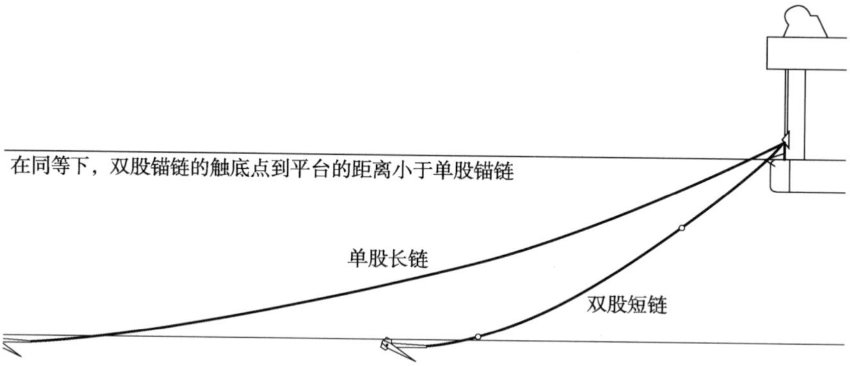

图 8　双股锚链效果图

因此留在海底的锚链质量为(1300−622) = 678×0. 118t≈80t，加上锚重 15t，总计 80+15=95t，所需抓底力为 204−95=109t，加额外的锚链 680m(680×0. 18=80t)，还有两个重达 2×15=30t 的锚，总数是 109+80+30=219t。这数据接近要求，但还没有考虑冲击载荷或岩石上的滑动/静摩擦因素。剩余的设备上风横向的锚加串联锚后，产生的最大抓低力因此降低到 95t，加上锚链 340×0. 118≈40t，1 个 15t 锚产生的抓底力 40t，总抓底力一共 95+40+40=175t，但是业主决定采取了以下应急措施并继续进行作业。

（1）按照图 6-13 所示的方式布锚。

（2）当风速或预报接近 60 节时，停止所有作业，并断开与井口的连接。

（3）放松下风舷锚的 4 根锚链。

（4）优化 4 个上风受力锚的张力。

（5）运行推进至少 65%的总功率（90%产生约 50t 推力）

（6）浮式设施船首连接一艘锚作船如果在工区，工区一共有两艘锚作船为该浮式设施提供服务，主机马力都是 8000 匹，具有出色的拖带和锚作能力。

这座浮式设施顺利完成了作业任务，作业过程中成功地度过了一系列接近最大预测力量的大风天气，靠近海岸的巨大涌浪和实际海况造成的实际冲击负荷非常接近预测的最大值。

四、受限水域双股短锚链锚泊

为了在卫星井井口上作业，一座大型半潜式设施不得不非常靠近生产平台停泊，有限的空间以及现有海底管道和结构的敏感性和位置都阻止了其他设施跨越其上方作业，图 6-9 示意了这种情况下所采用的解决方案。从恶劣天气来临方向的角度来看，这两个“短锚”并不重要，即使在发生天气或平台紧急情况、井控紧急情况时也不重要。因此可以接受稍低的测试和工作张力值。

该设施是一个 8 点锚链锚泊系统装置，使用 76mm ORQ-3 锚链和 15t 锚，双锚链部分的所有部件的破断负荷都与主锚链相似或更大，主锚链破断负荷约为 613t。

在测试张力下，锚的触底点运行到锚链完全展开范围如下：张力 158t，链条单位质量 0. 118t/m，水深 100-6＝94m，触底点距离经过计算为 493m（从导向轮开始）。

锚链全长 1000-493＝507m。在海底，距离满足设计要求，经过测试短锚链可以到 2/3 的正常测试张力为 105t，计算允许最大锚链长度为 500m，增加的锚链使系泊线质量平均达到 0. 13t/m。

由公式（1-10）得：$锚的触底点距离=\sqrt{\dfrac{2\times105\times94}{0.13}-94^2}=378m$

总锚链长为 500-378＝122m。因此卧底链不会受到垂直方向力的影响。

该锚泊就位方案简单有效并取得了成功，需要注意的是锚和双股锚链之间的距离为 1. 5 倍水深，如果需更长一点的双股锚链，1. 25 倍水深或者水深+10%也将是可以接受的，同样将锚增加到 20t 也会增加不少安全系数。

第二节　水下支撑浮标（弹性浮）

一、水下支撑浮标的特点

水下浮标所解决的一般是应对水面浮标提供浮力不够的问题，如深水抛锚作业时，抛串联锚短索的重量，单靠水面标不足以支撑，需在串联锚和水面标之间设置水下浮标，也可以利用其在水下能提供浮力的特点替代水面标，但是却不影响水面以上的作业，利用该特点，在实际水下设施、管线密集的作业区域，水下支撑浮标得到了广泛的应用。

二、水下支撑浮标应用案例一

图 6-17 的案例即为很好的应用，浮式设施为一种大型半潜式装置，有 8×15t HHP 锚和直径 3 英寸锚链组成的锚泊装置，与拟靠泊的生产平台距离最大为 20m，锚泊就位作业

时的位置应与平台保持 100m 左右的距离，该作业会碰到的问题是 7 号锚泊缆必须跨越正在生产的管道，由于该生产平台是这一区域的装卸站，7 号锚链无法使用水面浮标与管线保持清爽，下面详细介绍了作业方案和主要施工程序。

（一）施工准备

（1）进行锚泊作业，在任何情况下，需将锚链提离距管道至少 15m。

（2）在 7 号锚泊缆跨越管线处使用水下浮标（弹性浮），在所有工作张力范围内，水下浮标的高度至少低于平均海平面 25m。

（3）5 号锚泊缆解决方案，在海底管线跨越处使用水面浮标锚泊作业图 6-10。

（4）6 号锚泊缆（燃烧臂下方）解决方案，用三艘锚作船进行锚泊作业，一艘锚作船作为临时支撑锚泊，另外两艘锚作船通过燃烧臂进行锚泊作业。

（5）与生产平台并靠时，4 号和 5 号锚泊缆的张力应保持在最低限度以上，以便锚链在卫星井上方保持 30m 的高度。

（6）当处于作业位置时，6 号锚链的张力应保持在设定的最小值之上，保持卫星井管汇间隙在 20~30m 之间。

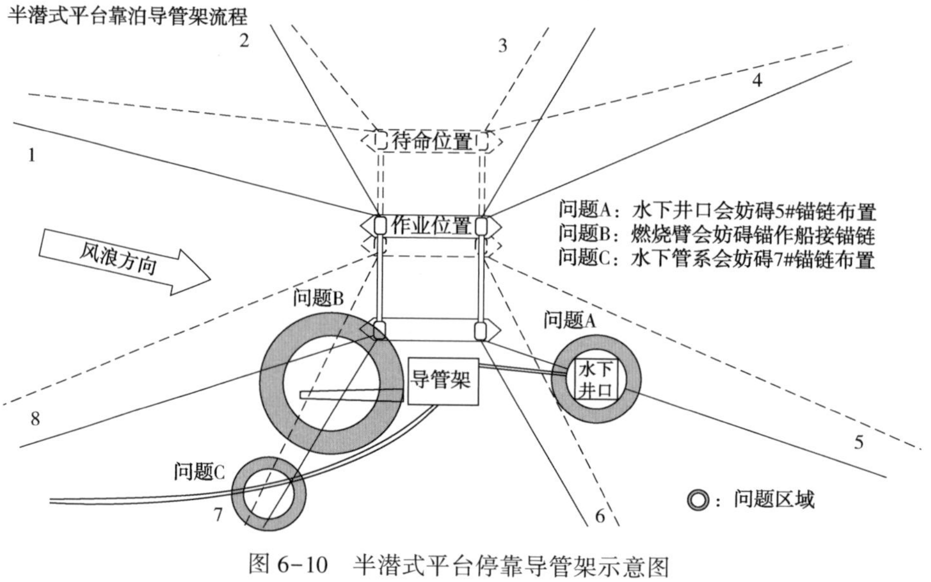

图 6-10　半潜式平台停靠导管架示意图

（二）作业所需的导航定位设备和作业船舶

两台激光测距仪，一台安装在生产设施上，一台安装在浮式设施上，都带有数据接口，可以将位置信息传送到导航定位设备，导航定位设备可以准确显示浮式设施相对于生产设施的位置、海底管线、井口、管汇和燃烧臂等位置，每艘锚作船都装有导航定位设备以便锚作船在整个作业过程当中都可以持续显示跟踪，在浮式设施上还设有便携式激光测距仪，用来检查浮式设施与锚作船之间的位置；所有参加作业的锚作船标准为：2×9000 马力大甲板面积锚作船、1×8500 马力锚作船，并且所有船舶必须配置鲨鱼钳、液压拖销、双滚筒绞缆机、至少双侧推加器。

（三）作业案例抛锚作业程序初始阶段

该案例中所涉及的作业较为复杂，具体抛锚作业程序如图 6-11、图 6-12 所示。

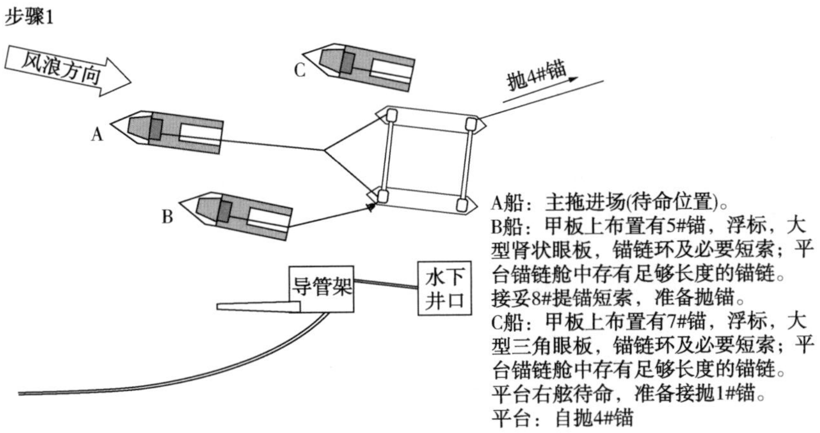

(a)锚泊就位作业程序 1

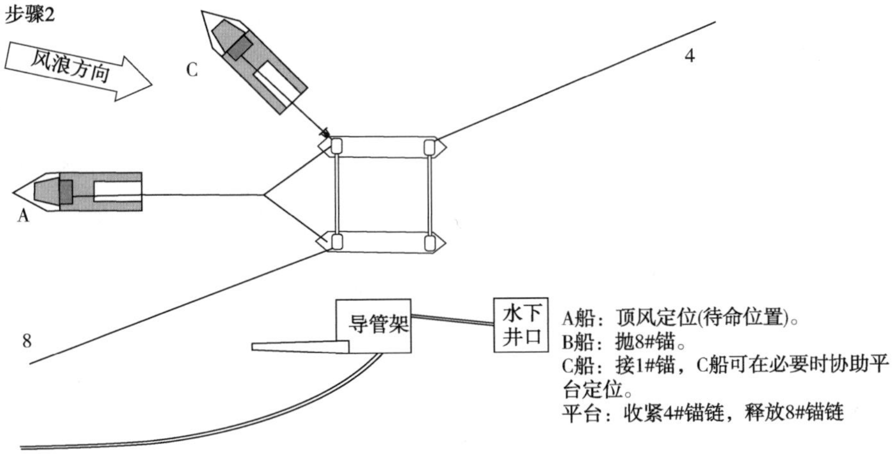

(b)锚泊就位作业程序 2

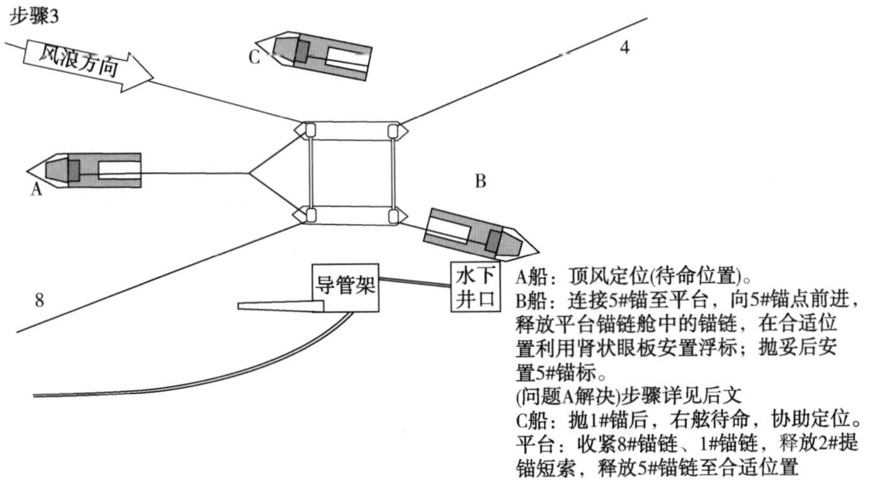

(c)锚泊就位作业程序 3

图 6-11　锚泊就位作业程序

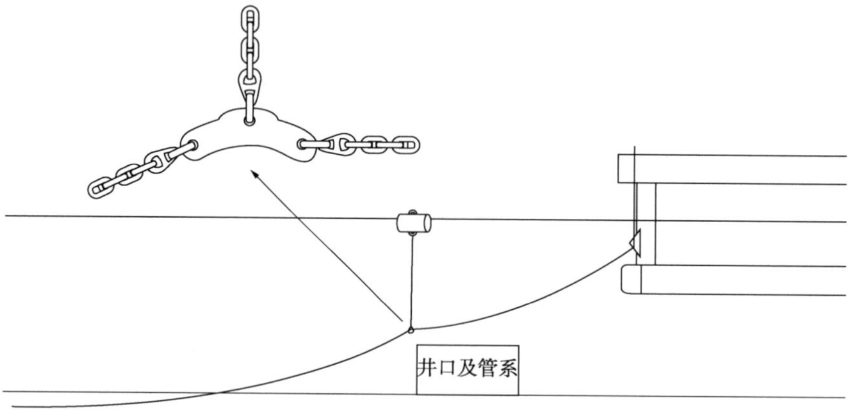

（d）锚泊就位作业程序 3~5#锚浮筒布置示意图

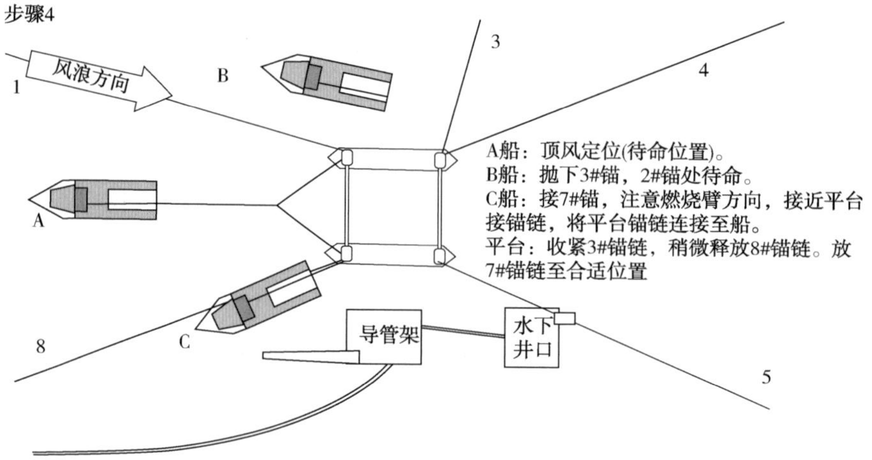

（e）锚泊就位作业程序 4

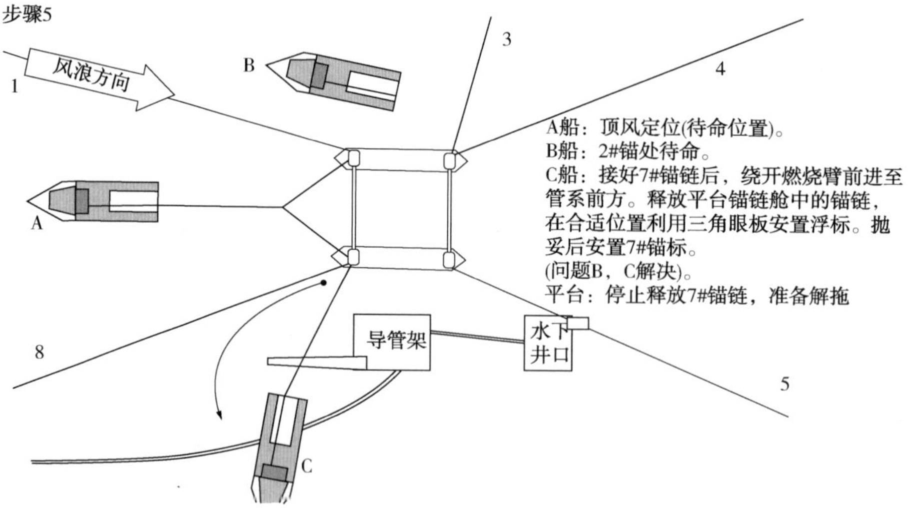

（f）锚泊就位作业程序 5

图 6-11　锚泊就位作业程序（续）

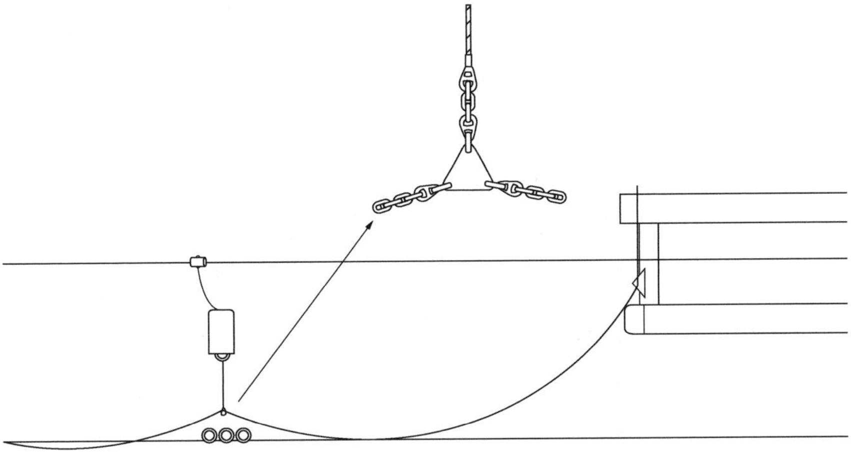

(g)抛锚作业程序 5~7#锚浮筒布置示意图

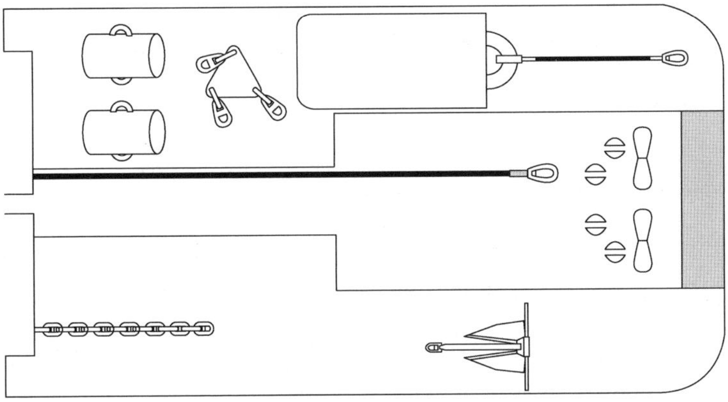

(h)锚泊就位作业程序 5-锚作船 C 甲板布置示意图

图 6-10　锚泊就位作业程序(续)

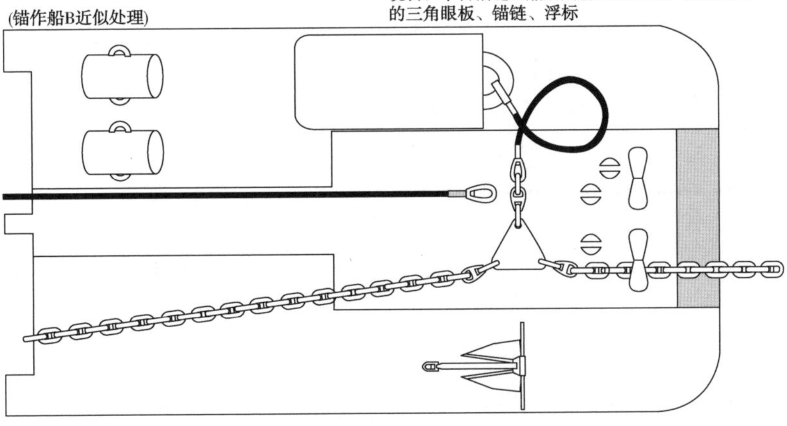

(a)锚作船甲板 C 作业步骤 1

图 6-12　锚作船 C 甲板作业

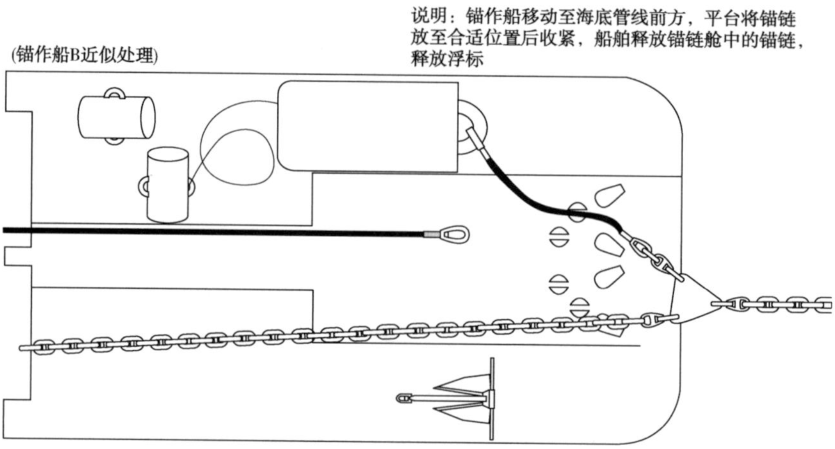

(b)锚作船 C 甲板作业步骤 2

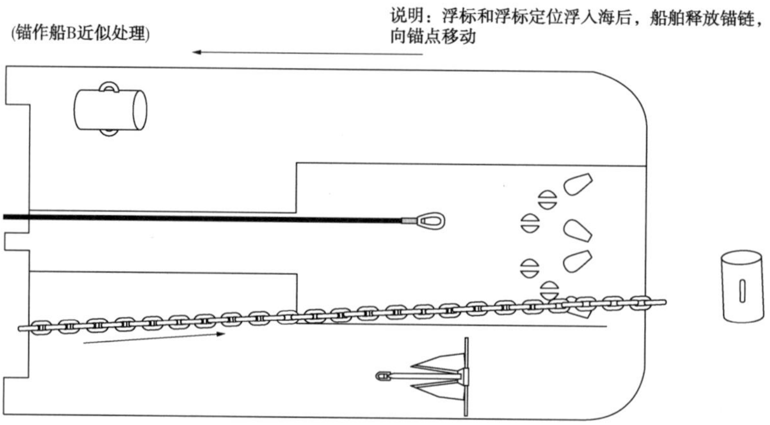

(c)锚作船 C 甲板作业步骤 3

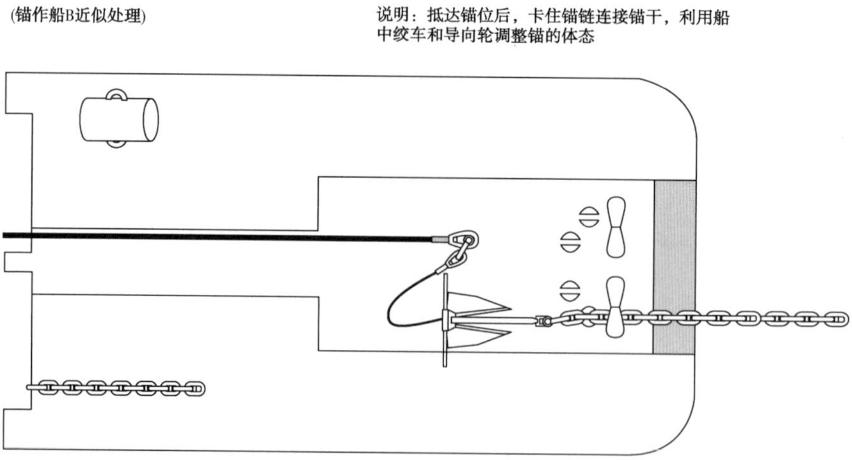

(d)锚作船 C 甲板作业步骤 4

图 6-12　锚作船 C 甲板作业(续)

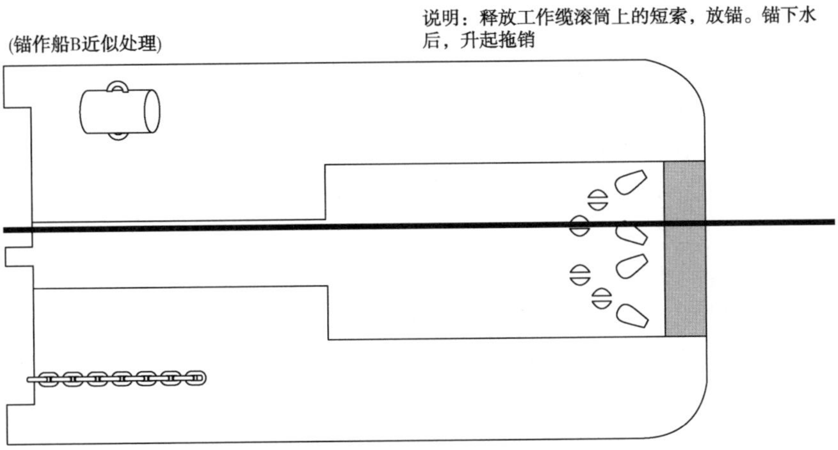

(e)锚作船 C 甲板作业步骤 5

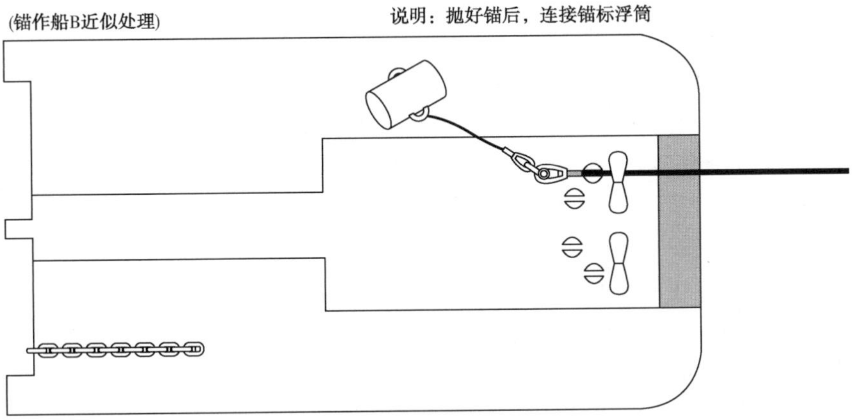

(f)锚作船 C 甲板作业步骤 6

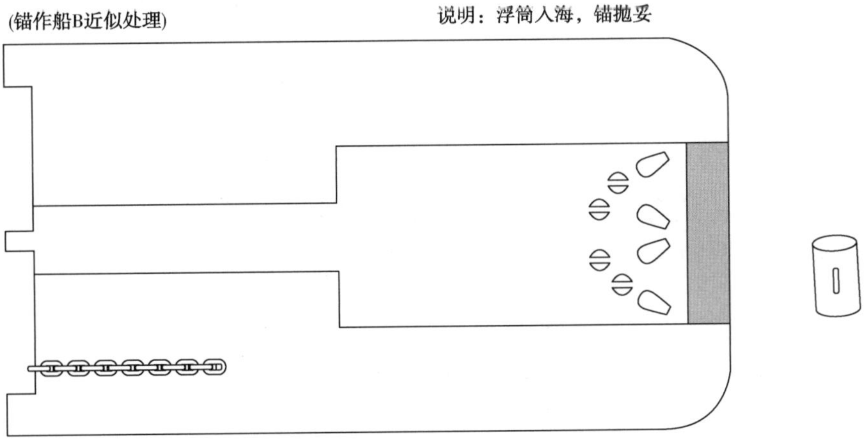

(g)锚作船 C 甲板作业步骤 7

图 6-12　锚作船 C 甲板作业(续)

（四）抛锚作业程序第二阶段

（1）锚作船A船连上5号锚锚短索，绞5号链末端上甲板，将其固定在鲨鱼钳上，而锚短索仍然连接在锚链上。

（2）船A向前行驶到距离支撑浮标位置的正确距离，该距离是预先从期望的待命作业位置计算出来的，并修正了期望的待命作业位置与当前实际位置之间的任何偏差。

（3）当浮式设施放出正确的锚链长度并刹住时，锚作船船位维持在原地和连接肾板（三角眼板）到浮式设施锚链的末端，并连接链锚链舱里面的锚链，水面浮标的短索从储存滚筒转移到工作滚筒后，连接到三角眼板上。

（4）船A现在向5号锚预导航定位置前进，从锚链舱松出锚链和水面浮标的短索，直到短索的末端卡在鲨鱼钳位置，在该位置，短索索接头被钳住，并通过其尾绳连接水面浮标，降低鲨鱼钳，随着浮标的下海，锚链继续松出。

（5）船A继续从锚链舱放出5号锚链，直到达5号锚预定锚位，向前约50m超过抛锚位置，然后布置锚与水面浮标和短索。

（6）布置完毕后，只需要使用1/3测试张力测试5号锚链的张力，应让5号锚浸泡并只绞进约25m的锚链，5号锚抛锚完成后锚链应充分拉伸，并将张力释放到中等张力以下。当确定与浮式设施相关的支撑锚泊浮标和锚的正确位置时，计算5号锚导向轮到预定期望锚的距离时还涉及基于工作张力、水深和锚链尺寸质量的悬链量计算表（参考前面的章节）。

① 该表展示了保持任何长度的锚链悬浮在水面以下特定深度的张力大小，通常表格还会显示支撑浮标提供的浮力和锚链在不同张力下的水下形状。

② 为了充分发挥锚的最大抓底能力，必须将锚沿海床拖曳，以便锚落地后能开始行进、穿透和埋入；本节中的表格将不同土壤中锚的拖曳距离与锚爪长度联系起来，以锚正确地布置并能埋入海床为前提。因此，在抛锚作业时，将放出的锚链长度加上适当的距离，使得锚布置完毕后与浮式设施的距离保持准确。为了使15t Flipper Delta锚91t的抓底能力达到理论最大值的80%，80%×91≈73t，在烂泥底质中的拖曳距离大约是20倍锚爪长度，如60m，但这通常是预估过度的，使用15~30m的距离余量可获得更接近实际的结果。

③ 另外一个很好的办法是在8号锚抛锚作业完成以后让其浸锚一两个小时然后对其简短的测试就可以得知差不多的拖曳距离，这样近似地得到了在5号锚浸泡一两个小时以前布置5号支撑锚标的时间，起初的测试拉力控制1/4~1/3测试张力，50~55t将有利于锚在海底的埋置。

当测试张力时，如果发现锚在穿透埋置沉底以前拖曳的距离太长，重新布置该锚时锚链的长度可以适当加长，关键的因素在于锚标在井口上方时，该锚要能达到测试张力。

（五）抛锚作业程序第三阶段

该阶段主要是详细介绍抛水下支撑浮标和水面标的过程，准备好抛7号锚标的锚作船需要为作业准备所有索具和设备。

(1) 将浮式设施大致稳定在预定作业位置。

(2) 向7号锚锚作船放松锚链使锚作船位置位于支撑系泊位置和抛锚位置之间，该锚已经与锚链拆开，剩余的锚链已经储存在锚作船锚链舱内。

(3) 在适当的位置拆开浮式设施锚链，将短索连接在锚链的一端装配好索具。

(4) 锚作船向7号锚方位继续前进，并在跨越管道前停止(阶段1)。

(5) 锚作船按照“甲板准备浮标-7号锚泊缆示意图”所示组装索具，连接第一段储缆滚筒短索第二阶段。

(6) 第三阶段开始安装水下浮标和短索，并将第二根短索卷到滚筒上。

(7) 水下浮标弹性浮用30mm的绳索连接其示位浮标。这根绳子每隔10m就应该用胶带标记一下，这样浮标布置后，就可以在打捞起浮标后拉上绳子，通过胶带的标记确定浮标离水面有多远，从而确定浮标与管道之间的间隙。示位浮标和绳索的另一个目的是核对水下浮标是否正确位于管汇上方。

(8) 放出连接好的锚链直到锚作船船位到达抛锚位置，浮式设施绞车放出正确长度的锚链加上锚落地后回绞的距离，连接上7号锚头开始保持张力并抛7号锚，测量一下浮式设施的绞车、浮式设施的位置到水下浮标的距离，确认水下浮标的位置在管汇上方。

(六) 燃烧臂下方抛锚作业程序

在这个阶段，船舶需要在生产平台燃烧臂下作业，锚作船A甲板上准备好J型钩，锚作船B将6号锚绞上甲板，并拆开浮式设施段锚链，连接短索并将短索吊回浮式设施，在燃烧臂下待命。锚作船C将两倍水深长度的短索在工作滚筒上排好，这项作业分为以下几个步骤。

① 锚作船C驶往燃烧臂，接上并拉出6号锚链；锚作船C和绞缆机保持足够的张力，使锚链远离海底管道，当距离浮式设施约5倍船长时，停止前进并保持张力；锚作船A在浮式设施和锚作船C之间布置J型钩，并钩住6号锚链，拖曳锚链直到J型钩位于锚链船水下15~25m处。

② 利用测距设备导航定位船舶，锚作船A位于海底管道上方，锚作船C继续向燃烧臂方向拖曳6号锚锚链。锚作船A携带J型钩现在已位于管汇上方，6号锚链穿过J型钩，锚作船C继续接近燃烧臂。

③ 锚作船B在6号锚链的方位线上，操纵船舶船尾朝向燃烧臂，将工作缆拉到船尾甲板并准备好引绳。

④ 锚作船C到达燃烧臂以后，将多余的6号锚链绞到甲板上的工作滚筒，船首转向180°，工作滚筒开始放松，将锚链和短索放到海底，直到短索接头到鲨鱼钳位置。

⑤ 锚作船B和锚作C现在在燃烧臂两边进行尾对尾作业，锚作船B利用小绞车钢丝将锚作船C甲板上的短索索接头拉到自己甲板并连接到自己的工作缆上。

⑥ 锚作船B工作缆的索接头连上锚作船C甲板上的短索索接头。

⑦ 锚作船C将连接好的短索松出，同时船B绞进短索到船艉滚筒处，船B继续拖曳6号锚链到预定抛锚位置，浮式设施方面松出锚链，锚作船A维持船位管汇位置上方，其J型钩始终钩住锚链。

⑧ 到达预定位置后，锚作船B连接上6号锚头并将锚抛入海底。浮式设施方面开始

起张力，检查张力是否足够使6号锚链远离海底管线。如果锚作船A收回J型钩，进行其他锚的抛锚作业，完成以后等2~4h开始进行张力测试，张力测试完成以后，检查7号锚链水下浮标(弹性浮)的示位标的位置，如果发现有锚走锚，需要起锚重新抛锚。

注意：除5号、6号和7号锚，其他锚不需要水面标。

（七）最后验证阶段起抛锚作业程序

如果所有锚的测试张力都达到要求，则移动浮式设施位置并靠，生产实施，就位完成后调整锚链张力到工作张力，检查7号锚水面示位标的位置，可以拉起水面示位标的缆绳并观察离水面最近的胶带标记，计算弹性浮标到水面的距离，看是否满足最初设计要求，如果满足要求，切断示位标的绳索并适当配重使其沉没，开始连接舷梯等作业，生产设施也陆续开展其他施工。

三、水下支撑浮标应用案例二

下面描述的作业应用案例是锚泊就位作业，在水深120m的生产油田范围内，需要将一个大型半潜式钻井平台移动到一个现有的海底油井井口上。必须解决的问题是如何使锚泊缆远离井口、管线，8条锚泊缆中的5条需要控制水下悬垂通过管道，支撑锚泊缆的强度必须等于或优于钻井平台现有设备的强度，而且其设计必须使系泊系统在完全拉伸后，每根系泊缆工作状态受力时与海床障碍物保持清爽。该作业分为3个阶段：阶段1布置5个带回收系统的锚和锚链；阶段2布置5个支撑锚泊系统，锚泊系统连接到阶段1中的锚链和回收系统上；阶段3将浮式设施移动到指导航定位置，连接预铺设的锚泊设施，并布置剩余的锚泊设施。

（一）前期准备工作

（1）该作业需要的船舶资源三艘至少10000马力的锚作船，配备2个工作滚筒，2个储缆滚筒，双组液压鲨鱼钳和拖销以及较大甲板作业区域。

（2）使用的导航定位系统是位于关键海底设备上的激光测距仪和智能应答器，以及位于锚作船和浮式设施上的导航定位系统。

（3）锚泊设计专家咨询小组的服务被用来调查支撑锚泊系统在各种张力下的表现，以确保和障碍物的间隙可以在最大载荷下仍能保持。为浮式设施工作人员提供了专业操作指导，以便进行锚泊操作。

（4）作业的每个阶段都制定了详细的操作程序，并对所有相关人员进行了详细介绍。所有使用的设备都有标记和编号，特别注意准确记录每件设备在锚泊分布中的位置。获得保险公估师的同意之前会要求提供相关证书。平台需验证绞车张力计和锚链长度计数器的准确性；在钻井作业期间，浮式设施需通过记录仪连续记录锚的张力。

（二）支撑锚泊的基本设计

如图6-14所示，每一段支撑锚泊由两段直径为102mm、长约200m的钢缆组成，由肾板(三角板)连接，支撑浮标和提升短索连接到肾板(三角板)上，提升短索的目的是将组件支撑在海床障碍物之上，锚泊支撑系统使用了20t浮力的泡沫填充玻璃纤维/聚氨酯支撑浮标，平台和锚上使用了约4t浮力的浮标。

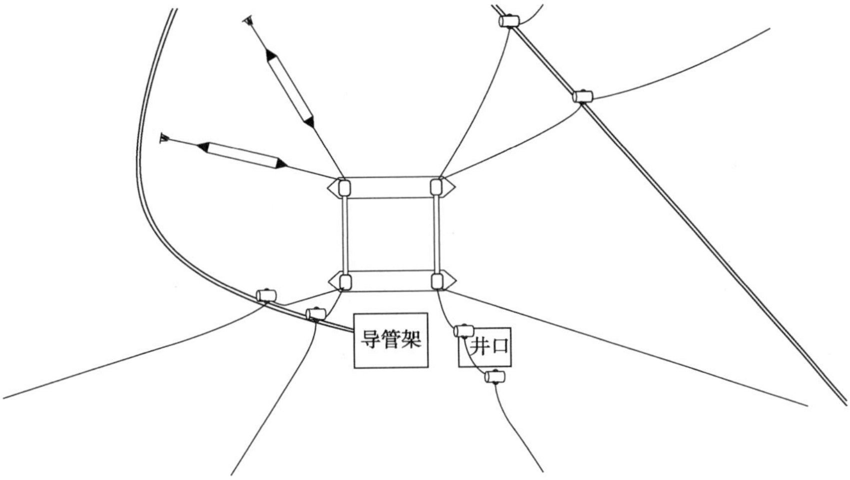

图 6-14 支撑锚泊基本设计

(三) 抛锚作业程序阶段一

本节只详细描述一个锚的预抛锚和锚链作业，其余的作业都以类似的方式进行，直到完成全部锚作。如图 6-15 所示。

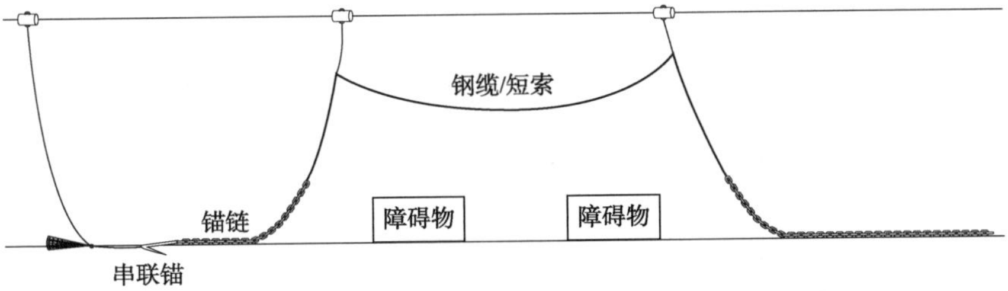

(a) 支撑锚链设计 1

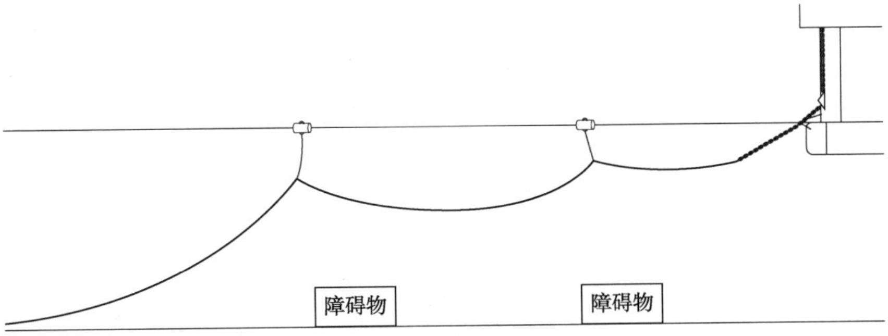

(b) 支撑锚链设计 2

图 6-15 支撑锚链设计

在完成预抛锚作业后需要对锚抓底能力进行测试，在对锚测试之前，需要在预定地点进行试验以便了解现有底质条件下的锚落地入泥以后被拖曳的距离，当支撑部分连接到海底的链条时，都是悬挂在所要保护的障碍物的上方，知晓锚落地沉底以后被拖曳的距离对于准确导航定位锚的位置至关重要。测试是通过抛设一个锚和 500m 长的锚链进行，首先该锚设置浮标，其位置由随行的测量船记录下来；其次锚作船放出 500m 长的锚链，在 30h 内施加 80t 的拉力，在大约 40h 内以每次增加 20t 的速率，逐步将拉力增加到 80t；最后在测试结束时，再次确定浮标的位置并计算拖曳距离，调查船的水下机器人用于检查锚是否完全正确地埋置入泥，测量船在确定了拖曳距离后，重新绘制了预抛锚的最佳位置，设置预抛锚(图 6-16)。

步骤1：将锚落至海底

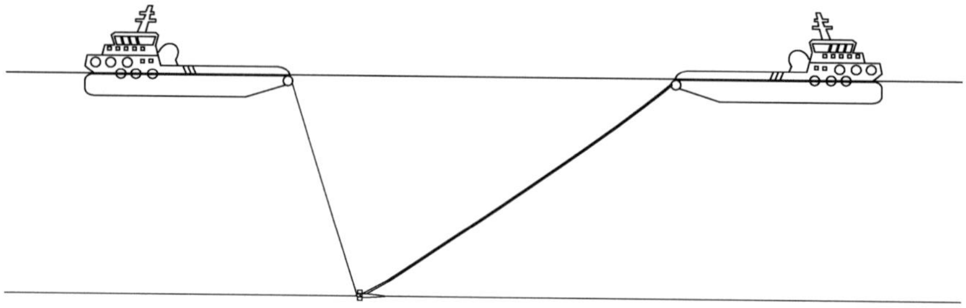

(a)锚标安装示意图1

步骤2：抛好锚，安装锚头浮筒，配重

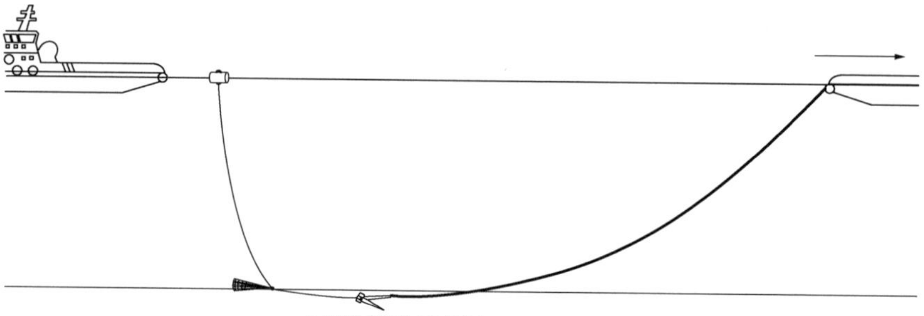

(b)锚标安装示意图2

步骤3：安装锚链浮筒，配重

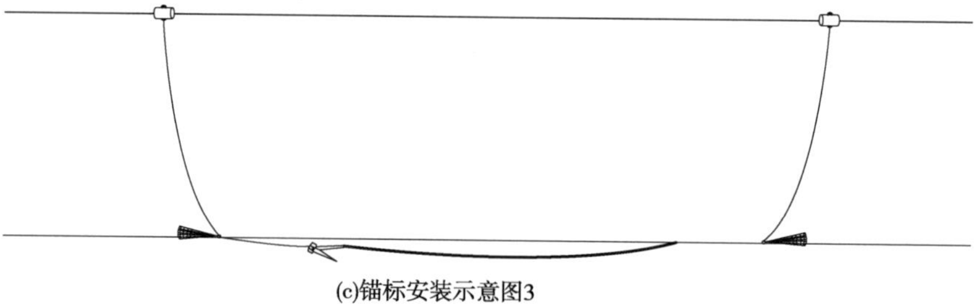

(c)锚标安装示意图3

图 6-16　锚标安装

两艘锚作船，带有预抛锚 5 个、短索、锚链、提升组件浮标和连接设备，以及带有水下机器人、激光、卫星差分定位系统的测量船。

（1）测量船将锚作船引导到预定抛锚位置，并将其导航定位到正确的方位。

（2）两艘锚作船一起工作，抛设每个锚如下。

① 锚作船 A 在工作滚筒排好锚升高短索和甲板上准备好浮标。

② 锚作船 B 将第一段锚链连接到第一个锚上。

③ 锚作船 A 和锚作船 B 各自操纵在抛锚位置船尾对船尾，锚作船 A 将锚升高短索传递给锚作船 B，锚作船 B 将其连接到第一个锚冠上。

④ 锚作船 B 的第一段锚链被储存在绞车链轮下方的锚链舱里。

⑤ 锚作船 A 将锚从锚作船 B 的甲板上拉到水里，锚作船 B 放松锚链。

锚作船 A 松开短索，同时锚作船 B 松开锚链，现在将锚被下放到海底，测量船监测位置。

当锚在海底时，锚作船 B 在正确的方位上部署第一段锚链，末端连接一只负载卸扣再与锚作船 B 绞缆机上的工作缆连接，锚作船 B 施加 60t 的拉力，测量船监测锚浮标的位置变化，使用卸扣将第二根锚链与第一根锚链连接，然后施加 80t 的拉力。

在检查锚链的锚位后，将锚链的末端放入海底并加抛标记浮标。

（四）抛锚作业程序阶段二

（1）支撑锚泊系统由数根直径 102mm、长 200m 的钢缆组成，每个 200m 的短索的连接处由一个三角板组成，连接板上还连有一个支撑浮标和升高短索。

（2）锚作船捞起预铺锚链的末端，在拆除浮标组件后，将第一段支撑锚泊缆连接在一起。

（3）作业按照图 6-17 所示程序进行，将三角板和浮标的各部分用升高短索连接起来。

（4）小心维持航向，并保持约 20t 的张力，以保持海底障碍物的间隙，在完成三角板连接后，将一段约 150m 长 76mm 锚链连接到支持段的浮式设施端，作为类似桩锚使用，在这部分锚链的末端，由重达 6. 5t 的一捆配重锚链被连接在水面浮标的升高短索上，整个锚链的张力约为 20t，在布置浮标之前，锚链方位需细致核对。

（5）对所有需要支撑锚泊的锚，即 7 号、8 号、1 号、2 号和 3 号锚，重复同样的程序。

设计数据表明，如果支撑浮标的干舷有 0. 5m，则浮标下面的升高短索应能正确拉紧，且海床障碍物不受影响。

（五）抛锚作业程序阶段三

大部分预抛的锚泊锚链和锚属于钻井平台，采用平台自用锚链在甲板载荷方面具有一定的优势，8 号锚和 1 号锚的质量为 40t，而常规锚的质量为 20t，这是为了在最恶劣天气预计发生的方向上提供额外的安全保障，在到达就位地点之前，将 7 号、8 号、1 号、2 号和 3 号锚链的舷外端连接到短索上，以便传递给锚作船。

钻井平台上的导航定位系统包括 GPS 差分导航定位系统、激光测距和侧扫描声呐，带有水下机器人的测量船已经就位；作业设置了 24h 最大风速 25 节的天气标准，能见度标准为 2 英里以上；在 7 号和 3 号支撑锚泊处的海底管道上安装了智能应答器；3 艘锚作船参加作业；4 号、5 号和 6 号锚使用的是锚链环系统。此时已经是进入抛锚作业程序第三阶段了。具体浮式设施作业操作顺序如下。（图 6-18～图 6-22）

（1）浮式设施有动力推进，在船首龙须缆上连有一艘锚作船。

（2）导航定位是在 5 号锚的方向方位线上进行的，该锚在预定目标前 50m 处抛投。

（3）浮式设施沿着 5 号锚的方位继续前进，直到距离井口 150m，在这个位置，锚作船对平台龙须缆施加约 90t 的拖力。

（4）然后将 4 号锚抛设到预定目标(锚链回绞了约 50m)，在 4 号锚的运行过程中，使用了激光测距和应答器，以确保 4 号锚链不与海底管道接触。

（5）4 号锚抛完后，对锚链施加 90t 的张力。

（6）8 号和 1 号的锚链末端被传递给锚作船后，锚作船继续驶往各自的浮标；锚作船用其中一组鲨鱼钳钳住锚链，去进行打捞预先铺设的支撑锚泊的浮标，并将卧底链和部分桩锚锚链带上甲板，直到达支撑锚泊的 25 个链环处；在此处浮式设施端锚链连接到该段链条。

（7）用于回收预铺设系泊末端的水面浮标被连接到钻机链/支撑系泊上，通过在链上滑动一个 75t 的卸扣并连接一个缩短的升高短索组件连接(用于后续回收)。

（8）连接好的锚泊系统被释放，水面浮标布置完毕。

（9）当锚作船放下在第 7 段中提到的升高缆时，浮式设施通过锚机绞缆机缓慢绞进在整个预先铺设的锚泊系统上保持张力(连接后)。

（10）在连接 8 号和 1 号锚泊系统后，用侧扫描声呐设备和导航定位设备，浮式设施继续向井口方向前进。

（11）需对 1 号和 8 号锚链的张力进行持续的监测。

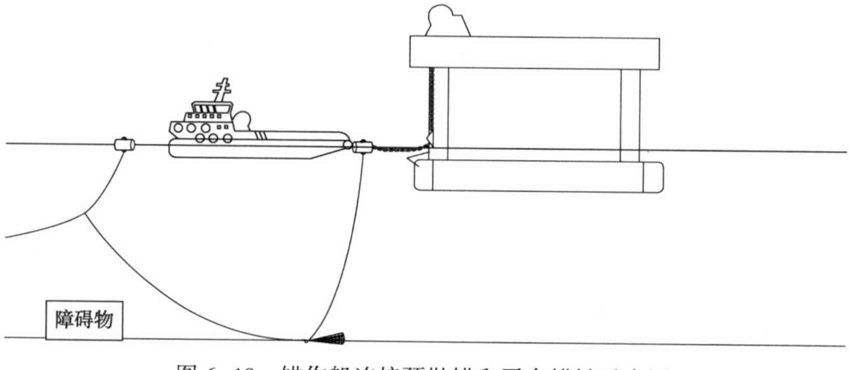

图 6-18　锚作船连接预抛锚和平台锚链示意图

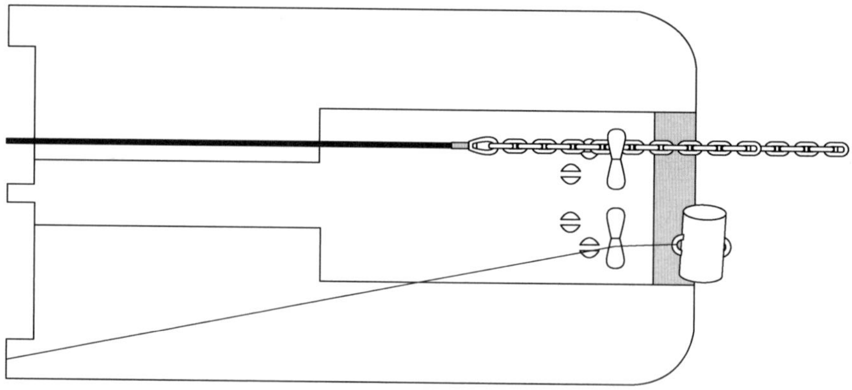

图 6-19　锚作船连接细节示意图

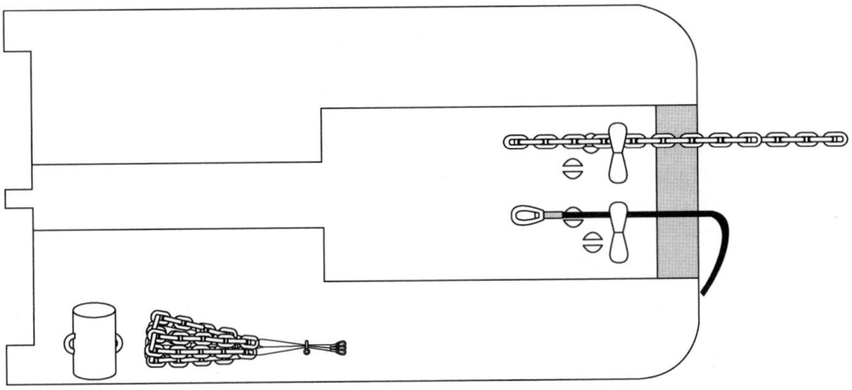

图 6-20　锚作船甲板连接示意图

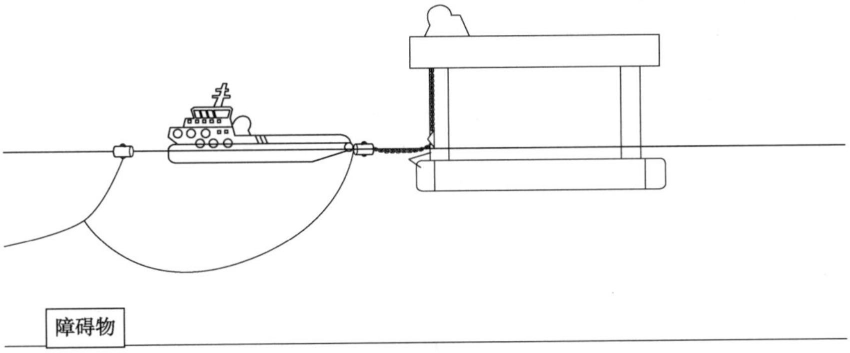

图 6-21　锚作船连接预抛锚和平台锚链示意图

（12）继续进行抛锚作业，使用（6）、（7）、（8）、（9）所阐述的技术抛设浮式设施 7 号、2 号和 3 号锚。

（13）6 号锚按常规作业抛锚，如果有需要，还需另外设计串联锚结构。

（14）在锚泊作业完成时，所有锚泊缆都被试拉到 160t 张力，然后放松到 90t 的工作张力。在测试张力时，仔细记录支撑锚泊浮标的干舷，并使用水下机器人检查支撑锚泊缆在水下障碍物上的间隙，在可能的情况下，水下机器人也被用于检查锚的入泥情况。

（15）通过水下机器人摄像头的引导，浮式设施移动到井口上方，开始作业。

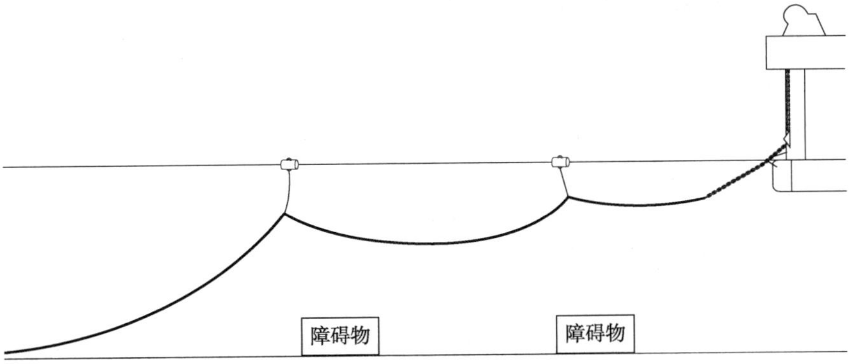

图 6-22　锚作船连接预抛锚和平台锚链完工示意图

第三节 自升式平台锚泊就位作业

和其他浮式实施不同，自升式平台所配备的锚多是定位操纵用锚，一般情况下，自升式平台钻井作业时依靠桩腿站立于海底，只有在就位变成浮态时才有可能用到锚，数量是船首、船尾各2只，锚缆多为钢缆，与强壮的半潜式平台海工锚相比较，自升式平台所携带的锚，其吨位和抓底力都小得多，本节介绍的为一座大型自升式平台就位海上中心生产平台的精确就位作业，在就位作业过程中遇到海底管线和半潜式平台锚链的干扰问题，需要采取布置支撑浮标等措施消除海底管线和锚链的影响。

一、作业准备工作

（一）锚作船舶配置基本要求

（1）预抛锚：两艘锚作船，80/90t 系柱拉力。

（2）平台就位：1艘100/120t 系柱拉力锚作船，2艘80/90t 系柱拉力锚作船。

（二）技术参数

作业需要获取的以下参数。

（1）导向轮在水平面以下的距离——浮式设施在作业状态。

（2）锚泊缆工作张力。

（3）估计锚泊缆在工作张力下和其他各种张力下的悬垂量。

（4）浮式设施可用锚链（缆）长度。

（5）如果有绞车，锚泊缆长度计量方法。

（三）其他数据

（1）就位作业和要求的最终位置的现场勘测。

（2）准确的各设施布置图。

（3）导航定位设备和方案。

（4）详细的操作计划，包括所有约束条件、标准和程序。

二、自升式平台锚泊就位作业程序

（一）作业步骤

（1）预抛两个锚的锚泊装置包括锚、锚链、短索和两个水面标的短索和锚等。

（2）将预抛锚张力提到位。

（3）将自升式钻井平台移至就位作业位置。

（4）抛自升式平台艏锚。

（5）放出右舷艉锚泊缆，连接上支撑浮标，并连接到预抛锚，锚泊缆起张力。

（6）用两艘锚作船通过生产设施廊桥下传递左艉锚泊缆，连接支撑浮标并连接到抛锚。

（7）将所有锚缆提到预定张力。

（8）将锚作船近距离部署到平台左右舷和船首。

（9）拔桩，将自升式平台移至相应位置。

（10）插桩，调整位置和自升式平台预压载测试地基。

（11）回收艏锚，断开与预抛锚系统的连接并抛设浮标。

（12）预抛锚系统起锚、回收。

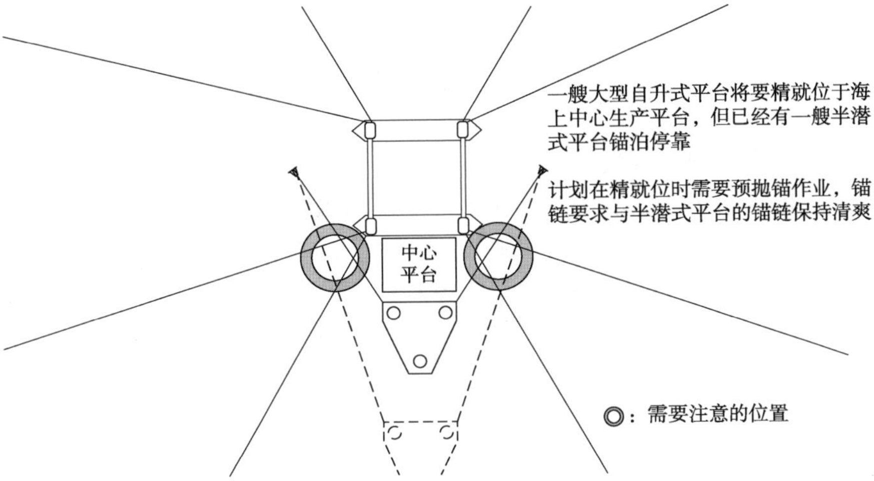

图 6-23　自升式平台精就位作业示意图

（二）预抛锚操作步骤

选用合适的两艘船和导航定位设备。

（1）在抛锚位置两艘船尾对尾就位。

（2）船 A 将锚头水面短索传递给到锚作船 B。

（3）将锚在正确的位置放至底部，加上锚落地后施加张力移动的距离。

（4）锚作船 B 放出卧底链和短索长度，锚作船 B 施加约 40t 张力使锚正确入泥。

（5）在知道每艘船向锚头方向上部署的钢缆长度后，使用拖船上的导航定位系统确定锚的位置。

（6）计算要增加到卧底链上的短索长度，以便在与浮标连接后，在张力为 25t 时，悬浮点在系泊缆上方并保持清爽。

（7）增加相关短索，清楚地标记（浮标）末端；将锚头短索拉离浮式设施锚泊线区域，适当配重放下锚头短索和水面短索。

（三）自升式平台就位操作步骤

自升式平台就位操作步骤如下（图 6-24）。

（1）将自升式平台移动到就位位置，点桩，抛平台船艏锚。

（2）从自升式平台右舷船尾处锚泊缆末端拉出，移至右舷预抛的锚水面浮标处。当锚作船通过生活支持平台的锚泊缆时，保持 10t 的张力，使用激光导航定位系统引导锚作船。

（3）自升式平台钢缆保持一定张力，打捞起预先抛设的浮标，回绞锚头短索，直到标记的末端到船上在鲨鱼钳处固定。

（4）自升式平台用绞车绞进钢缆，直到锚作船在生活支持平台锚泊缆的预抛锚侧就位，用激光点位系统检查位置。

（5）将卧底的锚索固定在支撑浮标三角眼板一侧，将自升式平台锚泊缆固定在浮标三角眼板另一边。

（6）抛设浮标，在驳船系泊绞车上至少保持 15t 张力；用激光导航定位仪检查浮标位置，确认浮标位置与障碍物相对正确。

（7）以类似的方式运行另一个锚泊，但使用两艘船在廊桥下尾对尾工作传递短索。

（8）在两根锚泊缆上施加约 20t 的张力，在平台两舷部署拖轮带短缆，另一拖轮平台船首带龙须缆。

（9）从海底提起桩腿，开始绞缆使自升式平台到位；使用船尾拖船协助保持平台横向位置，使用平台船首拖船控制船尾运动，平台船首锚机绞车协助。

（10）当自升式平台接近生产平台设施时，自升式平台放桩腿点桩，移动到位后，插桩升台使自升式平台到 1/2 吃水，重新检查与平台相关的位置；如果没问题，继续升到预压载高度。

（11）完成压载后从左舷和右舷回收锚泊缆，打捞回收支撑锚标。

（12）完成预抛锚回收作业。

（13）回收平台艏双锚。

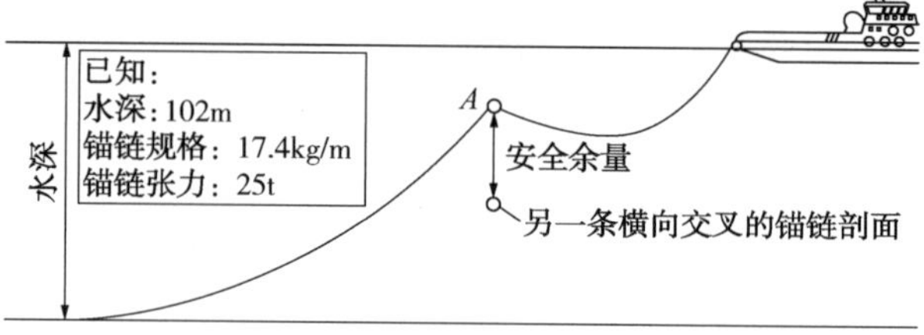

图 6-24　自升式平台精就位作业受力示意图

为了让水面浮标可以在 A 点将锚链上提至合适的高度来保持安全余量，需要进行作业前计算。

计算包含以下内容。①当张力在 25T 时，为了抵抗 A 点的锚链下沉，需要提供多少吨的浮标；②在连接浮标期间，卧底链长和张力；③在张力不同（10t、25t）的情况下，A 点的位置情况；④触底点到 A 点的悬链长度，A 点到触底点的距离。

自升式平台精就位作业受力计算步骤如下：

张力 25t 时的悬链长度：

$$S=\sqrt{d\left(\frac{2T}{W}-d\right)}$$

$$S=\sqrt{102\left(\frac{2\times25000}{17.4}-102\right)}$$

A 点到触底点的横向距离：

$$D=\left(\frac{T}{W}-d\right)\cosh\left(\frac{\frac{T}{W}}{\frac{T}{W}-d}\right)$$

$$D=\left(\frac{25000}{17.4}-102\right)\cosh\left(\frac{\frac{25000}{17.4}}{\frac{25000}{17.4}-102}\right)$$

$S=531\text{m}$

$D=1334.782\times\cosh^{-1}(1.076417)$

$D=1334.782\times0.3885$

$D=518.6\text{m}$

25T 时的下垂位置　10T 时的下垂位置

$C=\dfrac{S^2W}{8T}$　　$C\dfrac{S^2W}{8T}$

$C=\dfrac{300^2\times17.4}{8\times25000}$　　$C\dfrac{300^2\times17.4}{8\times10000}$

$C=7.83\text{m}$　　$C\approx19.6\text{m}$

在 A 点设浮筒需要提供的最小浮力 par1：

$V=WS$　　$V=17.4\times531$　　$V=9239.4\text{kg}$

在 A 点设浮筒需要提供的最小浮力 part2：

$V=WS$　　$V=17.4\times300$　　$V=5220\text{kg}$

在 A 点设浮筒需要提供的最小浮力：

$V=9239.4+5220$　　$V=14459.4\text{kg}$　　$V\approx14.5\text{t}$

总布置示意图如图 6-25 所示。

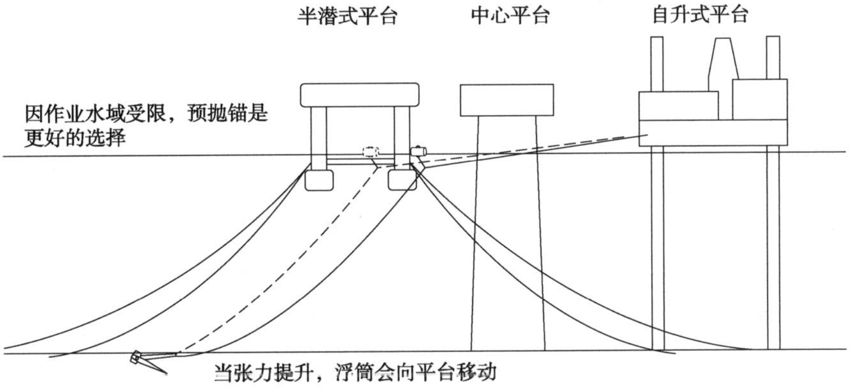

图 6-25　自升式平台精就位作业总布置示意图

（预抛锚部分略去）锚作船打捞预抛锚链后进行连接 1-打捞时侧视图如图 6-26 所示。

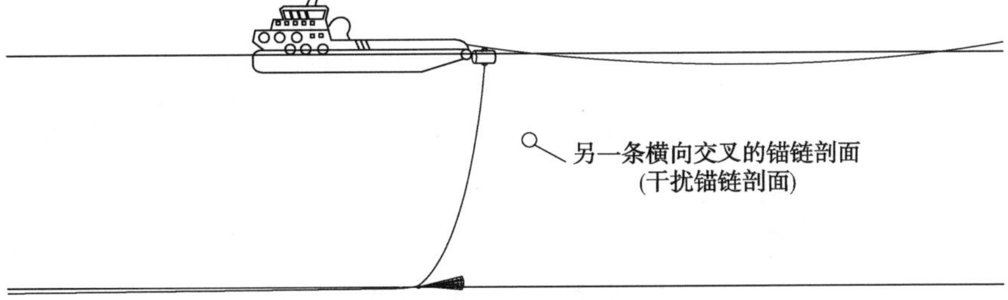

图 6-26　精就位作业锚作船连接预抛锚示意图

锚作船打捞预抛锚链后进行连接 2–打捞时锚作甲板布置如图 6–27 所示。

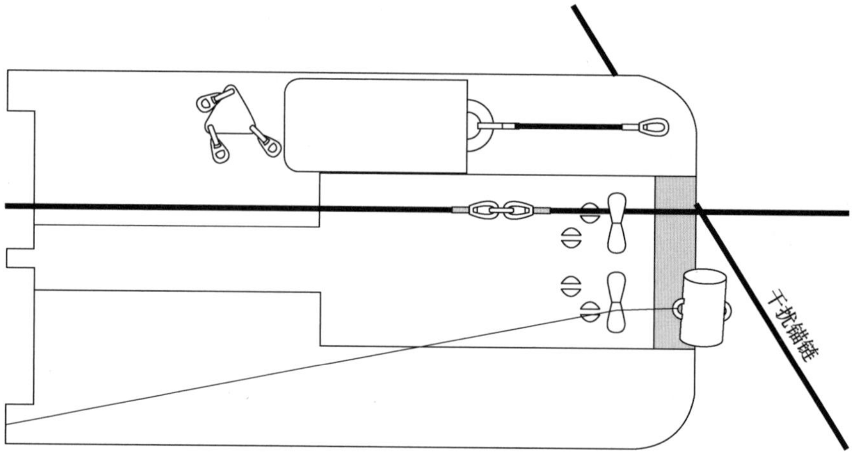

图 6–27　精就位作业打捞锚标示意图

锚作船打捞预抛锚链后进行连接 3–连接时侧视图如图 6–28 所示。

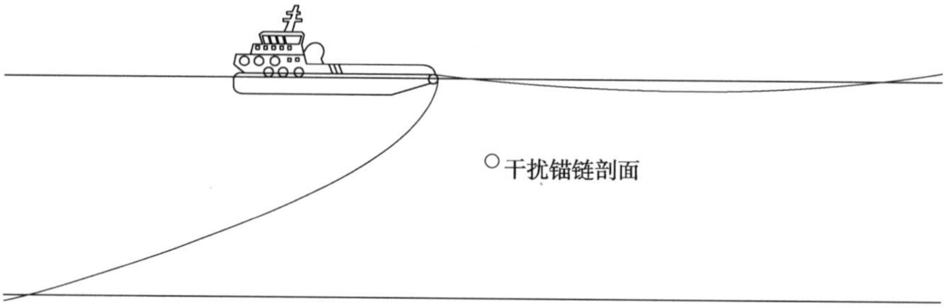

图 6–28　精就位作业连接锚和锚缆示意图

锚作船打捞预抛锚链后进行连接 4–连接时锚作甲板布置如图 6–29 所示。

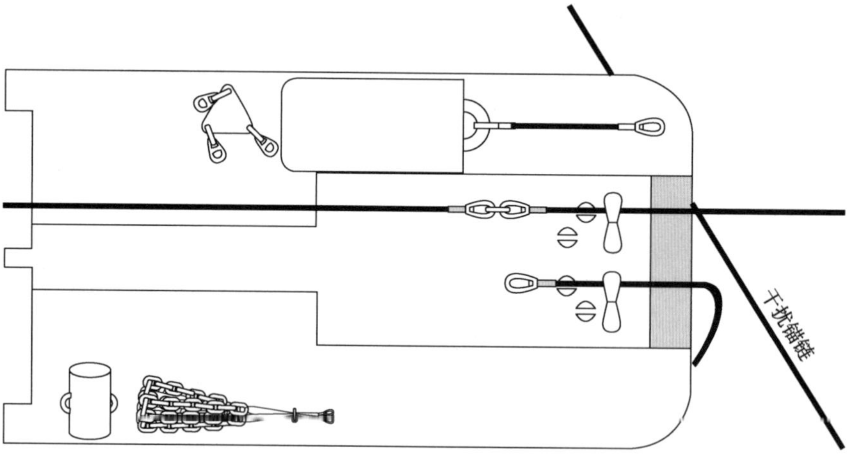

图 6–29　锚作船连接锚和锚缆甲板布置图

锚作船连接后转向前-锚作甲板布置图如图 6-30 所示。

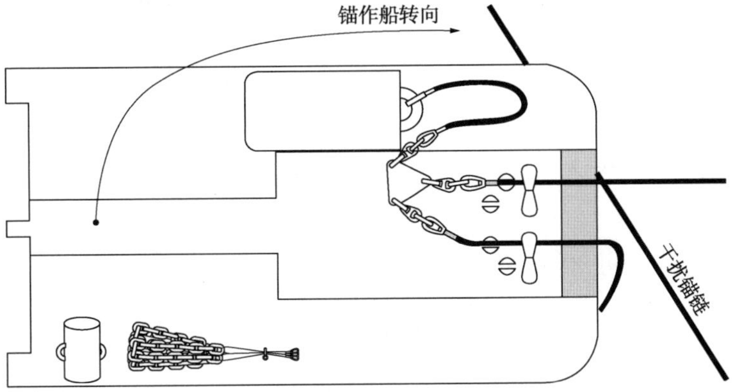

图 6-30　锚作船转向前甲板布置图

锚作船连接后转向后-锚作甲板布置如图 6-31 所示。

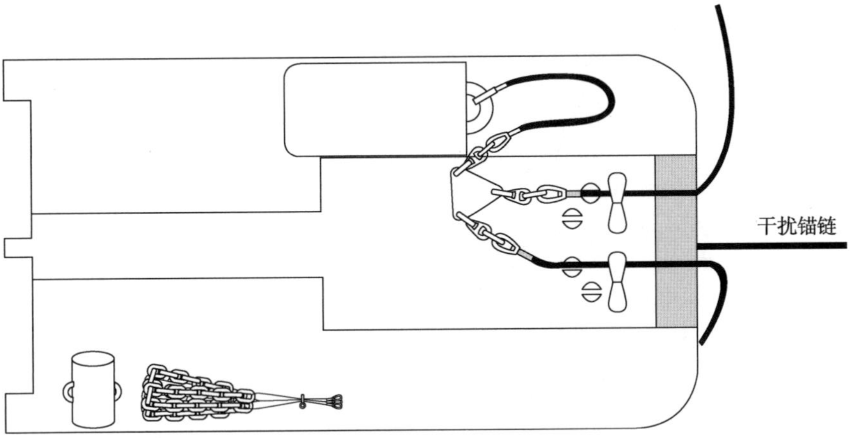

6-31　锚作船转向后甲板布置图

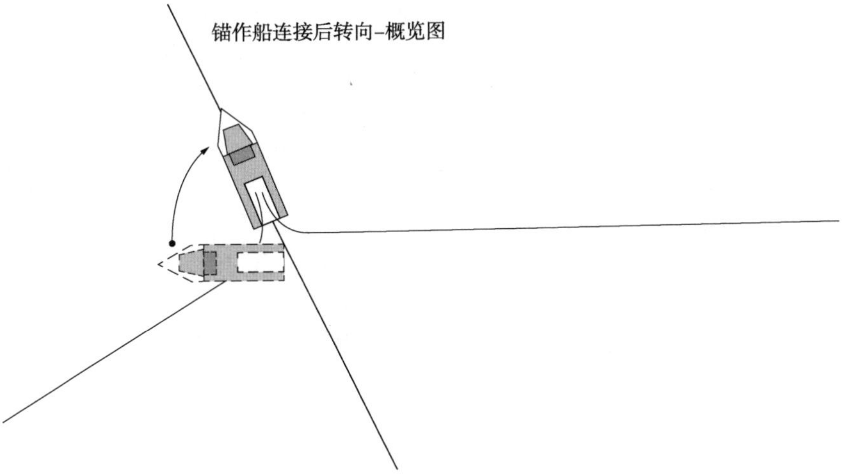

图 6-32　锚作船转向后转向示意图

锚作船释放浮筒–锚作甲板布置图如图 6–33 所示。

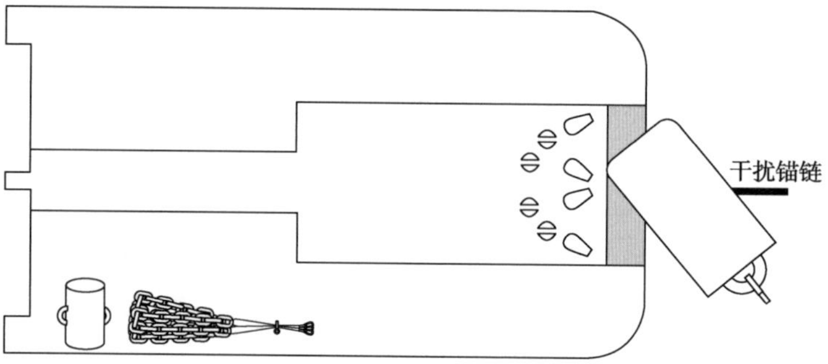

图 6–33　锚作船释放锚标示意图

锚作船释放浮筒后离开示意图如图 6–34 所示。

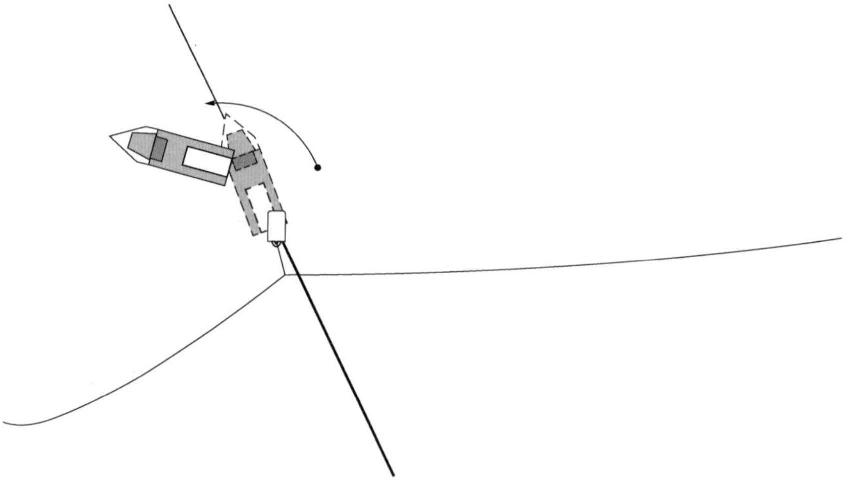

图 6–34　锚作船释放锚标后离开示意图

支撑锚泊作业示意图如图 6–35 所示。

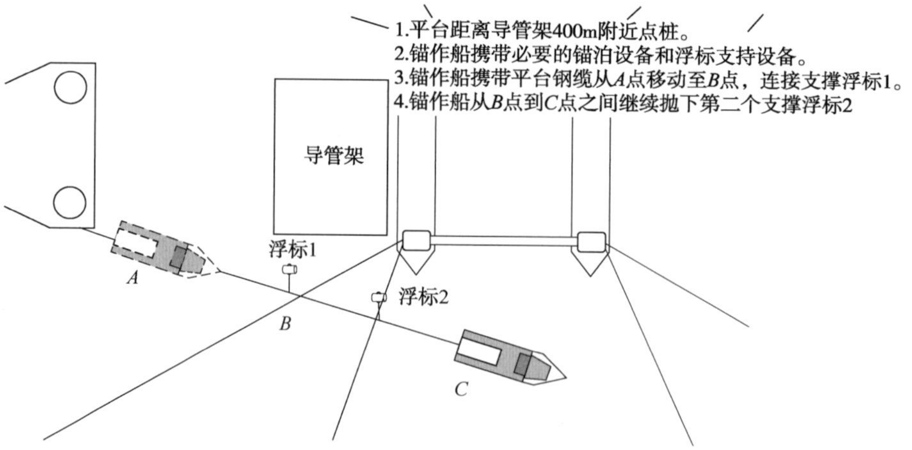

(a)支撑锚泊作业示意图 1

图 6–35　支撑锚泊作业

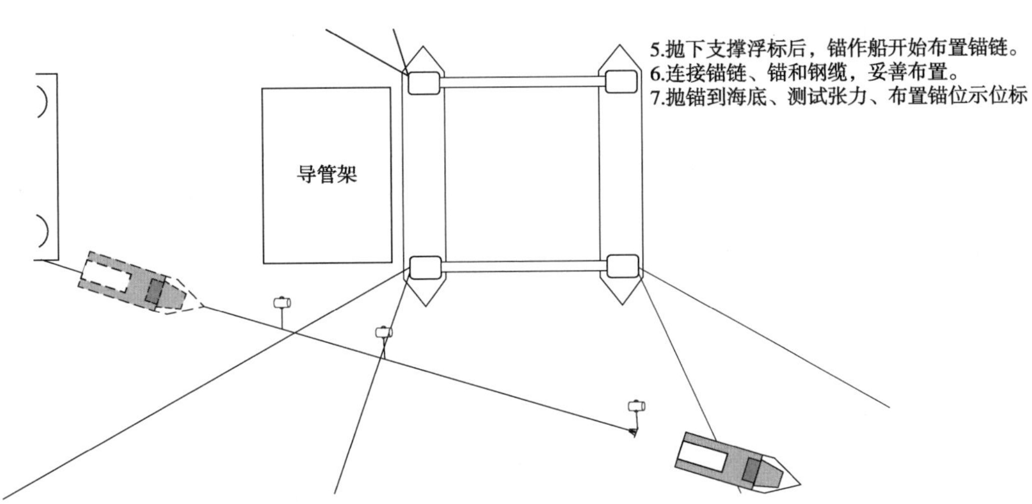

(b) 支撑锚泊作业示意图 2

图 6-35　支撑锚泊作业(续)

第四节　有障碍物的锚泊就位作业

一、无支撑浮标的障碍物上方的锚泊就位作业

下面描述的操作是一种常见类型的锚泊就位作业，其中浮式设施必须锚泊在存在多个海床障碍物的区域，而不使用支撑锚泊系统，仅利用锚泊缆张力是锚泊缆与障碍物保持距离的主要方法。这种方案的成功取决于以下关键因素：

① 每台锚机绞车上必须有精确的长度和张力读数计数器；

② 对于给定水深，必须有关于悬链线曲线、触地距离等，有准确的详细数据；

③ 导航定位和测量设备误差足够小，并由专业人员操作；

④ 超限障碍物的位置铺设图必须高度准确，并经过验证；

⑤ 可用的天气条件和天气“窗口”必须确保 8 个系泊锚链中至少有 4 个可以完成布置并确认保持张力，而不需要在边际条件下加速作业或工作(起抛锚作业)；

⑥ 所有相关人员，特别是锚作船船长必须理解这些程序，浮式设施的能力必须明确定义，并在作业期间根据所需的张力进行检查核对；

⑦ 理想情况下，浮式设施绞车应该能够在受控模式下松出锚链/缆，试图用“重力”式绞车进行这样的作业是非常危险的，绞车上的钢缆张力读数应该是连续的，应在中控室提供远程读数指示；

⑧ 配置 2 台或 4 台辅助推进器的浮式设施最适合这种类型的作业。

二、半潜式平台锚泊就位作业案例

某半潜式钻井平台计划在某井口上方进行锚泊就位作业，该井口位于海底情况复杂的管线交汇区，但是作业计划并未采用布置大量的支撑锚泊系统，提升锚链的高度避免对管线的影响，而是利用平台锚链自身的锚泊缆张力与管线保持安全距离，图 6-38、图 6-39 详细描述了半潜式平台从进场到抛锚就位再到测试锚链张力的步骤。

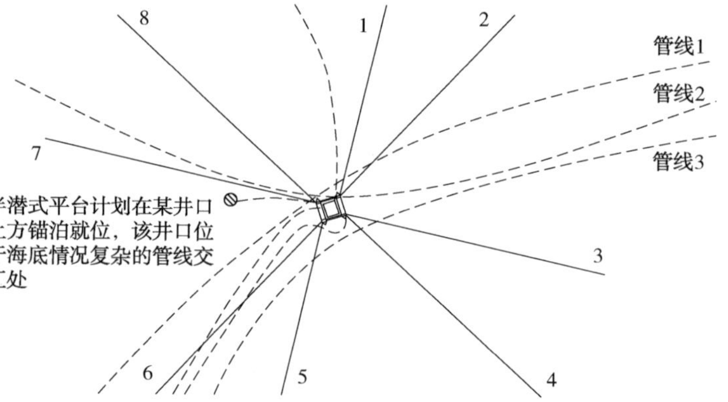

图 6-38 半潜式平台井口就位示意图

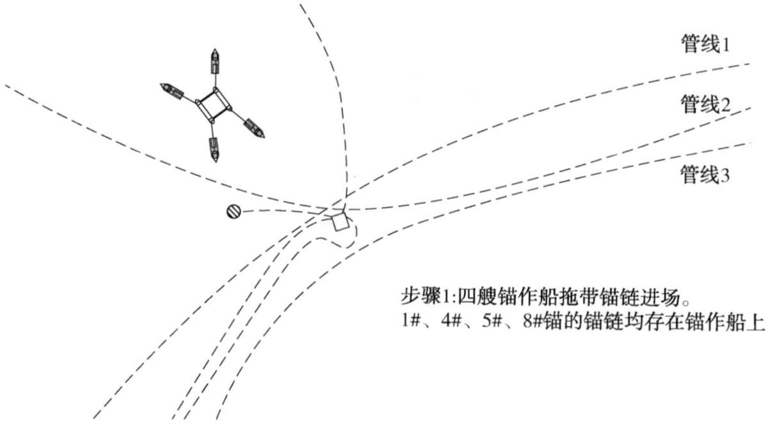

(a)半潜式平台井口就位步骤 1 示意图

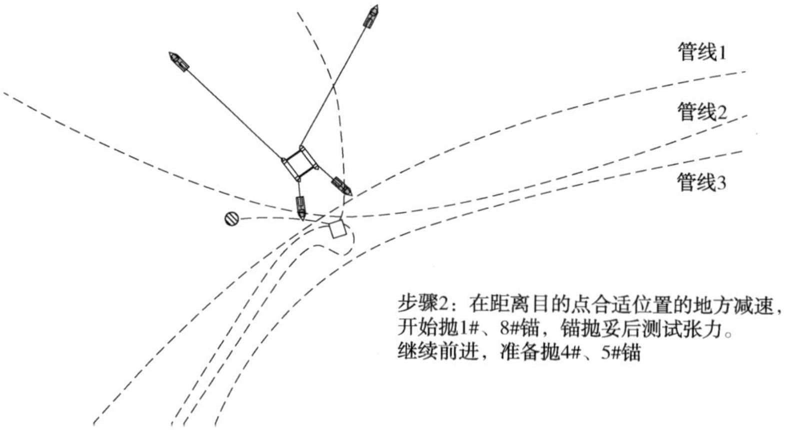

(b)半潜式平台井口就位步骤 2 示意图

图 6-39 半潜式平台井口就位步骤

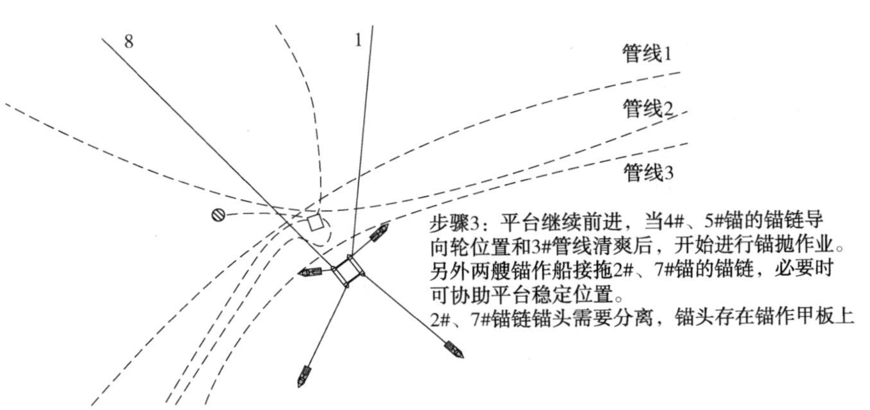

(c)半潜式平台就位步骤 3 示意图

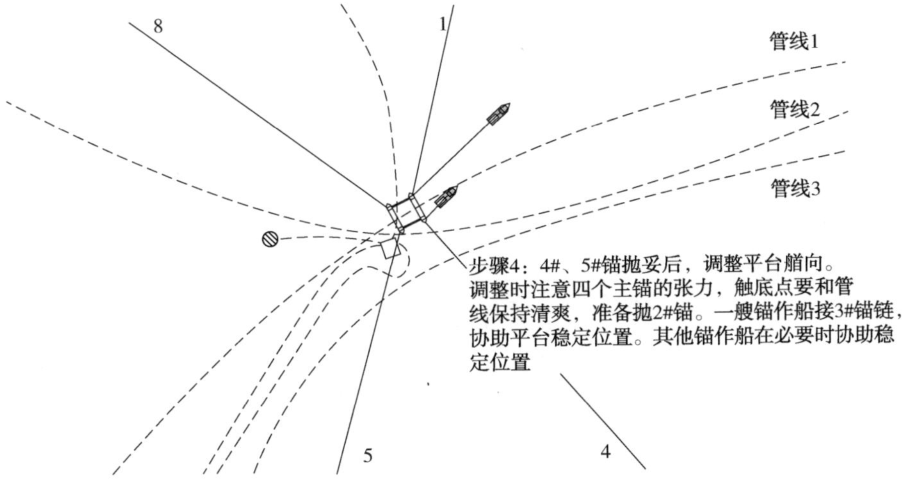

(d)半潜式平台就位步骤 4 示意图

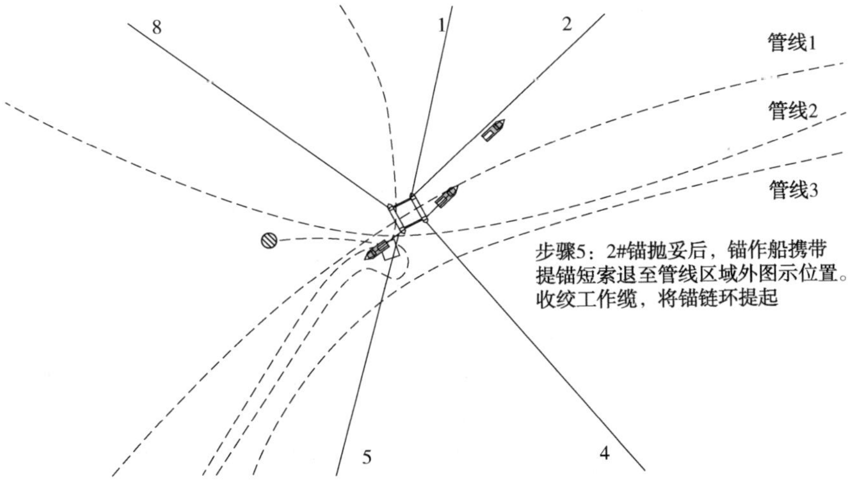

(e)半潜式平台就位步骤 5 示意图

图 6-39　半潜式平台井口就位步骤(续)

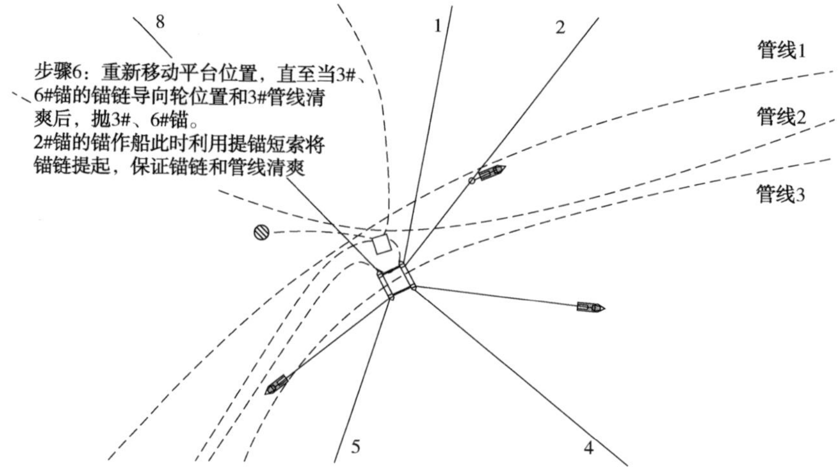

（f）半潜式平台就位步骤 6 示意图

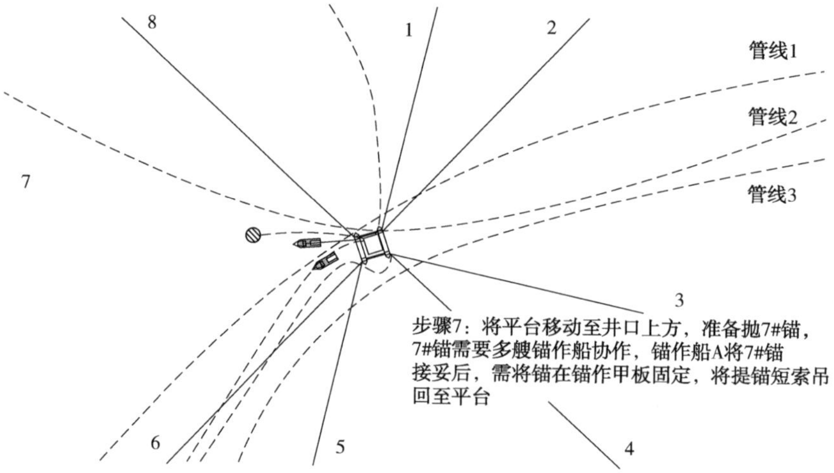

（g）半潜式平台就位步骤 7 示意图

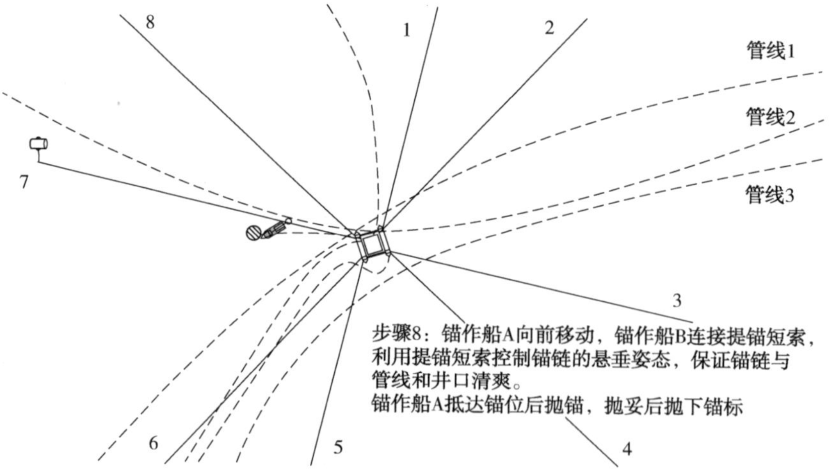

（h）半潜式平台就位步骤 8 示意图

图 6-39　半潜式平台井口就位步骤（续）

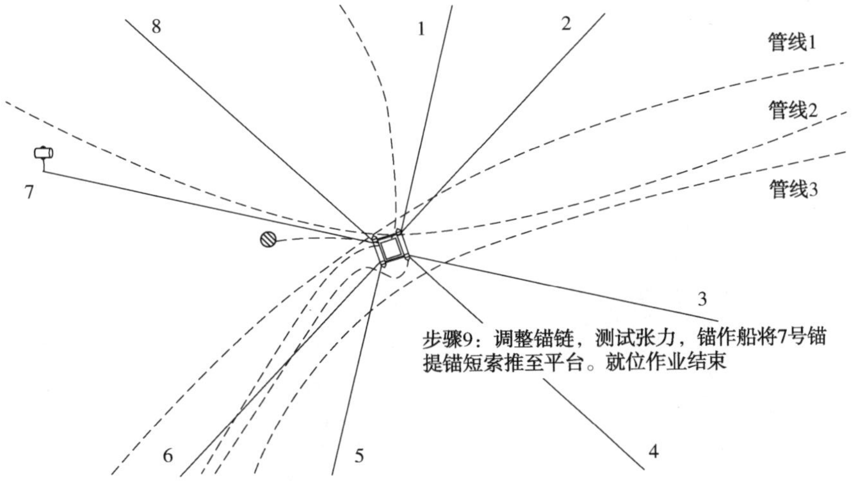

(i)半潜式平台就位步骤9示意图

图6-39　半潜式平台井口就位步骤(续)

第五节　单浮标锚泊系统就位安装作业

现代海上油田，经常使用穿梭油轮通过系泊大型单点锚泊系统转运原油，这些锚泊系统的布置可以锚定非常巨大的结构，如 Brent Spar(图6-40，现已拆除)，或在某些情况下锚定生产设施本身，如 FPSU(浮式生产和存储装置)，穿梭运输油排队与之系泊提油(图6-41)，在这种锚泊系统经常使用由浮吊施工作业的吸入锚，在较小规模的油田可以使用简单的单浮标系泊系统(简称 SBM)，该浮标上安装了油轮系泊缆和用于油气出口的漂浮管道，在大多数情况下，该浮标由使用现代拖曳埋置、高承载力锚的多锚分布式锚泊系统固定在海上，质量在15~40t之间的锚可以与直径不超过76mm的锚链一起使用，这种装置可以由大型锚作船布置和安装作业，下面以某个油田工程安装施工过程作简单介绍。

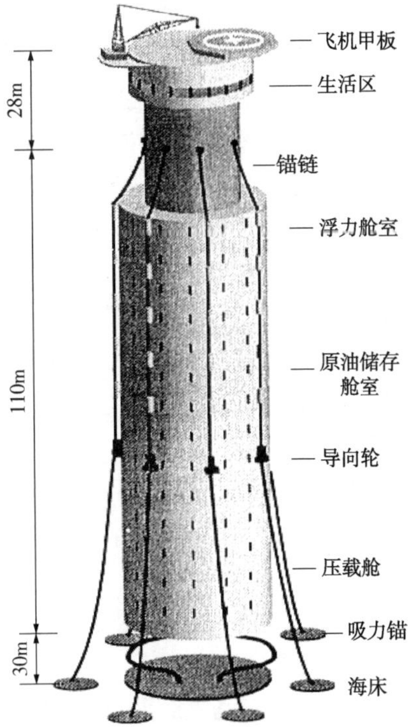

图6-40　Bent Spar 结构示意图

一、SBM 就位安装就位作业施工准备

所述作业包括安装一个 SBM，连接到一个出口能力约为2万桶/d的浮式生产装置，该 CALM(悬链式锚泊系统)使用了8根76mm锚链并连接到20t的 Stevin MK3 锚。该设施安装作业使用了一艘12000匹的锚作船和一个国际承包商队伍，其中包括装卸工、空气潜水员和导航定位工程师、构造工程师和在近海

海洋施工作业中有经验的海上作业人员等。

图 6-41 穿梭油轮提油作业示意图

在该作业准备过程中，Vryhok Ankers BV 公司开发了一种用于分布式系泊链的链条张力调节装置，该装置由一艘锚作船部署和操作，结果在作业中表现令人非常满意。在一些大型结构的安装过程中，需要使用多根张力锚索，经常使用浮吊，大部分作业要使用浮吊上的吊车，重型吊车也可以用于安装桩锚系泊，收紧系泊缆(如果使用 HHP 大抓力锚)，并将其用于系泊延伸到待安装结构的每根锚泊链的连接和收紧，锚作船将被用作抛锚、铺设锚链和负责协助安装过程的许多作业。

锚作船的规格是很重要的，必须有两组拖带档销和液压鲨鱼钳，双起抛锚滚筒，至少具有 250t 的绞力和 350t 的刹车，工作滚筒需要能处理 76mm 锚链的链轮，锚链舱有足够的容量容纳 1000m 的锚链。动力储缆滚筒的短索直径最高达 76mm，甲板拖曳绞车负荷为 10t。锚作船带有操纵杆操纵控制的两个船首推进器和的一个船尾推进器，锚作船有大的开放式甲板面积也是必要的(一般 400m^2以上)。

固定角度的 A 架由分包商负责制作和安装，重型中央导向模块从二手经销商处获得，这个模块实际上是一个导向轮，其支撑结构是由油田所有者的工程师设计，A 架也由他们设计。

该船有 2 台 5t 的电动液压甲板吊车，一个独立的水下机器人支架安装在船的一侧，靠近载货甲板的前端，导航定位采用了 GPS 差分系统，另外提供了 3 艘性能卓越的、能在高海况运行的工作艇。

CALM 浮标设计能力用于系泊约为 90000t 的油轮，操作(装载)峰值张力设计为 100t。峰值张力为 120t 时油轮可以保持和 CALM 连接，待命(准备断开)的实际最大断开张力为 150t。

水深为 400ft(122m)，海底地质条件约为坚硬黏土上面覆盖约 1m 的松散淤泥，锚爪角度设置为 32°。

CALM 安装完成后，锚作船被用于拖带生产管线、安装系泊管线和漂浮出口软管等作业。锚作船的索具和详细程序均已精心准备，并向所有人员充分介绍了其的职责。

二、CALM 安装作业基本程序

（1）工作船装载了四个锚和链，以及相关的浮标和短索，船尾 A 架、水下机器人和测量设备已经安装在船上。

（2）在靠近 CALM 所需位置的地点，锚作船抛下一个锚和并放出允许最长的锚链，进行拉力测试，以达到最大张力，该测试的目的是使用水下机器人检查锚是否已经完全穿透和入泥，以及达到最大保持力所需的拖曳距离。如果认为有必要调整锚爪角度，马上就可以进行。

（3）在计算了拖曳距离，并知晓工作张力下锚链的悬链线长度和所需的卧底锚链长度后，船继续在充分的测试张力下抛设和收紧每个锚，系泊链向后 CALM 方向释放，末端加抛浮标（图 6-42、图 6-43）。

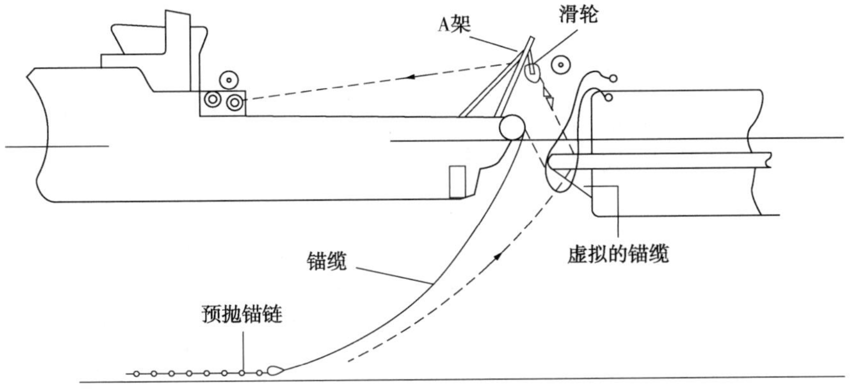

图 6-42　CALM 安装示意图

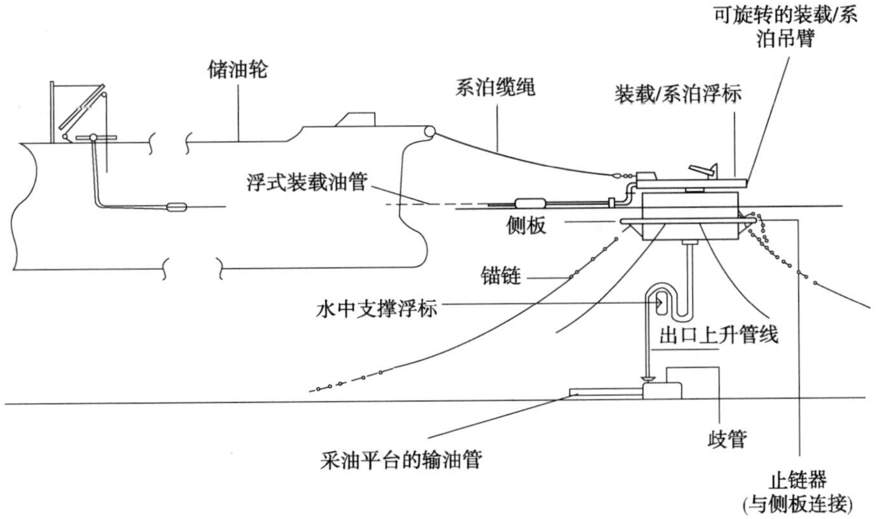

图 6-43　单点系泊系统示意图

（4）所有锚泊分布的8条腿（锚泊链）均已铺设并测试拉紧，开始安装水面短索。

（5）CALM浮筒在拖带前已预先压载，在拖带以前装备有气动装置和通过止链器安装的引缆。4根直径80mm200m长的聚丙烯缆被装上了CALM。

这个特殊的装置配备了两台液压绞车和一台小型吊车，该动力组由柴油发动机驱动液压泵，并进行了全面测试，锚作船携带一个带有接驳软管的备用动力模块，如果需要可以使用。

（6）锚作船将CALM拖至指定地点，使其进入水面浮标组成的“环”中，使用工作艇将4根系泊缆从CALM连接到合适的浮标上，调整CALM的艏向，以确保锚链位置与所需布局基本匹配。

（7）在CALM系泊后，可以开始系泊锚链的连接。锚作船依次打捞捕获浮标，拆开浮标并控制船位在CALM附近工作，用安装在船尾A架上的工作缆将每个水面短索拉至中间点，再利用预先安装在每个止链器位置的引缆，将锚作船的工作缆连接到水面短索。

根据上述情况，在锚作船的船尾安装了两个小型Yokahama碰垫，以缓冲与在工作船甲板上的绞车处理CALM引缆/短索末端的任何接触。当水面短索的8个链环部分到达CALM边缘部分的止链器时，止链器发挥作用卡住链环，留下的短索充当引绳。

锚作船在对角方向拉起所有系泊链。这使CALM基本上处于锚泊分布的中心。

注意：为了确保在与CALM连接期间，可以计算CALM到锚的锚链放出长度，锚链上每间隔20m做标记。通常使用穿孔不锈钢标签的这种标记是在岸基装船出海之前进行的。

（8）将所有的锚链末端拉到CALM上，锚作船从一边到另一边工作（如系泊缆180°相反方位），并将所有的链条末端拉过止链器，止链器起作用后留下一根短索用作引绳。

（9）通过将锚链拉到合适的工作张力值，进行锚泊链的最终收紧。

安装在A架上的滑轮（在这种情况下）在框架顶部的铰链连杆上安装了校准的张力计，读数可以在锚作船驾驶台工作绞车操作面板上被监测和记录，随着链条拉到合适的张力，止链器开始起作用和锁定销插入，多余的链条被切断，在止链器上方留下足够的链环为未来重新连接短索等。

三、SBM预抛锚泊系统的测试

锚作船在进行其他作业以前，预抛主锚，等待其入泥并对其施加张力等作业，如果作业要实现其目标，即锚的布置并测试锚泊缆达到全部设计能力，那么布锚和测试锚抓底力的程序需要相当仔细的规划。在开始操作之前，应了解或评估以下所有因素。

（1）有关地区海底的土壤特征（土壤剖面）。

（2）在特定的土壤类型中使用的锚类型的可能行为，其土壤中锚必须正常运作，能被拖曳，埋置入泥并抓底。

（3）布锚方法、拖曳（入泥）距离和在充分测试张力下要达到的值。

（4）在充分的测试张力条件下“卧底链”的长度，不会发生垂直向上提升锚的情况。

（5）所采用的船舶导航定位方法，使锚正确抛设后，经过最初的在拖曳和沉底后，到达其最后的目标位置，使锚泊缆到待系泊的结构或船舶不要太长或太短。

（6）在工作张力和试验张力条件下，锚泊缆的范围必须严格确定，在锚进行张力测试后很可能需要使用带摄像头的水下机器人在锚点进行测量。

（7）锚泊系统各组成部分的组织必须计划好，以便锚作船以正确的顺序装配设备。锚泊系统各部件之间的连接可能需要第三方的严格控制，以满足承保人和其他相关方的要求，这些第三方可能需要对所使用的所有设备进行详细的认证，从拉力计或拉力打印输出仪获得测试张力数据，包括作业完成后锚张力测试的视频资料。

在大多数情况下，锚作船船长也被要求与各利益方充分合作，如果船长对某一特殊操作或类似的作业不完全熟悉，应该向现场拖航就位指挥小组征求意见，因为他们当中的许多人是经验丰富的海上工程人员，他们的任务之一就是协调和指导现场工作。在大多数情况下，他们会为作业提供宝贵的和节省时间的想法去实现预期的目标。

如果要使用拖曳式埋置沉底锚，特别是在预抛锚泊作业和支撑锚泊系统中，锚的目标位置对系统的正确部署至关重要。通常在正式抛锚作业之前，用实际设备在现场进行拖曳测试。

这个测试是为了确认设计者所做的假设和计算是正确的，当发现在屏幕上看起来非常完美的设计在实践中行不通时，不进行现场测试会导致大量的时间浪费。

预抛锚和测试的基本过程为在锚初次落地后，由水下机器人检查锚，以确保其以正确的姿态躺在海底。首先锚作船开始在流向上使用适度的张力将卧底链放到最大链长，其次将卧底链的末端连接到工作缆，该工作缆足够长，以实现在充分测试张力下对锚的水平拉力(见计算/公式部分)，锚作船逐渐增加动力，将锚慢慢地拉入海底。水下机器人观测可连续进行，目的是在锚完全穿透入泥和“停滞”的情况下达到充分的测试张力。试验张力可施加几次，并有放松间隔，在满足试验张力和锚位标准后，按要求布放锚泊缆并抛设浮标。

四、SBM 就位安装作业示例

美国阿莫科东方石油公司在中国南海流花 11-1 油田使用了上述的锚泊和连接程序的整体方案，由于锚泊系统的组成和安装方法，使得该锚泊系统的设计和安装工程具有特别意义。澳大利亚 Perthd 的锚泊安装和连接承包商 Clough Stena(合资)亚洲有限公司使用了一艘经过特殊改装的 DSV(潜水支持船)，在动力定位 DSV 船上设计并安装了一种名为垂直敷设系统的结构，用于将锚泊设备连接到半潜式生产装置(南海挑战，成功服役流花油田 28 年，已于 2024 年 3 月完成弃置拆除)及其相关的油轮生产/储存船(南海胜利)，原油出口将通过停泊在 FPSO(浮式储油轮)尾部的穿梭油轮转运，应急预案没有规定在台风威胁期间需断开 FPSO 的锚泊并将其移开，整个锚泊的强度是根据百年一遇的台风事件设计的，英国 Bruce Anchor Ltd 公司提供了 40t 的 FFTS MK4 锚。

半潜式钻井平台的锚是使用平台上的起锚机进行穿透埋置并收紧的，按照一组对角线相反方向测试，由于 FPSO 没有安装起锚机系统，因此由 DSV 进行锚泊和张力测试，链条、钢缆和配件由瑞典 Ramnes 公司、西班牙 Vicinay Cadenas 公司、英国 Bridon rope 有限公司和法国 Trefil 欧洲公司制造，其他产品来自 Emerson 和美国 Cumming 公司——浮标和配件、Balmoral Marine(英国)锚回收系统和 Forges Lebeon(法国)的锚泊缆绳配件，详细的工程和程序数据仍然是相关公司的财产，因此只提供施工过程一般的简单介绍，安装工作于 1996 年完成，国内锚作船也参加了整个作业，该工程也是海油工程中外合作的国际样板工程。

五、串联锚作业

(一) 概述

当海底底质导致主锚无法有效抓底时，或者当锚泊环境/类型因素使主锚抓底能力下降时，需要使用串联锚增加主锚的有效性，提高抓底力只能通过在主锚后面增加另一个锚(或多个)获得，对于主锚和串联锚实际承受了多少负载的问题，通常假设主锚承担了 2/3 的负载，副锚承担了 1/3 的负载。在大多数情况下，串联锚使用的钢缆承受的破断负载比主锚泊缆稍低。简单情况下，当一个主锚的设计并不完全适合其部署的海底时，上述负载分担值通常是准确的。

在部署串联锚之前，检查主/首要的锚，确保考虑了所有影响主锚性能的因素。在某些特殊情况下，作业环境或浮式设施合同条款将要求使用串联锚，例如，一艘浮式设施锚泊在一个特别“敏感”的设施附近，主锚走锚的可能性是不能容忍的。在这种情况下，主锚和串联锚之间连接的锚泊缆必须像主锚泊缆一样牢固。

主锚和串联锚之间的距离应尽可能至少是水深加上 10%，这使得锚作船可以在对主锚扰动最小的情况下部署串联锚，图 6-44 展示了一个典型的使用了串联锚的平台。如果串联与主锚的连接缆应该与主锚泊缆具有相同的强度，那么短索的直径将增加到 80~90mm 之间。

(二) 串联锚索具准备

浮式设施应该为锚作船提供运行任何串联锚图表和程序，浮式设施通常充当船只的仓库，并根据需要传递设备。短索应该清楚地标明长度和尺寸，卸扣也一样；吊船之前任何特制链环应拆开、清洁、润滑和所有部分轻放在一起，适当打孔标记。锚和浮标也需要注意，以确保其处于适合使用的状态。在串联锚部署期间，浮式设施工作人员应持续监测船的位置和相对于主锚的方位，因为串联锚必须布置在与主锚相同的方位上。

(三) 短锚泊缆串联锚作业方法

图(6-44)所示的短锚泊缆串联锚作业方法不太常见，仅用于那些无法使用长锚泊缆及时部署的情况，要正确地部署需要精确的导航定位和周密的计划。

锚作船装载所有必需的索具设备，并与外侧的主锚泊缆末端一起驶向三角眼板的位置(与浮式设施导向轮相关)，在该位置，锚作船将锚泊的两根锚泊缆连接到三角眼板上，并在移动到两根锚泊缆之间的中点(计划)时放松。

在该位置，浮标被连接到一根锚泊缆的末端并抛设，船继续驶往正确的位置抛下第一个锚，再加上一定的锚落地后的拖曳距离。当船继续驶回到浮标，捞起另一根锚泊缆，并将锚泊缆固定，沿第二个锚的方位行驶，直到钢缆受力。浮式设施以 1/3 测试张力收紧第一个锚，以消除任何松弛的钢缆，与此同时锚作船始终在第二个锚的方位上保持张力。浮式设施上的绞车刹住以后，锚作船开始抛设第二个锚，完成作业后，浮式设施绞紧整个平台。

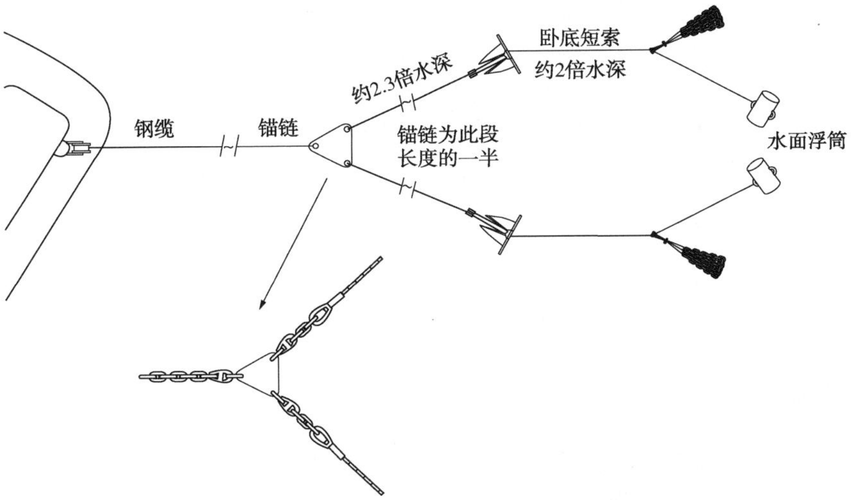

图 6-44　短串联锚索具示意图

（四）短索沉底串联锚作业方法

在不允许使用水面浮标的区域，浮式设施通常不使用串联锚或使用不带水面标的串联锚。这些地区是繁忙的海上油田、航道和分道通航的进出区域，那么就要考虑使用短索沉底串联锚作业方法，作业详细步骤如图 6-45 所示。

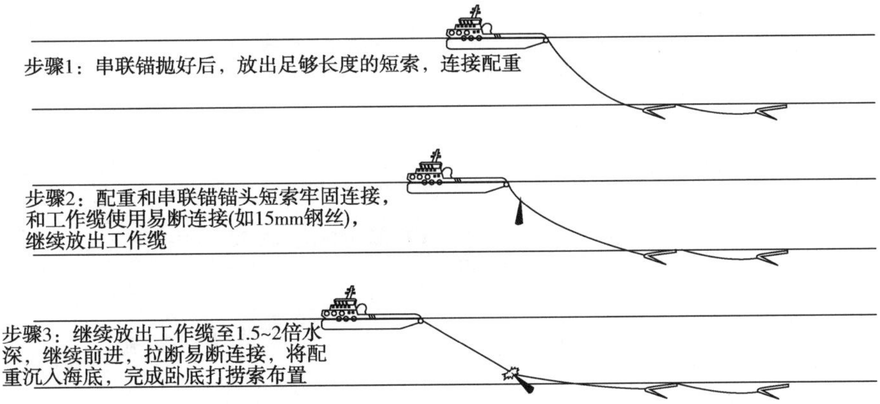

图 6-45　串联锚卧底打捞索布置示意图

但是没有了串联锚的水面标，后续串联锚的回收便增加了难度（稍后讨论的打捞作业），需准确知道主锚或串联锚的位置，并且作业时小心翼翼地将卧底短索布置在已知的方位上，应准确记录各部分操作的距离和方位数据，主锚、串联锚位置和短索落点位置，激光测距仪是进行这种作业极有价值的工具（参见后面的导航定位系统章节）。

（五）打捞作业

打捞作业通常会因为一些意外情况而不得不进行，如短索断裂、浮标下沉、工作缆损坏、绞车刹车失灵，整个锚泊缆从浮式设施上滑落并掉到海里。在其他情况下，简单的错误会导致设备掉落入海，需要通过“钓鱼”作业取回。例如，吊车的吊货钢丝绳套不恰当地挂在短索上，导致吊货钢丝绳套打开并掉落短索；在某些情况下，由于操作上的限制，会在水中故意丢下或落下设备，并在回收过程中计划打捞作业，参考本节后面的图 6-46~图 6-52 作业步骤示意图，一般情况下打捞作业遵循以下基本原则。

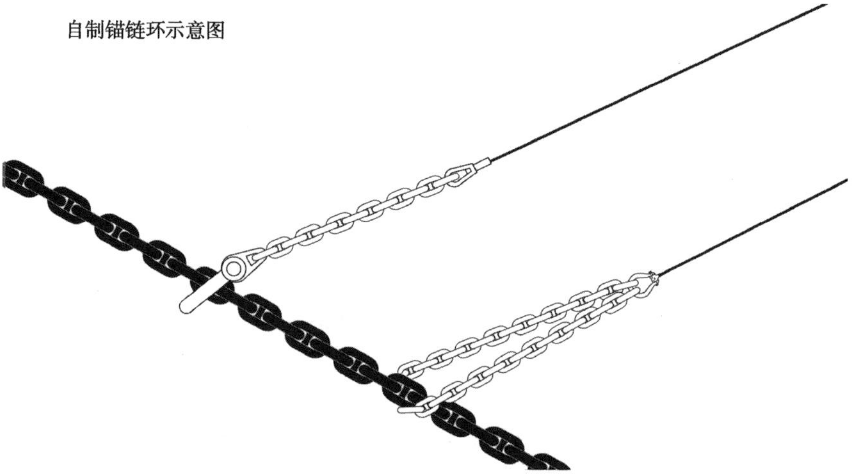

图 6-46　自制锚链环示意图

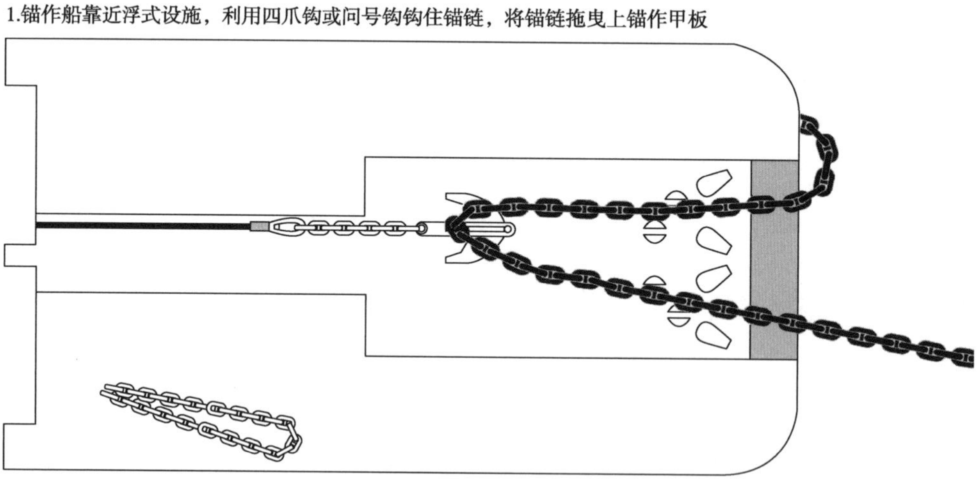

（a）自制锚链环安装步骤 1

图 6-47　自制锚链环安装

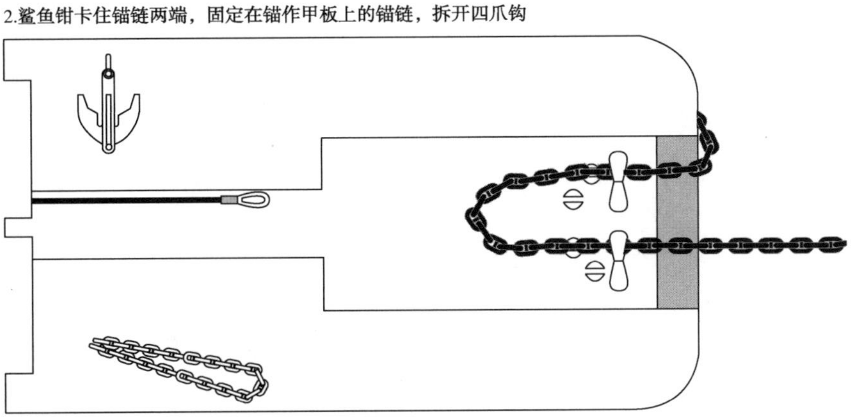

(b) 自制锚链环安装步骤 2

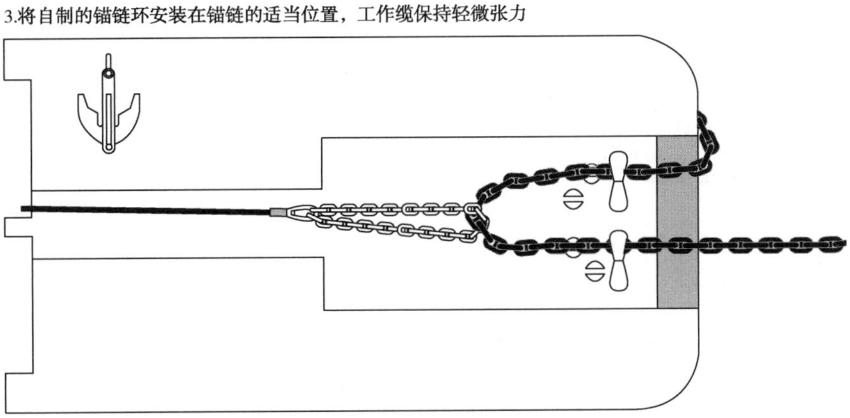

(c) 自制锚链环安装步骤 3

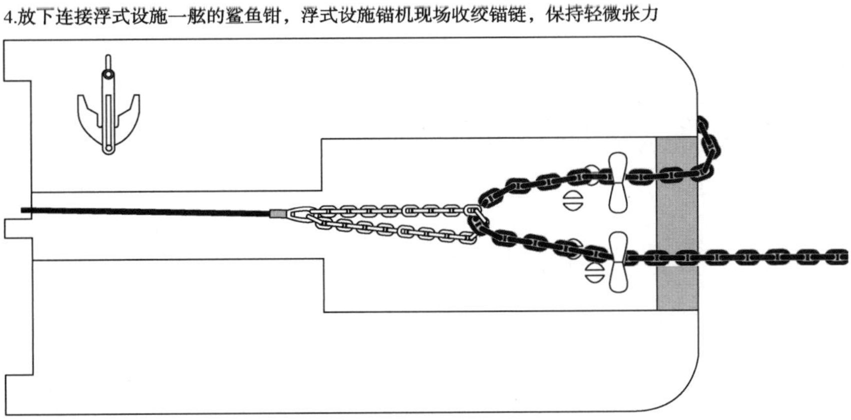

(d) 自制锚链环安装步骤 4

图 6-47　自制锚链环安装(续)

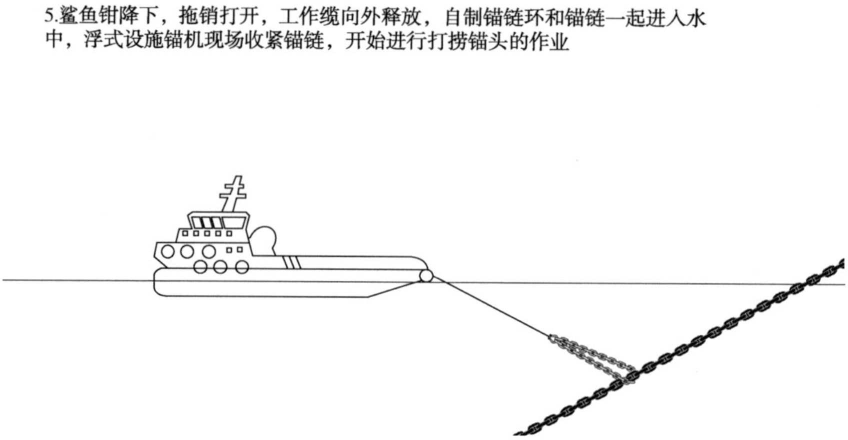

(e)自制锚链环安全步骤 5

图 6-47　自制锚链环安装(续)

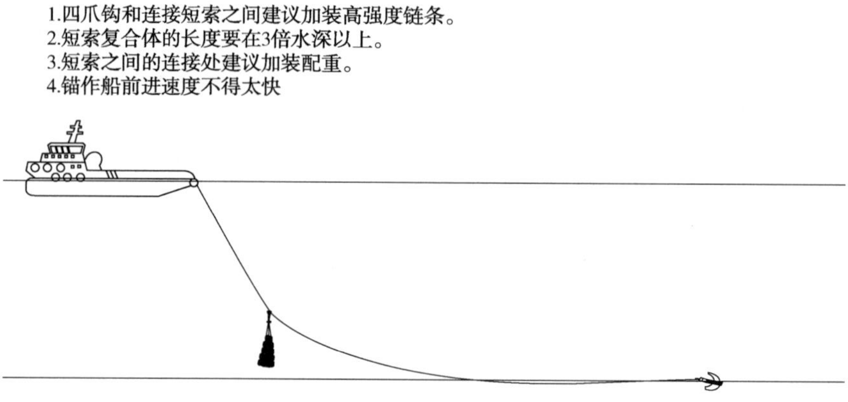

图 6-48　四爪钩使用示意图

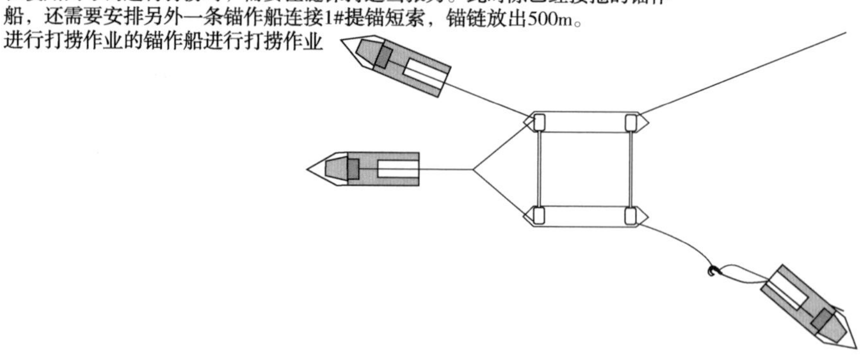

图 6-49　浮式设施锚链打捞示意图(平台丢失锚链环后仅剩两锚的情况)

平台丢失锚链，整根锚链在锚链舱中断裂，落入水中，锚链环和提锚短索和锚链脱开。

步骤1：用梅花钩在靠近平台的地方进行打捞

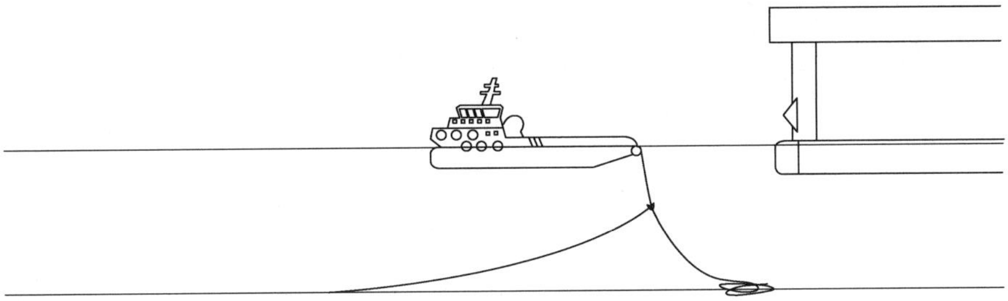

(a)锚链打捞步骤 1

步骤2：将锚链打捞上甲板并固定

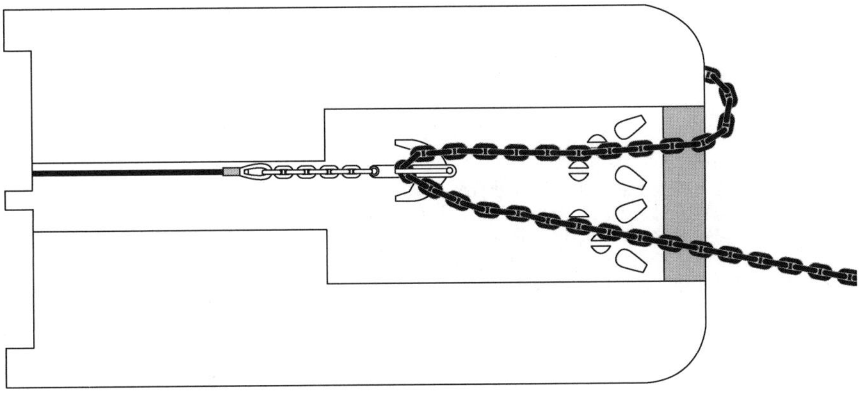

(b)锚链打捞步骤 2

步骤3：将连接锚链端部的锚链绞进锚作船的平台锚链舱中，持续收绞，直至将锚链端部绞上锚作甲板

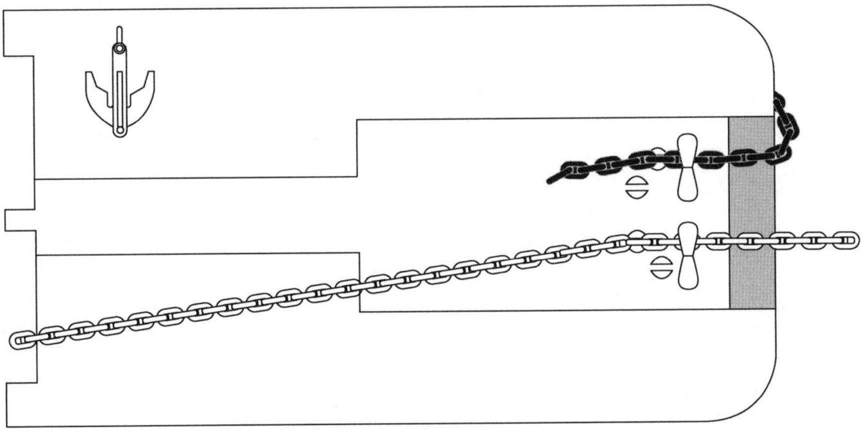

(c)锚链打捞步骤 3

图 6-50　锚链打捞

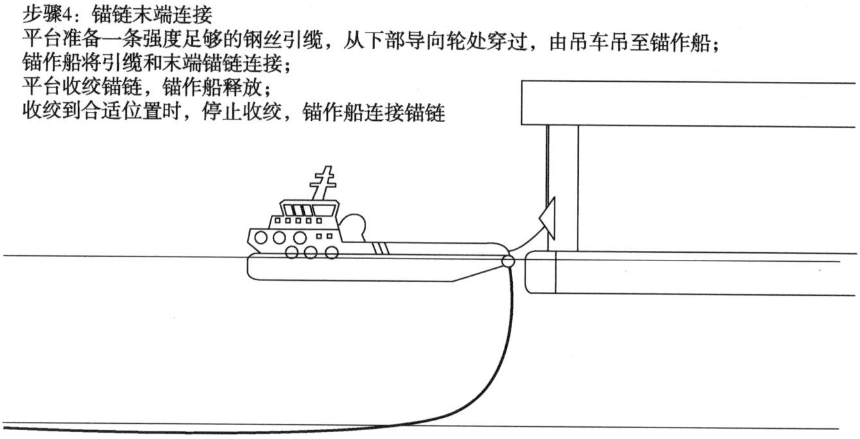

（d）锚链打捞步骤 4

图 6-50　锚链打捞（续）

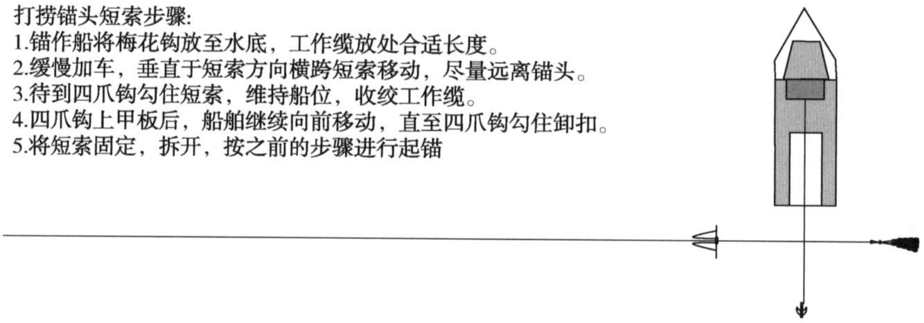

图 6-51　打捞锚头短索示意图

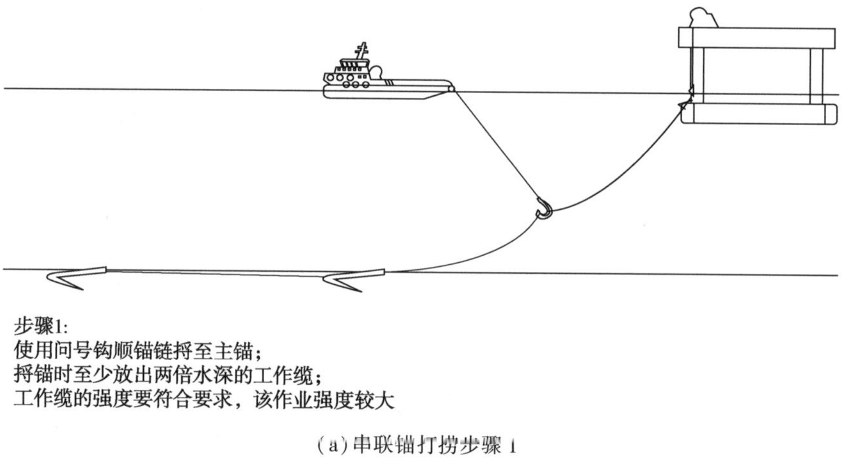

（a）串联锚打捞步骤 1

图 6-52　串联锚打捞

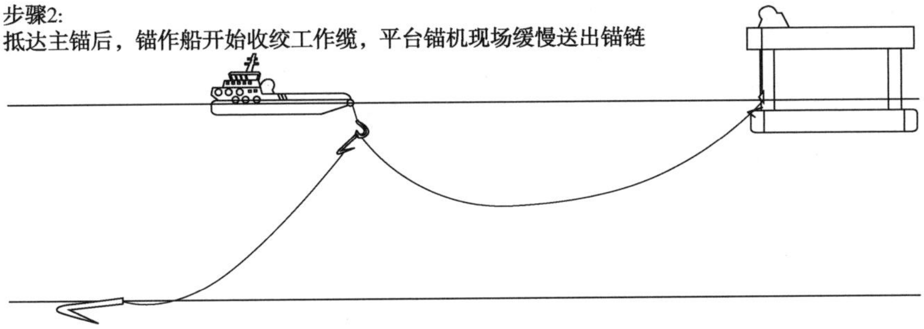

(b) 串联锚打捞步骤 2

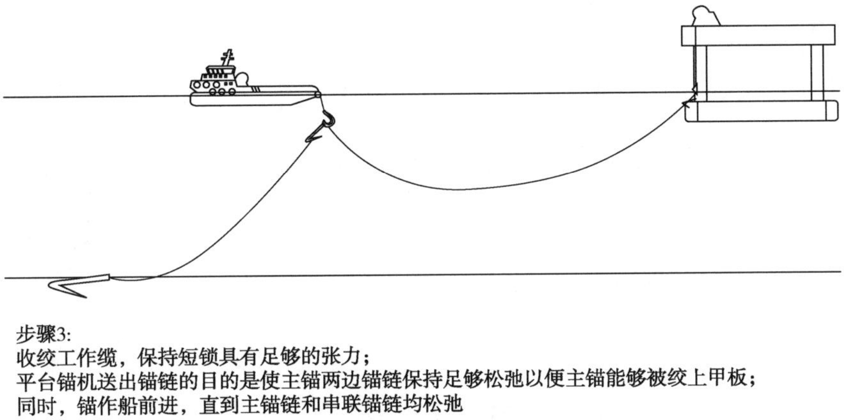

(c) 串联锚打捞步骤 3

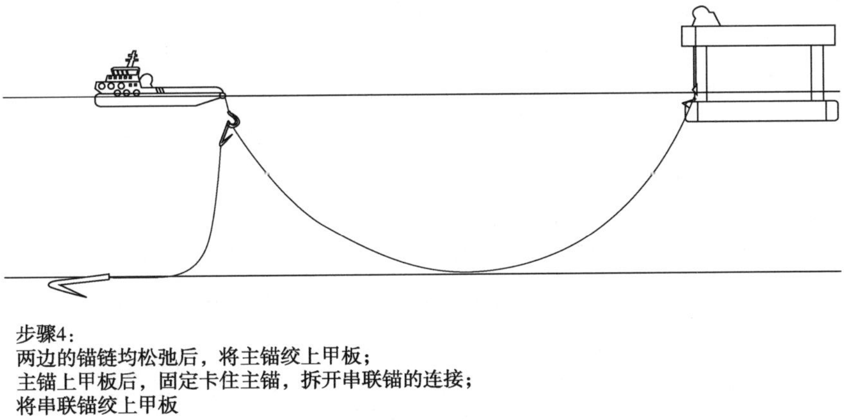

(d) 串联锚打捞步骤 4

图 6-52　串联锚打捞(续)

(1) 通常由浮式设施方提供索具，提供的索具类型正确和数量足够，经过适当的检查，具有足够的强度，以满足操作要求。

(2) 打捞作业，特别 J 型钩打捞作业，会对所使用设备的所有部件施加非常大的压力，因此必须足够坚固以能够承受这些压力。

（3）如果可以选择，特别是锚泊缆在使用锚链的时候，选择马力强劲的锚作船进行该项作业，该锚作船最好有两个工作滚筒。

（4）像在人类性格和才能的各个方面一样，一些锚作船船长是“艺术家”，而另一些只是“工匠”，这里所说的“艺术家”通常都是优秀的“渔夫”，成功取决于良好的传感器和“感觉”，以及出色的船舶操作水平，因此试着选择那些享受“钓鱼”的锚作船船长，除了捕捉和打捞锚泊缆，尤其是使用J型钩，最难也是最危险的操作，就是将“鱼放在甲板上”，这需要船舶操作员和船上的绞车操作员之间很好的协调。

（5）如果作业涉及打捞已经被锚链环缠住的锚(丢失、损坏、短索掉落)，那么将J型钩和锚链环都拉到锚头上的作业将涉及很大的拉力。

（6）从事打捞的船只通常是水下作业，浮式设施工作人员可以通过现场指挥锚作船帮助锚作船在锚泊缆上挂上J型钩或四爪钩，从船尾检查钓鱼线的索具配置(浮式设施甲板通常远高于锚作船)，并通知船长J型钩是否钩到锚泊缆，锚泊缆上的张力是否上升或已经“脱钩”。

当锚作船使用J型钩或四爪钩滑向锚头时，浮式设施工作人员还可以通过向锚作船传递方位距离和转向命令来协助。

（7）用三爪或四爪制作的抓钩(梅花钩)通常用于打捞锚泊缆非常有效，但如果很大负载施加在抓钩臂的锋利半径“咽喉”处，很容易严重损坏钢缆，但在某些情况下，这是无法避免的。

（8）请注意，索具装配起来的示意图显示在钩和短索之间增加了一个短长度的链条，这段链条既平衡捞锚钩的重量，也在把物体拖上锚作船船尾甲板时起作用，忽视这一简单的额外操作可能会导致在极其危险的环境中加班数小时。曾经发生过一个案例，当一艘工作船设法钩住了锚，所有纠缠在一起的短索和索具刚好平衡，准备拖上船尾时，J型钩的短索部分发生断裂，因为其索接头在滚筒上承受了最大张力和弯曲负荷。短链部分的增加防止了如此高弯曲力的产生，从而减少了短索断裂的机会。

（9）在J型钩及四爪钩和“鱼线”的其余部分之间的连接使用最结实的短索，因为第8项中概述的问题，其中最大的张力可能在关键时刻产生。

（10）如果可能的话，在回收整个锚系统的时候，总是先打捞“有问题的”锚泊缆，这特别适用于打捞剩余的锚，主锚可以用来保持要打捞的锚泊缆的张力。

（11）在打捞特定的锚泊缆时，应该使用最有经验的绞车操作员，在开始工作之前必须对他们进行完整作业流程介绍。

绞车操作人员具有良好的触觉和准确的时间感，可以通过在正确的时刻放松/绞进并传递船舶的张力和运动数据，极大地帮助锚作船。

（12）使用四爪钩打捞抓取和牵引钢缆或锚链时，不要试图用其打捞锚头，由于四爪钩可能跳出脱离锚干或不能正确地与锚干接触。当与锚干接触时，锚干或柄可能会在承受极端压力和侧向载荷时断裂，这往往发生在打捞作业中试图用四爪钩将锚绞上甲板时。

出于类似的原因，避免使用同类型的长柄J型钩。

第六节 锚作设备常见故障

一、锚作设备常见故障原因

在任何起抛锚作业中都会遇到各种各样的困难，其中一些是可以预料到的，但相当多的困难只是作为所涉及工作的某一个方面出现的，人为错误、疏忽、对操作缺乏理解、不正确的操作程序都可能对钢缆、锚链和绞车锚机造成不同程度的损坏，在极端情况下还会对浮式设施结构造成损坏。图 6-53 ~ 图 6-57 展示了锚作设备的常见问题及其解决方案，应该强调的是，这些解决方案并非唯一。

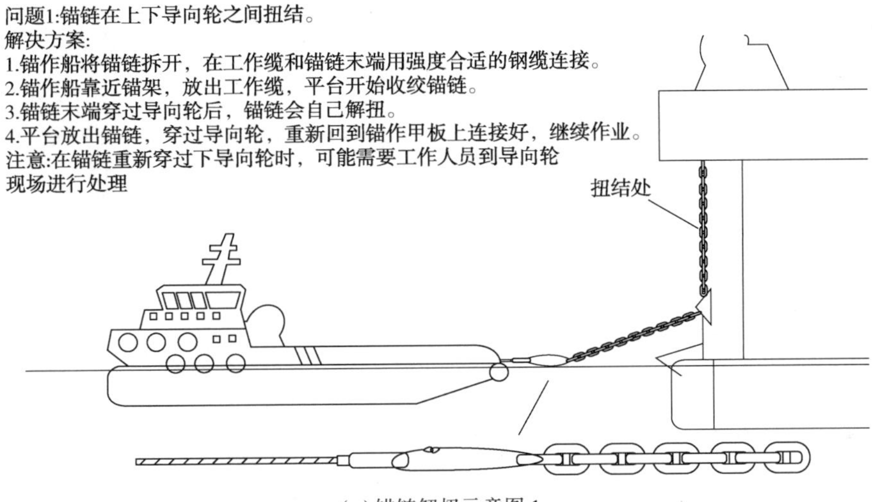

(a) 锚链解扭示意图 1

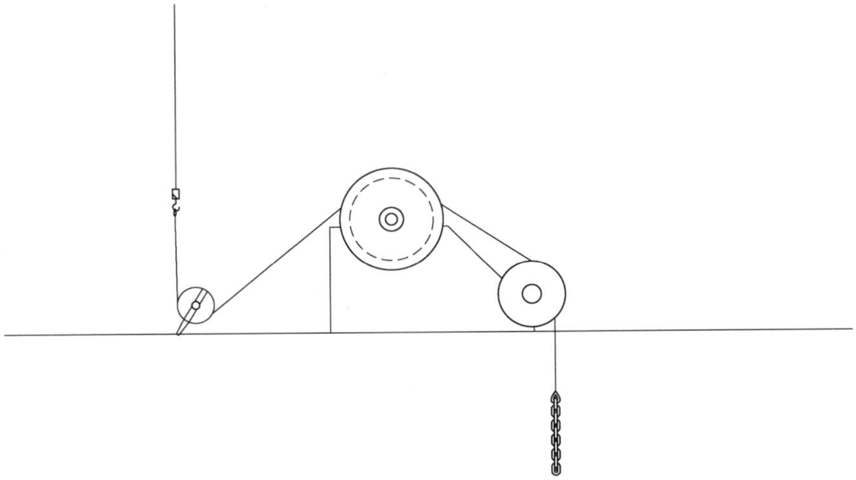

(b) 锚链解扭示意图 2

图 6-53 锚链解扭

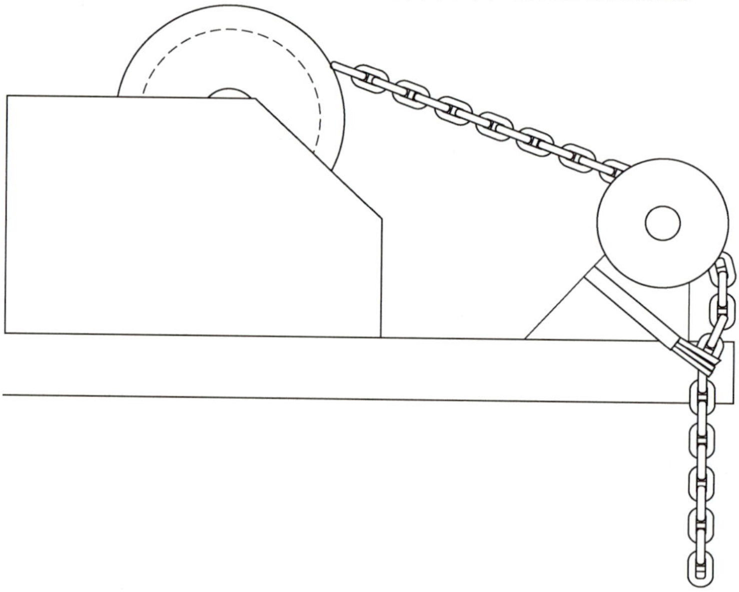

(c)锚链解扭示意图 3

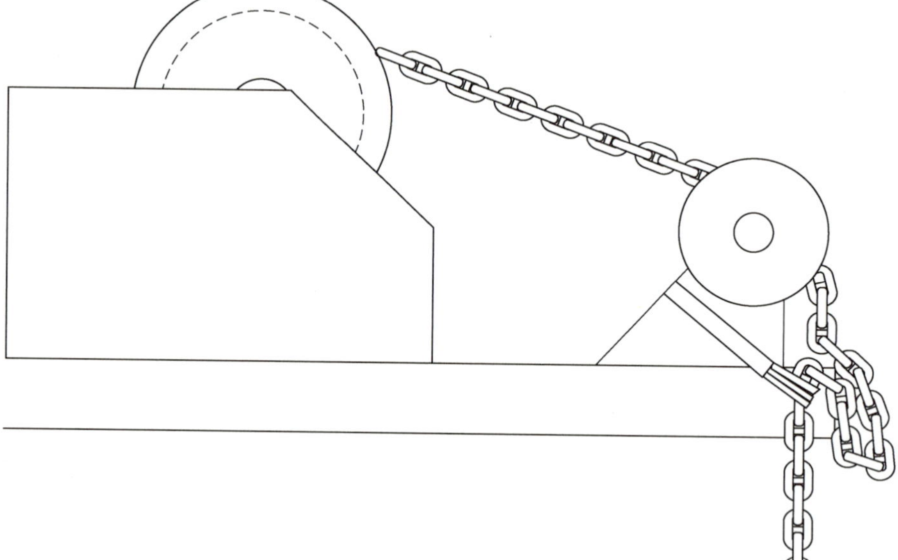

(d)锚链解扭示意图 4

图 6-53　锚链解扭(续)

解决方案3：用吊车吊起锚链，使锚链离开导向轮。
使用撬棒调整锚链方向，使锚链在锚机和导向轮之间的走向一致

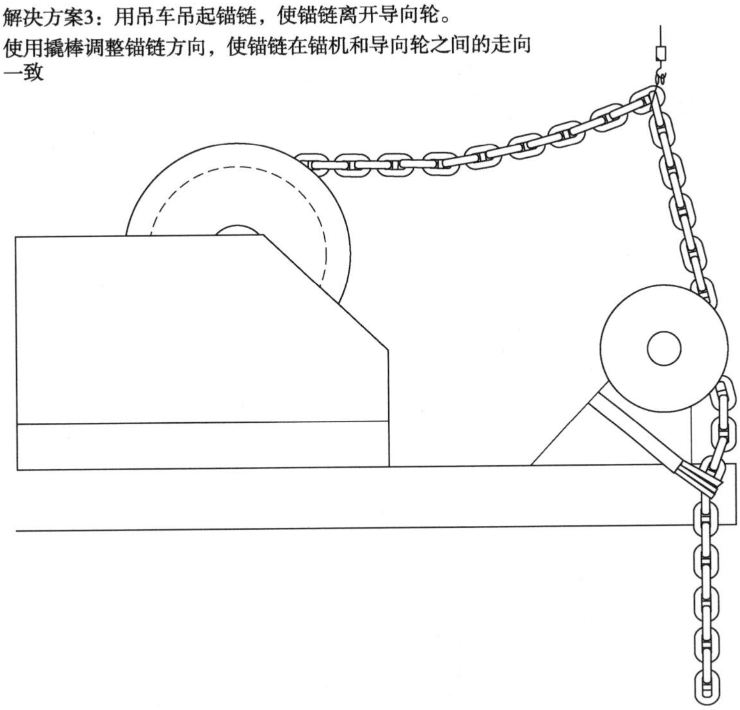

(e)锚链解扭示意图

解决方案4：吊车下放，将锚链纽结处放至导向轮下方，
在上下两个导向轮之间消除锚链扭结

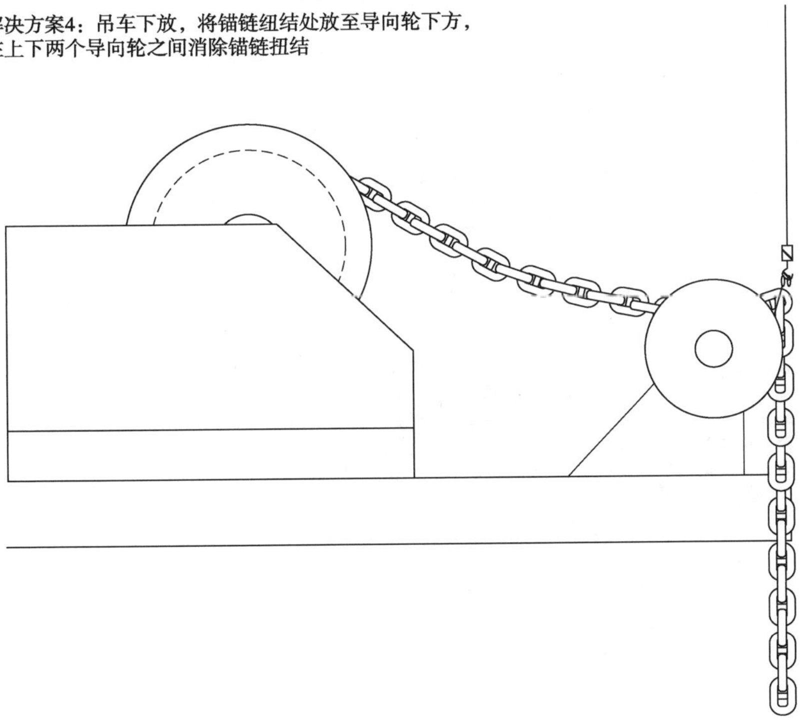

(f)锚链解扭示意图

图 6-53　锚链解扭(续)

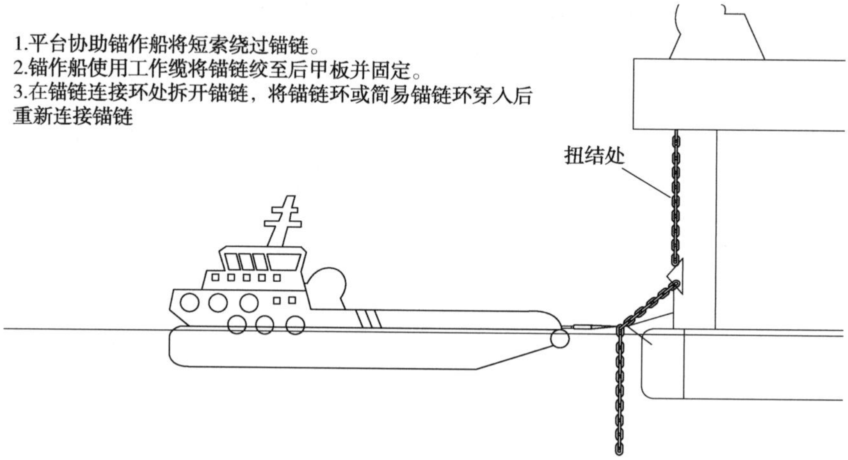

图 6-54　重新布置简易锚链环示意图

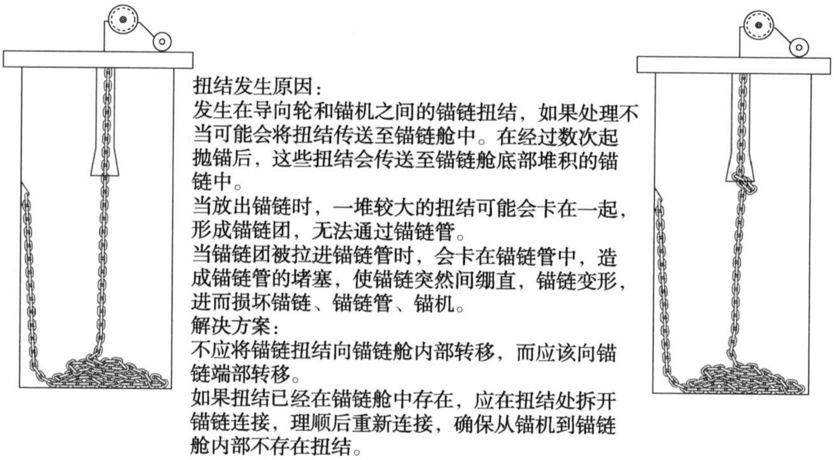

图 6-55　锚链舱锚链扭结示意图

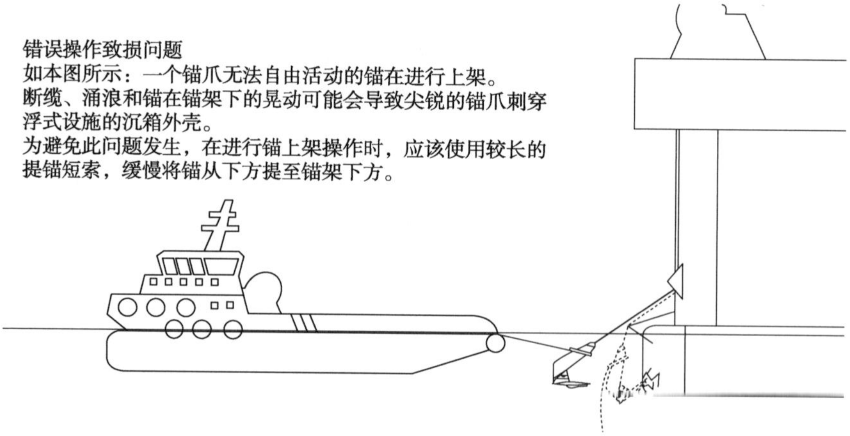

图 6-56　锚上架错误操作示意图

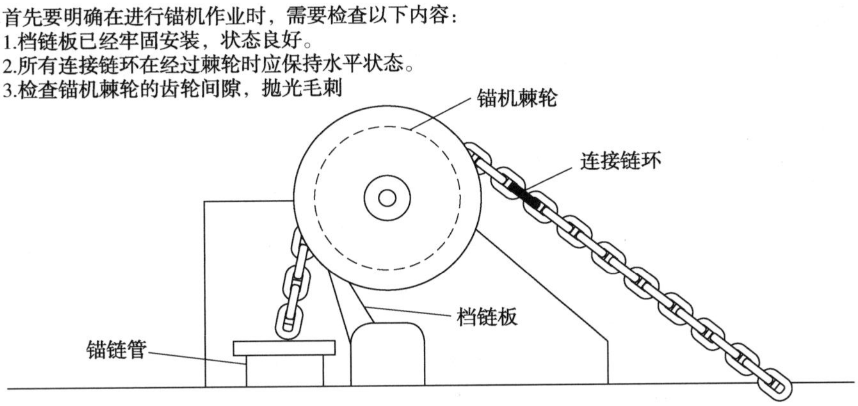

（a）绞锚链时损坏锚机示意图 1

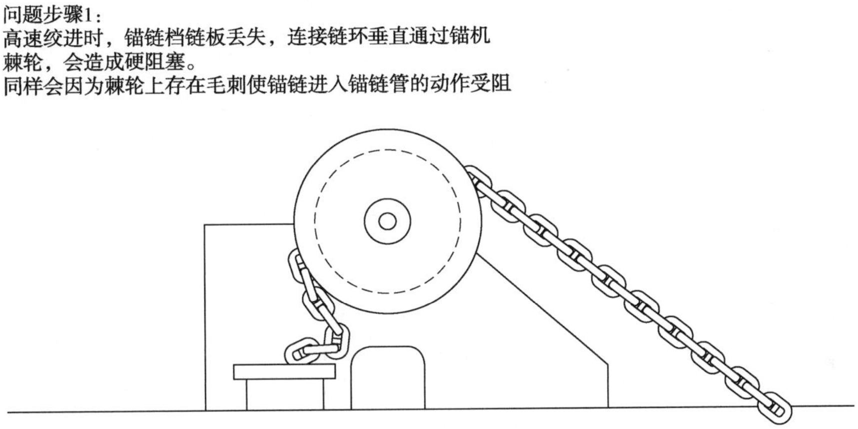

（b）绞锚链时损坏锚机示意图 2

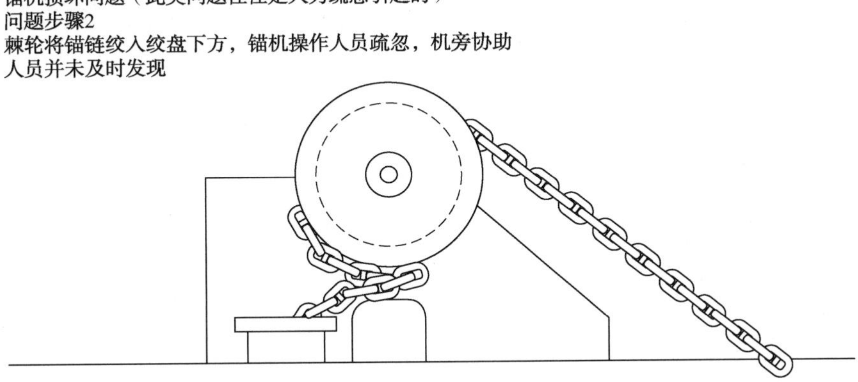

（c）绞锚链时损坏锚机示意图 3

图 6-57　锚机损坏问题

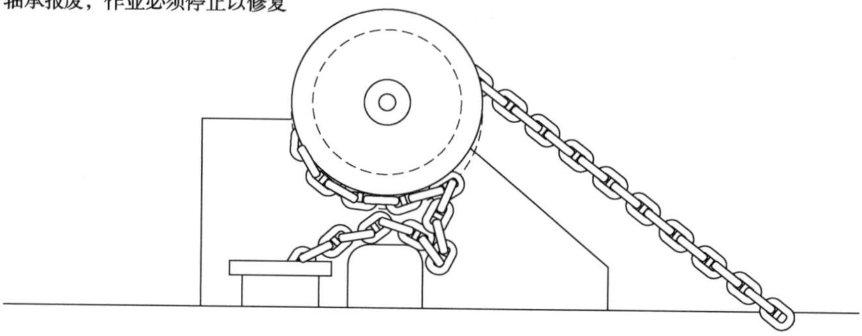

(d)绞锚链时损坏锚机示意图 4

图 6-57　锚机损坏问题(续)

浮式设施上的绞车操作人员必须了解绞车锚机系统的工作原理，如何诊断基本故障，在所有模式下的正确操作方法，除非存在最例外的情况，否则不得冒险。在培训操作人员的过程中，一个有用但经常被忽视的部分是首先阅读操作人员和维护保养手册，其次在机器设备现场仔细识别，确定每个部件及其功能。

二、锚作设备故障及排除

本节和后面章节的锚机操作和故障排除有联系又有区别，重点介绍在锚作过程中发生的故障，常见的有锚链纠缠、锚链轮损坏、错误排缆和锚缆受损等，上述故障的发生往往是作业人员未能进行基本的检查和调整造成。具体故障排除方法如图 6-53~图 6-57 所示。

如前面的示意图所示，当浮式设施总根锚链下海或断裂时，比较方便和省时的做法是利用锚作船用四爪钩打捞到锚链，通过绞缆机的棘轮回绞锚链后找到锚链末端，如果有足够不受力的锚链，找到锚链末端后与平台相连接，或者移动平台向锚作船靠近使锚链足够松弛不受力，使用绞车和甲板吊车/储缆绞车的动力组合将锚链末端绞上锚机的棘轮。

第七章 铺管船锚作就位

第一节 铺管船简介

一、铺管船主要类型和作业特点

铺管船主要类型有 J-lay Barges、Reel Barges、S-lay Barges。铺管船锚泊作业的特点是，当铺管船沿着海底管道路径移动时，周围分布的多个锚连续移位，不像半潜式钻井平台和其他浮式设施，锚分布模式是固定的，且每一只锚是在期望承受非常高的循环载荷的情况下进行布设和经过充分测试的，而铺管船的锚预计不会达到其最大理论抓底能力，而且在海底停留时间也不够长，图 7-1～图 7-2 展示了当铺管船沿着铺管线路移动时，锚的初始位置和后续移动的位置。近些年来，铺管船的吊重能力越来越大，铺管船的综合能力也发生了变化，拓展到了其他海洋工程作业，如海洋结构物的吊装、海底大吨位物体的打捞等，同时具备潜水支持功能。

铺管和挖沟类型的浮式设施锚有时会比较危险，工作的性质要求锚作船去执行打捞浮标、移锚等作业，作业的自然环境在其他油田工作人员看来是极度恶劣的。在某种程度上，这是因为锚作船的拖船船员和铺管船作业人员的工作积极性很高，一些锚作船船长对自己能够以最快速度执行铺管船作业的命令感到非常自豪。当这些锚作船辅助铺管船在海上沿选定路线前进时，如果能够把所有作业的场景做成完整的动画，去观看这些船舶之间默契配合的表演会十分令人惊叹，一周七天，一天二十四小时从不停歇。当然加班激励机制也发挥了作用，如果工作按时或提前完成，通常是所有参与作业人员(铺管、挖沟、浮吊等)获得奖金。

特别是现场指挥人员必须记住，铺管船和锚作船的甲板船员都处于高风险作业之中，若其不作为会极大地增加风险因素，一旦发生人员受伤事件，很少是轻伤级别，有经验的指挥者在人员或设备肯定受损之前停止工作或重新部署有问题的锚作船。在环境舒适的驾驶室或者控制室内，负责指挥作业的人员和绞车操作员必须时刻保持最高水平的感知和警惕性，应仔细观察每艘船在大风浪中工作时的情况，以确定该船在现有条件下是否已达到其能力的极限，观察必须包括甲板的上浪情况，船的横摇、纵摇和起伏，以及船是否能在风、浪和流中正常操纵。经验丰富的锚作船船长会在船员受到严重威胁之前通知浮式设施停止作业，但如果是浮式设施指挥人员认为海况太差，导致某艘船无法执行指令，也必须下令立即停止作业。

现实情况是，发生在船员身上的严重事故原因很少被归咎于指挥人员，与现场的距离，无论是身体上的还是精神上的，都意味着他们看不到和感受不到现场受伤人员的伤痛，但也许悲惨的事故后果会让他们更清醒地理解自己所肩负的责任，也能快速判断在起抛锚作业方面何谓优秀的做法、何谓不明智的做法。

二、铺管船的结构布置

目前，JSD6000 为振华交付的同类型最先进的起重铺管船，该船配备 5000t 全回转起重机，J-lay、S-lay 两型铺管系统，同时提供 8 点导航定位锚泊系统和 DP3 动态导航定位系统，最大作业水深可达 3000m，以某大型起重铺管船的结构布置为例，该船全长接近 200m，铺管船上铺管线的组成主要有以下部分：装卸海管(包括海管吊车)；堆载海管(包括木甲板、支撑柱、导向柱和缓冲柱等)；管口清洁、处理和焊接系统(包括管口清洁、加热、坡口加工、自动焊接、保护气体分配系统、移动平台、焊材存储与烘干、焊接设备维修)；海管对中(包括对中器、牵引对中器的绞车)；焊接检验系统；张紧器和绞车系统；防腐与涂敷辅助系统；托管架系统(包括固定托管架工作站、检修和平台舱围设备)；作业舱室包括(托管架操纵室、张紧器现场操纵室、检验设备存储间、NDT 存储间、AUT 操作间、洗片暗室、焊接设备维修间、焊材存储室等)。详见图 7-1。

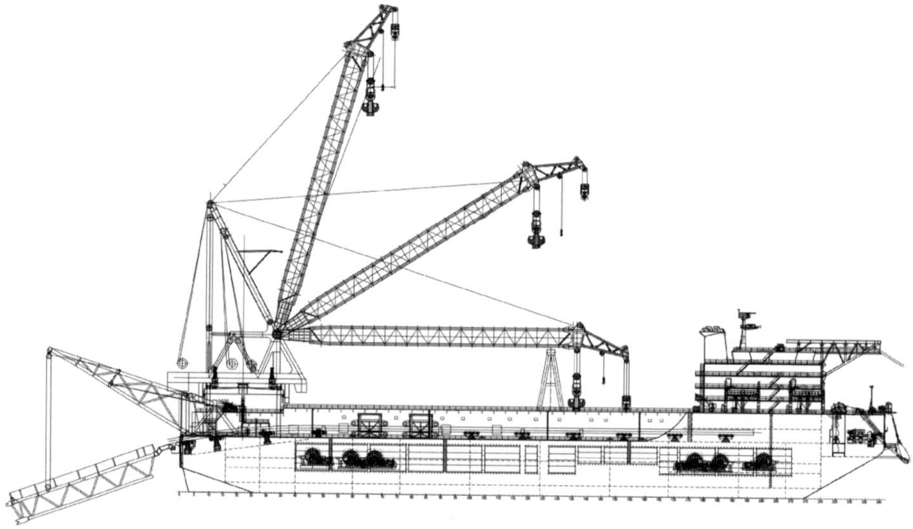

图 7-1　铺管船总布置图示例

第二节　常见铺管作业布锚方案

一、船艏布锚方案

在管线被焊接完毕以后并从船尾托管架放入海底时，通过绞进锚缆铺管船沿着选定的路线向前；通常被成对移动，如第 1 组和第 6 组、第 2 组和第 5 组或第 3 组和第 4 组，剩余的 4 组用于保持预张力。

二、船尾和船中布锚方案

舷锚是 7 号、8 号、12 号和 11 号，均为接近正横方向的锚，提供 1~6 号锚的横向控制，使铺管船保持在布设线上，潮汐和天气条件的变化也可能需要其调整相对角度，以对抗外部环境力。在某种程度上10号、9号、8号和11号锚提供了对应的1号锚到6号锚的反作用力，如图7-2所示。

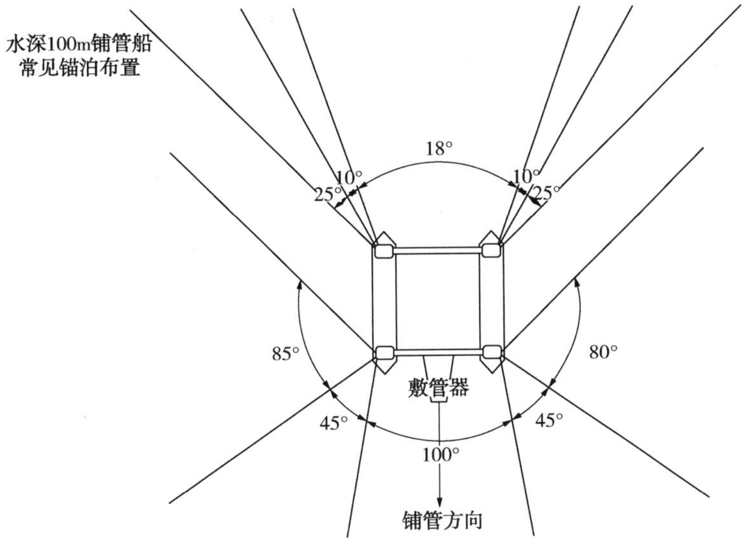

图7-2　铺管船锚泊方案示意图

铺管船常用索具示意图如图7-3所示。

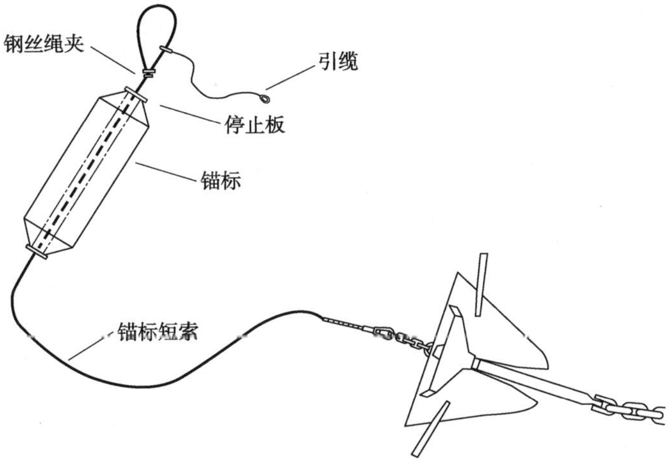

图7-3　铺管船常用索具示意图

第三节　铺设管道作业

一、铺管船管道张力调整

常规管道的铺设要求是管道在装配和输送时保持张力，以免因管道张力过小而被压弯，也不会因张力过大而过紧，钢管的机械性能要求从铺管船上下放到海底触底位置之间张力一直保持在一个严格定义的范围内，该范围的维护是由管道张紧器施加的张力和托管架(管道斜坡)角度的张力组合提供。艏锚的分布提供了管道张紧器的反作用力，以维持正确的管道张力，虽然在大多数现代铺管船上，管道张紧机一旦设定了正确的预设张力，就会自动在管道上保持正确的张力，但沿着铺设路线移动锚和铺管船的人员会不断监测和调整艏锚张力，并调整管道张紧器以保持艏锚布置和管道张紧器拉力之间的平衡。如图 7-4 所示。

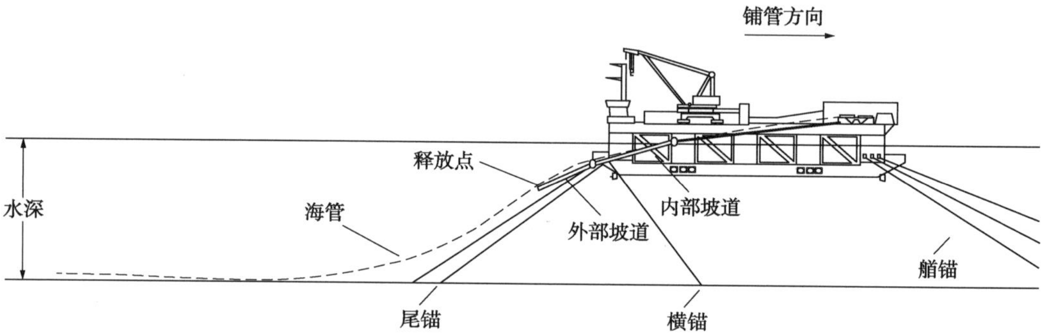

图 7-4　铺管船作业布局示意图

二、铺管船移位程序

铺管船移位程序分为初始布锚方案、铺管船整体向前移动、铺管船移动过程中调整锚位等，具体程序如图 7-5、图 7-6 所示。

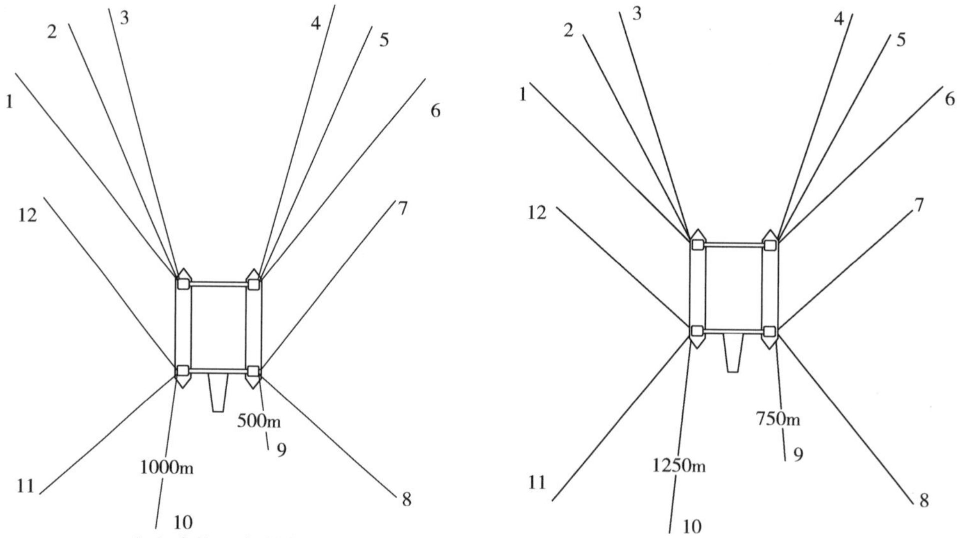

（a）步骤1：初始布锚方案　（b）步骤2：铺管船整体向前移动

图 7-5　铺管船锚作就位程序

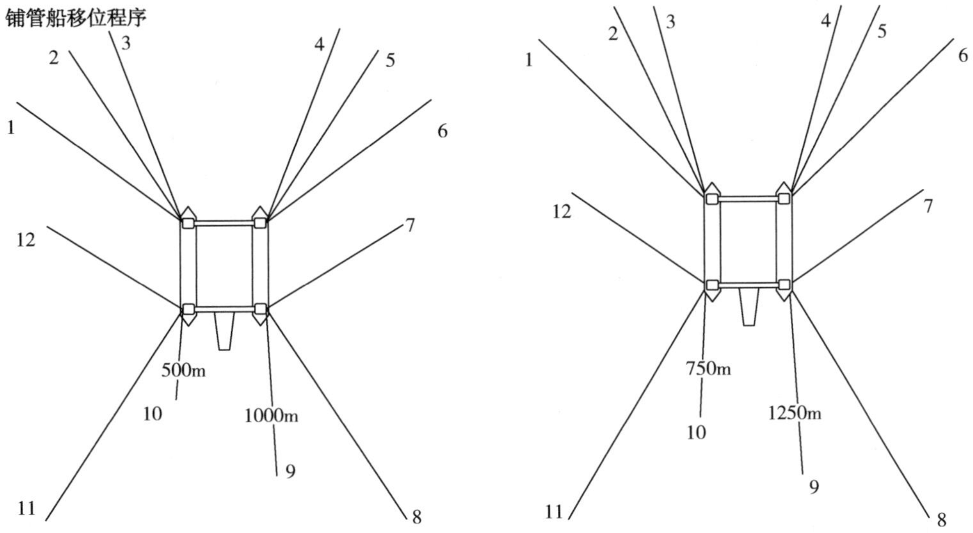

(c)步骤3：船舶继续前移，重新布置10#锚　　(d)步骤4：船舶继续前移，重新布置艏锚和横锚

图 7-5　铺管船锚作就位程序(续)

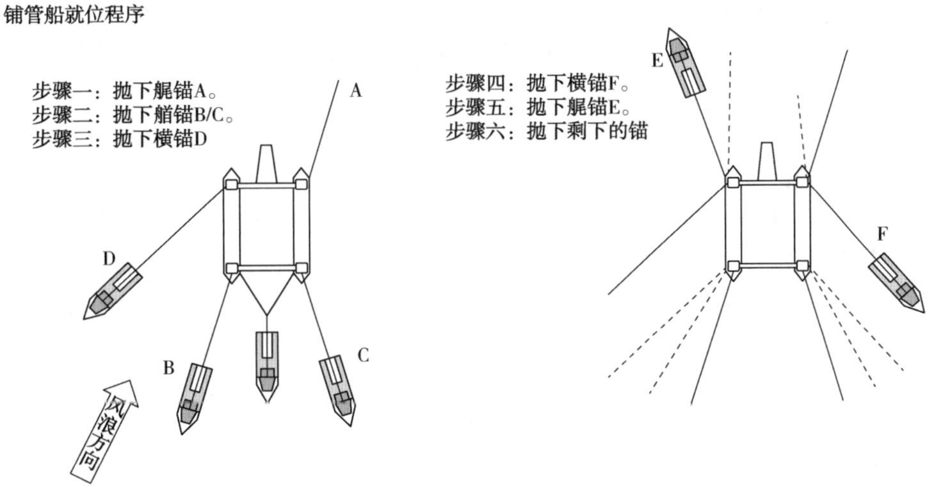

图 7-6　锚作船拖带铺管船就位程序

三、铺管船常规锚作程序

假设没有海底管线交叉或水下危险存在，铺管船在作业范围内移动锚的一般程序如下。

(一) 准备工作

(1) 检查已收到的天气报告和预报，并确认作业天气条件，如果海浪明显超过 3m 并且越来越高，通常不建议开始抛起锚作业，这是目前业内公认的天气限制标准，应提供地调报告和最新的水文资料等。

(2) 在导航定位设备上确定和标记禁区，核实海床性质和船舶抛锚处危险的接近程度，水下结构/管道的永久性/临时性、活动性/非活动性在导航定位设备上得到确认和标记，铺管前挖沟工作，标记沟渠。

（3）应答器就位（如有）。

（4）核实锚和铺管船导向轮之间的海床情况，是否有锚缆缠绕的危险。

（5）已收到批准的抛锚模式和计划，书面或电子版均可。

（6）铺管船和锚作船的负责人召开技术交底会，确保各方都理解工作程序，并进行风险评估。

（7）抛锚使用的索具已确定，证书已备妥。

（8）根据船舶导航定位锚配置的锚浮标已备妥，并涂漆和编号。

（9）准备好吊到锚作船的短索。

（二）布锚步骤

（1）将锚头缆和浮标组合索具从铺管船转移到锚作船的工作甲板上。

（2）锚作船确认锚索具连接已经完成，连接工作缆并在工作卷筒上绞入锚头缆，远离滚筒的一端穿过穿心浮标并连接到锚上。

（3）锚作船确认其小绞车（tugger）钢丝连接在指定的锚头缆上，且锚头缆已连接锚。

（4）铺管船将向锚作船提供关于锚点详细位置坐标和拖锚速度的指示。

（5）铺管船锚机手应控制锚机速度，以保持锚泊缆足够的张力，使锚缆远离海床和海底设施。

（6）铺管船将用船上的导航定位设备监测锚作船的位置，锚作船抵达锚点后，锚作船船长应与铺管船船长核实并确认坐标。

（7）锚作船通过释放锚头缆来抛锚，并在锚触底后通知铺管船，一旦确认锚作位置正确且安全，铺管船船长通过高频来指示锚作船船长在指定的抛锚位置布锚。

（8）一旦辅助锚作船船长确认锚已到底，导航定位人员应在导航定位设备上标记锚位，并在导航定位日志中记录锚的编号、位置、时间和锚作船名称/编号。

（9）一旦拖轮松开了锚头缆并清爽了浮筒，就应进行锚的张力测试，张力将保持10min或以上，具体多少时间各船不同，并密切监测锚的位置，以确认锚没有被拖动，并且张力是稳定的，在最初的抛锚中，可能无法立即进行张力测试，直到3个或3个以上的锚被部署。

（三）移锚步骤

（1）铺管船将作出导航定位锚移位的决定，并与导航定位人员一起决定新的导航定位锚的位置。

（2）锚作船将由铺管船总监或锚机班长（甲板长、大副）指示起锚后进行重新抛锚。

（3）锚离底后，锚作船船长应立即通知铺管船。

（4）导航定位人员应在导航定位日志中注明锚的编号、位置、时间和锚作船名称。

（5）导航定位人员将告知锚作船船长所需的锚位坐标和拖锚速度，在导航定位锚移位过程中，锚机手需操纵锚机使锚缆保持足够的张力，以保持与海床和海底设施的间隙。

(6) 锚作船应保持位置，船尾朝向铺管船，同时铺管船收紧锚缆以消除任何松弛并将锚缆提升至脱离海床的位置。

(7) 到达新锚位后，锚作船和导航定位人员确认位置，并与铺管船确认抛锚，在锚到底以后通知铺管船。

(8) 锚作船船长确定锚到底后，导航定位人员再次记录，锚机手开始锚张力测试程序。

(四) 起锚回收步骤

(1) 得到铺管船总监/锚机班长通知后，锚作船船长开始起锚。

(2) 锚离开海底以后，锚作船船长会立即通知铺管船，导航定位人员再次记录，并操作导航定位设备。

(3) 在锚被绞上锚作船甲板并被固定后，拆开锚头缆和锚的连接。

(4) 锚作船应保持船尾对着铺管船，同时铺管船刹住锚缆，去除锚缆松弛部分，并将锚缆从海床拉离。当铺管船回绞锚缆时，锚作船应继续保持锚缆的张力，保持锚缆与海床的距离，同时锚作船也被拉回铺管船附近。

(5) 在锚作船足够接近铺管船后，锚缆将被转移到铺管船上，同样，锚、锚头缆等索具也被转移回铺管船上。

(6) 铺管船锚泊缆通常沿直线下锚，但风、水流和波浪力的组合可能要求锚泊缆在锚作船驶向新锚点时考虑到锚作船的漂移，通过导航定位设备观察锚作船的航迹可以容易得出。

(7) 在有大量锚泊缆与海底接触的浅水区，当铺管船沿着预定路线移动时，在浅水区抛锚，船首外舷和中间锚的相对方位会发生相当大的变化并形成曲线。如果不按照程序操作，锚泊缆的效率将受到不利影响，因为锚泊缆被困在海底，无法被拉出，锚泊缆将形成(bight)曲线，曲率取决于对底部条件的判断和试错。

四、铺管船特殊锚作程序

(一) 铺管船跨越管线作业

当起抛锚作业须跨越现有海底管道时，锚将由浮式设施上的吊车放置在锚作船甲板上，或由锚作船绞缆机绞到甲板上，再用拖船上的辅助绞车进行固定；特别注意保持锚泊缆和管道之间的垂直间隙，将通过锚作船下锚时保持预定的锚泊缆张力实现，铺管船驾驶台(中控)将随时通知绞车操作员需要保持的锚泊缆张力，如果不可行，则锚作船将被用作机动锚点，机动锚点这个表达是指使用锚作船作为锚操纵使用，最常见的用途是在驶近或靠近障碍物时，如平台、管道和海床障碍物，不能使用理想的锚位，但仍必须在所需的方向施加张力。

锚作船将锚或浮标固定在船尾下，并按浮式设施的指示方向施加张力，如果要穿越管道或类似的障碍物，则可以将锚绞上甲板面，并在穿越障碍物前将第二根工作缆连接锚，做到双重固定。选择哪一艘锚作船作为机动锚点，在某种程度上取决于某一艘船在不利的风流向条件下能够长时间保持恒定方向的能力，在这种情况下，需要强大而可靠的船首推力，由于该船可能需要超过50%~60%的主机动力往前推进，如果其船首推力能力不足，必须使用主发动机动力保持方向，那么该船就不适合此类作业，有些作业需要锚作船保持高达 60~70t 的系柱拉力(根据锚作船马力大小)。

另一种选择是布置另一艘锚作船使用锚链环或 J 型钩提起锚链，与管道保持至少 15m 的距离(当拉出的锚缆穿过现有管道/缆绳时，保证的最小垂直跨度应为 10%水深左右)，当锚作船和浮式设施所处位置在海底管道同一侧时，抛锚时距离管道不得小于 200m，管道所处位置位于锚作船和浮式设施之间时，锚和锚泊缆跨越管道点的直线距离不小于 400m。当浮式设施作业位置太靠近浮式设施时，锚泊缆距离浮式设施的距离不得小于 10m 抛锚。

铺管船锚泊和类似的浮式设施，如挖沟船和埋管船，经常需要在海底障碍物上布设锚泊缆，而锚泊缆在任何时候都不能碰到这些障碍物，如管道、井口、残骸和不良锚地等；尽管在许多情况下，只要在锚泊缆上保持一定的张力就足够了，但这往往是不可靠的，要么是由于海底底部条件或者使用不切实际的高张力，而无法使锚泊缆上的悬链线高度远离障碍物。

（二）Yokahama 碰垫浮标布置程序

作业程序和指南也经常明确要求使用布置浮力设施锚泊的作业，特别是在涉及生产管道或井口时。铺管船锚的连续移动需要一种易于连接和断开可靠、坚固且易于处理的浮力设施锚泊作业方法，使用最广泛、更方便的设备是标准 20t 浮力 2m×4m Yokahama 碰垫。如图 7-7、图 7-8 所示，铺管船穿越管道过程中使用该设施提供浮力进行锚泊作业的情况。使用另一艘带有捞锚钩的锚作船支撑锚泊缆穿过管线也是一种常见的做法，但只能提供临时的支撑，锚抓底并收紧锚泊缆后恢复正常作业。假如通过在锚泊缆上施加高张力或使用锚作船保持现有与管道 15m 的间隙是不可能或不切实际的，可采用以下额外的保险程序。

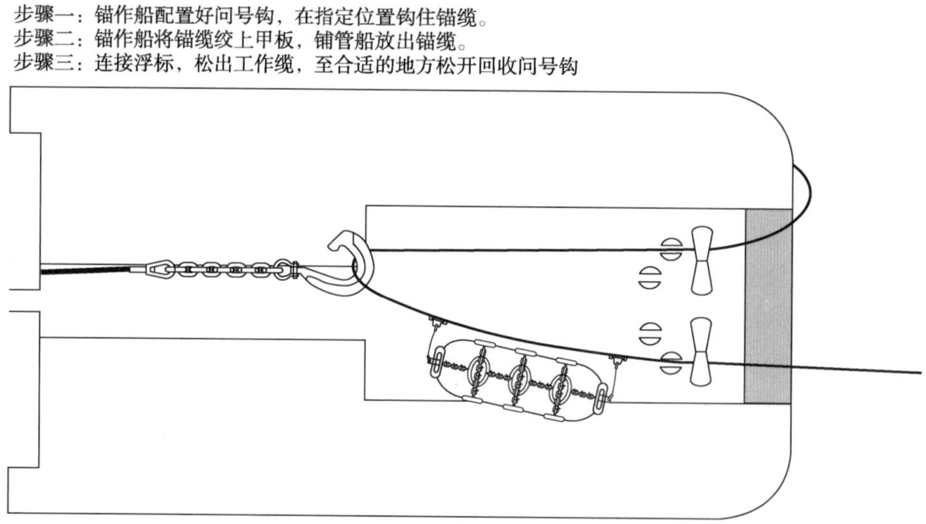

图 7-7　Yokahama 浮标索具配置示意图

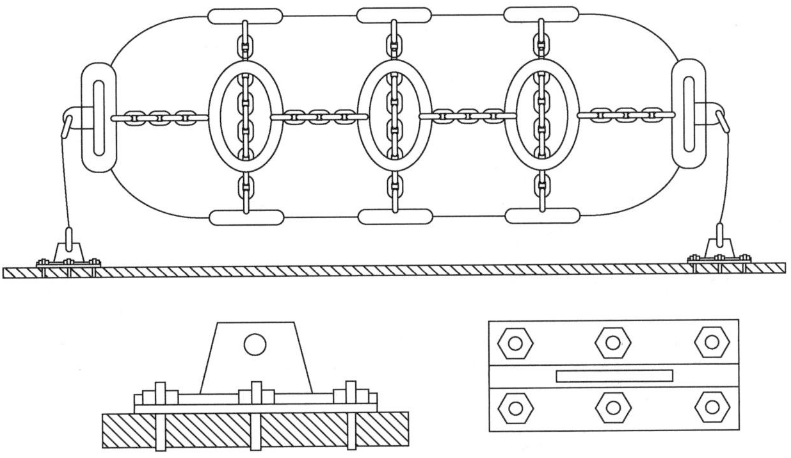

图 7-8 Yokahama 浮标索具细节图

（1）在抛锚和张力测试后，锚泊缆上的张力将松至 20~30t，同时带捞锚钩的锚作船仍然钩住锚泊缆。

（2）锚作船回绞工作缆，收回捞锚钩。

（3）锚作船将一个 20t 浮力的 Yokahama 碰垫浮标连接到锚丝上，并检查其位置。

（4）锚作船放下锚泊缆，解掉捞锚钩。

上面描述了连接 Yokahama 碰垫浮标的标准程序，另外在锚泊缆放缆期间，Yokahama 碰垫浮标也可以在铺管船安装，由锚机绞车长度计确定正确的位置。

（三）锚标滑块布置作业

锚标滑块为浮标与锚缆的接触提供保护，其独特的设计既能防止浮标的运动引起锚缆产生损伤，又能使其位置维持在设计位置附近，如图 7-9~图 7-11 所示，图 7-12、图 7-13 详细介绍了锚标滑块布置的作业程序。

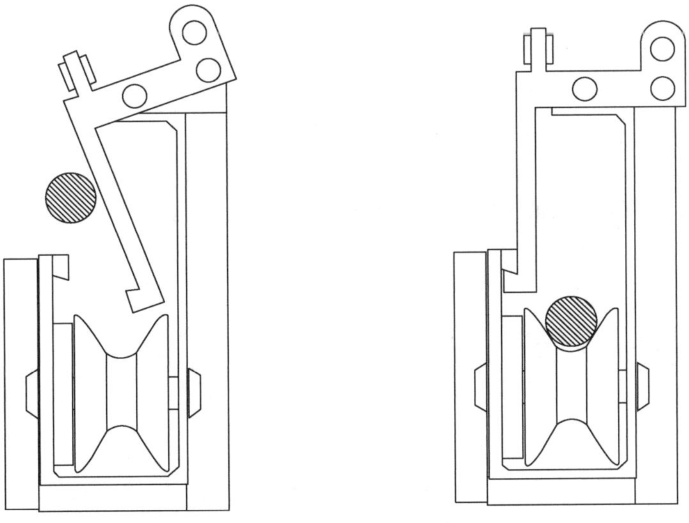

图 7-9 锚标钢缆滑块结构示意图

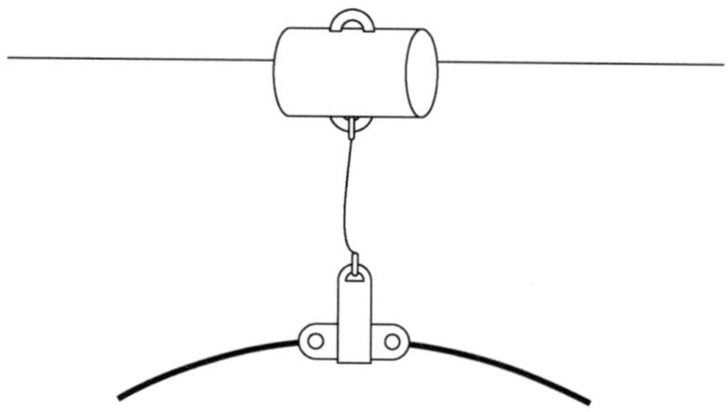

图 7-10　浮标滑块连接示意图

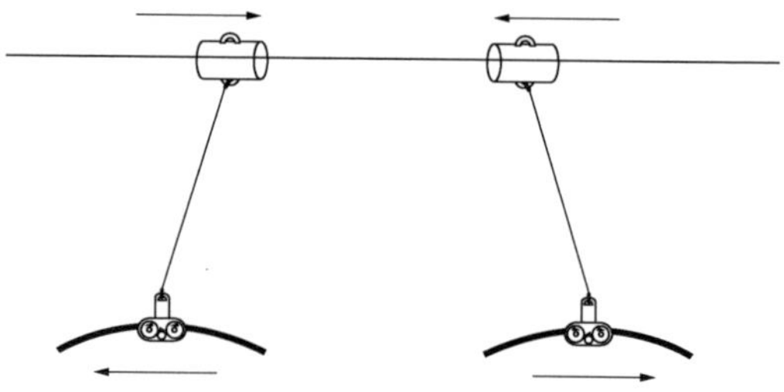

7-11　浮标滑块波浪中运动示意图

步骤一：铺管船使用吊车安装浮标滑块，扣在锚缆上(位置*A*)。
步骤二：锚作船安装好短索，吊车继续将浮标滑块下放至锚作甲板(位置*B*)，锚作人员进行连接

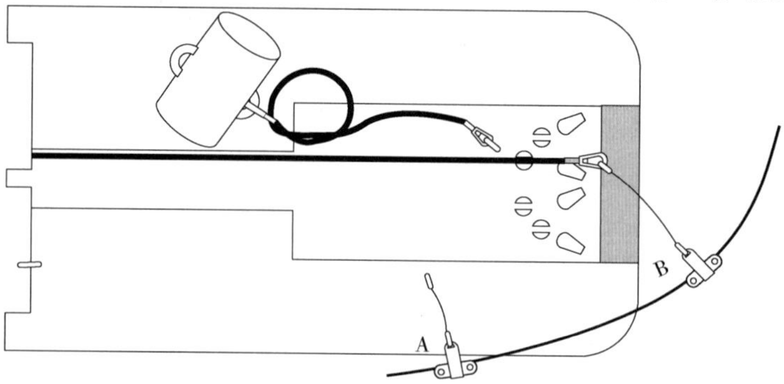

图 7-12　锚标滑块布置示意图

步骤一：安装好浮标滑块后，锚作船向外行驶，松开短索，铺管船放出锚缆

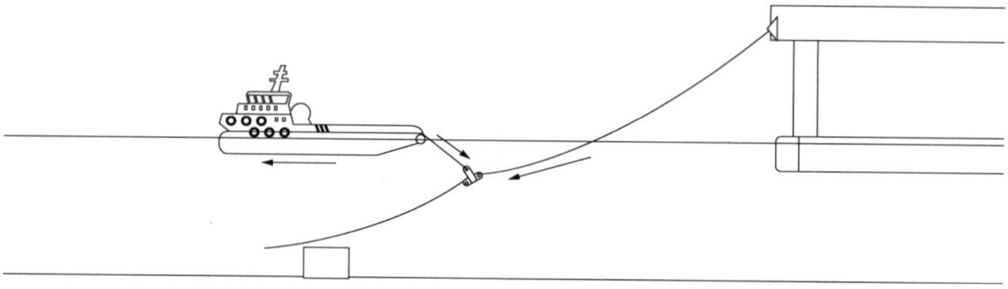

(a)锚标滑块布置步骤 1 示意图

步骤二：当锚作船抵达设施上方时，铺管船停止送出锚缆，锚作船放出短索，准备释放浮筒

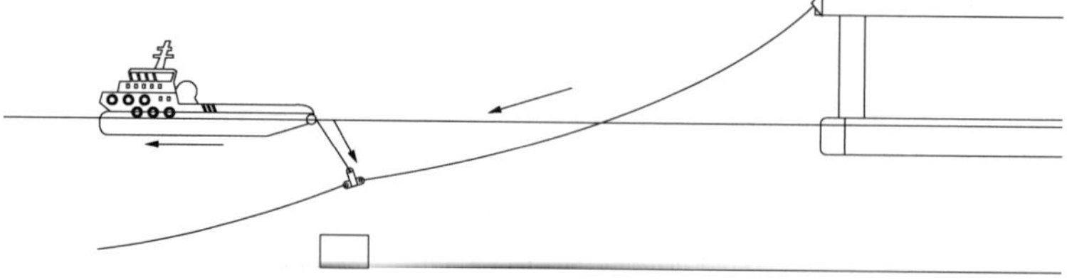

(b)锚标滑块布置步骤 2 示意图

图 7-13　锚标滑块布置

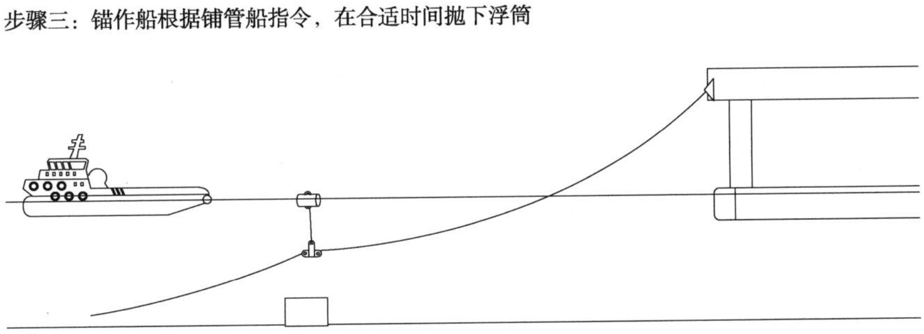

（c）锚标滑块布置步骤 3 示意图

图 7-13　锚标滑块布置（续）

（四）抛起始导航定位锚（Dead Man Anchor 下简称 DMA）作业

为了开始在海上铺设管道，必须设计一种方法，使铺管船能够向前移动，焊接管道并通过坡道（尾部托架）连续输送，通常的方法是布置由锚和浮标组成的强力锚泊系统（可使用双锚组成串联锚）及作业起始锚，再用钢缆连接到铺管船上。

由于铺管作业从被设计成在一个相对精确的点开始，DMA、钢缆缆和铺管船的导航定位对于确保管道开始铺设后，管道末端所需的降落在海床上的位置至关重要，这个位置对于最终连接到现有管线或新管线和平台设施也非常重要，DMA 必须产生足够抓底力且位置合适，能够保持充分的测试张力，因为管道在离开铺管船船尾坡道直至降落海底的过程中，必须保持设计人员确定的形状（浅 S 弯），以防止过度拉伸或欠拉伸，这两种情况都可能以变形的形式造成损坏，管道发生弯曲或损坏，需要花费大量时间进行维修。

基本步骤是首先导航定位锚和铺管船，其次使用可用的测量仪器进行 DMA 导航定位，最后 DMA 锚缆送回铺管船，使用向前移动的铺管船、弃管/回收 AR 绞车或锚机进行拉力测试，如果 DMA 不能正确抓底，则需要重抛。图 7-14 列举了 DMA 布置的作业程序。

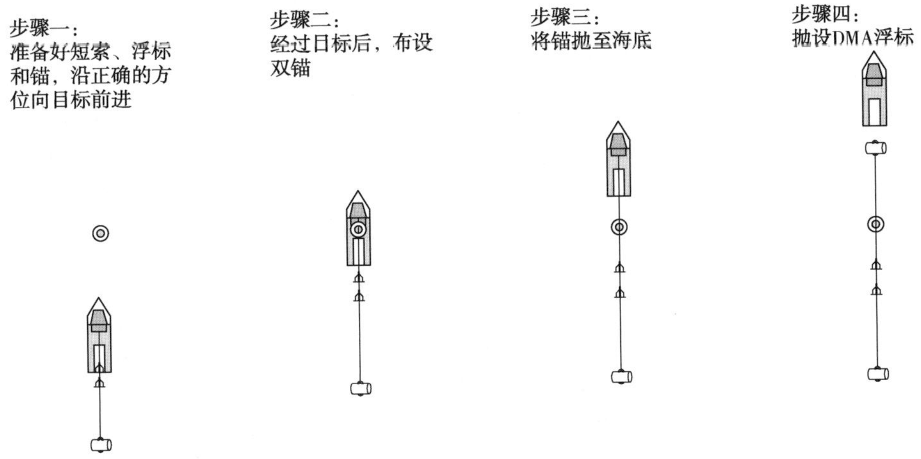

（a）DMA 布置方法 1 示意图

图 7-14　DMA 布置

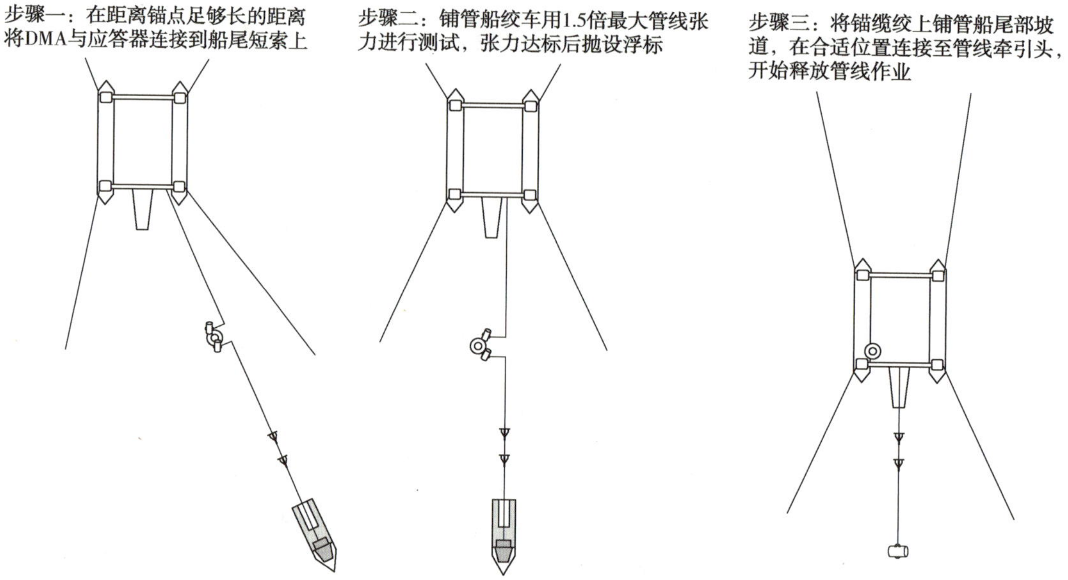

(b) DMA 布置方法 2 示意图

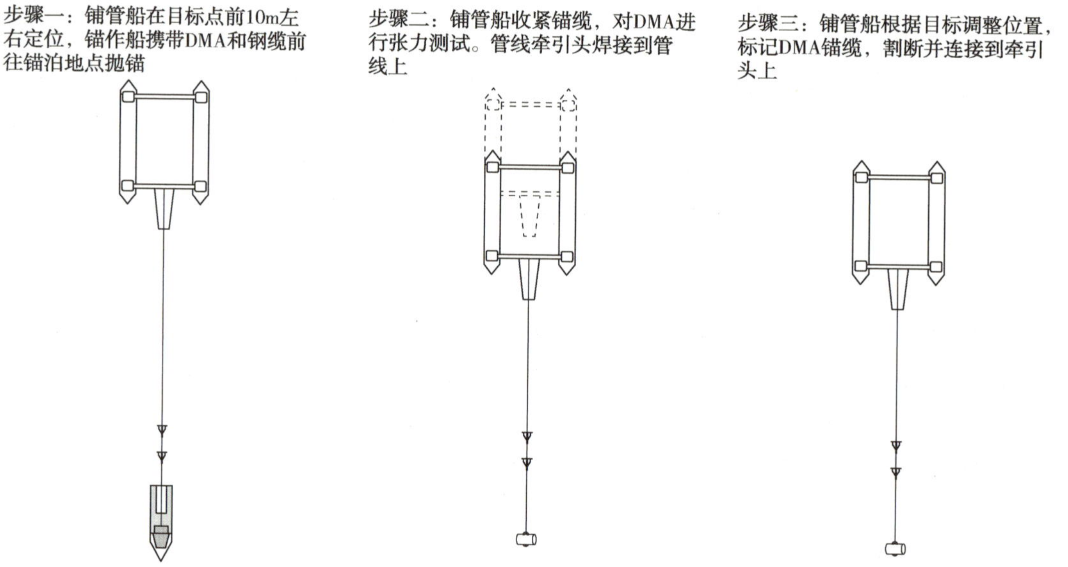

(c) DMA 布置方法 3 示意图

图 7-14　DMA 布置(续)

项目工程师及导航定位人员计算起始锚缆长度，可通过加减短接调整其长度使之更加精确，确认无误后，向后倒船将起始锚缆回收至托管架或张紧器后方，固定起始锚缆，放松 A/R 绞车钢丝并摘除、回收，将预制好的海管封头与起始锚缆连接。调整船位，缓慢向前走船使起始锚缆受力达到张紧器设定张力(根据施工要求)后，随着牵引接头、DMA 钢缆和管道张紧器之间张力的建立，管道铺设作业开始，要密切监视管道张力读数，以确保管线张力保持在设计标准之内。

（五）铺管船弃管/回收系统（Abandonment & Recovery，简称 A & R）

在管道施工过程中使用弃置/回收系统，经常需要将管道末端埋入海底或回收管道末端，为了帮助实现这一点，现代铺管船安装了大容量钢丝绳绞车，以便绞车的钢缆可以沿着“火线（作业线）”的整个长度展开，从打磨站的前面，或从第一个焊接站，一直到托管架的末端。

以一艘铺管船铺设管道为例，当天气状况和预报显示海况恶劣时，管道铺设作业必须暂停，像海上的任何船只一样，铺管船必须准备好以度过风暴，停止管道焊接，将管道铺设在海床上，撤离该区域并重新抛锚以达到最佳抗风浪效果，安全度过风暴是常规做法。当天气条件改善时，铺管船移回位置，捞起管道的一端浮标，继续铺设管线。

具体操作程序为收回管内对中器，将清管探测器缆连接到紧急封头的内眼板，将应急封头焊接到管道的最后一个接头上，注意在最后一根海管接头的位置，记下铺管船的航向，并对铺管船的位置进行检测。确保封头上所有阀门处于关闭状态，清管球安装到位，将 A & R 缆连接到封头。开始增加 A & R 缆上的张力，并逐渐释放张紧器上的张力，直到达到 A & R 绞车承载所需的敷设张力。A 字架绞车（形状类似 A）下放钢缆，以协助管道从托管架中出去。这将防止封头及其索具与托管架的末端纠缠在一起。一旦 A & R 缆上有张力，驳船将缓慢前进，同时保持 A & R 缆上恒定的张力。当第一个油漆标记到达驳船尾部时（表示封头已脱离托管架，可拆除 A 字架上的滑车），铺管船将继续向前移动，同时保持 A & R 缆恒定的张力，直到第二个油漆标记到达铺管船的尾部，随着驳船向前移动，绞车放松，直到管道末端降落在海床上。A & R 绞车上的张力必须小心控制，以免造成管道变形损坏。一旦管道铺设在海床上，铺管船可以放松钢缆，并保持绞车钢缆的连接，标记浮标应连接到封头上，使用长度应大于敷设区域位置水深的钢缆。根据天气条件，A & R 缆在松弛状态下可能仍然附着在管道上。在弃管过程中，应连续记录驳船航向和位置托管架轮廓，尽可能保持在接近铺设路由上。

回收管道基本上与弃管过程相反，尽管如此，由于必须断开 A & R 缆，可能会有一些变化。不要忘记安全注意事项：绞车起管时 A & R 缆处于绷紧状态时，所有作业人员应离开作业线。

铺管船和类似的工作驳船有金属锚泊缆，用于打捞的方法与使用锚链锚泊的船舶略有不同。

由于浮标短索断裂、锚泊缆跨越障碍物、提升弹性浮标、锚泊缆绞缠或断裂，可能会进行打捞作业，上面介绍的涉及管道铺设和回收的特殊作业也可能需要打捞作业。出于保护钢缆的原因，大多数打捞作业是通过钢缆滑车完成的，这只是一个非常坚固的设计非常大的滑块。可以由铺管船船员将其安装在被拖出的锚泊缆上，然后吊给锚作船，或者锚作船可以用侧向开口的打捞钩或四爪钩打捞锚泊缆，只需要将打捞滑车连接固定在锚泊缆上。

本书所介绍的操作只是基本技术，遇到的每种情况略有不同，需要不同的设备和索具。需要注意的是，用打捞滑车打捞锚需要相当大的力施加到锚作船和绞车的工作缆上，在进行打捞作业时，锚作船必须小心谨慎，不要使用过高的钢缆张力或绞车的回绞速度。

打捞，弃置/回收钢缆步骤如图 7-15 所示。

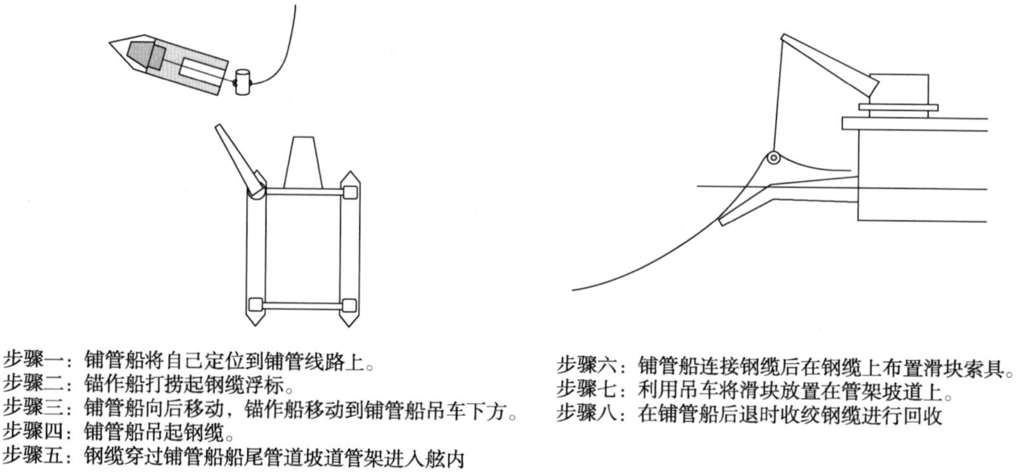

图 7-15　铺管船打捞、弃置/回收步骤示意图

五、铺管船海滩就位登陆作业

来自油田的海管最终要在合适的地点登陆海岸并与岸上设施的管线相连接，这种作业通常叫作管线海滩就位登陆作业，本书介绍的管线作业项目案例，管线施工方向是去往海上油田方向。

（一）作业前期准备

作业前期准备如下，在管线登陆的海滩部分已经过平整、挖沟、造斜等处理措施，准备好接受海底管线。在高潮高基准面以上合适位置需建立一座配置线性牵引绞车、结构加强过的“海上生根”的作业平台。线性牵引绞车被设计通过旋转或循环机器设备收放钢缆（有时是锚链），使钢缆卷在设备上也能够放出，动力储缆滚筒在线性牵引器后面和线性绞车一起在结合部工作，通常只能往一个方向牵引。

20 世纪 90 年代比较有名气的移动绞车品牌 Tirfor 是线性牵引绞车，但是该装置只能用于小于直径 80cm 的海底管线就位登陆作业，发挥出来的拉力只有几百吨。

在海底管线登陆的地点毗邻海床需有合适的浅水沙滩斜坡，铺管船可能需要在离海岸较远的地方抛锚，下面举例的项目是直径 24ft 的海管登陆项目，铺管船抛锚位置离岸上牵引绞车的距离不小于 1200m。

（二）基本操作程序

（1）铺管船参照登陆点和牵引绞车位置，开始精确布锚。

（2）一座小的携带牵引钢缆的沉管在岸边导航定位，钢丝引绳需传递到锚作船可以操作的水域，该牵引钢丝穿过沉管倒退到牵引绞车基座，从那里去往推土机或类似的牵引机车。

（3）其中一艘锚作船从铺管船获取一根已经与艉锚头处分离的钢缆并驶往岸边，在岸边捞取钢丝引绳的浮标并连接引绳和铺管船的锚泊缆。

（4）当岸上牵引机车开始工作绞进引绳时，铺管船放出锚泊缆，直至锚泊缆末端到达岸边的沉管，并连接三角眼板以及牵引绞车钢缆。

（5）铺管船锚机绞进锚泊缆、线性绞车松出，一起合作将携带牵引钢丝的沉管绞到铺管船。

（6）牵引钢丝然后被转移到管线坡道并连接已经焊妥在第一段管线上面的牵引头。

（7）当管线在焊接时，铺管船牵引绞车增加所需要的绞力，当管线焊接结束时岸上牵引机车发力将管线拉上海滩；在新管线登陆作业过程中，管线上按一定间隔设有小浮力块，支撑管线并减少海床的摩擦力和保护管线免受海底其他材料可能的磨损。

（8）当管线登陆以后，抛锚固定好铺管船，继续焊接输送管线沿前往油田的计划路线正常作业，上述作业均需要良好天气和详细作业计划。

第八章　海上起重作业

第一节　浮吊概述

一、起重船发展趋势

大多数情况下，海上起重作业是海上通过专用浮吊船进行的，这些浮吊配有人字吊，或者单、双回转吊，排水量从几百吨到几万吨不等，老式浮吊是全排水量的船形驳船或平底驳船，较新型的是半潜船设计，一些自升式平台也已改装为重型起重船，特别是近些年来，海上风电市场的火热带动了风电安装船/平台的建造，风电安装船在海工行业内异军突起，成为海工行业不多的亮点之一，上海振华重工与正力海发正在南通合作打造的全球迄今为止同类型船舶中起重能力最大、综合作业能力最强的自航自升式海上风电安装平台正力××号，主起重机采用双主钩设计，1 号主钩重达 3500t，2 号主钩 1200t，该平台也将成为国内首次搭载国产 DP-2 动力导航定位控制系统的风电安装平台，目前全球最先进的最大吨位风电安装船是“ORION Ⅰ”号(2019 年在江苏启东建造)，该轮配备一台起重能力为 5000t 全回转吊，可以运输目前市场上最重的风电基础、导管架基础及风机各部件。

一般来说，20 世纪 90 年代最大的海上起吊质量超过 10000t 的起重作业基本上由属于 Heeremac 和 Micoperi 公司的船舶实施，这些船舶配备了双旋转起重机，在最大能力下一起起吊(串联升降机)，以达到所需的升力，目前这些大型船还配备了强大的推进器，目前世界上最大的起重船是属于 Heeremac 公司的“Sleipnir”号具有动态导航定位 DP3 能力，最大起重能力 20000t，国内上海振华 2016 年自主研制的世界上最大的全回转起重船“振华 30”轮，其单臂架 12000t 的吊重能力、7000t360°全回转吊重能力位居世界第一，动态导航定位能力 DP2，应该说振华在重吊船领域取得了相当大的突破(图 8-1)。

图 8-1　重型浮吊作业示意图

二、浮吊锚作特点

重型浮吊展开部署的 10 锚或 12 锚泊，并使用类似于铺管船改装过的穿心(手提箱)浮标索具，推进器通常用于支持浮吊自身的锚泊作业或者动态导航定位，在某些情况下，大多数现代浮吊船舶使用动态导航定位系统进行起重作业，但在处理吨位非常大的起重作业时，这种情况并不常见，具体还取决于水深和作业环境。

三、浮吊作业范围

浮吊船所处理的项目和任务范围总从现有的石油生产平台小模块的放置或移除到整个石油生产平台的完整安装。在现代海洋工程实践中，大型石油生产平台可以分成许多模块化安装，这些模块已经在岸上预制好，并通过运输驳船运送到海上的现场，浮吊船一般在作业地点准备就绪。大型导管架平台的安装可能包括以下驳船模块，常见的模块质量(估算)如下所示：甲板部分约 10000t，导管架约 9800t，生产模块 5000t，动力模块约 4000t，生活模块约 6500t，燃烧臂等约 2000t，这些模块将预先吊装，这些模块的质量都很大，甚至会超过浮吊起重机的额定能力，特别是深水导管架，有些施工方案会采取让模块从运输驳船上首先自行滑移入水，模块下水之后，借助导管架在水中的浮力；然后采取浮吊扶正或者导管架底部注水扶正的做法。在施工过程中，除掉吊装作业，浮吊还有可能将被要求执行一些其他任务，包括但不限于以下方面。

(1) 导航定位并打桩，使平台导管架固定在海床上。

(2) 桩腿灌浆。

(3) 临时向平台提供全部或部分电力和服务。

(4) 制造或拆卸导轨，框架和其他设备。

(5) 潜水支持、水下相关作业。

(6) 重新分配起吊负载。

(7) 为作业人员提供临时住所。

第二节　重型浮吊作业程序

一、起重施工程序

以使用双起重机半潜式浮吊(简称 HLV)在海上安装导管架或类似的重型模块作业为例，一般施工作业程序如下。

(1) 重型浮吊将到达作业现场先进行锚作与就位作业，布锚作业完毕后进行锚张力试验，为提高效率通常同时使用两艘锚作船，布锚作业将预先完成，以便浮吊能开始起吊作业和移动浮吊位置，并到达最终作业位置。

(2) 装在货运驳船上的导管架将被锚作船拖曳到浮吊旁边，通常需要动用 3~4 艘以上的锚作船，并横跨 HLV 船尾导航定位，安装在货运驳船上系泊绞车和锚作船将用于准确导航定位并保持 HLV 正确方位。

(3) 第一台吊车和另一台吊车分别连接在两根吊货索和撑杆上，吊货索和撑杆是在导管架运到货运驳船之前安装完毕的。

在最终将导管架放置到海床上之前，必须将货驳甲板上侧卧装载的导管架翻转，两台吊车通过提升上端和放低下端实现这一目的。当导管架垂直时，悬挂在一台吊车上，通过 HLV 钢缆提供的远程控制液压动力释放下端起吊装置，连接下端起吊装置的顶销设计有液压驱动的释放机构。

（4）与两台吊车连接的导管架海上绑扎被松绑，允许提升导管架，在切断海上绑扎之前，可以对 HLV 和货运驳船的吃水进行一些调整。

（5）两台吊车同时起吊导管架，与被移走的货驳保持较远距离。

（6）导管架先放低至保持水平，然后放入水中。

（7）开始调整导管架角度，导管架发生翻转，负载被转移到吊车的顶端吊货索，当导管架直立时，下端吊货索的释放机构被激活。

（8）在导管架直立且仍然远离海床的情况下，浮吊被调整至最终作业位置上方，在该位置，导管架放低并“降落”在正确的位置。在某些情况下，下端索具可能直到浮吊移动到最终位置才会被释放。在使用压载系统进行提升作业期间，对 HLV 的吃水配平和水表进行持续的调整和补偿，该压载系统是为海水的快速转移、吸入和排放而设计的，有时采用半自动或自动控制。相关作业步骤如图 8-2、图 8-3 所示。

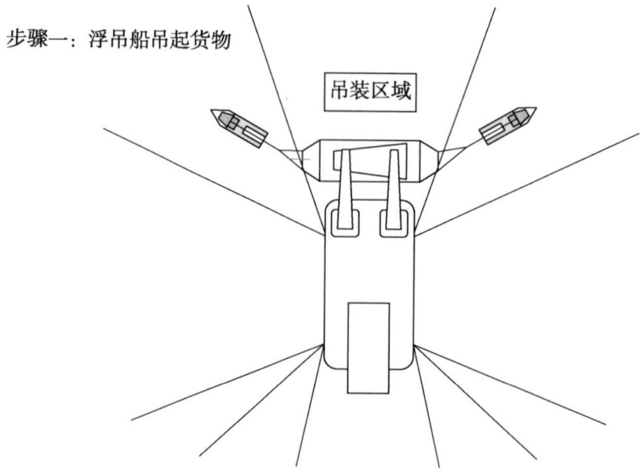

(a) 常规双旋回吊就位示意图 1

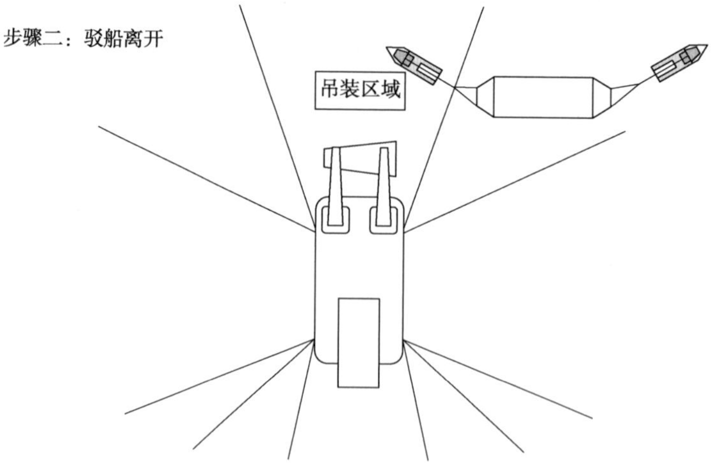

(b) 常规双旋回吊就位示意图 2

图 8-2　常规双旋回吊就位

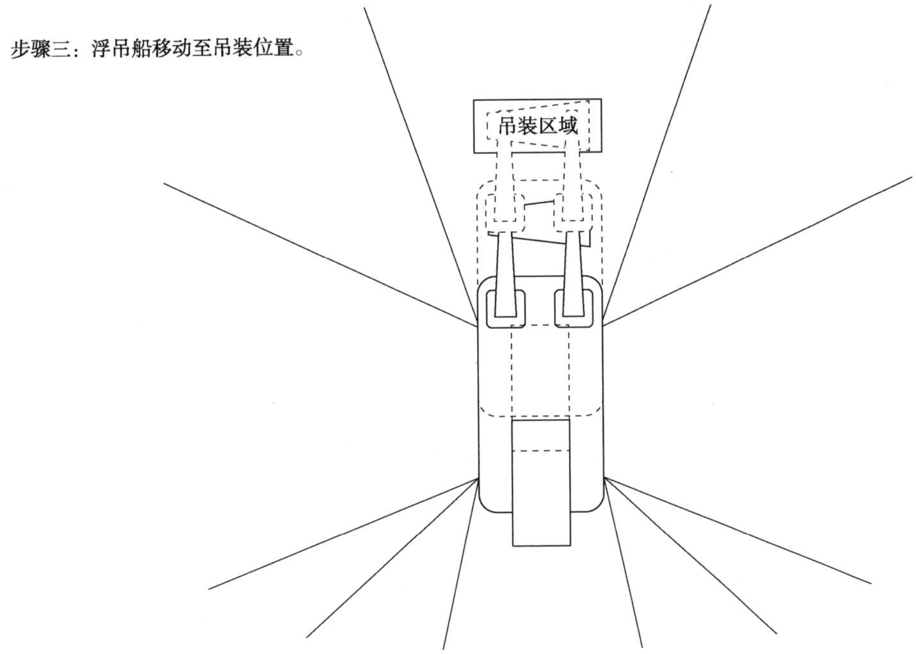

(c)常规双旋回吊就位示意图 3

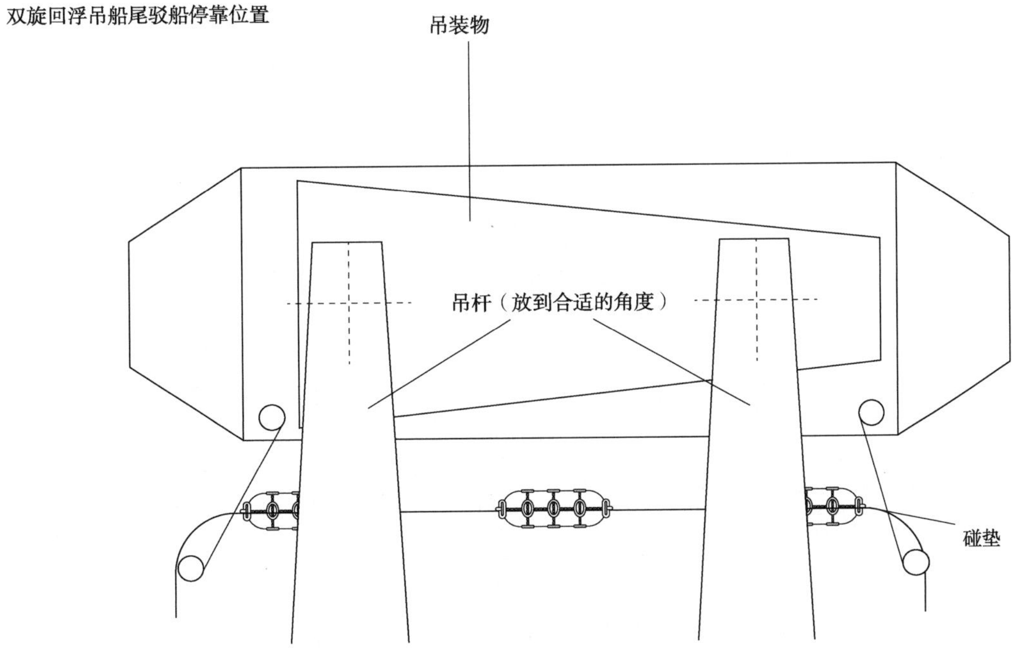

(d)常规双旋回吊就位示意图 4

图 8-2　常规双旋回吊就位(续)

第一阶段：货驳运载导管架就位，吊车准备妥索具挂钩，浮吊已经做好吊装准备

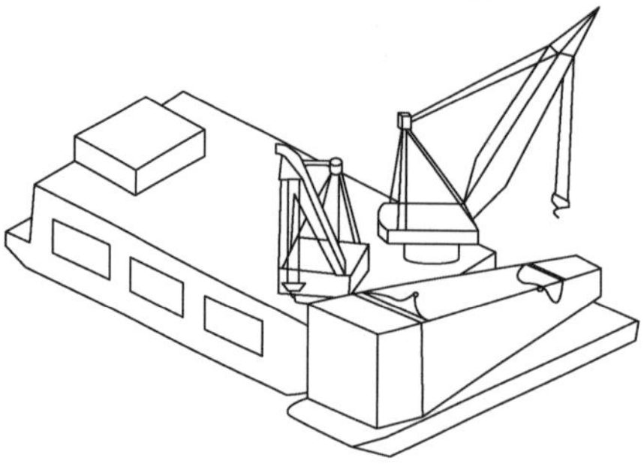

(a)导管架吊装作业示意图 1

第二阶段：导管架重量转移到吊车上后，接触绑扎，驳船离开

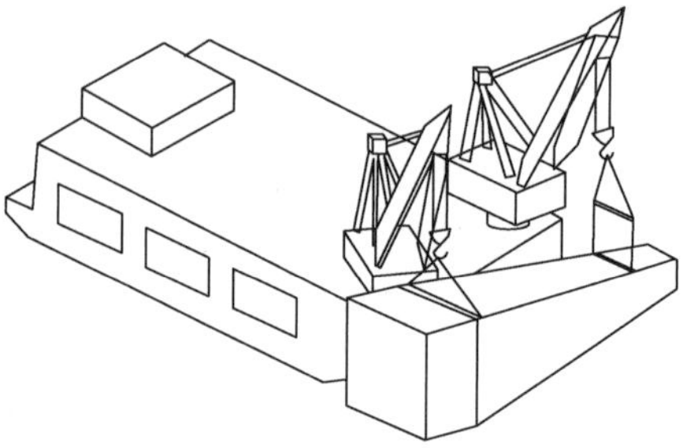

(b)导管架吊装作业示意图 2

第三阶段：将导管架海底部分放入水中，缓慢将重量转移至右舷吊车。待稳定后，遥控解开左舷吊车吊钩

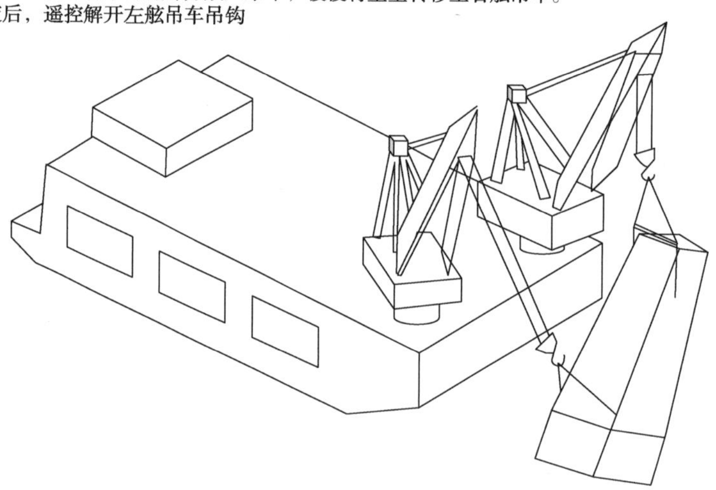

(c)导管架吊装作业示意图 3

第四阶段：浮吊向后移动，将导管架放到正确位置

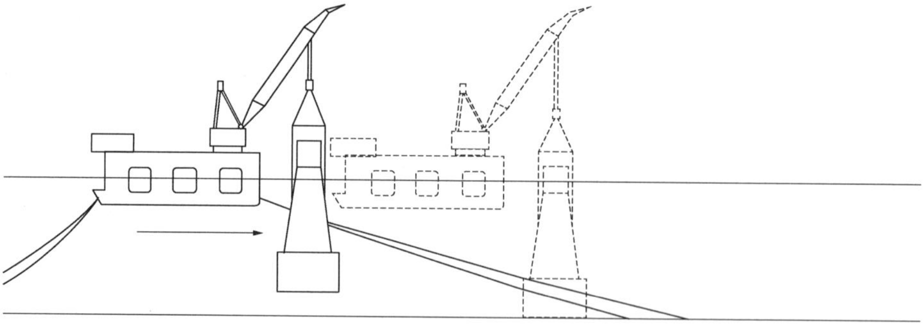

(d)导管架吊装作业示意图 4

图 8-3　导管架吊装作业

二、起重作业注意事项

这些作业对天气敏感，如果 HLV 或货运驳船发生任何明显位移，则作业不能继续进行，可能会有某种形式的升沉补偿设备，但即便如此，如此大的质量加上所涉及的动能，在接近通常吊车的安全负荷的极限时，负责人必须极其小心谨慎，有关限制标准请参考该设施的操作手册。

在一个非常大的模块的情况下，例如一个甲板结构，将被放置在新导管架的顶部，除了起重机可以串联工作，也使用与吊装导管架类似的程序。如果其能力达到极限，则通过对 HLV 进行打排压载水，并利用锚泊系统使 HLV 位置向前、后和横向移动，从而完成甲板结构模块的起离和放置在导管架上的操作。起重机的吊臂角度和回转角度在提升过程中不会改变，模块的垂直运动由吊车和压载系统的协助完成。

应该认识到，将如此大质量的模块转移到浮吊的吊钩或从吊钩上移除，会导致浮吊的吃水和调平发生相当大的变化，因此需要一个能够与浮吊精确协调工作的压载系统，如果压载系统有问题，那么模块的移动、摆动、涌动、振荡都会使起重装置过载。

第三节　重型起重作业索具

一、索具破断负荷

在浮吊起重作业中，100t 和 10000t 之间的差异通常是规模的问题，起吊作业的优秀施工程序基本原则保持不变，只是规模上大得多。吊货索的设计和组成是在详细的工程计算后实施的，后面的章节举例说明了进行此类计算时的具体步骤和所使用的方法，船舶作业区域和所使用的产品决定了船上使用的标准，特别是在重型浮吊船目前国内建造船舶产品配套率不高的情况下，国内船员们所应对的供货商的产品质量参差不齐，日常工作需认真做好备件物料的资料整理工作。

一般现在的吊货索都是由钢缆索环组成，也就是三根或四根钢缆逐渐形成一个连续的环，或者钢缆再次编织成吊货索，由多根钢缆编织成一根两端琵琶眼环的吊货索，专业索具公司和钢丝绳制造商会按订单生产这种设备。在重型浮吊上，当安装或拆卸起重设备时，甲板工作人员使用叉车、履带式起重机和各种设备处理吊货索、卸扣和其他连接索具。

例如，某艘铺管船使用的索具大都采购自 Crosby Shakels 和 British Rope Slings 公司，供货商提供索具表列出了一些具体的重型浮吊货索具的质量和尺寸(表 8-1，表 8-2)。

表 8-1　索具质量尺寸对比表

名义尺寸/in	安全负荷/t	库存编号		质量/kg	尺寸/mm									公差±	
		G-2130	S-2130		A	B	C	D	E	F	H	L	N	C	A
3/16	1/3	1019464	—	0.03	9.65	6.35	22.4	4.85	15.2	14.2	37.3	24.9	4.85	1.50	1.50
1/4	1/2	1019466	—	0.05	11.9	7.85	28.7	6.35	19.8	15.5	46.7	32.5	6.35	1.50	1.50

续表

名义尺寸/in	安全负荷/t	库存编号		质量/kg	尺寸/mm									公差±	
		G-2130	S-2130		A	B	C	D	E	F	H	L	N	C	A
5/16	3/4	1019468	—	0. 10	13. 5	9. 65	31	7. 85	21. 3	19. 1	53. 0	37. 3	7. 85	3. 30	1. 50
3/8	1/2	1019470	—	0. 15	16. 8	11. 2	36. 6	9. 65	26. 2	23. 1	63. 0	45. 2	9. 65	3. 30	1. 50
7/16	$1\frac{1}{2}$	1019471	—	0. 22	19. 1	12. 7	42. 9	11. 2	29. 5	26. 9	74. 0	51. 5	11. 2	3. 30	1. 50
1/2	2	1019472	1019484	0. 36	20. 6	16	47. 8	12. 7	33. 3	30. 2	83. 5	58. 5	17. 5	3. 30	1. 50
5/8	$3\frac{1}{4}$	1019490	1019506	0. 62	26. 9	19. 1	60. 5	16	42. 9	38. 1	106	74. 5	20. 6	6. 35	1. 50
3/4	$4\frac{3}{4}$	1019515	1019524	1. 23	31. 8	22. 4	71. 5	19. 1	51	46	126	89. 0	17. 5	6. 35	1. 50
7/8	$6\frac{1}{2}$	1019533	1019542	1. 79	36. 6	25. 4	84	22. 4	58	53	148	102	24. 6	6. 35	1. 50
1	$8\frac{1}{2}$	1019551	1019560	2. 28	42. 9	28. 7	95. 5	25. 4	68. 5	60. 5	167	119	26. 9	6. 35	1. 50
$1\frac{1}{8}$	$9\frac{1}{2}$	1019579	1019588	3. 75	46. 0	31. 8	108	28. 7	74	68. 5	190	131	31. 8	6. 35	1. 50
$1\frac{1}{4}$	12	1019597	1019604	5. 31	51. 5	35. 1	119	31. 8	82. 5	76	210	146	35. 1	6. 35	1. 50
$1\frac{3}{8}$	$13\frac{1}{2}$	1019613	1019622	7. 18	57. 0	38. 1	133	35. 1	92	84	233	162	38. 1	6. 35	3. 30
$1\frac{1}{2}$	17	1019613	1019622	8. 62	60. 5	41. 4	146	38. 1	98. 5	92	254	175	41. 1	6. 35	3. 30
$1\frac{3}{4}$	25	1019659	1019668	15. 4	73. 0	51	178	44. 5	127	106	313	225	57. 0	6. 35	3. 30
2	35	1019677	1019686	23. 7	82. 5	57	197	51	146	122	348	253	61. 0	6. 35	3. 30
$2\frac{1}{2}$	55	1019695	1019702	44. 6	105	70	267	66. 5	184	145	453	327	79. 5	6. 35	6. 35
3	85	1019711	—	70	1027	82. 5	330	76	200	165	546	365	92. 0	6. 35	6. 35
$3\frac{1}{2}$	120	1019739	—	120	133	95. 5	372	92	229	203	626	419	105	6. 35	6. 35
4	150	1019757	—	153	140	108	368	104	254	229	653	468	116	6. 35	6. 35

表 8-2　无涂层钢芯吊货索直径破断负荷对照表

直径/in	质量/(lb/100ft)	破断负荷/lb	直径/mm	质量/(kg/100m)	破断负荷/t
$4\frac{4}{16}$	2730	1102000	113	4060	500
$5\frac{5}{16}$	3910	1553000	135	5820	750
$6\frac{3}{16}$	5220	2205000	157	7770	1000
$6\frac{7}{8}$	6500	2756000	175	9580	1250
$7\frac{1}{2}$	7730	3307000	191	11510	1500
$8\frac{1}{2}$	9000	3858000	207	13380	1750
$8\frac{3}{4}$	10420	4409000	223	15480	2000
$9\frac{1}{4}$	11890	4950000	235	17700	2250
$9\frac{3}{4}$	12840	5500000	248	19100	2500
$10\frac{1}{2}$	14990	6050000	268	22300	2734
11	16400	6600000	278	24400	3000
$11\frac{1}{2}$	17810	7150000	289	26500	3250
$11\frac{3}{4}$	18950	7700000	300	28200	3500
$12\frac{1}{2}$	19550	9367000	400	29100	4250

二、钢缆吊货索负荷计算

（一）单根吊货索负荷计算

常用钢缆吊货索进行负荷计算方法。

1. 单股吊货索

单根吊货索的负荷和所起吊的货物质量（W）相等，为了得到吊货索的安全负荷，须在吊货索的破断负荷数值上增加安全系数（FOS）。

$$吊货索负荷=起吊货物质量\times安全系数$$

2. 单根双股索环吊货索

在英国标准协会 B. S. 1290 要求的范围内，所需的破断载荷计算公式为：货物质量 W/0~3，对于单根吊货索，确定所需破断载荷的计算必须适用于吊货索配置不是直吊的情况，即篮式挂钩、绳扣式挂钩等，如果使用这种类型的挂钩，建议咨询绳索供货商，书中所推荐算法，仅供参考。

（二）多根吊货索负荷计算

1. 均分负载方法

均分负载方法适用以下情况。

	夹角 0~90°	90°~120°
2 根吊货索：	$\frac{W}{1.4}\times F$	$\frac{W}{1}\times F$
3 根吊货索：	$\frac{W}{2.1}\times F$	
4 根吊货索：	$\frac{W}{2.1}\times F$	$\frac{W}{1.5}\times F$

2. 三角测量法

当吊货索分布的角度比较特殊时，如 30°、45°、60°等可采用以下公式。

2 根吊货索：　$\frac{W}{2\cos\beta}\times F$

3 根吊货索：　$\frac{W}{3\cos\beta}\times F$

4 根吊货索：　$\frac{W}{4\cos\beta}\times F$

其中：

$\beta=2\times$操作角度

必须指出的是，在上述所有计算中，所提升的货物载荷都假定是静态的，当货物突然加速时，作为一般规则，必须假定要吊起的货物质量是原来质量的两倍。

（三）其他吊货索产品

为了满足各种形式的起重要求，目前专业绳索公司有能力制造以下其他类型的钢丝绳吊货索。

（1）用于多点起吊的 5 根组合吊货索。

（2）在奇形怪状的负载上平衡重心的不规则吊货索。

（3）专门为管材移动而设计的管材吊货索。

（4）用于吊装卷钢、薄板、卷材等的钢丝绳平吊吊货索。

三、起重索具负荷分配计算

（一）常用吊货索负荷分配计算方法

常用吊货索负荷分配计算方法，如图 8-4 所示。具体计算方法如下。

起重索具计算、吊索长度、负荷分配、张力和卸扣：

质量和尺寸单位：

结构质量：W_S(t)

索具质量：W_R(t)

总质量：$W_T=W_S+W_R$(t)

长度：L_1(m)

宽度：L_2(m)

高度：h(m)

吊索长度：

$AE=\sqrt{AG^2+AH^2}$　　$AF=\sqrt{AE^2+EF^2}$

$BE=\sqrt{BG^2+AH^2}$　　$BF=\sqrt{BE^2+EF^2}$

$CE=\sqrt{BG^2+DH^2}$　　$CF=\sqrt{CE^2+EF^2}$

$DE=\sqrt{AG^2+DH^2}$　　$DF=\sqrt{DE^2+EF^2}$

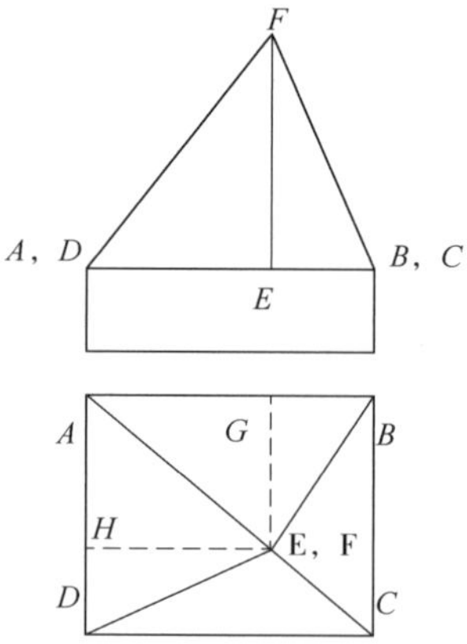

负荷分布：

$W_{AD}=\dfrac{BG}{AB}\times W_T$

$W_{BC}=\dfrac{AG}{AB}\times W_T$

$W_A=\dfrac{DH}{AD}\times W_{AD}$

$W_D=\dfrac{AH}{AD}\times W_{AD}$

$W_B=\dfrac{CH}{BC}\times W_{BC}$

$W_C=\dfrac{BH}{BC}\times W_{BC}$

索具张力：

$T_{AF}=\dfrac{AF}{EF}\times W_A$

$T_{BF}=\dfrac{BF}{EF}\times W_B$

$T_{CF}=\dfrac{CF}{EF}\times W_C$

$T_{DF}=\dfrac{DF}{EF}\times W_D$

图 8-4　常用吊货索负荷分配计算示意图

（二）计算索具负荷需要考虑的因素

（1）模块结构精质量。

（2）模块重心的位置。

（3）模块结构的尺寸。

（4）模块结构上的悬垂。

（5）模块结构顶部的障碍物可能需要使用框架、撑杆，从而增加质量。

（6）所用索具的质量。

（7）模块结构的货驳甲板上的位置。

（8）有效提升半径需考虑模块结构在货驳上的位置和浮吊吊臂细节，包括考虑碰垫的误差、框架挂钩等。

（9）吊钩的最大高度和负载高度。

（10）吊车吊臂是否有可能对货物有干扰。

（11）客户要求的最低安全系数、冲击系数、主动/被动吊货索数量等。

（12）浮吊的承载能力图。
（13）眼环详细信息，特别是眼环直径和总厚度。
（14）吊货索要求与标准长度/直径。
（15）浮吊吊货索和卸扣的库存和条件（及制造）。
（16）使用双钩或链接钩的必要性。
（17）检查现有的障碍物（桥梁等），可能会阻碍重物的升降或摆动。
（18）检查浮吊是否能停留在最有利的位置。
（19）协调各方选好就位方法，预测按照最初的设想到达现场会发生的情况。

四、浮吊起重作业检查表

当货驳携带的货物由岸边出发地点驶往海上建造地点的浮吊时，表 8-3～表 8-6 展示了所需核对的细节，检查的内容包括吊货索、起重系统和导航定位绞车、承载区域和界面以及其他辅助设备。

表 8-3　吊货索检查表

项目编号	活动描述	参考	Y/N	备注
1	吊货索证书复核			
2	大直径吊货索和索具规格书复印件复核			
3	吊货索检查有无损坏			
4	对照证书检查吊货索标识牌和存放位置标识			
5	确认合适的吊货索放在正确的位置			
6	吊货索系紧认可			
7	吊货索放置区域确认			
8	吊货索和设备是否得到充足防护			
9	操作吊货索的入口通道			
10	吊货索固定板认可			

表 8-4　起重系统和导航定位绞车检查表

项目编号	活动描述	参考	Y/N	备注
	起重系统			
1	从竣工到设计的整体审查			
2	目标审查（客户提供竣工材料）			
3	移除吊货索的出入路径			
4	检查是否有尖锐或缠绕区域			
5	审核焊缝无损检测报告			
6	检查所有切割处是否有标记			
	导航定位绞车			
1	完整性检查和地点审查			
2	检查绞车钢丝是否有缠绕的可能性			
3	连接或断开连接的出入处检查			

表 8-5　承载区域和界面检查表

项目编号	活动描述	参考	Y/N	备注
	承载区域			
1	模块底部的承载区域和座位点			
2	垫补的数据(地点、尺寸、厚度)			
3	审查完工维度控制数据			
	界面			
1	检查每个面的完整度和可能的干扰区域			
2	检查碰撞线上方的突出物			
3	检查完工数据(在适用情况下)			
4	检查对吊车和其他模块可能的干扰			
5	检查所有身份标记(东南西北-模块编号-吊钩方位-切割线)			

表 8-6　其他辅助设备检查表

项目编号	活动描述	参考	Y/N	备注
1	系统总审查			
2	完工状态			
3	校正配置、位置、对齐			
4	垫片检查			
5	干扰检查			
6	光滑的表面和边缘			
7	切割线标记			
8	完工数据接受和检查			

第九章　锚作就位作业安全

第一节　概　　述

由于在高张力条件下人员与钢缆和锚链的距离太近，而且船舶相互之间的距离太近，所以锚作就位作业属于高危作业，彻底消除人员和设备的所有风险可能很难实现，但可以采取一些相当实用的预防措施，将风险降低到可接受的水平；在描述风险和适当的预防措施时，必须认识到锚作就位作业是一项涉及多艘船舶的联合作业，船舶设施的负责人都负有最重要的责任，以确保他们自己的船员和其他设施船员的安全。因此，设施指挥人员在指挥锚作船时，如果现场负责人认为船员或船舶设施正在遭受不必要的危险，应毫不犹豫向锚作船发出警告，例如当时现场的工作场景为一艘锚作船正在进行靠近打捞一个锚标的作业，注意到甲板船员没有工作救生衣或浮力工作服，而且作业是在南海冬季常见的边际天气下进行的，在这种时候，浮式设施安监必须毫不犹豫叫停正在进行的作业，并坚持要求锚作船甲板船员穿戴好劳动防护用品。

作为锚作移位现场负责指挥人员（国内一般是指拖航船长）不但需要有对现场把控的能力，还需要有对现场天气和预报天气做出判断的能力，锚作就位作业还可能会涉及拖航作业。本书对拖航的风险仅做简单介绍，拖航特别是长距离拖航的安全作业与锚作一样在海洋工程行业内也属于高风险作业，在国内，相关对拖航风险的研究成果主要集中在救捞行业，这里不做详细分析。回顾一下历年来在锚作和就位作业过程中发生的事故，大部分是在大风浪作业的情况下发生的，可以说，现场负责指挥人员避免了恶劣天气下作业，也就避免了大部分事故的发生，但是天气预报并非一直准确无误，或者恶劣天气来临时，也总有一些人没有做好准备。例如，根据 SY-T 10035—2019《钻井平台拖航与就位作业规范》规定：应满足中国船级社《海上拖航指南》要求的气象条件，且不应超过该平台拖航设计的极限风速与波高；当有效波高超过 2m 时，半潜式平台不宜进行布锚作业。

实际上，由于季风的影响，整个冬天，南海和东海的有效波高小于 2m 的海况屈指可数，浮式设施锚作和就位作业时间的选择往往是见缝插针，大多数作业的海况为临界天气，很难严格套用规定，考虑到了以下所列举的风险和执行的应对措施，并非一劳永逸，每一项具体的作业都可能有独特的问题存在，必须在计划制定阶段考虑并找到合适的解决方案。

第二节　锚作船船员的风险及预防措施

一、甲板船员面临的主要风险

人员落水/甲板船员因滑倒、跌落或被海水冲走而受伤，通常是甲板船员面临的主要危险。

（1）如果甲板船员在连接/断开短索、打捞锚标时无法在甲板上站稳，可能是天气太恶劣了不能开始/持续作业，停止作业，等待天气好转，各油公司体系大同小异，基本上风力超过7级(含7级)有义波高3m，可能需要开始重新评估作业风险。

（2）甲板船员必须穿戴整齐，最好是带有浮力块的防水工作服和救生衣，能适合在0°的水温中使用；在温暖的水域可以使用救生马甲(工作类型)。

（3）救生圈、示位标等必须准备好，以便在浮式设施上工作的每一个绞车位置立即使用。

（4）良好的照明、吊车吊臂灯和探照灯都有助于提高浮式设施附近区域的亮度，大多数人员落水事故发生在这里。

（5）如果有守护船舶可用，在起抛锚作业期间让其以及与该船的快速救助艇和船员保持密切联系，以便能立即使用，让守护船参与操作计划，并确保守护船了解作业每个阶段，以便在发生事故时能够及时提供协助。

（6）如果发生有人从浮式设施上落水的情况，应立即向浮式设施船员们简要通报他们将执行的救援行动，对所有救助艇进行测试并准备就绪，并指定具体浮式设施船员操作。

二、预防措施

锚绳/锚链的最高张力通常发生在将锚从海床起离时，或在抛锚结束阶段需将锚链/锚索拉伸铺直时，在大多数情况下，当钢缆、钢丝和锚链处于受力紧张状态时，不需要有甲板船员在甲板上，其他情况可按以下方式处理。

（1）当从浮式设施上将短索传递到船上时，应确保用于将短索吊到船上的吊货索安全工作负荷正确且状态良好。

（2）如果对船舶的短索/卸扣/吊货索等的状况或质量有疑问，并且无法纠正核实，请告诉船舶并警告其船员。

（3）吊车安全钩必须是安全闭式，且带有尾绳便于操作，吊车吊货索上的安全钩必须涂成鲜艳的黄色或橙色，吊货索上的重锤也必须涂成鲜艳的黄色或橙色，以便更易于被发现。

（4）当锚作船在近距离的地方断开/连接短索时，浮式设施锚泊绞车应停止，如果操作安排得当，当船员在船尾甲板工作时，应该不需要使用绞车。

（5）当将浮标吊到船上或将其捞上甲板时，船员要考虑在浮标开始在甲板上滚动之前是否有能力将其固定住。

（6）当吊车将短索吊往锚作船上时，在短索的引绳与甲板绞车连接后，应将其降低到锚作船尾滚筒以下，这样当船员绞进短索时，吊车就不会有将其吊到甲板高度以上的倾向性动作。

（7）在锚作船的甲板上，所有所需的工具和设备都应放在手边的桶或箱子里，这样布置的储物箱不会受到海浪或其他设备干扰的损坏，工具应涂成亮黄色或橙色。

（8）大风浪作业，船长应确保浮式设施吊车安装有足够长的安全钩短索，以确保吊车重锤不会靠近甲板上的人。

第三节　浮式设施上工作人员风险及预防措施

一、浮式设施上工作人员面临的主要风险

相比较锚作船船员，浮式设施上工作人员面临的风险有些类似，但也有不同，这主要是浮式设施的尺度较大，一般情况下，抗风浪等级比锚作船高，船体受风浪影响较小，发生人员身体受到伤害事件的主要原因如下。

（1）连接和固定短索是导致大多数手部和物体打击伤害的操作，通常是甲板指挥人员和吊车司机之间缺乏沟通。

（2）绞车区域、短索固定点和舷外区域照明不足。

（3）在绞车附近没有护目镜保护的人链条跳出来碰到会导致眼睛受伤。

总体说来，锚作船上的人员风险大于浮式设施上的，已经有相当多的同行为海洋工程流血甚至牺牲，现场作业安全再怎么强调都不过分，作为现场指挥人员对于风险的理解应该是动态的，既要承担生产作业进度和效率的压力，又要对不同的船舶和不同的人群抗风险能力作出甄别，而凡事都有例外，锚作就位作业同样如此，一样的规定，一样的防范措施遇到不同的环境和不同的对象会产生完全不一样的结果，需保持对大自然的敬畏，经常反省自己是不是有哪些防范措施没有执行到位。

二、锚作就位作业安全注意事项

下面是常见的安全注意事项和提醒，与上面列举的有联系也有不同。

（1）风力七级（含七级）或者有义波高 3m 以上，必须停止作业，虽然国内没有详细的统计数据，但是锚作就位作业中发生人身伤亡事故的（甲板水手）大多在恶劣天气。

（2）起锚作业过程中，锚链或钢丝绳上的巨大张力会造成起抛锚船舶横向的倾侧力矩或造成船舶的倒拖。

（3）起锚绞车的牵引速度或船舶系柱拖力的丢失会对船舶的运动产生非常严重的影响。

（4）任何推力的同时丢失都会造成船舶的旋转并产生额外的、相当巨大的横向倾斜力。

（5）锚作船和浮式设施之间由于锚环或短索的牵制，并且作业过程中由于设施的设计艏向致使锚作船无法选择在浮式设施的上风舷或下风舷作业，增加了船舶操纵的难度以及船舶和碰撞的潜在危险，尤其是在不利的天气和海况条件下。

（6）起锚作业时，需要处理各种不同形状、尺寸和质量的锚，如大抓力锚、重块等，有时候锚还要拉上甲板维修检查、打捞锚链等，作业难度更高；特别是在锚上甲板后，锚链还没有被鲨鱼钳束缚住时，甲板作业人员始终待在安全区内。

（7）船员在后甲板进行不同作业时，应时刻注意安全，包括锚的移动、锚链或钢丝的连接及拆卸等工作都面临着钢丝绳的巨大张力，使船舶、设施和人员产生极大的不测。

（8）锚环或短索的破断将导致锚的丢失，锚环不能顺利地移动或者锚抓底不好、锚位不当、走锚现象等，给船员带来长时间连续作业，这会造成船员的疲劳而降低其警戒，容易导致意外事件的发生。

（9）锚作船必须配备数量足够且具有起锚作业经验的合适人员，并明确起锚作业程序和参与作业人员的工作职责。

（10）作业前锚作船船长应了解锚型、锚重、锚链配备、锚环钢丝长度、出链长度以及水文气象、海底底质、作业水深、海底管线、障碍物等信息。

（11）锚作过程中，船长始终控制船舶保持在安全合适的位置，保持船舶、平台及所有作业人员之间的通信畅通，明确起锚作业的统一指挥。

（12）甲板作业人员必须始终牢记处于安全位置，让清正在起绞的、大负荷的钢缆；必须考虑到钢缆的方向和角度，防止钢缆断裂或滑脱伤到自己或他人。

（13）绷紧后的钢缆会形成一种扭力，当解开这些钢缆时，应防止连接卸扣迅速旋转伤及作业人员；除非紧急情况，作业人员不得在甲板上奔跑。

（14）甲板绞盘开始运作前，必须确认甲板作业人员已通知并让清；发现浮筒和锚在甲板上滑动时，应迅速将其绑扎牢固；钻井平台克令吊放下来的任何短索未被妥善绑扎在甲板或连接在绞车上之前任何人不得解开，作业人员在提起或搬运质量较大的卸扣时，也应格外小心，避免腰背受伤。

（15）一旦锚作过程中发生人员受伤事件，立即启动应急程序，快速组织人员救助，必要时将人员吊到浮式设施由专业医护人员诊治或申请直升机紧急救助程序。

第十章　导航定位服务

第一节　导航定位设备

一、选择定位设备型号的因素

目前世界上有各种各样的导航定位系统，并且随着技术的进步在不断地迭代升级，尽管在某些特殊应用中仍在使用预装浮标和测量船标记位置，但这种情况在通常作业中已非常罕见。大多数浮式设施锚作就位负责人/拖航船长将使用稍后介绍的类型的电子导航定位设备，设备型号的选择通常不是由自己个人意愿决定的，而是基于以下因素。

（1）操作区域中系统类型的存在。

（2）浮式设施将要执行的任务类型。

（3）导航定位的精度要求。

（4）各种可用系统的成本。

二、作业中人员和设备状态

当遇到具体的导航定位系统时，拖航船长应与测量导航定位人员详细讨论以下内容。

（1）导航定位人员是否完全熟悉作业的工作要求、作业中每一步的顺序及其角色。

（2）所使用的系统的精度如何，是否能满足所要执行的任务要求。

（3）如果主导航定位系统失效，是否存在备份或必须停止、中止作业，需要多长时间才能恢复正常。

（4）导航定位显示器有何功能，可以显示什么样的可视和数字数据，以及显示到什么比例。

（5）位置数据可以在哪些设备中显示，在什么单位可以目标距离、偏移距离、锚泊缆距离显示。

（6）对显示监视器的要求是实时导航定位，以及可以预期的位置更新时间间隔。

（7）如果锚到位后抛锚时，锚落点位置的数据是通过另外的方法获得的，这些数据将在多快的时间内显示或打印出来，以使操作负责人能够决定锚的位置是否令人满意。

（8）如果需要，导航定位人员希望在设备安装、作业过程等方面从作业负责人或船员得到何种帮助。

（9）导航定位人员是否有适当的作业区域的纸质海图/电子海图，他们的海图是否比主管人员持有的海图更好、更新。

（10）拖航船长持有的位置数据是否与导航定位人员持有的位置数据一致，如果不一致，应立即予以纠正、消除。

三、导航定位设备的标准和能力

（一）就位误差

锚作就位作业需要在极小的误差范围内导航定位设施的能力，这种必要性是工作性质决定的，钻井设施在卫星井口上方锚泊作业，位置误差范围接近零。同理，在起抛锚过程中需要知晓锚和锚泊缆的准确位置，特别是在附近海床上有高价值的设备靠近锚和锚泊缆的情况下，钻井平台，锚作船和重吊等设施都必须准确知道自身的位置和锚的位置。在铺管船施工时，不仅要将管道铺设在勘测的路径上，而且在铺设过程中，浮式设施必须沿着预定的计划路线前进，以避免管道弯曲和扭结。在勘探钻井活动中，导航定位误差可能稍大一些，例如直径为 20m 或 30m 的目标圈，但由于技术和地质的限制，这些目标参数可能会减少，自升式平台靠近导管架的精就位作业，为满足井口覆盖的要求，自升式平台和导管架之间要求的最近距离一般只有几米，定位设备的误差为厘米级。

（二）定位设备的种类

国内锚作就位作业常用到的导航定位设备最常见的是全球导航定位系统（GPS 或北斗信号）进行初导航定位，通过海事卫星获得差分校正数据进行修正的导航定位设备，如中海北斗星基增强系统、Skifix 差分 GPS 系统等，也可以使用中远距离无线电数据链发射系统，如 DeltaFix 差分系统，采用的是双频传输技术，利用不同频率的无线电波在空中的不同传播特性，使得接收机能接收到岸站连续稳定的差分信息，理论上精度可达厘米级；近距离高精度距离方位测量，则用到全站仪和激光测距仪，有些设施就位作业还需用到水下导航定位/导航定位水下物体的高分辨率多普勒声呐系统和水声导航定位系统，其应答器的数据经设施接收器处理后变成位置数据。

作业中所有导航定位设备都要达到规定的要求，例如，必须在卫星井上方锚作就位的浮式钻井设施可能会使用由以下设备组成的导航定位系统。

（1）双差分 GPS 导航定位仪。

（2）当设施移动到距离目标 100~200m 的位置时，就可以在钻杆上布置高清晰度声呐系统。

（3）如果要在一个有大量管线和水下设施的区域锚作就位，就需要使用多套激光测距仪在拖船抛锚时导航定位拖船。

激光测距仪的数据很可能直接传送到主要的卫星导航定位显示单元，在旋回空间受限的锚泊地点，存在大量的水面和海底危险，类似于浮式设施，锚作船可以安装导航定位接收器/系统，但增加了导航定位数据遥测连接到浮式设施，以便在作业负责人的显示器上一直显示锚作船的位置与浮式设施的关系。现代导航定位系统软件已经能够显示所有海床特征和障碍物，并允许显示计划和实际的锚泊缆分布，以及与相对固定物体的实时运动，现场使用这些设备的人员应该始终意识到所有这些系统都有其局限性，例如，卫星覆盖范围和导航定位精度并不总是一致的，差分数据的丢失会使许多类型的锚泊的位置精度降低到不可接受，大气条件会影响中程无线电导航定位系统，激光系统受雨雪干扰的影响，密度变化和声呐头相对于目标的位置变化使声呐系统导航定位能力下降，基于应答器的水声系统如果没有经过精确调谐，也会出现干扰混乱。

目前业内的趋势是，在很大程度上依赖全球卫星差分导航定位作为执行某些行动的唯一手段，与更复杂的图形和智能软件相结合，可以使负责锚泊操作的人员将屏幕上显示的数据视为真实的数据。有时候，不实际观察浮式设施及其锚作船的运动轨迹，只是站在中控室里目视屏幕上的作业显示，可能将会导致危险的情况，特别是锚作船和浮式设施距离特别近的时候。

当锚作船管理软件包安装在锚作船的驾驶台上时，需要提醒那些负责现场作业指挥人员，锚作船船长在执行起抛锚任务的同时还要完成其他大量烦琐的工作以操纵船舶。一般锚作船船长不需要回答“导航定位设备显示器上面显示什么内容”的问题，通常会非常乐意让浮式设施通过无线电发送简单的转向命令引导他到所需的锚位，这种传统的方法可以让其眼睛盯着船、锚泊缆、绞车、罗经和雷达，避免被额外的导航定位显示器显示等进一步分散注意力，除非提供一名专业定位人员协助。

（三）导航定位设备显示数据的基本要求

无论使用什么系统或设备组合，导航定位浮式设施锚作就位都需要显示屏显示某些基本数据，提供给作业人员参考读取，显示的数据应该尽量简单呈现，并避免过多的数字信息，具体要求如下：

参数	显示方法
航向	轨迹线绘制在屏幕上
到锚点位	数值显示
到左右舷的差	柱状图显示
速度	数值显示
船舶艏向	数值显示
计划布锚方案	绘制在屏幕上
实际锚向	绘制在屏幕上并区别颜色
海底障碍物——井口、管道	绘制在屏幕上
北向上模式能随时改变显示比例	类比电子海图
通过其他系统获得的位置数据	符号的颜色与屏幕形成对比
导航定位系统精度水平	条形图
锚作船、浮式设施按比例形状	显示实际形状
目标位置	用图案表示
锚泊缆长度和方位	当知道锚的预导航定位置时，数字显示从船舶的实际位置到将布置的任何锚的方位和距离

现在可用于位置显示的软件包越来越复杂，这可能会分散拖航船长的注意力，使其在进行锚泊作业时无法使用更基本的“工具”。例如，在起抛锚作业时使用船舶雷达检查锚作船位置的动作绝不应被忽视，同样，也没有什么设备可以代替人实际走到驾驶台或控制塔外，用目视、激光测距仪或手持光学测距仪观察锚作船的行动。

观察锚机绞车长度计数器显示、张力读数和相对于浮式设施的锚泊缆（链）角度（较低的导向轮角度)都是细心的作业人员不会忽视的参数。如果完全依赖“聪明”的视频图像，则会被认为是不明智的，了解设备的局限性和缺点会使指挥人员保持警觉，这是成功操作的关键，时刻提醒使用人员在系统发生故障时预先制定应急计划。

四、DGPS 导航定位系统–差分全球(卫星)导航定位系统

(一) 操作说明

全球海事卫星导航定位系统，在连续输入差分校正数据的补充下，应提供±5m 的位置精度，前提是接收站的视野内至少有三颗或四颗合适的卫星；导航定位精度不受船舶速度的影响，但在操作和使用该设备之前，应始终进行一些预先检查。

1. 卫星覆盖范围

至少需要三颗卫星才能达到良好的精度，三者应高于水平面 5°以上，其视方位角不得被围井、桩腿或吊车等结构遮挡。

2. 天线高度

海拔高度值精度应在(±1 ~ 2)m 以内。

3. 卫星星历

该系统可获得未来几天的卫星覆盖情况。通常以条形图格式显示，并带有可用性与时间类型图。这应用于规划导航定位操作，以便关键操作不会在卫星覆盖不足的时期发生。

GDPS 接收器允许作业人员获得每颗卫星的详细数据，如其方位角、视觉高度和“健康状况”。

4. 坐标系校正

GDPS 使用“84”坐标系，如果一个系统的作业人员正在使用其他一些坐标系绘制位置，那么必须对正在使用的图表进行适当的修正以获得正确的位置，这些被称为椭球校正，可从系统供应商处获得。

5. DGPS 位置精度系数 PDOP

DGPS 的精度受到许多变量的影响，所使用的术语缩写为 DOP(Dilution of Position)，大多数高精度系统给出变量水平的指示，允许作业人员判断固定精度。HDOP 为水平位置精度系数术语缩写、TDOP 为时间精度系数术语缩写、VDOP 为垂直位置精度系数术语缩写。

6. 位置系数

PDOP、HDOP 和 VDOP 值应该保持相当稳定，应通过详细检查目前使用的卫星了解这些值的变化，该变化即表明位置数据精度的变化，在船舶接收端也能查看这些情况。

从接收端，作业人员应该能够查验以下信息。

(1) 检查视野中卫星的数量。

(2) 查看每个卫星的详细信息，参考其唯一的识别号码，调查其仰角、方位角和 SNR(信噪比)是非常关键的，应在 15~20 范围内。

如果一个特定的卫星在这个区域之外，可以手动“dropped”以恢复位置精度。

(3) 检查船上天线是否受到“遮蔽”，仰角是否正确。

（二）差分修正

差分校正数据从岸上基站传输到船上的接收设备是连续不间断的。差分接收仪经常显示所接收的差分信号的质量，并建立一个可接受的信噪比频带，变化到这个波段以外可能由于以下问题。

（1）移动端的差分接收仪布线有缺陷。

（2）岸基传输有缺陷。

（3）岸基传输和船上接收仪之间时间同步差，这是一个出厂设置的参数，但各单元未能同步，可能导致无法计算和应用差分校正船舶 DGPS 接收仪。

（4）差分设备、硬件电缆、天线传输频率设置问题。

（5）由船上接收天线附近的无线电发射操作引起的差分校正数据接收的干扰。

（三）卫星覆盖不良期间或特定卫星信号接收故障措施

在卫星覆盖不良期间或当所看到的多个卫星之一不可接收时，作业人员可以采取以下行动。

（1）使不适合的卫星失效。

（2）接收目前导航定位情况和可能出现的位置错误。

（3）要求差分接收仪在固定高度模式下工作。

作业人员在使用固定高度模式时应谨慎，因为系统需要手动输入天线高度值。

（四）导航定位设备显示内容

DGPS 系统现在可以使用液晶显示输出，根据软件的复杂程度可以显示极其详细的数据，如海底管线、井口和任何已知的海底特征都可以叠加在基本位置数据上，通常是船的形状。

该系统可配备显示所需锚泊缆方位和距离的软件，一般来说，一个好的软件包和显示器应该使作业人员能够轻松地获得以下数据。

（1）相对于期望位置的本船位置。

（2）本船的航速和航迹/推算航向。

（3）本船左/右舷的期望航向矢量。

（4）本船偏航距离。

（5）计划航向和距离。

（6）图形显示所需的锚泊缆和距离。

（7）当前位置抛锚的方法和距离。

（8）可以在几米和几公里之间随意放大或缩小。

（9）能够正确导航定位和导航定位海底管线、障碍物和其他对导航定位作业重要的海底物体的位置。

（10）连续显示本船航向。

五、常见导航定位设备组件

（一）锚作船管理系统

一些 DGPS 系统是打包提供的，因此每艘锚作船都配有 DGPS 接收机和显示单元以及遥测系统。钻井浮式设施拖航船长不仅可以显示自己船只的位置数据，而且还可以显示所使用的每艘锚作船的位置数据。在这种配置中，锚作的实际位置以及与浮式设施的相对位置连续显示，因此，当抛锚或起锚时，浮式设施上的导航定位人员可以沿着所需的锚泊缆方位线连续监测锚作船轨迹和距离。类似地，锚作船船长使用其显示器可以在起抛期间沿着所需的锚泊缆方位线准确地转向操纵，简单的控制允许数据显示放大到非常大的比例以进行准确的工作；在能见度不良天气下，当激光和雷达系统可能受到阻碍时，可以进行锚泊作业。

上述系统提供持续导航定位，误差的范围大概是 3~5m，视频显示能让使用者监控沿计划航迹线作业的锚作船的位置、航迹向、速度、偏航距离、到目标的方位和距离等显示在浮式设施端的主显上，接收到从锚作船管理系统传递过来的信息后，显示锚作船相对于浮式设施导向轮的距离方位的精度能达到±2°和 5~10m。

（二）激光导航定位仪

激光导航定位仪，当锚作船在进行起抛锚作业时被用于“照射”瞄准锚作船，以便获得锚作船位置数据。在抛设支持信标和锚的水面标之后，激光被用于获得其位置和方位并在显示屏上显示，使得拖航船长可以准确导航定位锚和支持信标。

所有海底管线、平台、支持驳船锚泊缆等位置数据，都已经被输入显示软件，这样拖航船长能通过显示器准确了解水上、水下所有障碍物和自升式平台的相对位置和方位，从而安全进行起抛锚和导航定位自升式平台移位作业。

（三）光电测距仪

光电测距仪一般用于精确测量物标的距离、方位、坡度，最大范围为 300m，精度为±(0.1~0.5)度，光电测距仪具体安装设置如下：在各自平台(平台和导管架生产设施等)横梁侧面竖起块反射板，用棱镜折射胶布(货车上使用的那种)包起来，正对将要就位的平台方向，仔细测量的反射板距离将要建立精确的反射板地理坐标，其中使用的坐标系和自升式平台 DGPS 使用的坐标系一样(包括 LAT 之上的高程)。

第二节　位置允许偏差

一、位置允许偏差

目前导航定位偏差在目标的半径和艏向方面已经非常小，在自升式平台精就位或者在水下障碍物之上浮式装置准备就位时会碰到这种情况。

这些目标允许偏差有时是受到限制的，由有实际油田工作经验的定位工程师给出，突变的天气和潮流是影响负责指挥的操作者的因素。在很多作业地点会有一个最佳侧误差允限，举例来说目标是 2m 的方框，艏向是 180°。

作业之前对设置参数人员进行深入的讨论得出最佳就位侧为目标中心东侧，艏向为船艏向的偏东方向，正确地将精确的目标参数转变成如图 10-1 所示的拉长的目标方框，更暗的方框和船艏线表示起初的目标。进一步与定位人员商讨确定实际的误差允限，在

图 10-1 中用稍浅一点的方块表示，在方块内任意低一点并且艏向在允许范围以内都是可以接受的，同样对于拖航船长来说任务会稍显轻松。

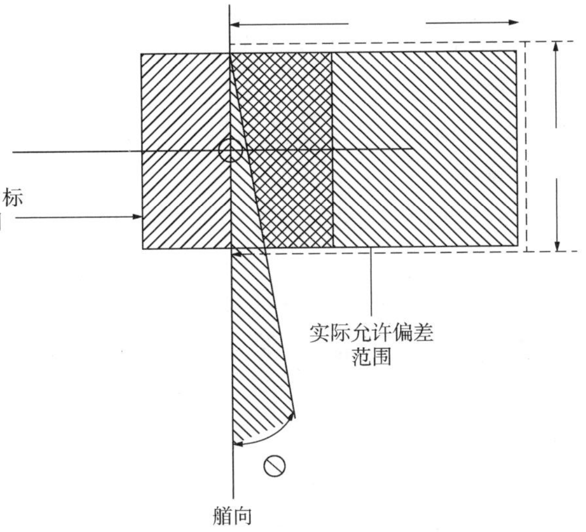

图 10-1 定位实际允许偏差示意图

二、满足位置允许偏差要求作业示例

以半潜式钻井平台、八缆锚泊为例，在现代油田中，导航定位设备在精度和可靠性方面的进步，使得许多类型的系泊作业中的最终位置和锚位的偏差越来越小。例如，一个大型半潜式钻井装置要导航定位在一个新油井开钻的位置上，水深约为 250m，目标偏差是直径仅为 5m 的圆，在 DGPS 差分全球导航定位系统设备出现之前，这个偏差不会这么小。

为了达到如此精确的位置，布锚模式必须是对称的，锚必须非常接近其设计位置（20m 至 30m 的目标圆），锚泊缆，尤其是锚链锚泊缆，必须以或多或少的直线行进至目标位置，并且一定要在与设计方位线最大偏差 10~30m 的范围内。

在本案例中允许锚方位偏差为±2°，在 76mm 锚链的情况下，这样的偏差能通过准确的布锚才能实现，借助平台和锚作船之间的导航定位系统，位置数据不断显示在平台和锚作船的显示器上，整个抛锚作业能够遵循一个方位线不断显示在驾驶室屏幕上，同时设施上的拖航船长也能监控和指导锚作船作业期间目标位置，大功率的锚作船必须具有出色的侧推能力。

作业前召开的会议上，根据浮式位置布置抛锚点及底质状况、井口情况以及其他气象状况确定平台钻井船的艏向；根据当时的风向、流向，进而确定每个锚的锚链长度、方位，当浮式钻井平台拖航至距离新井位 3 海里时，锚作船应先驶到井场或锚位点指示方位及测报实际流向、水深，具体步骤如下。

（1）距离新井位 2 海里时，主拖船减速缩短拖缆至 300m 以内，浮式钻井平台做好自抛锚准备工作。

（2）设计进场方位线为 3km，主拖船以 2 节左右的速度进入进场方位线，通常是艉锚的反方向延长线。

（3）主拖船拖带平台从下风、下流方向进入进场方位线，在浮式钻井平台距离拟抛艉锚点不足200m时可将锚放至距离海底5~10m高度，速度降至1节以下。

（4）在距离抛锚目标点不足100m时，根据实际速度，指示设施抛锚，主拖船继续前进，直至设施到达预定井位目标附近。

（5）在主拖船配合下，设施稳定后锚作船接首锚锚链环锚缆，接妥后锚作船完成背锚，将锚拉至预定目标位置抛出。

（6）当设施抛妥一组对角锚后，现场根据实际情况决定是否解主拖船，主拖船解拖后参加布锚作业。

（7）布锚作业一直进行，直到所有的锚都就位，尽量以对角线方式的顺序安排。

（8）各锚布好后，试拉张力达到标准，定位精度达到要求，作业者认可后，抛锚就位作业结束。

在5m直径的圆内实现了拉力测试目标，必须要强调的是，如果没有高规格的导航定位设备和大功率的锚作船提供锚作服务，作业很难达到这样的精度。

本次作业导航定位设备采用美国Trimble公司生产BX992双频DGPS实时差分接收机，Trimble BX992是一款高性能GPS/GLONASS/Galileo/BeiDou四合一组合导航定位系统，单台设备就可在世界范围内达到实时厘米级定位精度。采用了美国Trimble公司最新的BX992多星多频高精度定位测向板块，并行336通道，可同时接收GPS、GLONASS、Galileo和BeiDou的卫星信号，同时输出NMEA-0183 GSV、AVR、RMC、HDT、VGK等多种格式的数据，实时定向HDT精度在2m基线时可达到0.09°，导航定位数据更新率最高可达50Hz，使得Trimble BX992能够广泛应用于大地、海洋测量，GIS数据采集、机械控制、系统集成、无人机导航、精准农业及军工领域等。

本次作业导航定位所采用的软件是OSTEC NAVPOS，导航软件系统为天津星聿奥泰科技有限公司开发的海洋工程导航定位软件系统，请参考下面的示意图10-2、图10-3，OSTEC NAVPOS导航软件系统可接入多种位置、方向、姿态传感器、USBL超短基线水下定位系统及全站仪等，主要应用于海洋工程导航定位，包括海底管线铺设精密导航定位、海洋石油平台及其他海上结构物安装的精密定位，水下结构物的安装精密定位，水下移动目标体(ROV、AUV及潜水员)的精密导航与定位，锚泊定位工程船及锚作船（AHT)的抛起锚作业导航定位管理，可实现同一项目多作业船数据实时共享，OSTEC NAVPOS导航软件系统包括系统软件及软件授权设备(加密狗)，对系统进行分功能管理，各功能模块如下。

（1）Tug(锚作船管理模块)：锚作床的定位与导航，同项目作业其他船只位置的接收与显示，主作业船锚位的接收与显示，拖轮抛起锚作业管理。

（2）Barge(浮式设施导航定位基本模块)：浮式设施的导航与定位(使用DGPS定位设备与带罗经功能定向设备)，主作业船的锚位管理(锚位的建立与发送，拖轮抛起锚作业管理)，管线铺设作业的导航与定位管理，海上结构物安装的导航与定位管理(GPS+Gyro模式)。

（3）Barge+TPSB模块2的全部功能，增加船载双全站仪辅助定位功能模块，以全站仪测站位置为定位数据源及以两侧站点位置为定向数据源的船舶导航定位管理，应用于半潜式钻井船井场就位，DP 浮托安装就位导航等。

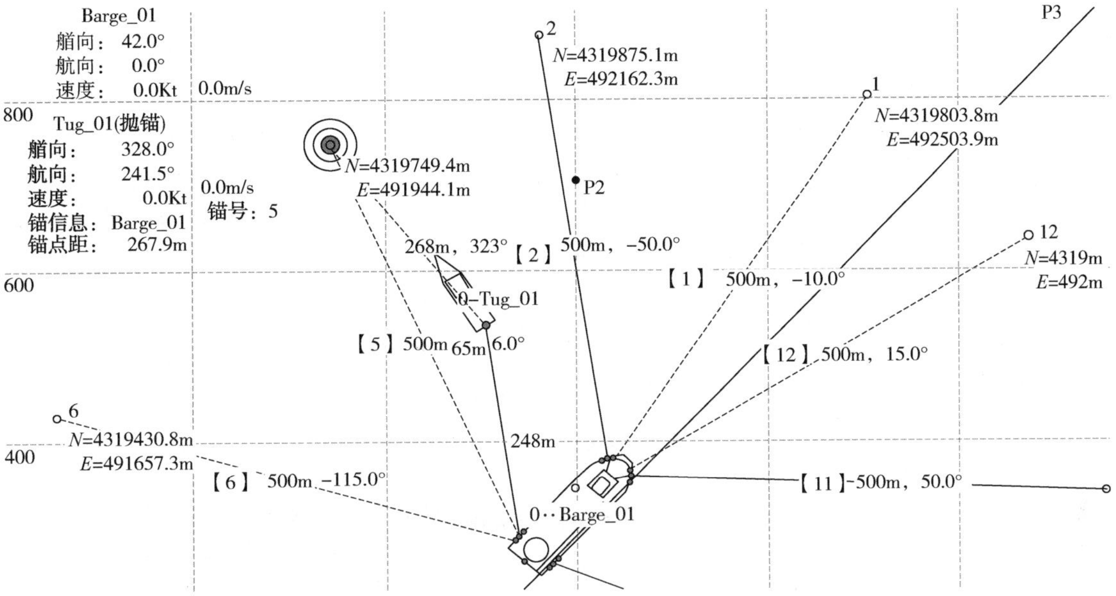

图 10-2　OSTEC NAVPOS 导航软件显示界面

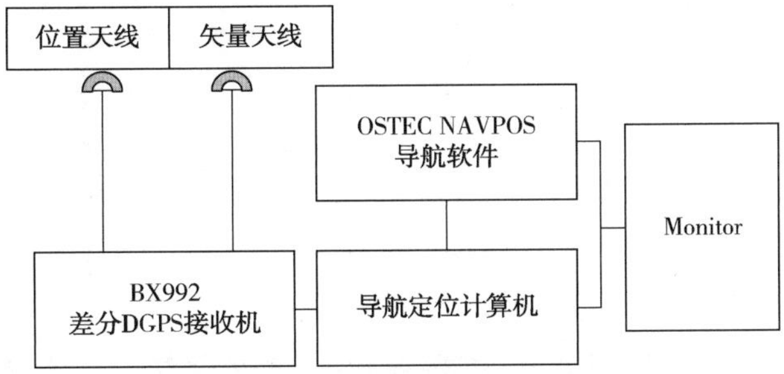

图 10-3　系统连接示意图

本次调查使用北京时间，采用坐标系统和投影参数如表 10-1 所示。

表 10-1　坐标系统和投影参数表格

椭球体	CGCS2000
长半径	6378137. 00m
短半径	6356752. 314m
扁率	1/298. 257222101
投影	UTM
中央子午线	111°E
比例因子	0. 9996
假东	500000m
假北	0m

第三节　某自升式平台精就位导管架案例

一、作业简介

本次作业技术上要求如下：自升式平台与导管架边缘中心纵向距离 5m，允许纵向距离偏差±0.5m；允许横向距离偏差±0.5m；允许艏向偏差±0.5°。当平台纵向距离 5m，艏向 247.65T 时，对导管架设计井口全部覆盖。说明：钻井平台转盘横向最大位移±4.57m，钻井平台转盘纵向最大位移 22.86m。从导管架远端井槽到平台的 Datum Point 的距离 22.07m，纵向悬臂梁留有 22.86−22.07＝0.79m 的距离，横向远端井槽间距为 7.2m，横向悬臂梁容忍距离(7.2−4.57)/2＝1.31m。考虑平台压载和升船可能的偏移，就位时横向纵向最大偏移距控制在±0.5m 为佳。考虑到平台悬臂梁有 3.2m 无法收回，就位在设计状态两平台最近距离为 1.8m。如图 10-4 所示。

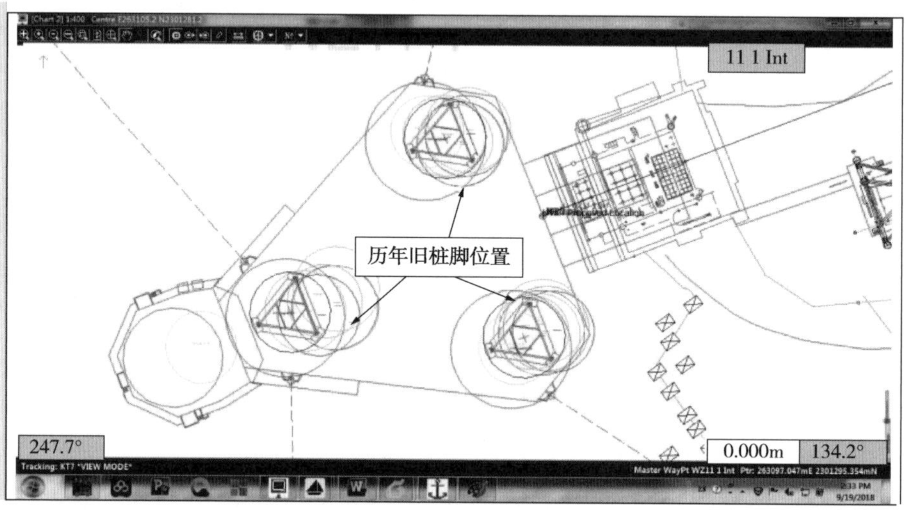

图 10-4　自升式平台就位导管架定位设备显示示意图

二、本次作业定位设备

本次作业配备的定位设备如表 10-2 所示。

表 10-2　定位设备列表

设备	数量(工作+备用)	备注
StarfixG2 定位系统	1+1	用于平台定位
MultiFix 6 DGPS 质量控制软件	1+1	用于监控定位质量
测量罗经	1	测量艏向
Starfix Suite 导航系统	1+1	用于测量数据的记录、显示和导航

续表

设备	数量(工作+备用)	备注
平台抛锚定位系统	1+1	用于平台抛锚定位
锚作船定位系统	2+1	用于锚作船抛锚定位
驾驶台遥控显示系统	1+1	显示导航图像
全站仪及脚架	2+1	用于补偿值测量、罗经校准和平台精密就位
打印机	3+1	打印相关文件
VHF 电台	2	定位人员联系通话

三、就位作业过程

作业过程中平台初始定位采用 Starfix 定位系统，平台将拖往导管架工作区域，临时点桩使平台稳定在设计进场位置的过渡点上，然后按照拖航船长的要求，锚作船完成抛下四个主锚和指定串连锚，锚作船将装有尾标跟踪系统，帮助锚作船准确地把四个主锚抛在设计锚位上，在平台调整期间，平台的三根桩腿应下降到距海底约 1m 的位置，以便及时插桩，由一条锚作船拖带平台艏，控制住船位。

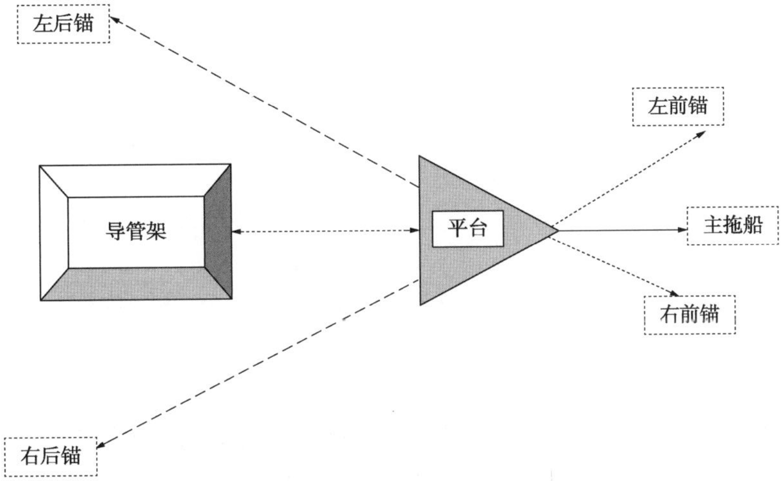

图 10-5 自升式平台锚作示意图

当平台稳定在过渡点后，架设两台全站仪在平台艉部，利用全站仪测量导管架上预设观测目标，从而得到高精度的就位数据，此时，主导航系统采用全站仪距离方位导航方法，根据两台全站仪连续测的导管架上各目标的距离和方向，计算出精确的、实时的平台相对位置和艏向以及统计分析数据。

调整平台位置。通过调整锚缆，将平台移到距导管架参考点 5m 的地方，此时桩腿应该放到泥面的位置。当平台的三个桩腿与设置的桩脚印重合时，给定位人员足够时间，再次检查所有电脑数据是否准确。当确定所有数据准确无误时，即可将桩腿插入海底，桩腿插入海底时，需要继续跟踪平台位置变化，平台船底离开水面3m稳定后，先要采集数据，计算初步位置的就位分析数据，并把定位结果提交给客户代表，并获得客户代表的确认。自升式平台升到一定的高度时，由于观测角度的限制，全站仪需要改变观测反射目标，这样就可以继续跟踪平台位置和方位的变化。压载时，由于可能出现平台倾斜，为了安全起见，将不会跟踪平台的相对位置和艏向。

需要强调的是，自升式平台插桩时，其位置有可能由于地层或其他原因而产生偏移。由于该平台多次就位留下很多旧桩脚印，需要注意桩腿滑桩带来的风险，本次作业过程中升台时也确实发生了滑桩现象，导致升台后达不到最近距离 1.8m 的要求。因而采用先定首桩、桩靴多次升降破坏旧桩基、压载等多种方法，最终平台和导管架的最近距离仅有1.4m，但本次作业耗时远超其他正常精就位作业时长。

第十一章　锚作船的作业能力和选船机制

第一节　锚作船的作业匹配

一、锚作船作业能力匹配

对于锚作船的作业能力和选船，前面章节也略有提及，以下推荐做法仅适用于水深80~300m像欧洲北大西洋北海水域、中国南海等水域。北海水域的海上油气田开发较早，但是冬季风暴来临时其最大浪高能达10m以上，虽然比不上中国南海超强台风的强度，但也对正常的海洋油气勘探开发造成了很大干扰，基于这个原因，欧洲人在锚作船建造设计方面也颇费心机，譬如适浪、冰区加强等方面体现出来了与世界其他地方不一样的特征，在天气条件温和的海域，锚作船较低水平的规格是可以接受的，总体上而言，需根据锚作就位的作业类型和海域海况，匹配不同规格的锚作船，具体推荐标准如下。

（一）半潜式钻井平台/工作驳船

作业地点在开放不受限外海，锚链锚泊缆直径可达76mm，需两艘锚作船，马力8500~10000匹，系柱拉力80~110t，请注意，如果锚链直径尺寸超过76mm，考虑增加锚作船的系柱拉力。

（二）半潜式钻井平台或生活支持平台

作业地点为受限位置，周围无障碍物，作业需三艘锚作船，马力9000~10000HP，系柱拉力85~110t。

（三）坐底式或插桩式自升式平台

作业地点为开放位置，需两艘锚作船，马力为6500~8500HP，系柱拉力为60~80t。

（四）高规格自升式平台

作业地点有强流，作业性质为导管架精就位作业，需三艘6500~8500 HP的锚作船，系柱拉力60~80t，自升式平台在深水中移动，对于目前最大级别的自升式平台，可能需要有能够施加超过70t系柱拉力的锚作船。

（五）第三/第四代半潜式船型铺管船

铺管船需要锚作船一艘马力为10000~12000HP，系柱拉力110~130t，另外还需要一艘锚作船马力8500~9000HP，系柱拉力90~100t。

在铺管船铺管作业中，有两艘如图11-1所示类型的锚作船参加作业会让铺管船锚作变得流畅高效，因为许多铺管船的起抛锚作业要求非常高的机动性，其马力强劲，但是与小型港拖船相比较，行动稍显缓慢，较大马力的锚作船也适合拖带大型驳船，并在需要相当大的质量和功率的情况下作为有效率的机动锚点，这样一艘船会让整个作业的安全系数增加不少。

图 11-1　马士基 B 型锚作船示意图

现代最大的铺管船和施工驳船的锚已经非常巨大，以至于摆放在较小甲板面积的专业锚作船上存在有相当大的问题，由于其有限的甲板面积和绞车能力，尤其在船舶绞车滚筒上卷有多层直径 76mm 的钢缆时，会给甲板作业带来更多麻烦。

半潜式平台自第四代起就开始配备动力定位系统，现已发展到了最新的第七代，作业水深也从最大 1000m 向 3000m 以上迈进，其作业定位方式也已经不适合再采用锚泊定位模式了，但是很多最新设计的平台还是保留部分锚以便在修理和停待时能进行锚泊。

二、锚作船锚作设备

锚作船建造时锚作设备会按船级社规定配置，与传统货船相比较，锚作船的发展兴盛是伴随着海上油气勘探开发而出现的新船型，锚作船对于大多数拖航锚作移位作业，锚作船应按照以下通用规格进行配置，本规格适用于各种井间移位（钻井设备）、铺管船移位和起抛锚作业支持设施的起抛锚以及拖带作业、不涉及跨洋航行的拖带作业。

1. 绞车

最低规格为双滚筒绞车，一个滚筒用于起抛锚操作，另一个滚筒用于拖带，较好的配置是两个锚作滚筒和一个拖带滚筒。

双刹车制动系统，动力受控放缆，张力和长度收/放计量，快速释放装置，拖带滚筒的排缆装置，两个能处理直径至少 76mm 的锚链棘轮，绞车遥控装置布置在驾驶台主机/舵操作台附近。在拖缆和锚泊缆绞车滚筒上，都需要具有自由落体模式和张力调节装置，以限制绞车可以施加的拉力。

2. 主拖缆

考虑到锚作船的系柱拉力，两根拖缆的长度一般为 1000~1200m，尺寸范围一般如下：8500 匹/系柱拉力 90t、直径 64/68mm，10000 匹/系柱拉力 110t、直径 70/72mm，14000 匹/系柱拉力 175t 直径、74/77mm。

备用主拖缆应装在一个动力滚筒上，便于卷绕到拖带滚筒上。

3. 工作缆

根据船马力/系柱拉力大小，准备两根 60m 长的钢缆充当工作缆，通常用作锚作，一般为 8500 匹/系柱拉力 90t、尺寸 64mm，10000 匹/系柱拉力 110t、尺寸 68mm，14000 匹/系柱拉力 175t、尺寸 70mm。

拖带缓冲缆为双股编织尼龙绳，其长度不应该太长，以至于当连接到主拖缆时，向舷外末端不应超出，即应急拖销、鲨鱼钳的后面。

4. 拖缆限位(towing gog /bitter)

在拖带甲板的中点处安装拖带限位，布置尽量不影响起抛锚工作滚筒的工作缆。

5. 拖带卸扣

合适尺寸的 D 型卸扣。

6. 拖带短索/防磨链/应急拖销

选择合适的短索和装备。

7. 甲板绞车

在船尾工作甲板上，甲板前端至少有两台 5t SWL 小绞车。

在工作甲板的尾部，两台 5t SWL 尾绞盘。

工作甲板两侧的尾部、中点和前部均设有导向轮。

8. 拖带/钢缆导向销

液压伸缩销布置在船尾，用于限制通过船尾的钢缆，并且驾驶台可以遥控操作。

9. 止缆装置

至少有一组类似的鲨鱼钳装置，并且可以驾驶台遥控操作。

10. 挡缆立柱

在加强结构部位、工作甲板舷侧、靠近拖缆限位装置位置或稍靠后一点的位置布置挡缆装置，以防止拖缆/工作缆在艉滚筒侧滑时向船首滑动太远，造成横拖局面。

11. 其他设备

J 型捞锚、四爪钩、15 节锚链的艄锚、两台动力储缆绞车等。

第二节　锚作船的能力和作业天气标准

一、锚作船作业功率估算

针对作业所需锚作船功率估算，前面第四章四节已经详细举例，这里不再赘述，特别强调的是在抛锚作业或起锚作业时，位于海床上的锚链部分会对绞起锚链的船只或起锚时的绞车增加阻力。这一阻力系数取决于海床的性质、每条锚链的单位质量和海床上锚链的长度。

例如，如果拖曳有一根 800 英尺长的锚链在烂泥海床上，在拖曳 76mm3in 的锚链时，其拖曳力将如下。

（1）3in 链水中质量=76lb/ft。

（2）海底锚链长度 800ft=60，800lb 或 27. 6t。

（3）布锚时增加的质量为 0. 56×27. 6≈15. 5t。

在起锚的过程中，起锚机必须施加 27. 6×0. 90≈24. 8t 的拉力才能使锚链移动。值得注意的是，在回收绞起深埋链的过程中，摩擦系数取决于锚泊位置的实际海底状况软/硬淤泥和黏土中的起始摩擦系数可能比表 1-7 中的摩擦系数更大。

二、作业天气标准

在起抛锚工作中，无论起锚和抛锚，两个最重要的因素是适用锚作船作业的风速和浪高。

虽然超过 10000 匹的大马力的大型锚作船可能能够在 35 节以上的风速和 5~6m 的海浪高度下工作，但这样的大型锚作船在将锚破土提离海底时，也就是工作缆承受最大张力的时候，会对工作缆施加较大冲击载荷；较小的锚作船(6500~8500 匹)也可以勉强作业，但由于甲板被海浪淹没，在这种情况下可能难以固定浮标等，另一个影响小马力锚作船的因素是较高的风速(30 节及以上)时，由于缺乏船首推力可能会带来相当大的操作问题。

如果锚作船必须在横风横浪中进行起抛锚作业，并且不能准确地保持在期望的方位线上，那么锚就不会被布置在期望的位置，对于特定类型的锚，在期望的位置上可能会有一些允许的偏差，但这将受到浮式设施要执行的作业类型的限制。

如果锚泊缆要穿过或靠近海床障碍物，要使用专门的水面支撑锚标，则需要较低的天气标准。

作为一般原则，可以使用以下基于一般经验的标准，具体标准请参考各公司内部标准以及船级社标准。

用两艘 9000 马力的锚作船，在开阔无障碍物的地点锚泊一艘 8 根锚缆的驳船，并使用锚链(直径 76mm 的锚链)，单锚质量 12~15t。

布锚：

30~35 节，最大浪高 4~6m，最小流速。

起锚：

25~30 节，最大浪高 3~5m。

锚泊缆为钢缆锚泊对锚作船的机动性限制较小，在浪高 5~6m 的海面上，可以在 35 节的风速下布锚和起锚，但锚短索的强度和船舶保持位置的能力是在 35 节以上条件下进行起抛锚作业的主要因素。

当环境受到阻碍时，特别是锚缆需要穿越海底障碍物，最小张力是决定性因素或需要两艘锚作船同时参加作业，则以下情况将被视为最大条件：风速 20~25 节，最大浪高 3~4m。

第三节　锚作船的技术参数

一、锚作船-北欧设计

如图 11-2 所示，以早期 1976 年挪威设计建造的锚作船 BOR PRIDE 为例。

图 11-2　早期北欧设计锚作船

(一) 船舶主要参数

船长：50. 9m。

船宽：12. 2m。

型深：6. 6m。

吃水：4. 7m。

马力：9900 匹。

系柱拉力：120t。

主拖缆规格：1000m×64mm。

侧推：2×600 匹。

(二) 设计特点

(1) 在恶劣天气下具有优异的耐波性。

(2) 机动性强，能在大风浪中工作。

(3) 快速、强劲的双滚筒绞车能够连续使用很长时间。

(4) 工作甲板干舷较低，使浮标捕获和起抛锚容易。

(5) 较厚实的橡胶碰垫，能够在海上与驳船和其他船只并靠，进行旁拖。

(6) 可由拖带作业转换为锚作，无须布置复杂的索具。

(7) 船尾区域的设计允许船舶在船尾下方区域很好地对付短索和锚链。

(8) 厚实的船首碰垫使船舶能在需要时顶推，并可在风浪中横靠作业。

（三）作业范围

该设计类型主要适用于以下条件。

（1）浮式设施的起抛锚，特别适用于铺管船和工程船作业，需要快速起抛锚作业。

（2）灵活性和强劲动力使船舶能够在波涛汹涌的、非常狭窄的水域进行打捞、起抛锚作业。

（3）特别适用于在货驳和工程船作业期间的海上拖带和锚作，因为有时操纵需要近距离或并靠作业。

（4）适用于在高达800ft长的锚链以及强流条件下进行锚作。

（四）设计局限性

（1）较小的甲板面积意味着在工作时携带/装载大型锚和浮标的空间有限。

（2）艉部面积的限制可能会给绞体积较大的锚上甲板带来困难。

（3）有限的锚链舱，不能承载大量的锚链。

（4）当在恶劣天气/强流中用作机动锚点时，可能无法在锚的方位线上施加预期的功率。

（5）在深水（超过300m）或海底地质非常黏稠的条件下，可能没有足够的功率布置粗重的锚链。

（6）有限的短索储备空间，可能无法卷起非常大量的短索。

（7）深海拖带作业（长时间拖带）续航时间有限。

（8）在大风浪中拖带时失去大量有效拉力。

二、主流锚作船船型

随着浮式设施大型化深水化的发展，北欧设计的锚作船也发生了一些变化，除主机、侧推马力更强劲，还大幅增加了供应能力，如图11-3所示。

图11-3　北欧成熟设计锚作船船型

（一）船舶主要参数

（1）船长：74.1m。

（2）船宽：17.5m。

（3）型深：7.5m。

（4）吃水：6.0m。

（5）货物能力：2100t。

（6）马力：12000HP。

（7）系柱拉力：150t。

（8）拖缆规格：1400m×76mm。

（9）侧推马力：3×1200HP。

（二）设计特点

（1）大功率和系柱拉力，提供更大甲板载货面积和高容量货舱。

（2）现代船舶有多个推进器和螺旋桨系统，具有出色的操纵特性，使其能够在非常恶劣的天气中工作。

（3）强大的多滚筒拖带和锚作绞车与动力储缆绞车相结合，可以用于深水锚作。

（4）能够容纳相当长度锚链的大容量锚链舱。

（5）大甲板空间和船尾区域允许体积较大的锚，浮标和其他设备存放在甲板上的同时，船舶继续进行锚作或拖带作业。

（6）可以携带大量燃料和淡水。

（7）甲板空间可用于各种专业用途，如安装电力电缆滚筒、吊车、A 架、潜水/水下机器人支架等。

（三）作业范围

该类船型主要适用于以下作业范围。

（1）通用油田工作船，能执行拖带、锚作任务，能在海况恶劣的海面上装卸甲板货物、干散货和液货。

（2）适合专业锚泊和锚作任务，具有大甲板空间和所需的锚链舱容量工作，如安装 SBM 锚泊作业。

（3）非常适合在深水中使用强力的锚泊设备进行锚作。

（4）越来越多地用于跨洋拖带应用，特别是超过 130t 系柱拉力的船舶，由于其出色的续航和在中等深海条件下良好的拖带特性。

（5）越来越多地用于特殊拖带和安装工程，如大型重力基座平台、张力腿平台和其他类似结构的拖带和精就位作业。

（6）易于适应各种任务的打捞作业。

（7）适用于铺管船、施工驳船的机动锚点作业。

（四）设计局限性

（1）操作缓慢，并且绞车系统操作速度较慢（与小型锚作船相比），用于铺管船和施工驳船锚时。

（2）通常不能顶推，不适合并靠或旁拖(操纵驳船)。

（3）通常太大太慢，无法在狭窄的水域范围内控制平台货驳。

（4）当用于一般拖带作业时，特别是对于马力较大的船舶，必须非常小心，以确保龙须缆、拖力眼板等足够坚固，以匹配拖带装置和船的功率。

（5）在深海中，由于吃水较浅和船尾设计，在波涛汹涌的海面上容易失去拖力。

三、锚作船–早期美式风格

在20世纪，墨西哥湾油田开发时间略早于欧洲北海油田开发时间，同样，北海油田的大规模开发得益于美国石油公司的油服技术，但可以说欧洲在海工支持船设计方面后来居上。据新闻消息，最近马士基供应服务公司将为加拿大纽芬兰和拉布拉多沿海油田建造海工支持船，足以证明欧洲设计公司的实力，但是早期美式风格的锚作船还是很有特点的，如图11–4所示。

图11–4　早期美式风格锚作船

（一）船舶主要参数

（1）船长：35.3m。

（2）船宽：10.2m。

（3）型深：5.7m。

（4）吃水：4.5m。

（5）马力：4300匹

（6）系柱拉力：50t

（7）主拖缆规格：900m×60mm。

（8）首侧推：1×400马力。

（二）设计特点

（1）相对船长比率有较宽的船宽和较深的吃水，低干舷船尾。

（2）动力强劲，船首有结实的碰垫。

（3）通常配备快速操作的双滚筒绞车，一个滚筒用于拖带作业，另一个用于起抛锚作业。

（4）机动性强，对舵机和主机响应迅速。

（5）与欧洲设计的同级锚作船相比，拖带/工作甲板小，尾滚筒长度通常也只有1/3长。

（三）适用范围

该设计适用于以下范围。

（1）非常适合在浅水到中等水深的铺管船和工程船上“拉”锚作业。

（2）具有良好的货驳和精就位工作性能，可进行顶拖、侧拖和吊拖。

（3）非常适用于处理自升式平台的拖带和精就位操作，特别是在受限水域和井间移位。

（4）较大马力的型号具有良好的深海拖带特性和续航力，在拖带时具有非常充分的适应能力。

（5）在安装复杂的系泊装置时，甲板空间不足可能是一个严重的问题。

（四）设计局限性

（1）船尾干舷低，开放式拖带甲板使船在中等海况下也非常容易上浪，在北欧的通常天气下工作很危险。

（2）干舷低、滚轮受限、尾部面积小、尾甲板小，使得在甲板上操作大型锚非常困难，即使在中等条件下也非常危险。

（3）甲板空间、干舷和绞车动力可能会限制其对付粗重的锚链锚泊系统的能力，有限的滚筒容量不能储存大量的短索。

（4）船首推进器性能不佳会限制在遭受强洋流中工作的能力。

（5）缺少甲板空间可能会限制其在甲板上安装索具、锚泊设备。

（6）在水深超过 100m 的水域中，起抛锚作业通常动力不足。

四、大型锚作船甲板索具布置

大型锚作船锚作就位作业时的索具布置需要考虑多方面因素，以确保作业安全和高效，在实际作业时应根据具体的作业需求、船舶甲板结构特点和环境条件进行详细的规划和设计，非常依赖甲板船员的作业技巧和经验，需严格遵守相关的安全规范和操作流程；同时，还要定期对锚作相关索具进行检查和维护保养，确保其处于良好的状态。如图 11-5~图 11-8 所示。

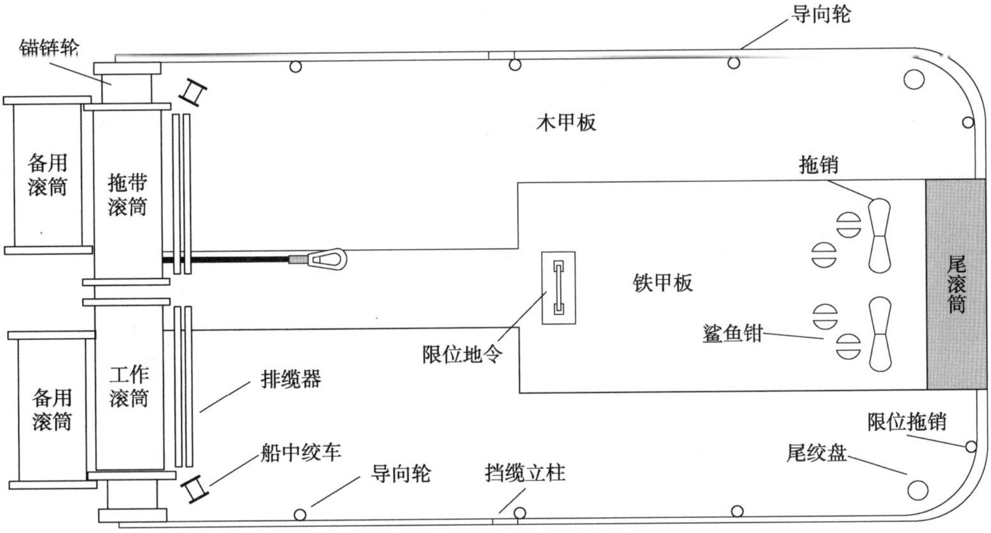

图 11-5　大型锚作船作业甲板索具布置示意图

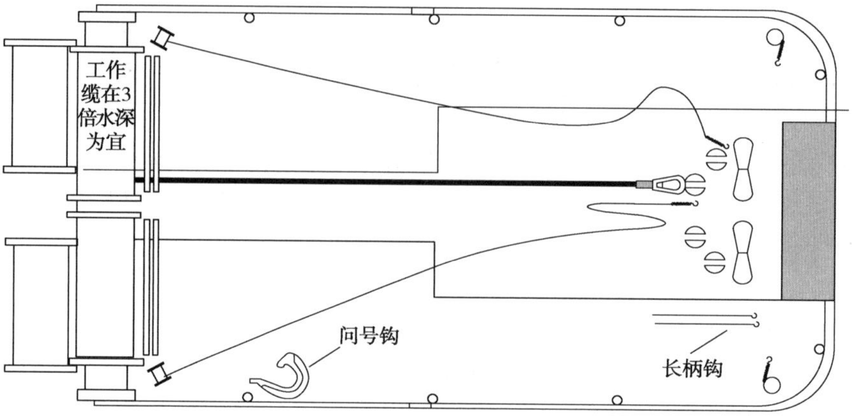

图 11-6　起抛锚前甲板索具布置示意图

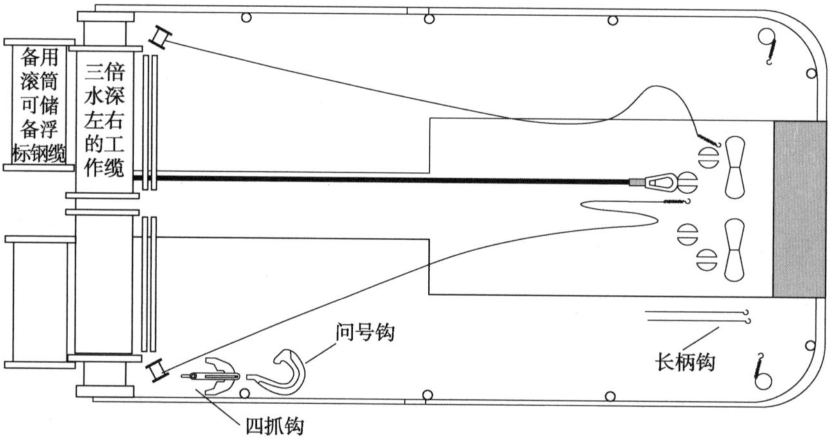

图 11-7　锚作船甲板索具布置示意图

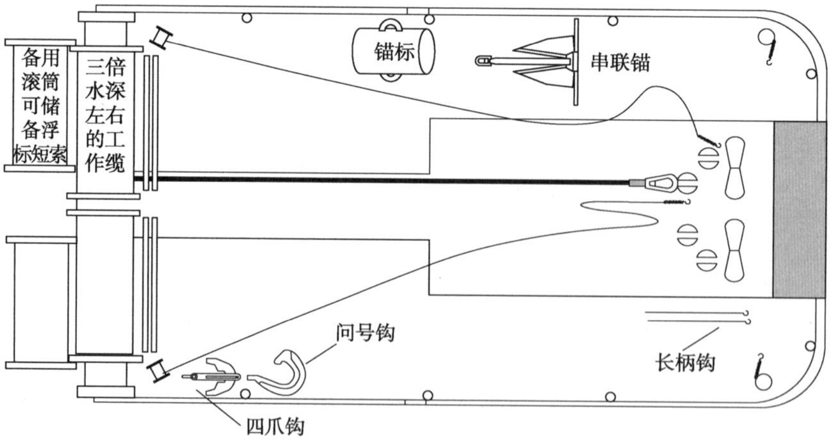

图 11-8　锚作船浮标作业甲板索具布置示意图

第十二章　锚泊定位系统操作

第一节　简　　介

本节介绍的注意事项主要与停留在特殊作业位置的浮式设施有关，例如，浮式钻井平台和辅助生活平台，其位置被限制在非常小的工作范围内，以保持海底设备隔水管或舷梯完好无损，但是铺管船等浮式设施需通过频繁移动锚位并改变船位，所以本节介绍的内容只有在其静止原地维持位置的模式下适用。

一、每日例行检查

通过观测隔水管倾斜指示器和导向基座上的倾斜参考仪，同时也可以通过布置在防喷器球接头和防喷器导向底座上的水下电视摄像机进行查看，从而连续监测平台位置，倾斜参考仪器由一个凹面有机玻璃覆盖的充满硅油的圆形盖板组成。

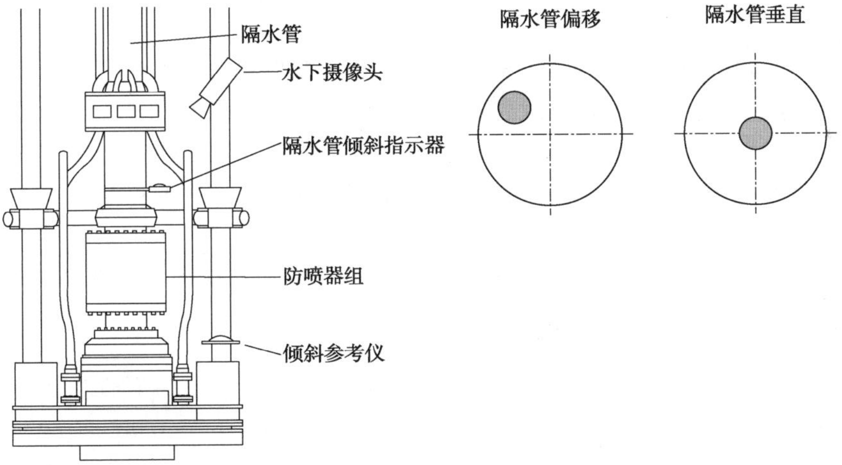

图 12-1　隔水管偏离角度示意图

二、浮式设施锚泊位置调整原因

一些作业特别是钻井作业要求船舶保持在非常精确的位置限制内，如果发现锚泊张力不平衡，操作人员应定期调整锚泊张力，而不是由于环境条件发生改变才去调整。在 8~10 根锚泊缆锚泊系统中，不应允许超过 25t 的锚泊缆张力差持续存在，特别是在相邻或对角线相对的锚泊缆中；在长时间的恶劣天气后，会测试选定的锚，使该锚的锚缆张力增加到规定的测试张力，以检查锚是否有走锚或破土现象。

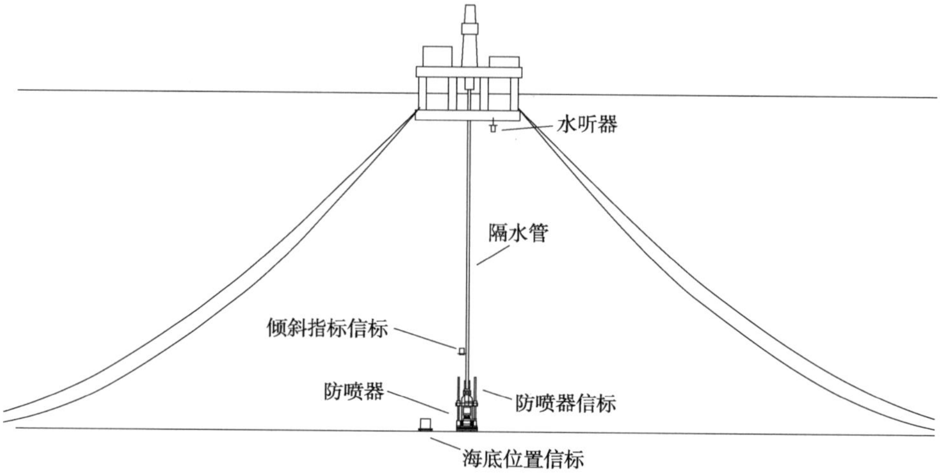

图 12-2　常规钻探井配置示意图

(一) 维持浮式设施位置

在平台旁边移动的生活支持船的锚泊系统可以不断调整，以保持舷梯和其他连接设施在允许的偏差范围内，在前后移动受限的老式船舶上，舷梯只能在登陆点移动 3~5m，安装电视监控和位置警报，以提醒支持船工作人员舷梯移动接近允许的极限。

(二) 隔水管相对角度调整

移动分布式锚泊船舶更常见的原因为持续的潮流和大风浪引起浮式设施位置移动，引起隔水管偏离角度向最大允许极限值靠近(通常为 4°，因设备型号而异)，隔水管角度超出操作极限后(通常为 1°~1.5°，因设备型号而异)，会发生以下两种情况。

(1) 当钻杆旋转摩擦桡性接头一侧时，会对叠层内孔造成严重磨损。

(2) 当下入某些钻井工具和套管接近于内部管径的尺寸时，如果平台没有正确地对准隔水管，则井筒内可能会发生卡阻。

(三) 运行或回收防喷器或采油树

井口和导向底座是防喷器组或采油树所连接的最重要的设备，下放和回收防喷器或采油树是通过连续增加或减少上隔水管的接头(长度)来进行的操作。由于该作业涉及 230~300t 的质量(因设备型号而异)，并且在作业的某个时候可能会增加下降负载，因此操作是危险的，如果平台正好位于井口/导向底座上方，那么一旦防喷器或采油树倒下，设备的损坏就会非常严重。下放或拉起水下设备时，通常将钻井平台移至离井口 15m 左右的位置，当防喷器被拉离海床导向底座时，就完成了井口移动，当防喷器位于导向底座上方 4~6m 时，平台再次移动。

(四) 使用爆破方法移除井口

在钻井作业结束时，当防喷器被移除后，可以通过爆破井口下方的套管回收井口头，当炸药进入井口后，在引爆炸药之前，作业人员利用锚泊系统将钻井平台移到安全距离，该距离与水深、冲击负荷有关，主要的风险则是爆破引起的冲击波，冲击波可能会影响海阀门和管道，爆破后，将平台重新移回井口上方，继续进行回收作业。

三、在锚泊范围内调整浮式设施位置

（一）锚泊缆标记

在锚泊范围内，为了达到特定的运动距离而收放的锚链或锚泊缆的数量是一个判断和计算的问题。

在完成锚定和张力测试后，将浮式设施精确导航定位到租船人(作业者)满意的位置，并将锚链放松到适当的工作张力上。只要天气条件不是极端恶劣，且基本保持稳定，所有锚的工作张力都是可以达到的。通常的做法是用常见的油漆或彩色胶带标记每根锚泊缆，标记在锚机棘轮的位置上方，这为平台的期望位置提供了确定的锚泊缆停止点。这些措施为移回到原来的位置提供了一个简单的参考。当然，如果发生走锚，这个标记就没有用了，同样应该记住，在锚泊和开始作业后，遇到的第一次恶劣天气也可能会拉起位于海底逆风处的锚泊缆之间的任何锚泊缆的弯曲部分。船长在大风结束时重新导航定位或调整后，可能不得不再次标记其锚泊缆，这就是为什么彩色绝缘胶带比油漆好，而且在调整锚泊缆长度后很容易去掉。

（二）锚泊缆调整量计算

计算收缆和放缆理论长度的一个简单方法是在大型操纵图上绘制锚泊缆分布图。此外，作业者海事师通常会提供非常方便的大比例尺位置图。在画图时，先正确地绘制原始锚泊缆方位、距离、位置、平台的总体尺寸，然后画在平台的新位置上，同样用直线连接平台和锚，并用分割线测量新线长度，原始线长与新线长之间的差值将是锚缆绞进或放出的长度。

（三）收放锚泊缆具体操作示例

大多数现代驳船都有动力放缆或某种形式的动态刹车或动力制动器，使锚泊缆在高张力载荷下可以完全控制。在锚泊范围内移动平台总是在非常可控的条件下进行。仅依赖带式制动器的高张力是非常危险的。假设驳船必须向右舷移动 100ft，步骤如下(图 12-3)。示例平台是一座老旧的平台，为方便计算锚缆长度均用 ft 表示，假设移动后仍有足够的锚泊缆可供紧急移动，对于锚链来说，这将是大约 600ft，对于钢缆锚泊来说，大约是锚机滚筒上一层完整的钢缆的长度，在锚泊范围内移动具体操作步骤包括：

①放松 5 号和 8 号锚缆 25ft；②放松 6 号和 7 号锚缆 25ft；③绞进 2 号和 3 号锚缆 25ft；④绞进 1 号和 4 号锚缆 15ft；⑤重复步骤①到

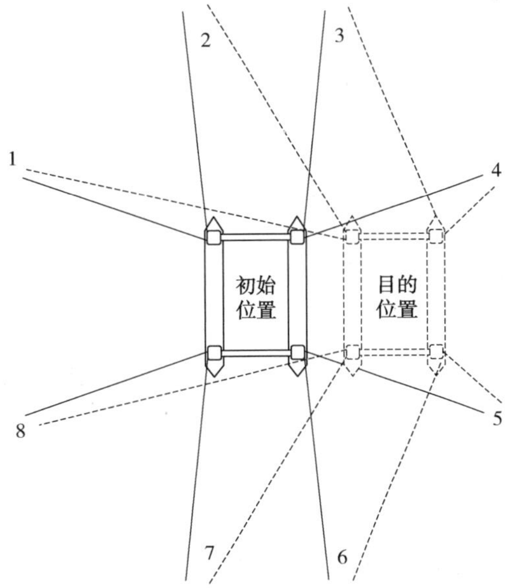

图 12-3　分布式锚泊移位调整示意图

④三次以上，在步骤③中，将5号和8号锚缆分别放松到计算的长度，同理，7号和6号锚缆的长度也会略大于100ft。

将右舷锚绞至最终停止位置在步骤③完成，可能只需要两步就可以完成，每次50ft，但这取决于锚机的特性和特定的操作。在导航定位下并固定防喷器组时，有时只需调整不足1m，想要达到这样的小动作需要练习，对于小的调整，绞紧比放松更有效，通常要移动1.5m，需要绞紧2~3m，然后放松。浮式平台的锚泊就位并非很呆滞，精确的锚泊缆调整一般都能帮助设施精确地移动到所需位置，锚泊缆悬链线、风浪和水流的影响都在一定程度上使平台在模式内的运动成为计算和试错的结合，移动位置后，平台将倾向于在一个平均位置左右摇摆约15min。

需要使用水下CCTV、水下机器人和水声导航定位装置，才能最终将浮式设施导航定位到预期位置，到达所需位置后，调整锚的张力以使其均匀受力。

（四）支持生活平台位置调整

当支持生活平台或驳船停泊在生产作业平台旁边时，需要建立标准，以确定移动到待命位置的指导方针，待命位置通常距离平台100~150m。通常是由于超过了某些规定的标准，浮式设施可能被要求马上撤离生产平台，这些标准一般是基于以下条件。

（1）在任何锚泊缆上的张力达到测试张力的2/3或预计将达到测试张力时。

（2）浮式设施运动，特别是在舷梯运动接近允许极限时的纵摇、横摇和垂荡。

（3）风速可能会超过影响舷梯过道及起吊舷梯安排的操作限制。

还有支持生活平台可能会出现各种需要拉离的紧急情况，典型可能包括以下情况。

（1）锚索完整性被破坏，锚泊缆突然断裂或走锚。

（2）平台紧急情况发生火灾，有毒有害气体聚集或井喷。

支持生活平台将被拖离以保护自身，但在这种情况下，指挥人员必须判断应该在生产平台(导管架)旁边停留多久，因为平台不仅为生产平台人员提供了一个安全的避风港，也是逃生的最大希望；同样，生产平台不可能有足够的救生设备供全部作业人员使用，过早撤离，留下大量人员，可能会加剧本已严重的局势，有可能造成大量人员伤亡。图12-4中所示的龙须缆是一种辅助工具，当支撑船由于某种原因无法操作绞车而无法移动时，可以将支持平台拉离到安全位置。

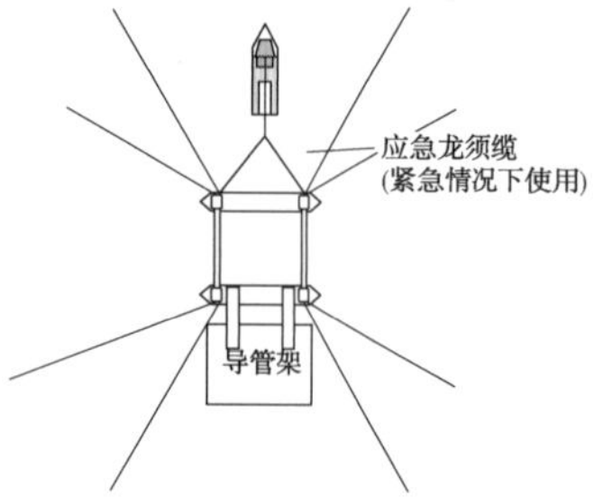

图12-4　生活支持平台靠泊就位生产平台示意图——配有应急龙须缆

第二节　锚泊系统操作

一、浮式设施绞车制动器的设置

大多数浮式设施绞车配有止链器和各种带刹制动器系统，在需要保持静止但从事危险作业(如钻井或平台支持)的设施上，必须考虑如何在紧急情况下迅速将设施移离位置，需要如此快速移动的情况可能是以下原因引起：①钻井装置井喷，防止碰撞，堵漏控制；

②支持平台火灾/井喷，平台气体聚集，防止碰撞。

以下一般指导方针可以帮助浮式设施操作人员在确保锚机绞车不会意外放松和系统设置使快速释放仍然有效之间做出最佳选择。

（一）钻井平台钻井状态锚泊系统制动设置

以一个正常钻井设施为例，该钻井设施有 8 根锚泊缆，其锚机有带式制动器和止链器，止链器有一个本地和远程控制系统，即使在“死船”条件下也可以释放止链器。

1. 钻井开始阶段，未部署防喷器

所有绞车止链器啮合，带刹刹住，离合器脱开。

2. 防喷器已布置阶段

所有绞车止链器啮合，带刹刹住，离合器脱开，锚链可以从本地或远程位置释放。

3. 恶劣风暴解除

平台艏向顶风顶浪状态，左、右舷首绞车，离合器合上，刹车刹住，止链器合上；左、右舷首、中部绞车，止链器合上，刹车刹住；左、右舷首绞车，电源待机包括制动装置；左、右舷后绞车，止链器合上，刹车刹住，电源待机模式。

（二）支持生活平台靠泊状态锚泊系统制动设置

以停靠在生产平台上的支持生活平台为例，共 8 根锚泊缆，右舷停靠。

1. 正常天气

右舷绞车，刹车刹上，止链器合上；左舷绞车/中部绞车，离合器合上，刹车刹上，止链器合上；左舷绞车/平台船首/船尾绞车，刹车刹上、止链器合上。快速拉离可以通过右舷绞车放松/溜缆和左舷绞车绞进来实现。

2. 风暴天气

舷梯通道保持连接，但天气条件已接近最大天气作业标准。右舷船中绞车，离合器合上，刹车刹住，止链器脱开；左舷近船中绞车，离合器合上，刹车刹住，止链器脱开；左、右舷绞车/船首和船尾绞车，止链器合上，刹车刹住。

3. 撤离

右舷绞车，右舷近船中绞车，离合器合上，动力松出；右舷绞车，船头和船尾，带刹车放出；左舷绞车，船中锚泊缆，离合器啮合，绞进 30m；左舷绞车，艏/艉锚泊缆，刹车松开，第一次撤离约 30m 后，再合上离合器。

二、风暴天气锚泊系统操作

（一）风暴天气锚泊系统调整指导原则

在浮式设施锚泊受力分析中发现，许多数据将被证明在实际作业中是有用的，公司技术部门应该投入资源仔细研究。当然很明显在理论分析中，一些数据的得出是基于假设在超出测试张力的情况下，锚和锚泊缆还能维持正常抓底，常见的情况是理论最大锚泊缆张力大于锚泊缆破断负荷的 60%，并且经常达到或超过安全负荷，对于锚链来说，该数值大约为 2/3 破断负荷。在实践中，可以使用以下指导方针以最大限度地提高锚泊系统的生存能力。

（1）当预报有风暴时，在一个相对可预测风向模式的区域，将船首调整至迎风方向，在受力最大风向上，即达到 2/3 破断负荷，在风力超过 7~8 级之前进行这项工作。

（2）随着风力的增加，仔细监测锚系统的张力，使用数据的记录获得张力变化趋势，当负载峰值接近 2/3 的测试张力，放松受力最大的即对角线下风锚泊缆 7~8m(需要根据该浮式设施操船手册和实际经验)，利用一切条件，准备好侧推或推进系统。

（3）当峰值负荷接近或达到测试张力时，再放松受力最大的对角线下风侧锚泊缆(7~12m，同样根据操船手册和实际经验)，并准备使用推进器系统。如果可用的话，尽可能朝着浮式设施受力最大的方向推进，图 12-5~图 12-8 所示。

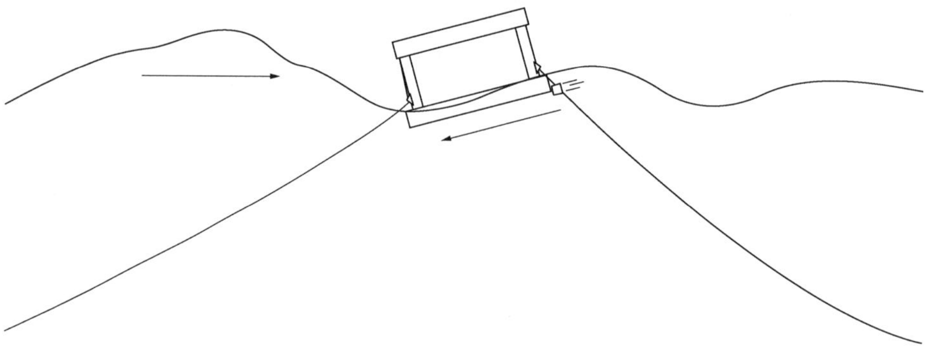

图 12-5 风暴条件下使用推进器示意图

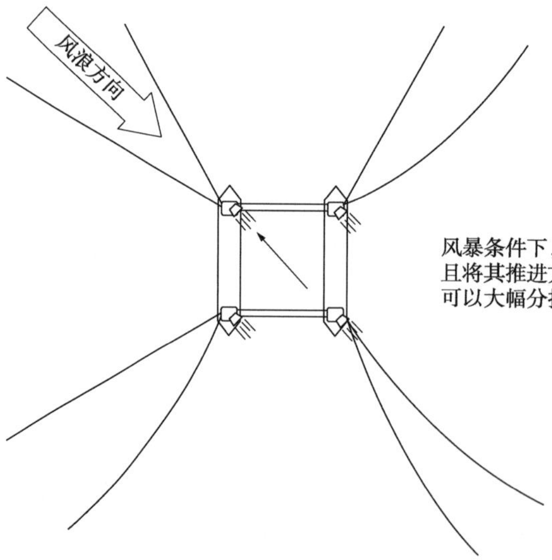

图 12-6　风暴条件下使用多推进器维持设施位置示意图

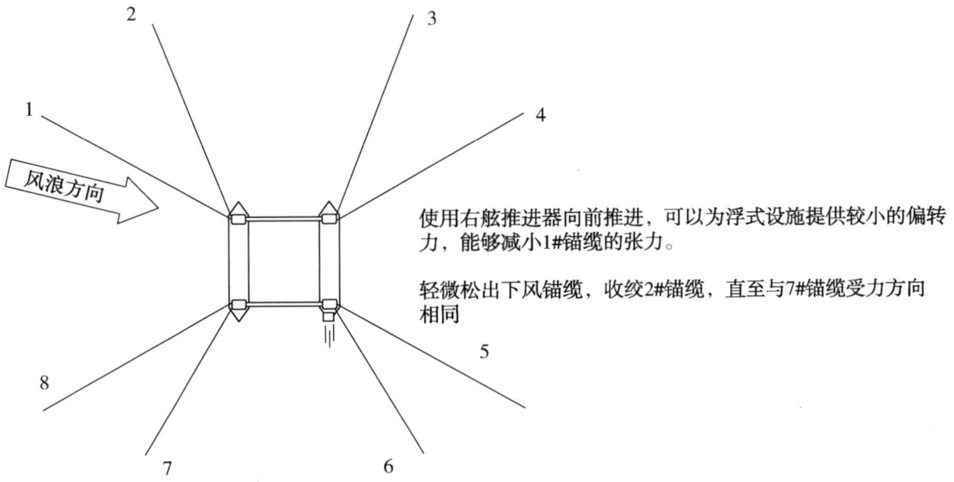

图 12-7　使用推进器减轻锚缆受力（此时 1#锚缆受力最大）

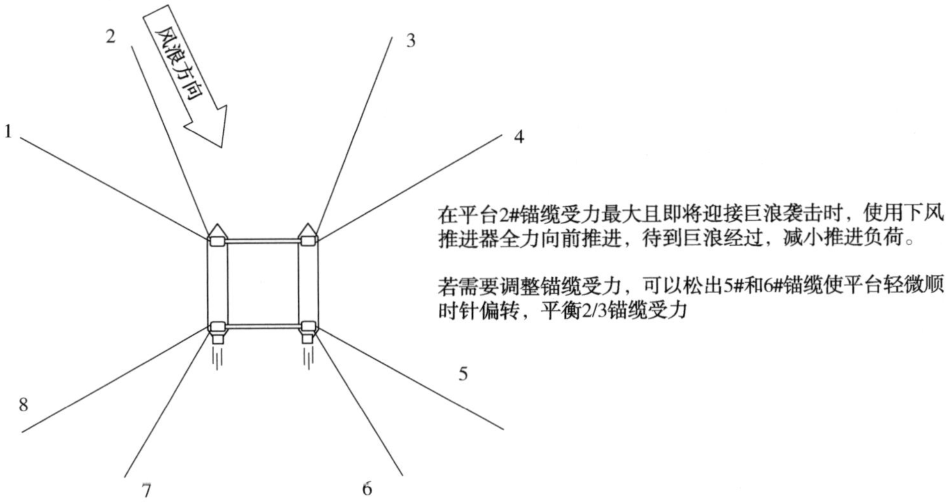

图 12-8　推进器协助调整锚缆受力示意图（此时 2#锚缆受力最大）

（4）由于峰值载荷不断开始超过测试张力负荷，如果平台仍与海底设备相连，则绞进迎风锚泊缆，让这些迎风锚泊缆可以有效地承受更大的张力，并且要非常小心地松弛任何迎风锚泊缆，与对角线下风锚泊缆相比，上风锚泊缆正在承受过度的张力，放松锚泊缆的人员必须有高超的放缆技巧，且放缆长度不得超过 5m，如果设施的绞车属于高张力下，少量放松锚泊缆就是很危险的类型，那么就不要尝试放缆，如图 12-9 所示。

注意：风暴中因为某种原因还需值守浮式设施的人员，调整措施所涉及的锚泊缆张力非常大，特别是在极端风暴条件下，但为了保持锚泊缆完整，所有锚泊缆必须都可以被绞进或放出。现实的情况是国内各大油公司的防台应急预案中，工作人员只需将浮式设施吃水调整至风暴吃水，按照操船手册的要求和风暴方向调整锚缆受力，完成防台部署，所有人员在不可抗力下均应安全撤离浮式设施。

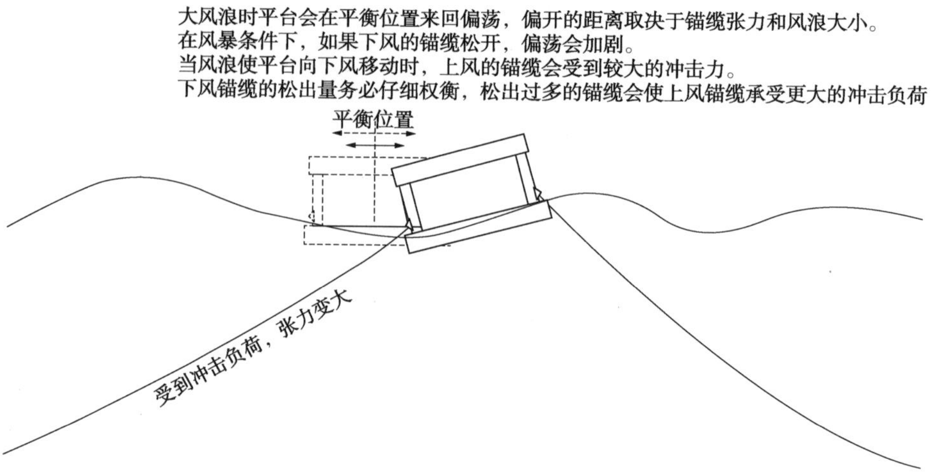

图 12-9　风暴条件下锚缆负荷变化示意图

（二）浮式设施断缆后操纵

如果锚泊缆突然断缆或被拖曳，平台会移动到一个新的位置，并在新位置附近偏荡。

需要克服的主要问题是剩余的受力锚泊缆上的突然冲击载荷，虽然很少有锚机绞车能够立即使用，尽管在风暴条件下的一些特别空间受限的锚泊模式中，锚机绞车将有人值守并处于待用状态，但也需要非常快速地行动，图 12-10、图 12-11 展示了一些可能有效的操作，很显然不同设施的操作程序并非一致，但是总体原则是尝试并实现以下目标。

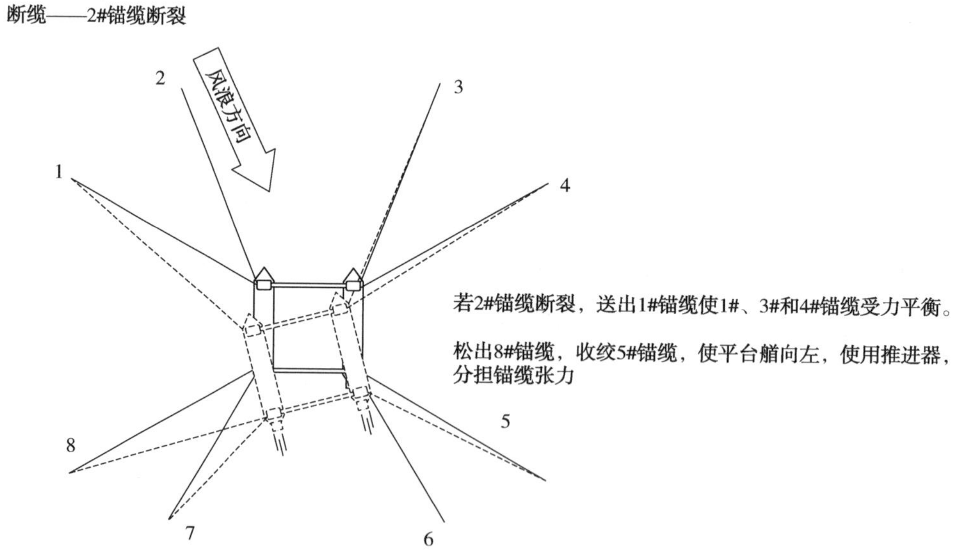

图 12-10　断缆后使用推进器分担锚缆受力

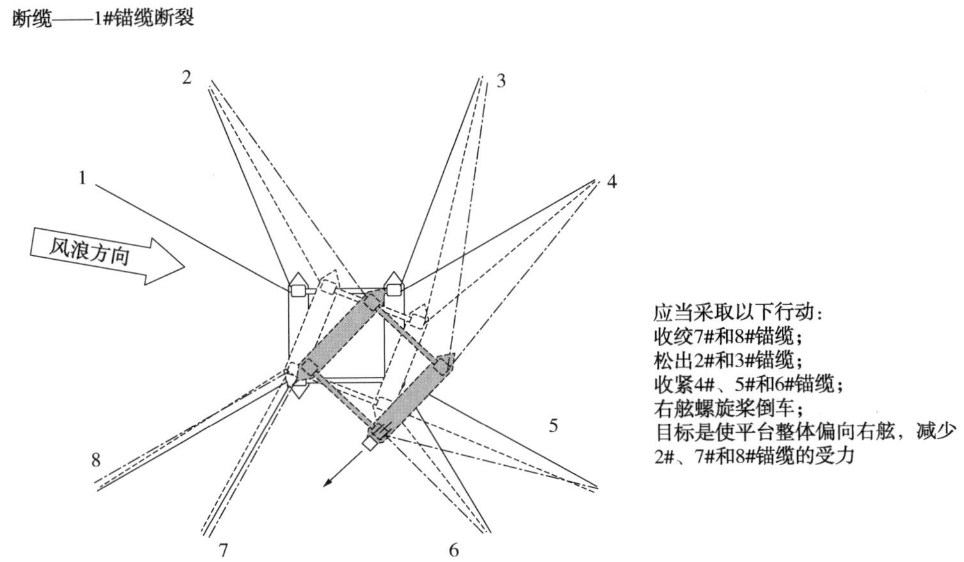

图 12-11 断缆后调整措施示意图

(1) 尽可能将实施改变艏向，使其正对风浪来向，在双体半潜式平台结构中，首尾对天气的影响最有利于减少剩余的完好锚泊缆的张力。

(2) 不要绞进与断裂锚泊缆相邻完好的锚泊缆，这将施加非常高的负荷，并经常导致更多的锚泊缆断缆，要适度放松锚泊缆以达到更均衡的张力。

(3) 使用靠近中部的锚泊缆使平台转向。

(4) 使用任何可用的推进器/螺旋桨动力，即使其作用只是简单地向完好的锚泊缆方向推进。这也会减轻峰值负荷，减缓冲击负荷。

在任何情况下，只要推进器有动力，这些装置就应该在接近风暴生存条件时随时准备就绪，如图 12-10、图 12-11 所示。

第十三章　锚机/绞车管理

第一节　简　　介

一、常见锚机/绞车类型和特点

（一）国内外制造现状

锚机/绞车是锚泊系统最重要的组成部分，从世界范围来看，浮式设施半潜式平台用重型锚机的制造厂家主要有国外的 Hisman、Oil states 、TTS、Pusnes 和 NOV 公司，这些公司设计制造的产品基本上垄断了国内外海工市场，国内主要有宝鸡石油机械、南通力威等公司，虽然近些年国内船厂能制造“海洋石油 981”“蓝鲸一号”等高规格深水钻井平台，但是其配套的锚泊定位系统却均是国外制造，与国外主流产品相比较而言，国内产品的性能和市场占有率方面还需大幅提高。

（二）锚机/绞车的类型和特点

按照驱动类型，可分为电动锚机、液压驱动两种，虽然还有其他类型的驱动，但已不常见，如气动。欧洲人倾向于液压驱动，美国人更喜欢电动，电动锚机又分为直流驱动和交流变频驱动两种类型，而交流变频驱动因其调速幅度宽、扭矩大等优势，已是目前主要的发展方向。液压锚机的优点是输出扭矩大，操作平稳，启动操作冲击力小，可以实现无级调速，满足不同工况要求；缺点是液压系统相对复杂，需要建立独立液压单元，维护要求高。

为节约空间，一般浮式设施如半潜式钻井平台，锚机/绞车有一套动力装置驱动、两套执行机构的配置，可以分别布置在平台四角，具体结构为单动力+双离合器+双滚筒，一套动力装置可以配置两套锚泊缆，达到一机两用的效果；按照结构划分，可以分为链式、滚筒式和组合式，其中链式的锚泊缆为锚链，滚筒式的锚泊缆为钢缆，组合式的锚机/绞车则既能携带一定长度的锚链，又配置储缆滚筒用来缠绕钢缆。如图 13-1~图 13-3 所示。

二、锚机/绞车工作原理

（一）电动锚机/绞车驱动控制原理

电动锚机的工作原理主要是通过电动机提供原动力，经过一系列的传动装置，将动力传递给锚链轮。具体来说，电动机通过联轴器或齿轮箱等传动部件，将旋转运动传递给减速器，减速器降低转速并增大扭矩，以满足锚机/绞车工作时的扭矩，然后扭矩经过传动轴传递给锚链轮。但是很多电动锚机的离合器、刹车等控制部件为液压系统，因此很多电动锚机也可称为电动液压锚机。

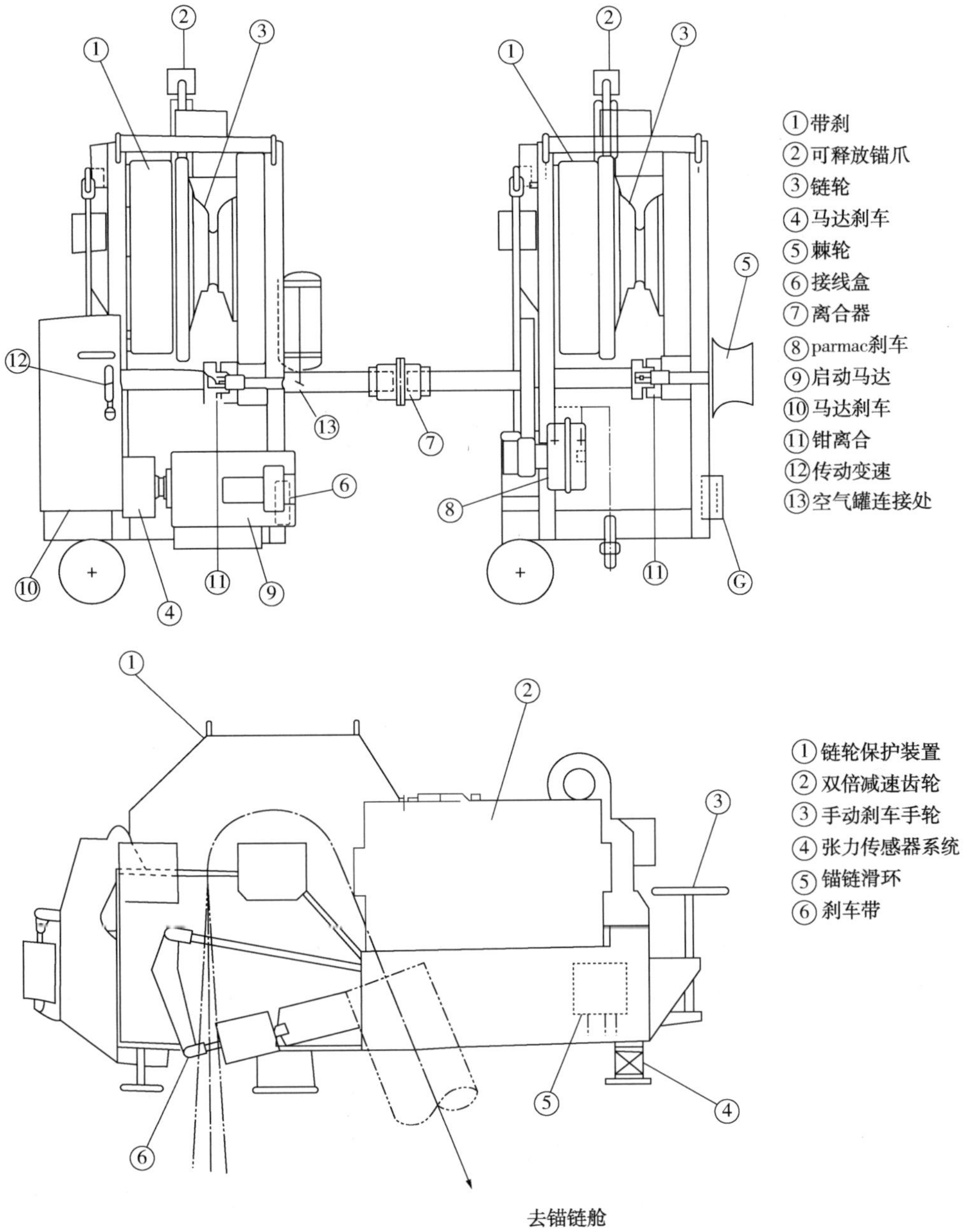

图 13-1　某品牌链式电动锚机结构简图

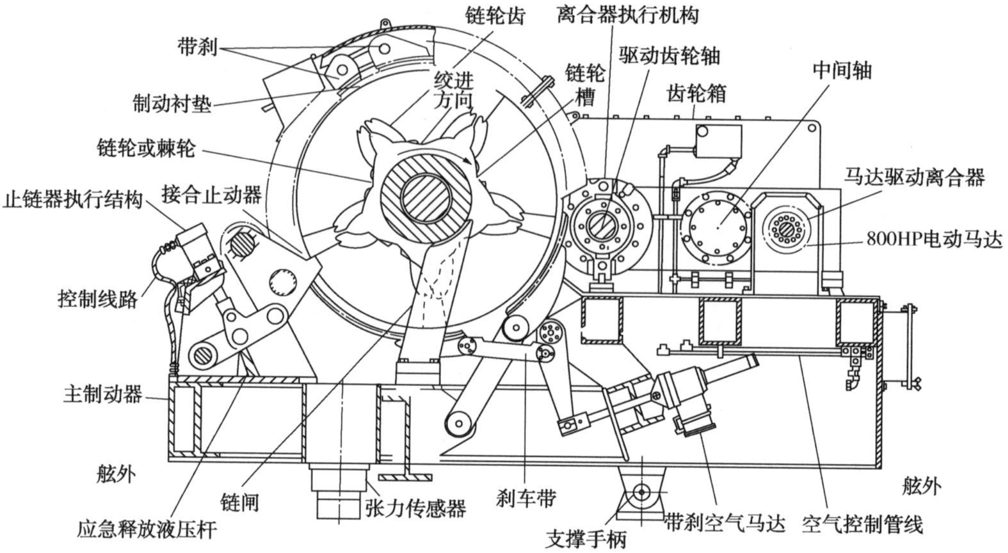

图 13-2　某品牌链式电动锚机布置图

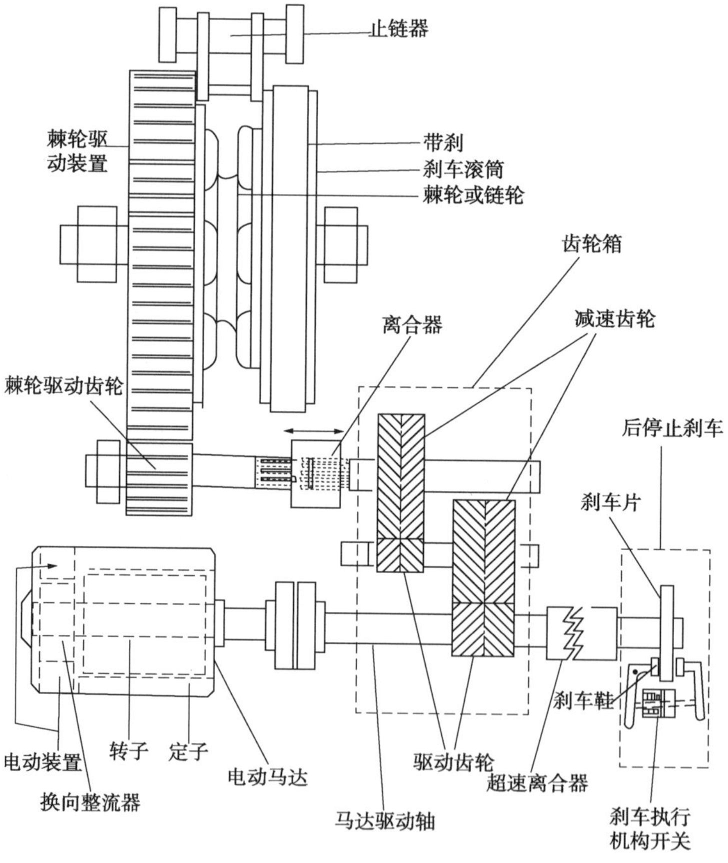

图 13-3　某品牌链电动锚机结构示意图

（二）液压系统动力传动工作原理

液压系统控制应用于锚机/绞车很多部分，液压传动功能灵活，安装方便，与质量和体积相比，也具有相当高扭矩。图 13-4(a)图显示了一个简单的液压传动系统，当油泵运转时，油将通过管道流向液压马达，马达通过来自泵的压力旋转。油从电动机通过回油管被引回泵，固定体积的油量在一个封闭的系统中循环。

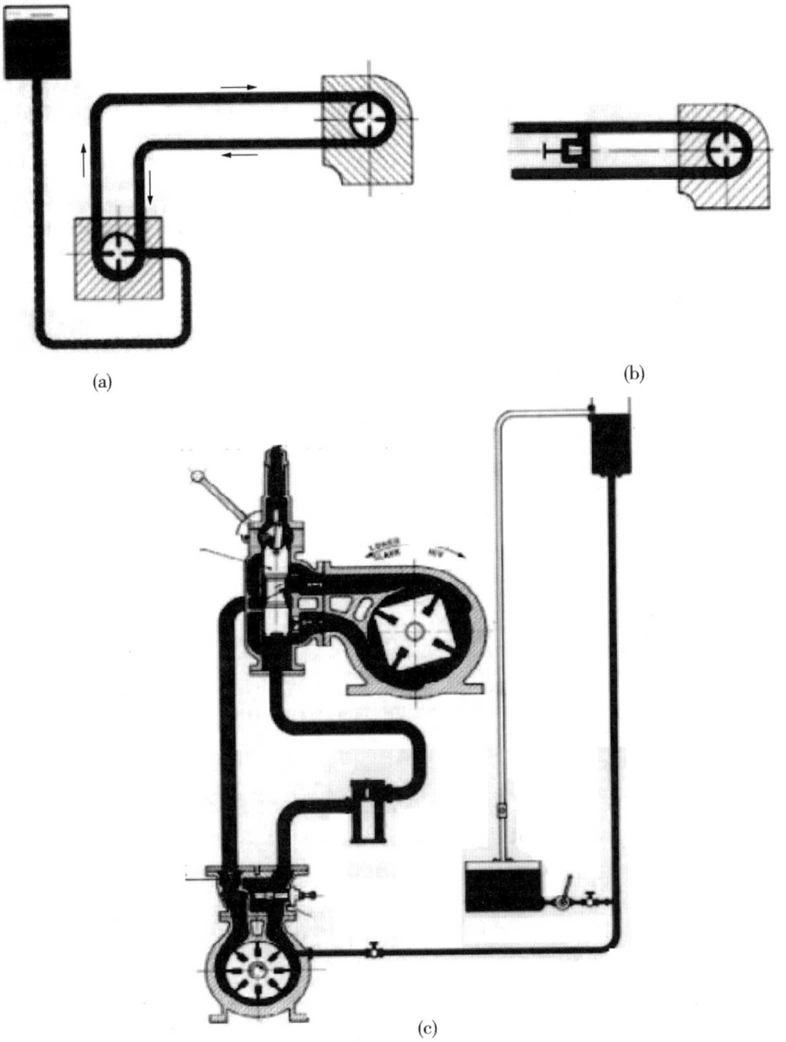

图 13-4　液压系统工作原理图

膨胀柜连接到泵的吸入侧，以补偿油的体积变化。图 13-4(a)中的装置可以通过启动和停止泵操作启动和停止。使用这种方式，液压传动将像机械传动一样工作，例如皮带传动、链条传动等。如图 13-4(b)所示，在压力管和回油管之间安装一个简单的控制阀，一些油可以在没有通过电机的情况下被引导回泵。这样，马达的速度可以无级地从零变化到最大。

如果用四通阀代替简易控制阀，则液压马达可以双向运行，图 13-4(c)显示了一个液压装置，包括泵、马达、油箱等。一个控制阀安装在液压马达上，在泵上安装了带有安全阀和止回阀的阀壳。在泵的压力侧连接带旋塞的压力表，在泵吸入侧连接有管道，管道和膨胀柜连接，在管道和泵之间连接截止阀，液压油滤器放置在回油管上，尽可能靠近泵。

从泵里出来的油通过压力管流向马达上的控制阀。当滑块处于“停止”位置时，油仅通过控制阀并通过回油管通过器返回泵。滑块由控制杆操作，控制杆(和滑块)处于“停止”位置时，如果锚机/绞车有负载，负载会试图将马达往下移动，但会被液压马达的叶片和止回阀之间的油压所阻止。

三、锚机/绞车操作特性

优秀的现场管理和操作人员应该详细了解设备操作特性，主要包括以下内容。

(一) 文件资料

类似操作手册、部件手册、维护手册和故障定位图、书面操作程序等资料都应该随时可用，并且随着服务的修改而更新，有些还需在锚机绞车和/或紧急释放位置处张贴。

(二) 动力控制

1. 正常作业

如果设施正在执行其他正常作业任务，如锚作就位作业，则始终有足够的动力运行所有锚机绞车或某些锚机绞车。如果不是，需要增加动力。

2. 辅助动力/服务

绞车的冷却水和/或压缩空气是如何供应的？这些设备(泵/压缩机)的使用是否会影响船舶正常运行的其他方面?

3. 控制水平

大型直流电动锚机绞车在张力控制锚泊缆的能力在一定程度上受到抑制。当浮式设施需要精确移动时，必须依赖高度控制绞车的能力，松出锚链/锚泊缆时必须维持张力。

受控放出是实现这一目标的一种方法，当选择受控放出位置时(电机和驱动器通过离合器连接到棘轮)，电流被施加到电机的定子而不是电刷装置。当绞车开始放出时，电机的马达像发电机一样，产生的电能被电阻组吸收，结果是一个阻力随着旋转速度的增加而增加，因此张力越高，旋转速度越快，阻力越大。例如，Baylor Model 500 SH 绞车可以应对 100000lb 的张力，并以放出速度可达 60ft/min，或以 20ft/min 的速度应对 300000lb 的张力。带式刹车可用于辅助控制放出速度，当电机在放出方向上工作时，通常不使用后止动刹车，如果控制放出电路失效，后停止刹车将自动参与，以保护电机失控，这可能会造成严重的损坏。

4. 应急状态

释放锚泊缆或锚链的应急计划大多取决于锚机/绞车的类型及其控制方法。应仔细查阅船舶操作手册，以确定紧急释放计划是否可行，该计划可能写得简单直白，在这种情况下，船长应制定一套直接适用于本船锚机/绞车配置和操作方法的程序，且必须进行实际的演习，分配到锚机/绞车操作的人员必须经过彻底的培训。

当必须抛弃锚泊缆且必须迅速进行紧急释放操作时，应采取以下一些基本预防措施。

(1) 请所有人员离开绞车、锚机区域。

(2) 如果紧急释放系统是“推和走”式，没有刹车控制，并且必须在释放机构起作用后从绞车处启动，操作人员必须远离绞车。

(3) 使用氧乙炔设备切割只能作为最后的手段。

(三) 传感器

(1) 如果主张力计出现故障，是否存在将电动马达或液压主泵压力与锚机/绞车张力相关联的图表，以指导操作人员，定期检查设备并相互对比，许多锚机/绞车都有精密的装置确定锚链的张力，但并非所有的锚机/绞车都是精确可靠的，须定期校对和设备保养。

大多数锚机/绞车是由直流牵引电机或液压泵驱动的，因此可以用相对简单的数学计算完成一个表格，该表格将显示锚机/绞车上的张力并对应电流表的安培数或主马达的油压函数，通常这样的图表只是一个粗略的指导，但总比没有任何资料好，最好在链轮静止时使用，或在马达驱动力和锚缆张力达到平衡时使用，并从图表上以 t 为单位读取马达的输出。

(2) 链长计量装置是否校准正确，并通过某种辅助方法进行常规检查，虽然大多数计数器较精确，但最好在棘轮盘面上标记一条宽的黄色条纹，在固定的点上标记另一条，这样可以很容易地计算棘轮转数。准确测量一圈进出锚链/锚缆的长度，整个长度是一个简单的计算问题，使用理货员的手动计数器，并在操作间记录一些重要长度的换算。通常情况下，这些参数包括剩余 90m 的转数和剩余 300m、600m、900m 的转数。

(3) 是否有滤器、排水相关的报警或提示存在，以警告操作人员控制空气有问题、液压油脏或油位过低。

(四) 参数调整

离合器、止链器和刹车带的调整，离合器运动的正确调整和日常检查，止链器耦合/制动系统，刹车带刹住/脱开都是设备可靠运行的关键，操作和维修人员必须了解这些设备的参数和调整方法。

(五) 紧急释放/停止装置

有些型号的锚机/绞车会设置紧急释放和应急停止装置，紧急释放用于拖船处于失控状态，拖曳设施进入危险区域，需紧急释放掉该根锚缆的情形，紧急停止则仅用于现场需要紧急停止锚机/绞车的情况。

第二节 锚机/绞车系统制动设备

大多数浮式设施锚机/绞车有一些类似的操作注意事项，所有操作人员都必须了解这些注意事项，以避免损坏机械设备和丢失锚缆/锚链。无论是锚缆还是锚链，这种机器的高张力和高负荷可能导致严重的事故。

一、棘爪/止链器/传动离合器

(一) 棘爪/止链器

如果棘爪/止链器啮合，锚机绞车就不能松开，遥控指示的位置并不总是可靠的，一些爪形止链器与锚链本身啮合，在移动时止链器可能会剪切链条；锚链在锚机/绞车和导向轮之间的转弯不仅会施加不必要的扭矩载荷，而且会导致链阻器无法啮合，这可能会造成危险的操作限制。同样在止链器啮合的情况下进行升降锚链会严重损坏止链器/紧急释放装置，须检查止链器的位置。

（二）传动离合器

当驱动轴高速度转动时，啮合驱动离合器会对离合器、轴承和齿轮系造成非常严重的损坏。

不正确的离合器啮合可能导致离合器在高负载下脱开，并可能导致锚机绞车失控。同样，遥控指示设备并不总是完全可靠的。

二、锚机/绞车的刹车

锚机通常可分为带刹和碟刹，电动锚机有些还有电动机部分的制动器，带式制动器由刹车轮毂、上下刹车带、紧调机构和液压油缸组成，刹车伸缩通过液压控制释放，在紧急情况下，可以借助转动手柄操纵刹车；碟刹有两个目的，第一是提供50%的锚链破断强度的静态制动能力，第二是在锚作船的速度太慢而不能完全刹死液压刹车时，使锚机/绞车获得休息时间，从而防止锚链堆积在海底。

根据设备型号形式结构多样，图 13-5、图 13-6 仅为常见设计，图 13-5 为带刹车液压缸和连接机构，图 13-6 为电液式锚机的碟刹结构。

图 13-5　电动液压锚机带刹位置示意图

图 13-6　电动液压式锚机碟刹位置示意图

三、带刹

（一）带刹的清洁

刹车轮毂的状况、刹车片材料的状况以及制动压力的适当施加是决定刹车制动的因素。刹车轮辋不能用撞击式“针”枪清洁，因为凹坑和凹痕会损坏刹车片材料，降低制动效率，使用电动钢丝刷横向完成清洁(运转的方向)，这将有助于安置刹车带。

（二）带刹的更换

大型锚机/绞车的刹车带厚度减少一定数值时更换，通常的做法是携带一套或多套准备好的链轮和电机马达刹车带，一般换刹车带时需完成以下四项基本操作。

（1）刹车轮毂：清洁和彻底检查后，拆除刹车带。

（2）刹车带：检查旧刹车带拆卸后的轮毂变形情况，用液压去变形，不能用热烘方式。

（3）更换刹车带后和重新定位。

(4) 检查磨损情况和最终刹车带位置，调整间隙。

忽略正确的刹车带换新程序将大大降低刹车带有效性，仔细阅读服务商提供的保养手册，例如某品牌锚机刹车带更换程序如下。

(1) 更换新刹车片，并调整到正确的间隙(已正确清洁刹车轮辋)。

(2) 当链轮在绞进/上升方向上高速旋转时，应用刹车带，直到刹车带轻微拖动，监测刹车带轮辋表面温度，保持在260℃以下，在达到这个温度后，冷却，再继续。

(3) 继续这个拖曳过程约45min的总旋转时间。

(4) 检查刹车片是否正确均匀磨损，如果图案不均匀，则刹车片可能是扭曲的，消除扭曲可以通过将刹车带放置在与棘轮轮毂直径相等的圆圈的同一平面上检查变形，扭曲可以通过视觉检查，将刹车片直立在平面上，末端向上，视线从一端往中心和相反一端的方向。

(5) 刹车片嵌入后重新安装刹车带，并根据制造商的规范调整间隙到正确的位置。

(6) 测试刹车带的有效性，先将全部刹车刹上，然后启动锚机/绞车开始操作，注意驱动电机的安培或液压压力表上的峰值功率，并将其转换为吨拉力。刹车轮辋/制动带上的油脂、油和水会对刹车力产生不利影响。始终确保刹车的主电源和备用电源都可用，如果有手动操作机构操作和释放，则必须始终完全可操作。

四、动态刹车

(一) 动态刹车的使用

许多绞车都有动力刹车系统，该系统与带刹一起，在放出锚链/锚缆时可以很好地控制链轮速度，以便在海底障碍物(管道/井口等)上运行锚链/锚缆，并保持平稳均匀的放缆/链速度和精确控制锚位，动力刹车设备至关重要。在现代油田作业实践中，例如大功率锚作船拖曳1500m重型锚链/缆，意味着会有非常高的张力，通常超过100t，在起抛锚作业时是很常见的情况。大多数动态刹车系统有速度和张力限制，如果超过这些限制，可能会对马达/液压制动器造成非常严重的损坏，虽然有可以内置超速跳闸和其他保护装置，但机器动能和锚缆/链张力的组合冲击，可能使保护装置延迟生效，从而无法对锚机/绞车提供充分的保护，因此，操作人员应该充分了解绞车的速度和张力限制，并培养一种感觉，即能感知到机器正在接近其工作极限。

(二) 锚机/绞车损坏原因

在使用动力制动装置进行操作时，锚机/绞车遭受的许多损坏案例中，原因可以总结如下。

(1) 操作员没有指示锚作船降低速度/功率，并没有使动力制动正确操作。

(2) 在降低绞车出链/缆速度之前，操作人员没有命令锚作船减速或停止。

(3) 速度档位选择错误。

(4) 制动控制装置操作不正确。

(5) 人员不能解释仪表/警告信号。

(6) 当锚机/绞车可能超速时，未能使用带刹制动。

第三节　锚机/绞车安全操作

一、一般安全注意事项

这里列出的安全预防措施是一般性质的，适用于大多数操作情况，但是，操作绞车的具体安全要求可能由当地管理机构规定，这些要求比本手册中列出的一般预防措施具有更高的优先级，必须首先遵循。

（一）安全措施

以下是某型号锚机/绞车的安全措施指南。

（1）操作时，应集中精力操作绞车，一时的疏忽可能导致事故的发生。

（2）操作时，人员远离锚链/钢缆。

（3）人员靠近链条、链轮或其他活动部件时，请勿操作绞车。

（4）在动力装置运转时，需派专人看管。

（5）切勿在动力装置运转时爬上绞车。

（6）操作时佩戴适当的劳防用品。

（7）在操作锚机/绞车之前，请阅读并理解设备使用/作业人员手册。

（8）使用指定规格的锚链。

（9）不超过锚机/绞车额定负载，超过额定载荷会损坏绞车，造成事故。

（10）不超过额定链速，超过额定速度会造成事故并损坏锚机/绞车。

（11）清洁绞车周围油污或容易滑倒的地方，地板太滑会引起事故。

（12）切勿在没有护罩的情况下操作绞车。

（13）在操作卷锚机/绞车之前，请确保所有防护装置就位并紧固，防护装置松动或缺失会对工作人员造成危险，在润滑或检查期间，务必关闭动力装置。

（14）建立维护系统的定期检查计划，检查请参阅设备说明书。

（15）为锚机/绞车建立并维护系统的润滑计划，有关润滑要求，请参阅设备说明书，图 13-7 为某型号锚机润滑点示意图。

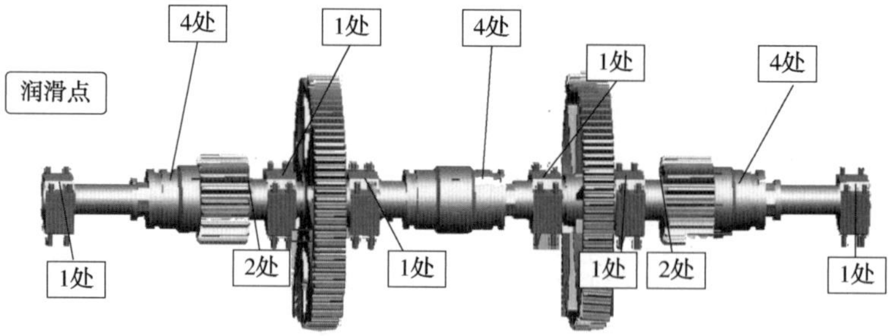

图 13-7　某型号锚机润滑点示意图

当锚机/绞车工作时，运动部件润滑是非常重要的，润滑频率取决于锚机/绞车运行的频率和时间，对于含齿轮的锚机/绞车，即使锚机/绞车不工作，也必须用油脂覆盖齿轮，以防止生锈。齿轮的润滑程序及要求如下。

(1) 使齿轮前后转动至少一圈并通过润滑盖供应润滑脂，给轴瓦/轴套润滑的润滑剂含有杂质等颗粒物。

(2) 温度、风速、船舶条件和负载变化都会影响绞车的性能，需要操作员经验丰富。

(3) 在绞车运行过程中保持良好的沟通，与操作人员失去沟通可能会造成事故，始终保持一个备用通信系统。

(二) 锚机/绞车启动前检查

在操作锚机/绞车之前，必须在进行彻底的启动前检查，这种检查向操作人员保证了绞车处于安全的运行状态，以下列出的所有检验必须至少进行一次，船检机构也可能要求进行额外的检验或检查，所有这些检验或检查也必须在操作绞车作业之前进行。

(1) 操作手册中规定的检验和检查。

(2) 确保手册中规定的润滑油要求已执行。

(3) 检查绞车上的空气管路是否有扭曲、断裂、连接松动、泄漏或损坏，拧紧任何松动的连接处，修理或更换损坏的线路和连接处。

(4) 检查所有控制、指示灯和电线是否损坏或松动，拧紧松动的连接处，清除腐蚀，更换损坏的电线或连接。

(5) 确保空气系统关闭阀是打开状态，并且气压和流量正常。

(6) 确保冷却水在水冷式拖动刹车所需的压力和流量下可用。

(7) 确保链轮带式刹车已设置好。

(8) 确保锚机/绞车电气系统有电力供应。

(9) 启动电动机控制，参阅操作手册，开始电动机和控制装置的启动程序。

(10) 绞车现在处于可启用状态。

二、电力和控制故障

锚机/绞车由安装在齿轮箱附近的大型直流电动牵引电动机直接驱动，并通过齿轮箱驱动，已被证明是非常可靠和耐用的动力装置。然而，如此大型马达在潮湿的海洋性气候中长时间闲置，必须通过安装在内部的加热器保持温暖和干燥，当锚机/绞车控制电源关闭时，加热器就会启动，加热装置的故障和可能过度冲洗会导致机器内的水分积聚，这会产生接地故障，从而导致控制电路抑制操作。即使是轻微的接地故障也可能导致绞车无法操作，因此对排除接地故障给予应有的重视是至关重要，简单的绝缘电阻测定可以快速识别出接地问题。当电动锚机/绞车不工作时，在进行重大故障查找作业之前，先检查简单的事情。消除接地故障就是使马达变干，最初可以让热鼓风机通过换向器盖向马达通风口吹热风实现。如果电机可以在自己的动力下旋转，应该维持运转，但在绞车故障的情况下，需要持续几个小时，直到完全温暖干燥，并定期进行电阻读数，以确保接地故障被清除。

电动绞车可以配备各种安全联锁装置，以保护机器免受操作人员失误而造成的损坏。在锚作期间，由于“绞车故障”而致电控制室请求协助，这通常是一线故障排除的情况，不需要立即部署机械专业人员的全部力量。以下问题都属于操作符主要错误，这些错误没有特定的顺序，适用于各种直流电动锚机/绞车，故障症状总是“绞车故障”。

(1) 电源没有从主配电板分配给特定的锚机/绞车。

(2) 电源选择在远程操作站，而不是本地控制。

(3) 主电机冷却风机电源关闭。

(4) 主齿轮箱润滑油泵断电，在一些型号的绞车上，滑油泵与主马达电源是联锁的，如果滑油泵不送电，主马达也不能送电，特别是如果马达通过离合器驱动的型号。

(5) 止链器啮合锁定，在某些配置中，如果锚机/绞车马达与爪形离合器相连，则马达无法启动，直到止链器松开。

(6) 控制刹车、止链器、离合器和后停止刹车的气压不足，将锁定绞车操作。

(7) 操作人员的失误可能毁坏或严重损坏电机，用于描述直流牵引马达损坏导致电机大修(或报废)的表述通常被称为马达烧坏了，最常见的原因是电机超速，通常发生在绞车处于中等或高张力下，操作员失去控制，导致锚机/绞车突然放出，棘轮与电机轴之间的传动比通常在1~250之间，在锚机/绞车上非常大的负荷能够导致90m/min的旋转速度，这意味着正常尺寸的大型锚机/绞车(76mm链)30r/min，电机轴的转速为7500r/min，这些高转速大大超出了马达的工作范围，产生的离心力足以导致转子绕组段解体，损坏马达。

当操作员在绞进的方向上保持锚机/绞车的高张力时，马达保持静止，绞进锚链或锚缆的张力以电流表的安培表示，也会发生这种情况。如果此时电机控制系统由于电机的高电流和静态状态而发生故障，则张力的突然释放会使锚链(锚缆)占主导作用并导致锚机绞车以非常高的速度突破所有锚机/绞车的安全系统，此时停止锚机/绞车的唯一方法是启动带式刹车，在深水和高压下可能需要一段时间使锚机/绞车停止。防止这种情况发生的唯一方法是在高张力下操作锚机绞车时，带刹刚刚需释放，避免使用马达保持静态张力(锚机/绞车马达停止)。

如果锚机/绞车电机与驱动离合器合上时，必须卸去锚机/绞车张力，最好使用以下方法(如果锚机/绞车没有一个控制放出的系统)：在锚机/绞车选择在绞进方向上，将电流安培提高到所需保持功率，并慢慢刹带刹，慢慢降低功率，使锚链/锚缆上的张力超过施加到马达上的扭矩，锚机/绞车将开始松出，准备好把带刹完全刹上。

三、锚机日常维护计划

表13-1为某品牌电动锚机日常维护计划，供设备管理人员参考。

表13-1　锚机日常维护计划

功能检查	作业前检查	每周	每三个月	每六个月	每年	每三年
刹车带	检查磨损				放空油管	更换软管
碟刹		检查磨损			放空油管	更换软管
离合器				功能检查		更换软管
通用			加油润滑	油漆		

第四节　锚机/绞车故障排除

一、通用原则

当故障发生时，尽可能长时间保持故障，因为现场唯一的症状就是故障本身。

二、故障排除顺序

故障的排除顺序为：思考-观察-听-摸-查阅-行动。

(1) 思考：所有的故障都是有原因的，往往是操作不正确引起，但如果不知道原因，就不会发现和纠正故障。

(2) 观察：观察所有机械运动，可能会造成堵塞，包括阀门调整不正确。

(3) 听：机器所有奇怪的噪音都应该调查，找出噪音发出的位置。

(4) 摸：液压装置中被抑制的内部泄漏会产生热量，检查其中一个组件是否异常热。

(5) 查阅：说明书，学习故障排除图和液压图。

(6) 行动：永远不要开始拆卸组件，直到你知道你想做什么。

提示：过滤器能够显示系统的工作状态，因此，请仔细检查过滤器中的污染物。

三、锚机及系统的维护对人员的要求

(1) 须熟悉系统的工作原理及操作规程。

(2) 须熟悉各元件的名称规格、技术性能及在所属系统中的作用。

(3) 易损件须有一定数量的储备。

(4) 更换元件前须检查备件与需要更换元件的型号规格是否相同，不得错换。

(5) 应经常对设备进行清洁，检查各连接部位的螺栓和接头有无松动，不允许有漏油现象发生。

(6) 定期检查/化验工作介质，视情况更换工作介质，保证工作介质参数满足要求，以减少故障的发生。

四、液压驱动锚机/绞车常见故障分析与排除方法

下面列举了锚机/绞车及其系统常见故障及检查排除，以便供大家参考，如表 13-2~表 13-9 所示，关于设备具体的故障还应参考设备作业人员手册。

表 13-2　某锚机控制面板报警信息及处理方式

序号	报警信息		处理
1	报警液压动力装置	过载停泵	通知相关人员并继续启动运行一台泵
		低液位停泵	停止操作并通知相关人员
		液压油温高	停止运行，更换备用滤器，并通知相关人员
2	传感器报警	高张力	评估情况，降低张力
		超速	降低速度
		锚缆/链末端	立即停止绞车，如有必要立即合上带刹
3	马达/SCR 报警	马达高速	通过刹车降低速度
		电机/SCR 故障	停止操作，检查故障并最终通知相关人员

注意：马达上的电场换向按钮只能在锚链/缆无张力的情况下使用。

表 13-3　液压驱动绞车常见故障分析与排除方法

故障现象	故障分析	排除方法
绞车功率下降	系统里存在空气	排气
	安全阀处于开的状态	调整安全阀
	安全阀被卡阻或没有关闭	清洁安全阀
	系统里油量不足	检查膨胀柜里油位高度
	液压马达和泵部内漏	检查滤器和油，如果有铁颗粒存在，联系服务商
	换向阀没有被完全打开/关闭状态	检查手柄位置是否正确
绞车速度慢	上述原因之一	
	旁通阀已打开(仅双工泵上)	关掉旁通阀
	锚泊阀在“锚泊”位置(张力自动控制型号)	将阀门转向“货物位置”
	分配控制阀卡阻或没有关闭	清洁分配控制阀
	三通考克在错误位置	检查位置
系统噪音	系统里有空气	完成放气
	膨胀柜太小	膨胀柜容积扩大
	液压油黏度太高	使用推荐油品
膨胀柜溢流	系统里有空气	完成放气
	膨胀柜太小	膨胀柜容积扩大
	膨胀柜油量太多	检查所有闸阀是否打开
泵部马达外部漏油	管壁上有小孔	修理更换备件
	通过密封材料泄漏	紧固或更换必要材料
压力表不归零	压力表损坏	更换
	泵部和膨胀柜之间的闸阀关闭	打开阀门
绞车不工作	换向阀在错误位置	检查换向阀
	泵部没有运行	启动泵部

表 13-4　液压泵常见故障分析与排除方法

故障现象	故障分析	排除方法
液压泵不出油、油量不足、压力上不去	吸油管或过滤器堵塞	疏通管道，清洗过滤器，更换新的工作介质
	介质黏度太大或温度升得太高	正确选用工作介质，控制温升
	连接处泄漏，混入空气	紧固各连接处螺钉，避免泄漏，严防空气混入
	轴向间隙或径向间隙过大	检查更换有关零件

续表

故障现象	故障分析	排除方法
液压泵运转噪音严重，油压力波动厉害	吸油管及过滤器堵塞或过滤器容量小	清洗过滤器使吸油管通畅，正确选用过滤器
	吸油管密封处漏气或介质中有气泡	在连接部位或密封处加点油，如噪音减小，拧紧接头处或更换密封圈
	泵与联轴节不同心	重新中心，调整同心
	油位低	补充液压油
	油温低或黏度高	把油液加热到适当的温度
	泵轴承损坏	更换轴承

表 13-5 单向节流阀常见故障分析与排除方法

故障现象	故障分析	排除方法
单向节流阀节流作用失灵及调速范围不大	节流阀和孔的间隙过大，有泄漏以及系统内部泄漏	检查泄漏部位零件损坏情况，予以修复、更新，注意接合处的油封情况
	节流孔阻塞或阀芯卡住	拆开清洗，更换新油液，使阀芯运动灵活
运动速度不稳定，如逐渐减慢、突然增快及跳动等现象	油中杂质黏附在节流口边上，通油截面减小，速度减慢	拆卸清洗有关零件，更换新油，并经常保持油液洁净
	节流阀的性能较差，低速运动时由于振动使调节位置变化	增加节流联锁装置
	节流阀内部、外部泄漏	检查零件的精确和配合间隙，修配或更换超差的零件，连接处要严加封闭
	在简易的节流阀中，因系统负荷有变化使速度突变	检查系统压力和减压装置等部件的作用以及溢流阀的控制是否正常
	油温升高，油液的黏度降低，使速度逐步升高	液压系统稳定后调整节流阀或增加油温散热装置
	阻尼装置堵塞，系统中有空气，出现压力变化及跳动	清洗零件，在系统中增设排气阀，油液要保持洁净

表 13-6 电磁换向阀常见故障分析与排除方法

故障现象	故障分析	排除方法
滑阀不换向	滑阀卡死	拆开清洗、活络
	阀体变形	换新阀体
	具有中间位置的对中弹簧折断	更换弹簧
	操纵压力不够	按要求调整操纵压力
	电磁铁线圈烧坏或电磁铁推力不足	检查、修理、更换
	电气线路出故障	检查原因，消除电气故障

续表

故障现象	故障分析	排除方法
电磁铁控制的方向阀作用时有响声	滑阀卡住或摩擦力过大	修研或调配滑阀
	电磁铁不能压到底	校正电磁铁位置
	电磁铁铁芯接触面不平或接触不良	消除污物，修正电磁铁铁芯

表 13-7　减压阀常见故障分析与排除方法

故障现象	故障分析	排除方法
系统压力不稳定或无变化	减压阀阀芯卡住	清洗减压阀
		修配或更换
		更换减压阀

表 13-8　溢流阀常见故障分析与排除方法

故障现象	故障分析	排除方法
系统升不了压	溢流阀阀芯卡住	清洗溢流阀
	弹簧折断	更换弹簧
		更换溢流阀

表 13-9　电动绞车常见故障

故障位置	修理建议
驱动马达	当驱动电机不能正常运行时，请参阅客户提供的电机制造商手册
减速齿轮箱	当驱动电机运行正常，但齿轮箱没有输出时，请检查以下内容： ①电机-变速箱联轴结有没有联结； ②检查电机刹车是否释放正常； ③确认爪式离合器是否啮合； ④检查是否有损坏的齿轮、安全销、轴承，更换损坏的部件； ⑤修理和重新装配后，应按润滑表注满润滑油
传动机构	当驱动电机和减速箱运转正常，但驱动到链轮不正常时，应检查以下内容： ①检查爪式离合器是否正确啮合； ②检查链轮刹车是否正常释放； ③检查传动系统和齿轮是否损坏或断裂，更换损坏的部件； ④检查绞车传动轴和链轮轴承是否有足够的润滑/损害，更换损坏的轴承并按要求润滑
转速和链长传感器	当转速和链长显示在操作中遇到困难时，检查内容如下： ①检查速度和进尺驱动装置的齿轮间隙，最小的齿轮间隙应该为 1.25mm； ②检查驱动单元内的磁性拾音装置是否有正确的间隙与正常操作，磁拾取器和凸轮之间需要 0.25mm 的气隙； ③排除电气线路故障，定位故障并排除故障
张力传感器	当怀疑控制台上的锚链张力指示不正确时，请检查以下内容： ①检查 MSI 负荷传感器是否损坏，必要时修理或更换； ②排除电路故障，修理或更换有故障的部件或线路； ③在控制台，检查指示表是否正常操作和状态，修理或换新

第五节 某钻井平台电动锚机操作程序

某钻井平台配备76mm电动锚机8台。每台电机功率250kW，最大拉力300t。可集中操作，配有锚链张力指示，记录仪放链速度指示计及放链长度指示器、电机电流指示。该电动锚机由马达、减速箱、锚链轮、刹车、离合器及动态制动器等组成。由电动机产生的动力，传递给减速机，经减速机输出轴传递给液压摩擦离合器，驱动两级开式齿轮，带动锚链轮运转，实现系泊、起锚、抛锚操作。图13-8为某钻井平台电动锚机布置示意图，图13-9为某钻井平台电动锚机端面示意图。

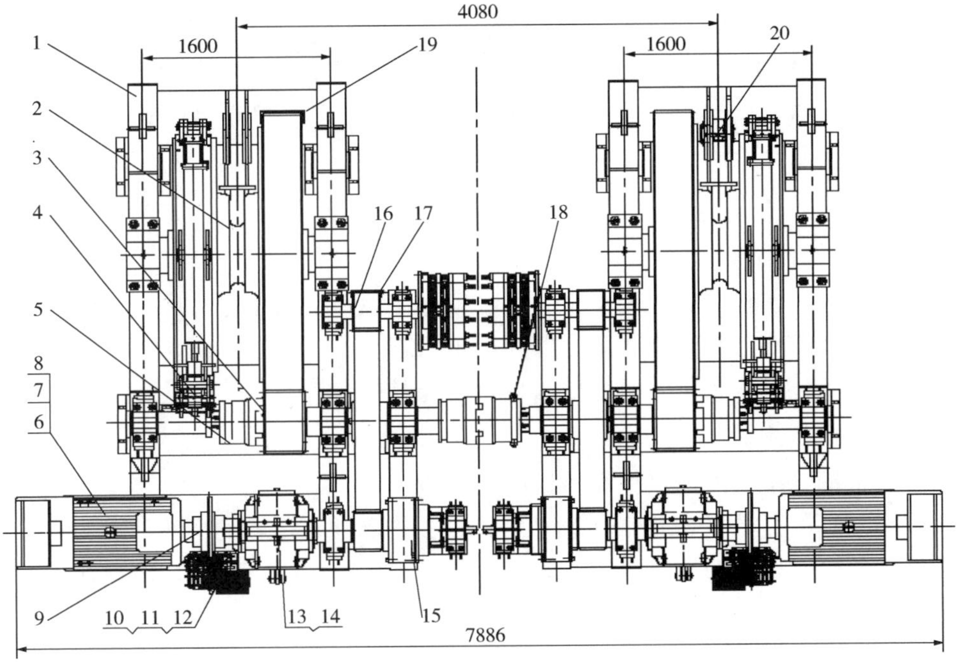

图13-8 某钻井平台电动锚机布置示意图(单位：mm)

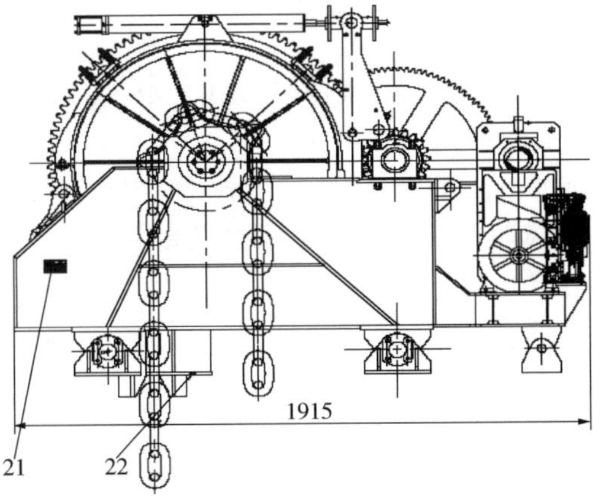

图13-9 某钻井平台电动锚机端面示意图(单位：mm)

该锚机由电动机产生的动力，传递给减速机，经减速机输出轴传递给液压摩擦离合器，驱动两级开式齿轮，带动锚链轮运转，实现系泊、起锚、抛锚操作。图 13-10 为平台电动锚机传动原理图。

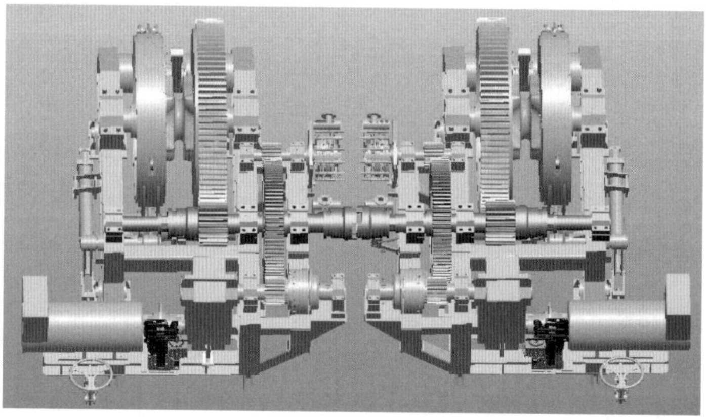

图 13-10　平台电动锚机传动原理图

一、操作规程

（1）在锚机进入工作状态之前，主电机必须先空载运行 5min。

（2）控制室遥控时，必须确认离合器和刹车状态。

（3）出现报警信号或异常，必须停车检查，及时排除故障。

（一）运转前准备

（1）通过油面计确认减速箱内有适量的润滑油。

（2）参考“说明书”中的润滑表，确认各注油孔内已注入足够的润滑油。

（3）遥控气路管线内的空气压力达到规定值，通常为 6~8kg/cm^2。检查刹车气管线无泄漏损坏。

（二）运行

1. 起锚作业

（1）打开齿轮箱冷却的两个阀门。

（2）打开油泵冷却水阀门，确认锚机控制室外面（舷外）的水管有水流出。

（3）打开冲洗锚链的水阀。

（4）泵站里面控制箱油泵旋钮打到手动，散热风扇也打到手动。

（5）进入锚机控制室，选择你要操作的锚机控制台，打开本地按钮。

（6）将准备按钮旋至打开位置。

（7）启动油泵，减速机低档。

（8）摩擦离合器啮合，必须现场确认。

（9）电机加热器关闭（不用时常开，此项暂定，后期调整为自动）。

（10）确认牙嵌离合器啮合，带刹刹住，动力切换处于离的位置。

（11）动态制动器打开，旋钮旋至 0，告知指挥人员准备完毕。

（12）收到起锚命令，打开止链器，打开带刹，扳动起锚手柄，开始起锚。

（13）注意观察电流和张力，如有异常，立即停止，带刹刹住。

（14）低档起锚，根据锚链张力情况，可换至减速机高档。

（15）起锚速度和张力对应关系如表 13-10 和表 13-11 所示，实际操作应充分考虑海况影响，留有足够余量。

表 13-10 齿轮箱低档张力和速度表

起锚速度/(m/min)	张力/t
0~4	180
5	165
6	150
7	135
8	120

表 13-11 齿轮箱高档张力和速度表

起锚速度/(m/min)	张力/t
11	95
13	80
15	70
17.2	60
20~25	50

2. 电动抛锚作业操作流程

（1）打开齿轮箱冷却的两个阀门。

（2）打开油泵冷却水阀门，确认锚机控制室外面(舷外)的水管有水流出。

（3）泵站里面控制箱油泵旋钮打到手动，散热风扇也打到手动。

（4）进入锚机控制室，选择对应的锚机控制台，打开本地按钮。

（5）将准备按钮旋至打开位置。

（6）启动油泵。

（7）减速机高档。

（8）摩擦离合器啮合。

（9）电机加热器关闭(不用时常开)。

（10）确认牙嵌离合器啮合，带刹刹住，动力切换处于正确的位置，动态制动器打开，旋钮旋至 0，告知指挥人员准备完毕。

（11）收到抛锚命令，打开止链器，打开带刹，扳动手柄，开始抛锚。抛锚速度根据指挥人员指令，通常为 20m/min，极限为 25m/min。

3. 动态制动器抛锚操作流程

（1）打开动态制动器冷却水，确认锚链孔有水流出。

（2）打开油泵冷却水阀门，确认锚机控制室外面(舷外)的水管有水流出。

（3）泵站里面控制箱油泵旋钮打到手动，散热风扇也打到手动。

（4）进入锚机控制室，选择对应的锚机控制台，打开本地按钮。

（5）将准备按钮旋至打开位置。

（6）启动油泵。

（7）打开动态制动器，旋钮旋至最大。

（8）确认减速机高档，牙嵌离合器啮合，带刹刹住。

（9）摩擦离合器脱开，向现场指挥报告准备完毕。

（10）收到抛锚指令，打开止链器，打开带刹。

缓慢旋转动态制动器旋钮，待锚链动作以后，根据锚链张力，调节动态制动器旋钮，使出链速度处于30m/min左右，最大不超过60m/min。

4. 动力切换操作流程

（1）确保锚机带刹刹住，必要时将止链器制动。

（2）脱开1#锚机牙嵌离合器，啮合动力切换离合器，如图13-11所示。

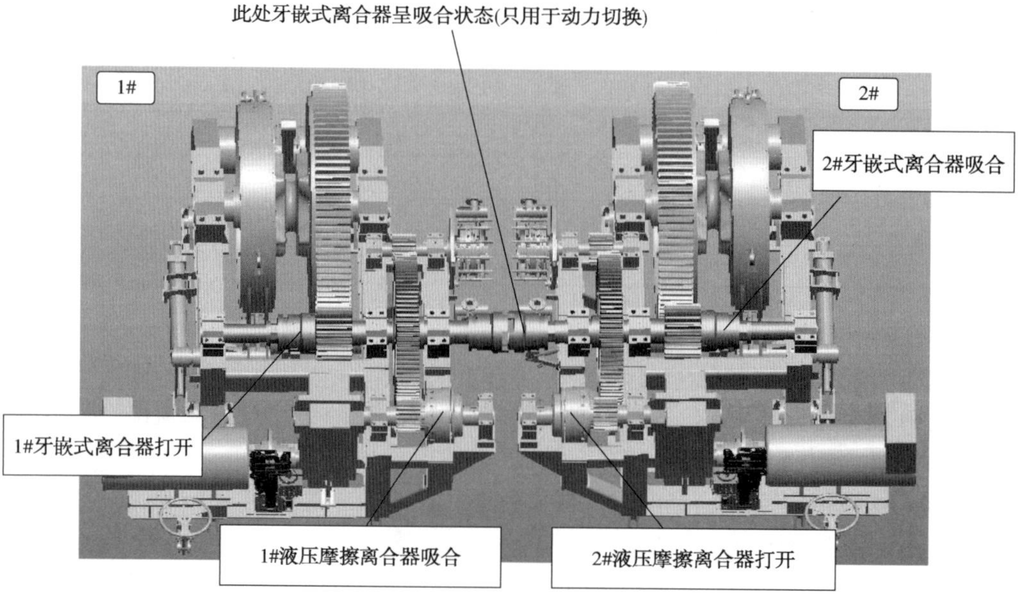

图13-11　平台电动锚机牙嵌式离合器合上示意图

（3）啮合2#锚机牙嵌离合器。

（4）1#、2#动态制动器打开，旋转至零位。

（5）闭合1#摩擦离合器，打开2#摩擦离合器，准备完毕。

（6）收到起锚放锚指令，打开2#锚机止链器和带刹。

（7）操作1#锚机起抛锚手柄开始作业。

（8）张力及速度应留有足够余量。

5. 锚机应急停车

（1）锚机操作面板上红色按钮为锚机应急停车按钮，用于抛锚时出现飞锚的紧急情况下锚机应急停车 。

（2）操作此按钮需征得海事师或者水手长的同意。

（3）无关人员不得私自操作。

6. 锚机应急释放

锚机操作面板上黄色按钮为锚机应急停车按钮，用于紧急情况下应急释放锚链。

操作此按钮需征得平台经理同意，无关人员不得私自操作。具体步骤如下。

（1）检查张力表、链长计、油压表、电流表等读数是否准确、工作是否正常，异常时择机校验状态。

（2）检查各运动件是否有卡阻现象。

（3）检查机械刹车系统是否完好，刹车带间隙控制在65~80mm。

（4）检查电机刹车是否完好。

（5）检查刹车油缸、制链油缸、各离合油缸，各试用几次，检查执行机构的功能是否完好。

（6）检查控制系统气管、油管各软管有无破损，必要时更换。

二、锚机操作注意事项

（1）所有动作执行，不能仅参考屏幕信息，指挥人员务必现场确认。

（2）止链器处于制动或者脱开位置，应插上保险销。

（3）起锚之前的检查工作要做到位，电机是否正常工作、摩擦离合器能否正常动作、油泵能否启动、动态制动力是否正常。

（4）尽量保证两个以上的刹车起作用，若某些动作只能有一个刹车作业，应提前测试一下。

（5）抛锚时制动电阻箱要时常有电工测试温度，电阻箱温度不高于200℃。

（6）起抛锚时，经常检查支座、减速箱、电机温升，如有异常，立即停车检查。运转中滚动轴承最高温度不得超过95℃，滑动轴承最高温度不得超过80℃。如有异常噪声、卡阻、强烈震动等现象，应立即停车检查。

（7）抛锚时张力大于50t，用动态制动器抛锚很难控制，此时宜采用电机抛锚，为了防止制动电阻过热，可用动态制动器适当减阻。操作上可以观察电机电流，控制在140~200A之间。经过数次实践证明，使用动态制动器适当减阻可大幅降低电阻箱温度，动态制动器控制开度10%~20%之间，动态制动力在10~20t最佳。张力数字显示变化趋势不是很直观，张力测试时尽量放慢收锚链的速度。张力测试结束后，应将止链器制动，插好保险销。

（8）起抛锚作业期间，指挥人员一定要经常检查动力切换的牙嵌离合器状况，如有异常停车检查。

起抛锚时，经常检查液压缸、液压油管的状况，发现有渗油或者漏油现象，停车检查。

（9）抛锚结束后，务必用淡水冲洗动态制动器管线，冲洗流量100L/min，不少于5min；操作完成后应关停水、气、油泵。

（10）锚机操作室内多为电子元器件，操作完毕后应及时关闭门窗、空调。应定期检查锚机操作室内的状况，过于潮湿时，可开空调一段时间确保干燥。

（11）锚机手刹不用于紧急状态下的应急刹车，而用于在气刹打不开时，手动释放。在作业结束后，止链器是关闭的，所以在操作锚机之前，要首先确认锚机止链器是否打开。

锚机止链器的理论值是600t，这是在静态情况下的数值，在动态情况下达不到该数值，甚至动态情况下无法达到止链效果，所以现场指挥人员一定确认好止链器的位置。

（12）泵站的冷却水和止链器的冷却水一定要现场确认好是否已经打开(泵站外侧有一个落水管，要确认现场有水出来)。

第十四章　锚链/锚缆检查

第一节　锚链损坏类型

一、锚链的测量

在锚泊系统中，锚泊缆属于重要组成部分，锚泊缆按照材质可分为锚链、钢缆和合成纤维缆等，目前最为常见的锚泊缆是锚链和钢缆，本书重点介绍锚链和钢缆。

每次回收锚链时，应进行一定量的目视检查，须每隔一段时间进行法定检验，锚缆/锚链的定期检查和测量，有助于及时发现不合格的锚链并修理，保障作业过程的安全，也提高了生产作业效率。

锚链链环磨损检查，可参考图 14-1 进行链环直径测量检查，单倍直径测量时，如图 14-1(a)所示，测量值 D_1、D_2 均不小于标称直径的 90%，为正常。两倍直径测量时，如图 14-1(c)所示，测量值 D 不能小于标称直径的 180%，为正常。

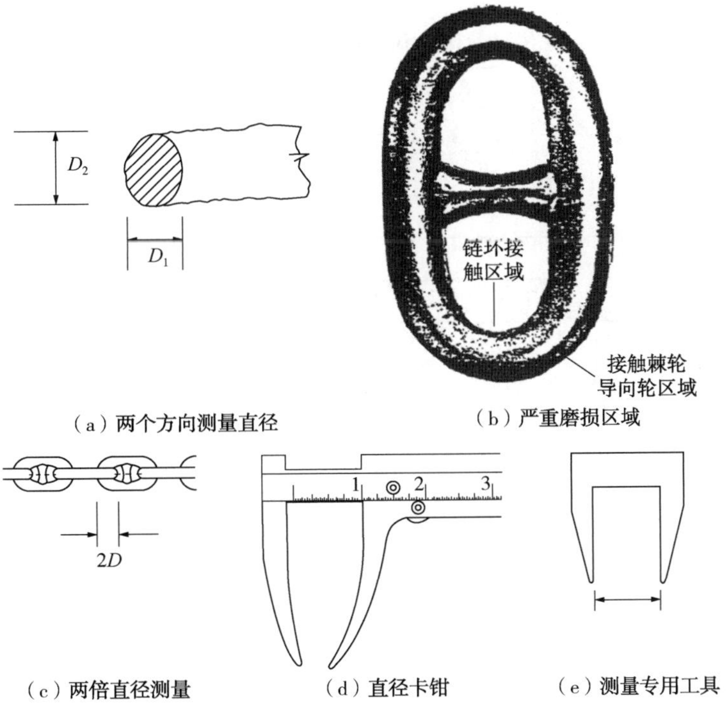

图 14-1　锚链链环直径测量示意图

锚链链环变形检查，可参考图 14-2 锚链长度测量方法检查。锚链拉伸变形长度上限值如表 14-1 所示。

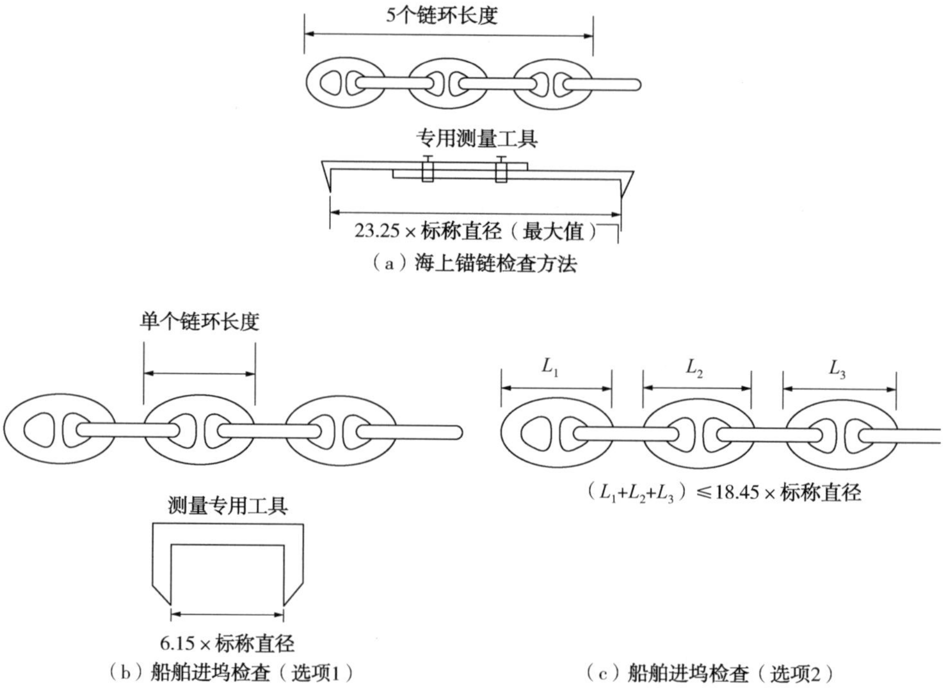

图 14-2　锚链长度测量方法检查

表 14-1　使用过的链条五个链环和单个链环的长度上限值

链环标称直径	5 个链环长度(2325D)	单个链环长度(6. 15D)
2	46. 5	12. 3
21/8	49. 4	13. 1
21/4	52. 3	13. 8
23/8	55. 2	14. 6
21/2	58. 2	15. 4
25/8	61. 0	16. 1
23/4	64. 0	16. 9
27/8	66. 8	17. 7
3	69. 8	18. 5
31/8	72. 7	19. 2
31/4	75. 5	20. 0
33/8	78. 5	20. 8
31/2	81. 4	21. 5
35/8	84. 3	22. 3
33/4	87. 2	23. 1

续表

链环标称直径	5 个链环长度(2325D)	单个链环长度(6.15D)
37/8	90.1	23.8
4	93.0	24.6
41/8	95.9	25.4
41/4	98.8	26.1
43/8	101.7	26.9
41/2	104.7	27.7
45/8	107.4	28.4
43/4	110.5	29.2
47/8	113.3	30.0
5	116.3	30.8
51/8	119.2	31.5
51/4	122.0	32.3
53/8	125.0	33.1
51/2	127.8	33.8
55/8	130.8	34.6
53/4	133.7	35.4
57/8	136.6	36.1

二、锚链常见损坏类型及修理措施

锚链以下是最常见的损坏和磨损。

(一) 链条刨槽

1. 链条的肩部材料损失的原因

(1) 拉长的链环穿过棘轮和导向轮扣链齿。

(2) 磨损的导向轮扣链齿。

(3) 收放链条速度过快。

(4) 锚链与海底坚硬物质接触。

(5) 在极低温度下广泛的使用。

(6) 短索特别是在存放位置的锚链环链环系统对锚链磨损，钢丝绳的标准牌型号可以切割锚链。

2. 针对性采取的修理措施

(1) 如果棘轮和导向轮磨损，采取补焊措施。

(2) 确保导向轮的转环实际上正常工作。

(3) 检查导向轮在轴向上是否运转正常。

(4) 检查棘轮绞车和棘轮/导向轮之间的链条没有扭曲(1/4 到 1/2 圈)。

（二）锚链拉伸和扭曲变形

拉伸的特征是链环的伸长和连接点的磨损，扭曲的锚链外观很明显，图 14-3 链环扭曲变形示意图，这张照片的中心可以清楚地看到一个链环扭曲变形。

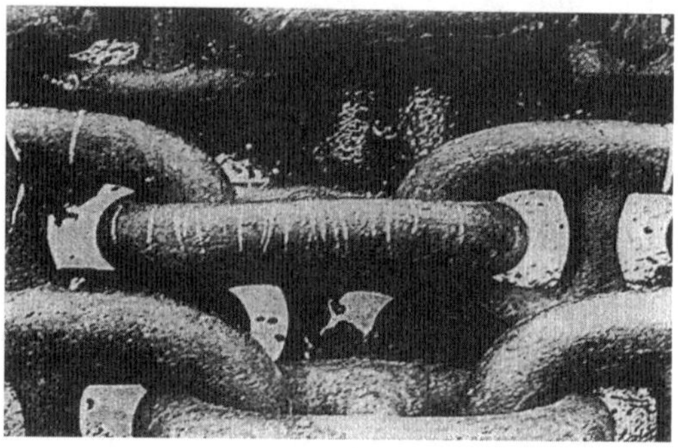

图 14-3　链环扭曲变形示意图

可能由下面原因引起。①外力或者锚机绞力过大。②横档松动或缺失。③链条错位，在绞车和导向轮之间转了 1/4~1/2 圈。④导向轮的转环在高张力下转动不够灵活。⑤棘轮和导向轮扣链齿已经损坏。锚链和齿轮之间的良好配合，对于避免锚链和锚机损坏都非常重要。图 14-4 是锚机链轮示意图。

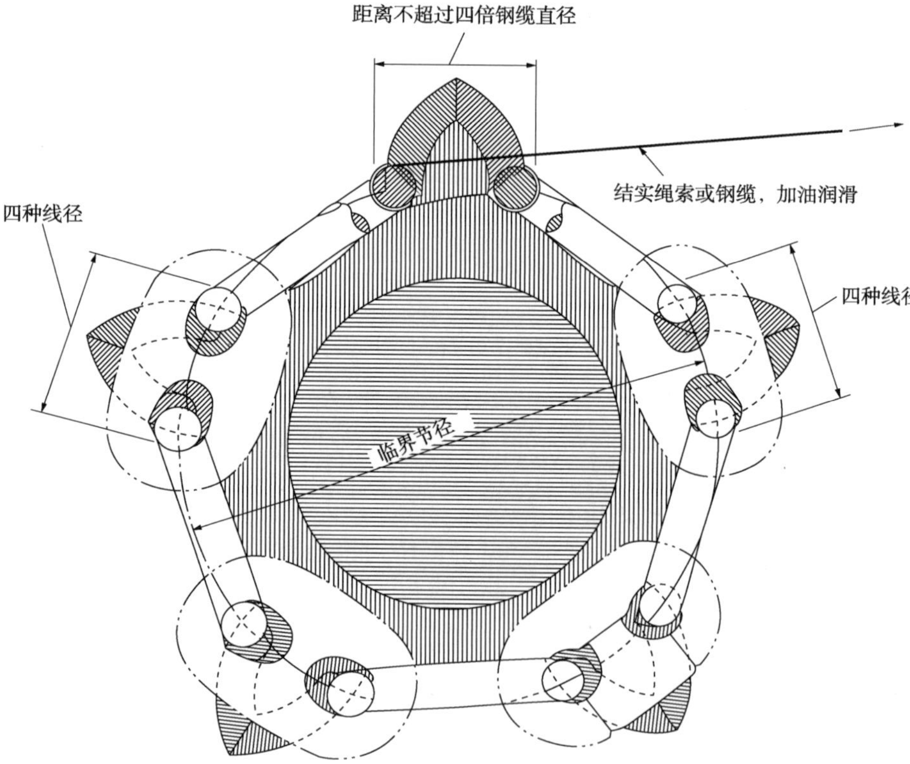

图 14-4　锚机链轮示意图

（三）横档松动或丢失

特征是链环横档实际松动或链环横档与链环之间的间隙过大，图 14-5 为横档松动和横档与链环间间隙过大示意图。

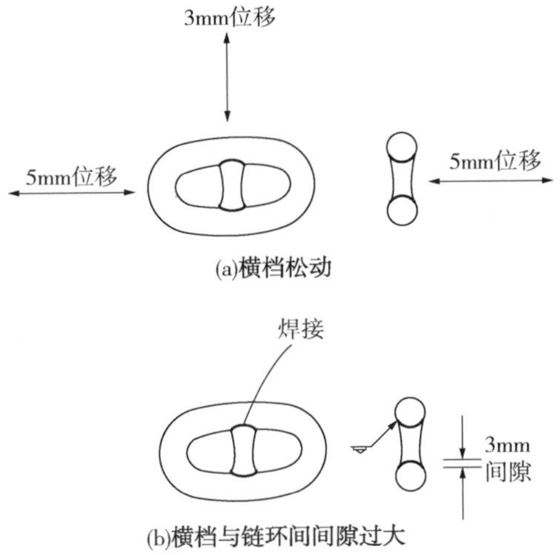

图 14-5 横档松动和横档与链环间间隙过大示意图

如果链环横档偏移或错位，会导致链环肩部裂开，如图 14-6、图 14-7 所示。

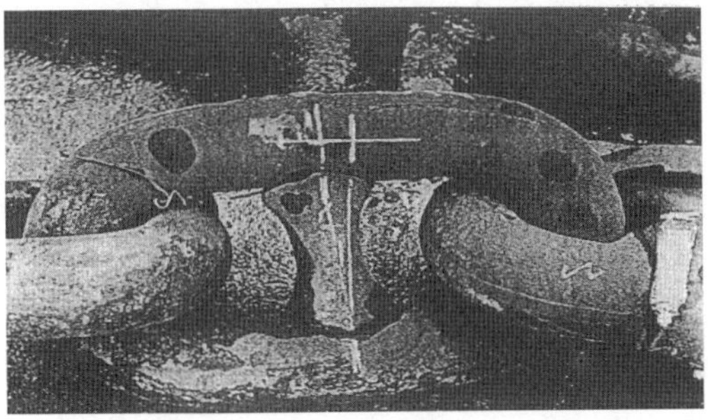

图 14-6 锚链链环横档偏移示意图

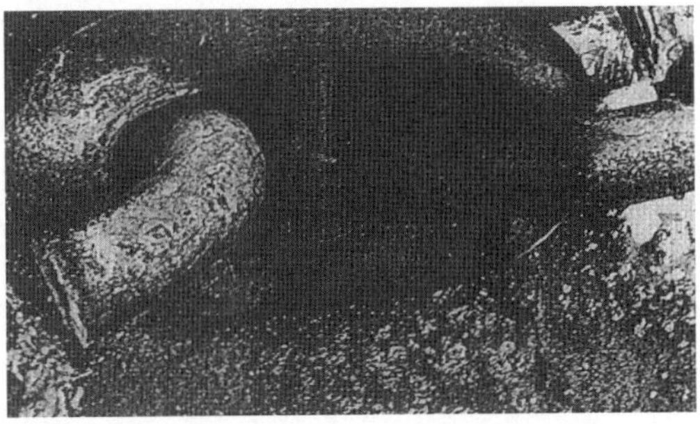

图 14-7 锚链链环肩部裂开示意图

在对接平焊链环中，当链环处于高压下时，松动或错位的横档会对链环焊缝施加应力，从而可能导致链环焊缝破裂。

1. 产生的原因

（1）链条生产初期质量控制不佳。

（2）链条张力超过额定载荷。

（3）拖着锚链经过海底障碍物。

（4）使用链条尺寸的棘轮型号不正确。

（5）高负荷张力下的锚链扭曲。

2. 针对性地采取的修理措施

（1）检查棘轮的磨损情况。

（2）检查锚链张力记录，检查锚机张力测量系统的校准。

（3）经认可的专业公司对横档进行压制或重新焊接。

第二节　锚链专业检查

一、检查内容

锚链应检查以下内容。

1. 一般表面状况

(1) 点蚀。

(2) 链环本体上的疤痕、槽痕和锋利边缘。

(3) 链环本体上的划痕和裂纹。

2. 闪光对接焊对准

3. 闪光对接焊开裂

4. 横档对齐和固定

5. 横档焊接

是否存在咬边、焊缝不完整、焊缝开裂的问题。

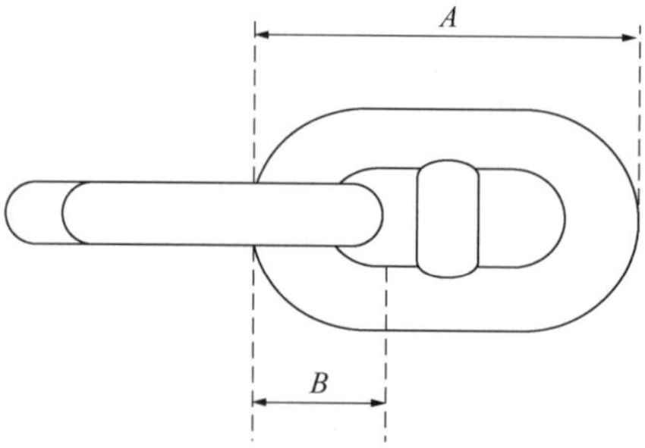

图 14-8　测量链环示意图

6. 链环本体尺寸缺损

如图 14-8 测量链环示意图所示。

(1) 测量值 A，链环长度与制造商规格比较，判断受力拉伸变形情况。

(2) 测量值 B，链环连接处与制造商链环杆直径尺寸进行比较，判断链环连接处的磨损情况。

7. 五节链环长度测量

可快速评估锚链链环是否存在拉伸变形。

二、锚链专业检查类型

(一) 超声波检查

通常对以闪光对接焊接的方式锚链进行隔五节或 20% 的所有锚链进行超声波检查，重点是横档隐藏的区域。

(二) 磁粉探伤(MPI)

取样区域用于检测表面裂纹和可疑的对接焊区域或横档焊区域，如图 14-9 所示。

图 14-9 阴影部分(▨)区域需使用磁粉检测技术进行检查，其他区域应进行目视检查。与锚链连接卸扣的设计不同，磁粉探伤的区域可能会有所不同。图 14-10 为锚链连接卸扣磁粉探伤区域示意图，对方形部位(□)进行磁粉探伤。对于肯特环，要特别注意所有机加工面和研磨面，链环横档需关注机加工面。

图 14-11 为链环弯曲变形测量示意图仅供说明之用。测量弯曲变形时，链环的中心平面(示意图上 A-A 线)用作测量变形的参考平面。

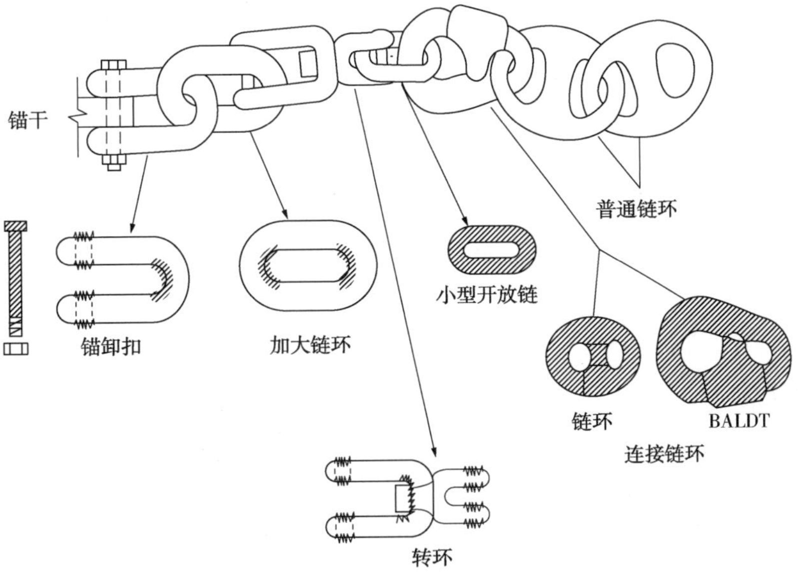

图 14-9　锚链连接链环检查示意图

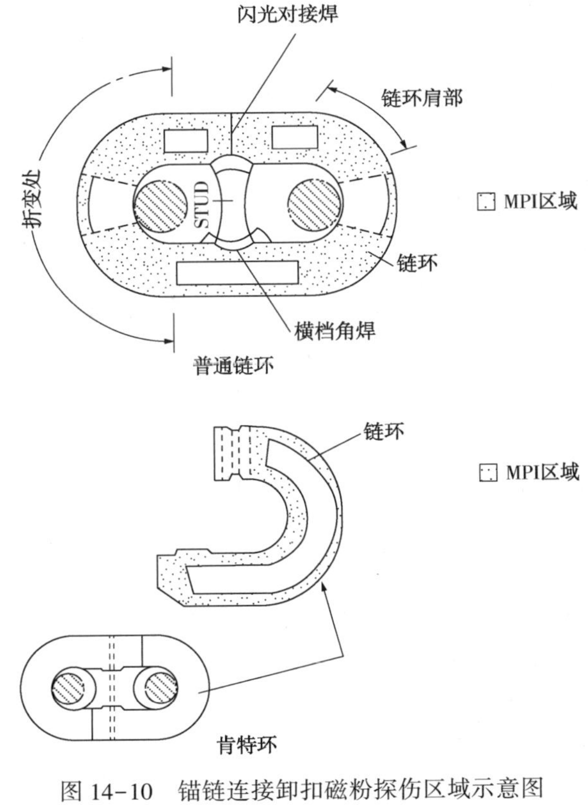

图 14-10　锚链连接卸扣磁粉探伤区域示意图

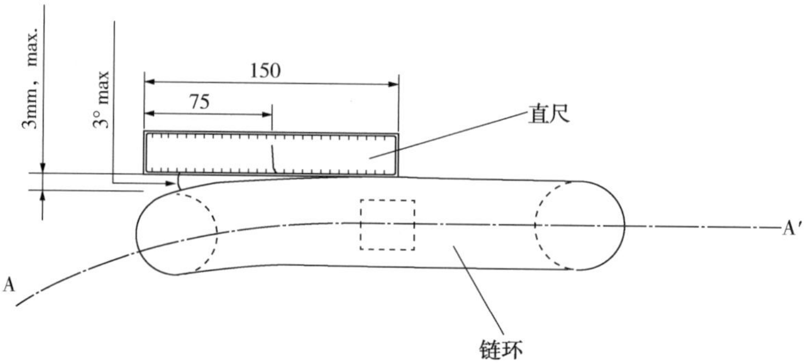

图 14-11 链环弯曲变形测量示意图(单位：mm)

（三）硬度测试

锚链的硬化在锚链使用一段时间后会产生，并影响整体强度和抗断裂能力，使用后硬化的量取决于以下一个或所有因素。

（1）服务使用年限。

（2）过度的工作应力-过度张力，扭曲循环张力负载。

（3）过低的温度。

硬度与脆度和最终的脆性断裂有关，有专门测量金属材料硬度的仪器。测量是在选定链环的肩部和平对接焊缝上进行的，获得最大值和最小值的读数。然后将这些平均值与锚链制造商的质量控制数据进行比较，以确定变化的程度。监测机构在与船级社和船东协商后，对锚链是否需要重新加工、报废或继续使用作出定性判断。

三、锚链横档检查及锚链修复

（一）横档损坏类型

典型的锚链 K4/K3(钻井平台)横档设计(横档未焊接的设计)，横档是特殊形状的，可以紧贴链环的轮廓，有这种设计的锚链链环，横档容易松动，即从其原始安装位置离开锚链并从链环上脱落。

1. 横档灭失

没有横档的链环会造成很多问题，因此，应拆除连接或者以满足规定的松动横档标准的方式重新安装横档。

2. 横档松动

横档在连接的纵向运动±4mm 是可以接受的，前提是横档在远离其原始位置时没有实际的脱落可能。纵向松动的横档：

（1）横档移动 1mm 以内是可以接受的。

（2）大于 2mm 的螺柱移动是不可以接受的。

（3）在规定的周期内，横档移动 1~2mm 是可以接受的。

常见的 K3/ORQ 型横档设计(横档通过角焊缝方式固定的设计)，这种横档设计，当角焊缝破裂时，横档很可能会远离其原始位置并从连接中脱落。

3. 横档角焊缝破裂

应遵守横档松动的验收标准，并重新进行横档角焊。

注：验船师可接受这些均不符合上述验收标准的松动的横档及/或有裂纹的横档角焊，直至下一次中期检验。

（1）验船师认为，在正常的起抛锚作业中，横档不会被挤出链环。

（2）横档纵向移动小于 1mm。

（3）由负责的船员每隔一段时间(例如每次钻井平台移动时)检查有问题的链环是否缺少横档，并将结果报告给相应的验船师。

（4）如果闪光对接焊的链环有完整的横档角焊，但横档和链环之间有明显的间隙，那么这个间隙应该减小到零，因为当锚链在导向轮上高速运行时，由于震动，横档焊缝最终会破裂。

注：横档两端的角焊不是修复松动螺柱的可接受方法(不允许用横档角焊代替闪光对接焊)。

如果发现有的链环两端有横档角焊，则需要特别考虑。在给予特殊考虑之前，通常需要对闪光对接焊产生的裂纹和机械性能下降进行特殊检查。

（二）锚作导致的链环损坏

1. 导向轮损坏/肩部磨损

链环肩部磨损是 ORQ 级和 K4 级链条中最常见的操作损伤形式，损坏的程度可能因链而异，并且在很大程度上取决于链和棘轮/导向轮之间的相互作用，以及棘轮、棘爪的磨损程度。表面的明显变形，在变形区域周围产生可见的、可触摸的毛边，必须通过磨边修复。

2. 在弯曲处的磨损

另一种常见的操作损坏类型是链环弯曲内部的磨损，损坏是链环和导向轮之间接触面的冷工造成的，并可能导致严重后果。在许多情况下，断裂出现在旧的 ORQ 链环这个部分，并且由于弯曲磨损的结果，与低抗震动性的材料相结合，在链条检查中经常注意到的冷工程度往往使链条表面变脆，链环脆弱的表面层非常容易形成裂纹，这可能会导致链环断裂。图 14-12 为横档允许偏差示意图，表 14-2 为横档允许偏差值。

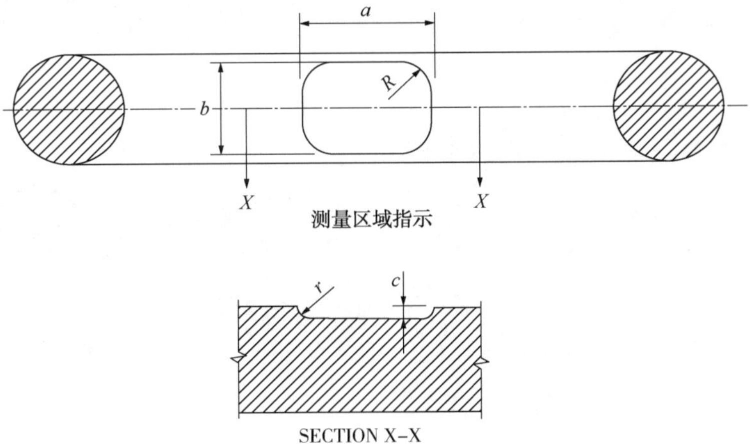

图 14-12　横档允许偏差示意图

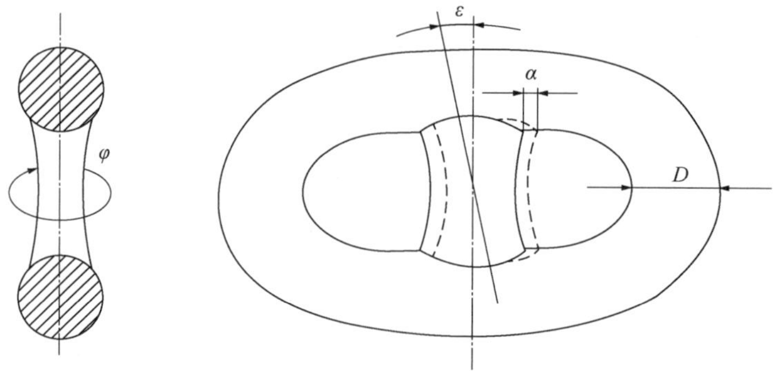

图 14-12　横档允许偏差示意图(续图)

表 14-2　横档允许偏差值

横档位置	误差
偏距(α)	0.10D
偏角(ε)	± 4°
扭角 (φ)	± 5°

(三) 锚链横档的修复工艺

1. 修复

横档松动或灭失可以使用相关修复工艺更换或修复，详细过程如图 14-13 所示。

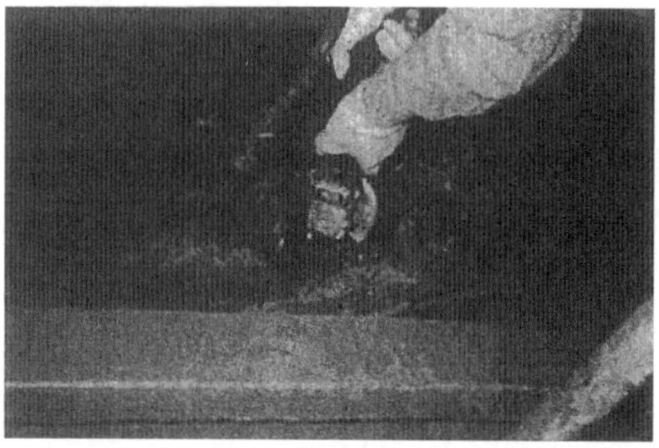
(a)

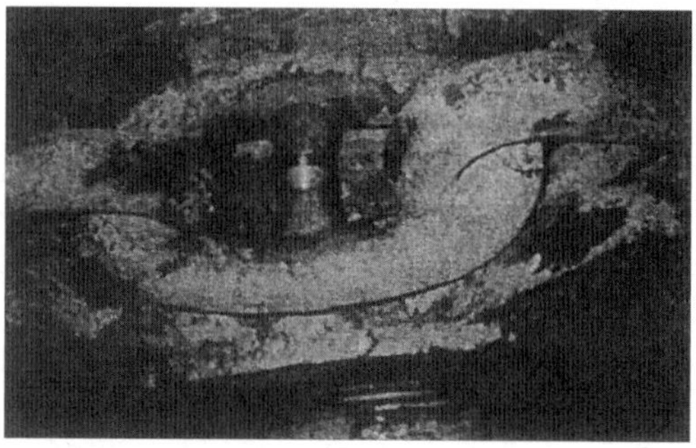
(b)

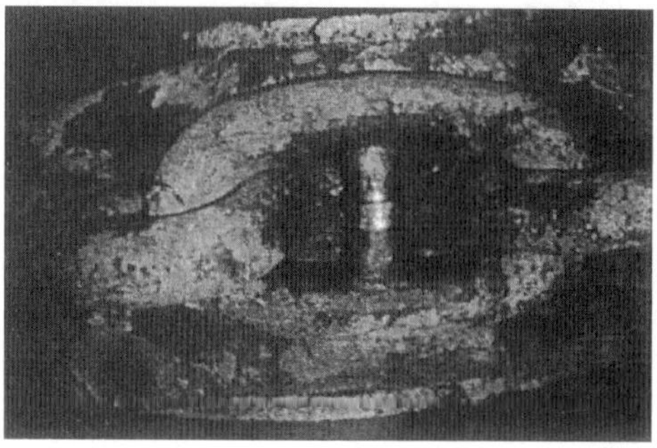
(c)

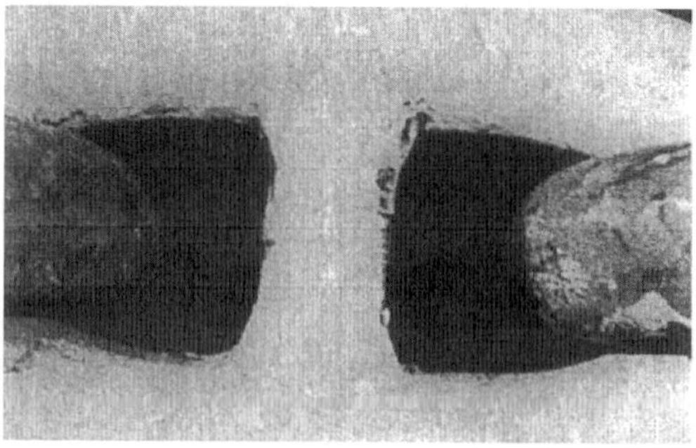
(d)

图 14-13　锚链横档修复工艺示意图

(1) 旧的横档用乙炔吹除。

(2) 吹掉残余焊渣，为新横档留出正确空间，并在两端用钢塑复合材料将横档位置锁定，确保固定横档和防腐。

(3) 用锥形垫片压块做最后的固定，也可以点焊垫片作为双保险手段。

(4) 将新换的横档涂上防腐漆。

2. 安装

链环横档安装如图 14-14 所示，具体步骤和要点如下。

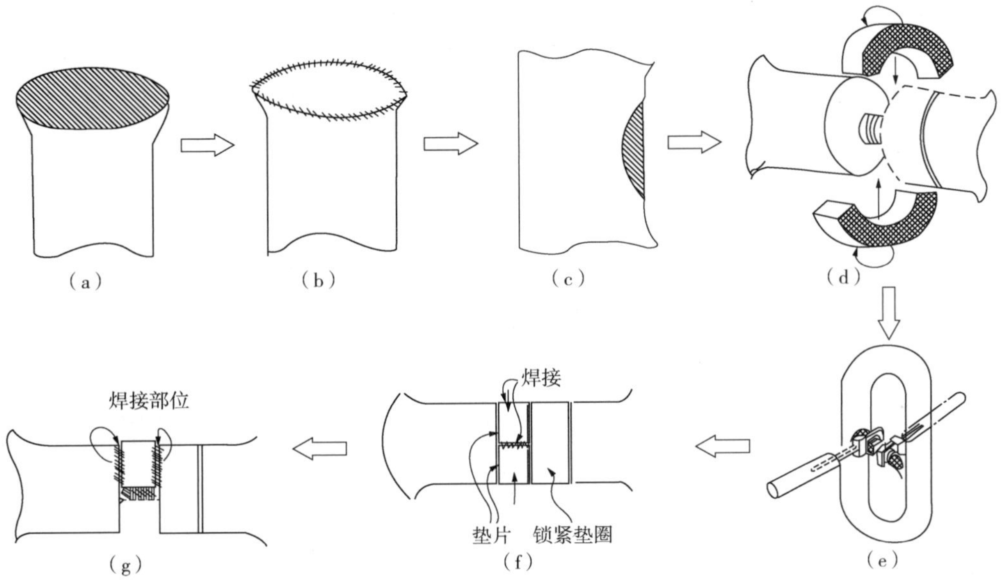

图 14-14 链环横档详细步骤

(1) 两段横档阴影区域需打磨。

(2) 边缘部分倒角成 45°。

(3) 链环上的准备更换横档的区域，需磨除旧焊渣和链环表面铁锈或氧化层。

(4) 检查垫片，经步骤(1)～(3)将横档放入预定位置，装入垫片，如果太紧可打磨少许固定横档表面。

(5) 将横档放到正确位置，首先手动拧紧，其次使用两个 12ft 的管钳上紧，最后使用加力杆固紧。

(6) 固定垫片，链环横档完全拧紧后，插入准备好的垫片，如使用两个垫片，则在垫片的连接处进行焊接(横档的两侧)。

(7) 如使用一个垫片，则如图(g)所示位置进焊接固定。

最后不要忘记使用高质量防腐漆，将链环表面涂成亮色，并将横档的位置记录在设备使用保养记录中。

四、锚链修复技术要求

参考中华人民共和国船舶行业标准 CB/T 4161—2011《锚链修理技术要求》适用于船用

电焊锚链和钢质锚链的修理，规定了船用锚链勘验、修理、试验与验收等技术要求。

（一）勘验

（1）将锚链全部整齐摊开后进行除锈，检查各链环、斜口及转环的蚀耗、裂纹、弯曲、变形等情况。

（2）检查锚端转环磨耗情况。

（3）选择每节锚链中磨损比较严重的10个链环进行测量，予以记录，计算出平均链径，以决定是否进行修理或者换新。

（4）检查链环横档有无松动及脱落。

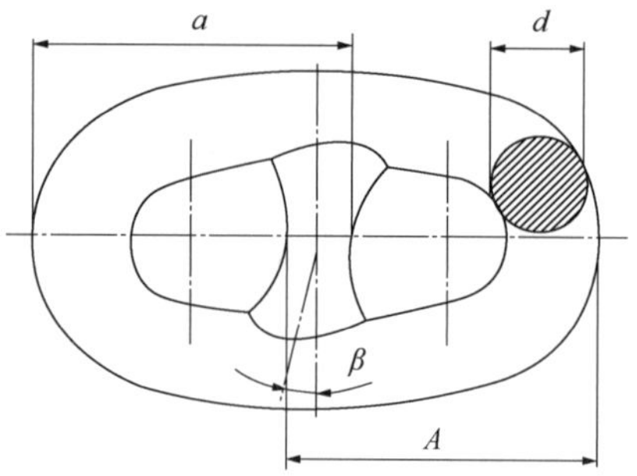

图 14-15　链环横档位置

（5）测量链环横档的位置。链环横档应位于链环的中心，并与链环各边成直角，如图 14-15 所示，其安装公差应符合心理要求。

① 最大中心偏移 X 为链径的 10%，X 按公式(14-1)计算：

$$X=(A-a)/2 \qquad (14-1)$$

② 最大偏离角度 $\beta \leqslant 4^\circ$。

（二）修理

（1）错链的任一链环磨耗腐蚀后的平均直径不应小于其原始尺寸的 88 %。对船龄较老的船舶，经船级社验船师同意，可适当降低要求。对有超耗链环的链节，如果不能及时更换，经船东提出，船级社验船师同意，允许将其换装在最后一节，临时使用。

（2）链环上若有裂纹，应将裂纹消除，不应存留产生应力集中的凹痕。若裂纹消除后，链环的平均直径小于4.1的规定时，应予以堆焊修补或换新。链环堆焊后，应打磨焊缝表面，使之圆滑过渡到本体，焊缝余高不应高于本体1mm。对远离链冠部位的打磨深度允许放宽，但不应超过链径的5%。

（3）堆焊应采用低氢型焊材料，链环材料含碳量超过0.27%时，堆焊后应进行退火处理，并做无损探伤检验或拉力试验。

（4）电焊锚链链环有明显弯曲、变形时，允许采用火工校正，修理后视情况进行无损探伤检验或拉力试验。

（5）链环的横档松动时，允许只将一端焊牢固定。个别链环横档脱落时，允许采用相同规格满足规范要求的圆钢装配，并予以焊牢，并用着色探伤或磁粉探伤检验。

（6）铸钢链环上发现气孔或砂眼时，允许对其进行焊补后使用。必要时，焊补后进行退火处理，并做无损探伤检验或拉力试验。

（7）锚链卸扣横销因磨损严重需要换新时，应在配妥横销后，再配制新的固定销。

（8）锚链连接环松动和磨蚀严重时，应予以换新。

（9）为延长锚链使用寿命，可根据船方要求进行调头、调节组装。若只调换个别不合格的链环或断裂的链环横档，经船东或船检允许可不做无损探伤检验或拉力试验。

（三）试验与验收

国内很多老旧钻井平台，入外国船级，如 ABS(美国船级社)、DNV(挪威船级社)等，因相关检验按国外船级社规定进行，与国标或中国船级检验标准并未完全一致，请根据实际情况参照执行。

（1）锚链修理后，通常采用着色探伤或磁粉探伤检验，必要时可采用其他无损探伤检验。着色探伤检验按 GB/T 18851 的规定进行，磁粉探伤检验按 GB/T 15822 的规定进行。

（2）锚链若需进行拉力试验时，其试验拉力负荷均应按新制锚链名义尺寸试验拉力的 80%计取，新制电焊锚链拉力负荷按 GB/T 549 的规定，新制铸钢锚链按表 14-3 选取。

表 14-3　铸钢锚链拉力负荷　　mm

链径	铸钢锚链 M2	铸钢锚链 M3	链径	铸钢锚链 M2	铸钢锚链 M3
20	175	244	90	2920	4090
30	368	514	100	3530	4940
40	640	896	111	4250	5940
50	981	1370	120	4850	6810
60	1380	1940	130	5570	7800
70	1840	2580	142	6450	9030
81	2410	3380	152	7220	10100

注：链径中间数值拉力负荷采取插值法取值。

（3）锚链除末端卸扣与锚一起做拉力试验外，其他附件如连接环、转环、加大链环等，均应按 GB/T 549 的规定进行拉力试验。进行拉力试验时，锚链应摆放平整，不应有搓扭。

（4）拉力试验后，检查锚链的外形及尺寸有无变化，检查各链环间相对转动的灵活性。

（5）锚链及其附件进行拉力试验后，若发现链环有断裂、变形等情况，应根据实际情况对其进行更换或修理，并重新进行拉力试验。

（6）锚链经无损探伤检验或拉力试验合格，应出具检验报告。

（四）锚链涂漆和标志

（1）锚链按 GB/T 553 进行涂漆和标志。

（2）锚链的涂漆和标志应经船方确认。

第三节　锚链检查程序

为了便于目视检查每条锚链，最简单的方法是当船舶在遮蔽水域排出压载水时进行检查。

需要三个人，一个驱动绞车，两个在锚链支架上，一边一个。

从锚架开始，锚链慢慢下降到末端，锚架上的人在锚链经过时目视检查每个链环的每一面。

在各种要求的时间间隔内，可以停止绞进锚链，用适当的测量杆测量五个链环长度，用卡尺测量链环尺寸，检查横档并检查连接卸扣，如果有电动钢丝刷和热风干燥机，也可以进行 NDT(裂纹检测)。锚上架时，还可检查锚卸扣、连接卸扣和永久性的锚链环短索。

如果需要通过无损检测测试所有整根锚链，最好是在平静的水面上，在驳船或工作船甲板上将锚链全部拉出，放出整根锚链后，可以检查末端连接，包括锚链舱顶部与锚架之间的锚链段。

具体检查程序可根据实际情况做出变更，以下为某船级社推荐方案，仅供参考。

一、特殊期间检查锚链方案

锚泊系统的特殊定期检查是最全面的检查，涉及以下内容，并要求锚链通过专门设计的设备，此外，船级社要求锚链在平台大修期间的检查由专门批准的专业公司完成。

（一）检查范围

（1）100%目视检查链条。

（2）选定链环的磁粉探伤。

（3）100%拆解并检查所有肯特卸扣。

（4）所选链环的尺寸检测。

（5）如果认为有必要，因为锚作而导致的特殊问题，则进行长度测量。

（二）缺陷锚链环的记录文件

还要求将有问题锚链的所有可用文件提交给验船师，文件应包括以下信息。

（1）锚链产品证书。

（2）锚链首次使用的年份。

（3）显示链长度随时间运行的图表。

（4）关于任何锚链特征的信息。

（5）关于肯特卸扣的信息，如位置、使用时间证明等。

（6）锚链的身份识别。

（7）任何以前的检查和维修信息。

（8）关于锚链作业条件计划变更的信息，如锚链掉头等。

二、两年一次的链锚检查程序

（一）检查范围

（1）目视检查 100%。

（2）磁粉检测链环工作区域 20%或每 180m 锚链中 100 个链环选取 20 个，剩余锚链 10%或每 100 个链环中选取 10 个，在连接内肩处每 100 个链环选取 5 个。

（3）检测链环长度/伸长材料厚度/连接处的两个链环/5 个长链环/任何磨损区域。

（4）硬度测试(发证不需要)，仅由第三方公司进行的在摩擦区域和闪光对接焊区域上检测过硬区域的测试，F. B. W. 区域硬度的急剧变化表明制造不良，此时硬度异常，可使用研磨撇去 1mm 的材料，由于硬度是一种局部状态，硬度可能导致脆性开裂和随后的整个链环失效。

(5) 超声波检测(发证不需要)，对检查员方便的链环内部检查，超声波也可用于测量材料厚度。

(二) 不合格链环标准

需修复或不合标准的链环缺陷的定义为，由于其深度、形状和位置可能触发应力集中而导致的缺陷，缺陷并可能传播到整个链环失效故障。如果缺陷的位置是线性的与链环本身平行且没有应力集中，则可以接受，不可接受的缺陷列表包括以下情况。

(1) 标识不清。

(2) 横向线指示。

(3) 不良闪光处理。

(4) 高硬度测试读数。

(5) 尖锐的凿痕。

(6) 过多的点蚀。

(7) 横档有脱落的危险。

(8) 链环弯曲。

(9) 横档灭失。

(10) 横档偏移或移动，这是正常操作应力分布的显著不平衡。

(11) 角焊裂纹到横档，裂纹从焊缝到链环本体。

(12) 锯齿状角焊缝裂纹。

(三) 作业现场锚链检查方案

若浮式设施正在实施作业，只能在其锚泊模式内进行短距离移动，以便为钻井和海底设备提供服务，在这些操作中使用的锚链长度范围内可能会发现磨损和锚链退化，锚链接触海床的地方也可能会受到一些磨损，那么现场工作人员可以进行有限数量的检查，这些检查可总结如下。

(1) 链长是测量超过五个链环的长度，测量如图 14-16 所示。测量锚链的长度时，锚链应处于最小张力，对于直径 76mm 锚链的长度，正常五个链环长度应在 1714mm 至 1672mm 之间。如果认为伸长率超过最大允许长度 1714mm 的 10%是合理的，则应征求设施船东方的意见。潜水员也可以使用专用测量工具测量锚链水下部分的长度。

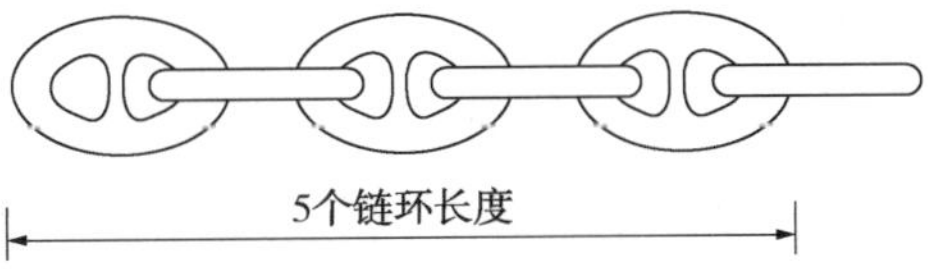

图 14-16 测量 5 个链环长度示意图

(2) 检查链环磨损情况，合适的轮廓测量工具或卡尺设置到适当的尺寸，可用于测量磨损在每个环节的不同部分(不是横档)，直径 76mm 锚链发现直径减少超过 10%应报告情况。

(3) 检查链环横档是否松动或损坏，如果发现横档松动，这可能表明锚链已经变形或遭受了一些机械损伤。查横档松动时，应仔细目视检查连接是否有毛刺、刮痕和明显的机械损伤。

(4) 检查锚机/绞车棘轮扣链槽的轮廓磨损情况，使用合适的测量工具，仔细检查扣链槽内磨损，扣链槽内材料损失会造成链环受力不均匀，导致链环肩部受损，这些保持垂直中心的扣链槽(垂直槽)应该处于良好的状态，肩膀上没有过度的材料损失或毛刺，尖锐的边缘和损坏的扣链槽轮廓会导致链环的机械磨损。

注意：特别是在冬季，当风暴和恶劣天气施加高负荷时，通过较低导向轮的锚链部分可能会遭受相当大的局部磨损，应定期派潜水员检查。

三、锚链操作、保养和存储注意事项

本注意事项节选某供应商体系文件，为锚链使用者提供使用建议及指导，以降低意外发生的风险，所有注意事项均来自长期经验和良好的工作实践。

（一）基本原则

了解制造锚链、附件和绞车设备的规格和要求。

（二）设备操作注意事项

（1）了解绞车/绞车设备的操作控制。

（2）一定要确保锚链按照控制显示的所需方向运行。

（3）确保锚链正确地定位在锚链轮和导向轮的棘轮上。

（4）绞锚期间一定要确保锚链不跳上链轮和/或导向轮。

（5）确保锚链在链轮和/或导向轮之间不遭受扭曲所造成的扭转应力，强烈建议在锚机和底部导向轮之间的锚链上旋转 180°，以避免链环的顶部在导向轮处产生不适当的三点弯曲应力。

（6）确保锚链不会因在锚机、导向轮不正确定位或其他因素而受到弯曲应力。

（7）请确保锚链轮/导向轮正确制造安装，特别是在链轮节径、底座直径、底座间隙、扣链槽尺寸、链槽宽度、对称性、硬度、偏差等方面。

（8）及时报告设备的任何故障。

（9）确保止链器不会产生任何局部过载。

（10）定期检查与链条永久接触的锚链轮部分和导向轮部分，检查磨损余量，防止系统出现故障。

（11）检查锚链和绞车的制造商是否使用正确的焊接材料，是否已经开始磨损，还是显示加速磨损，太硬的焊接材料可能会加速磨损锚链，完整的焊接程序和批准应寻求船级社的帮助。

（12）不允许锚链工作在锚链轮和/或导向轮时，槽宽超过链条正常直径的 1.65 倍。

（13）不允许链条工作的锚链和/或导向轮，少于 5 个扣链槽。

（14）不要使用圆形导向轮，因为可能引起意外载荷，如三点弯曲应力和/或链环弯头上的应力，可能对设备的疲劳寿命有害。

（15）不允许任何链环在导向轮处跳链使用，同样可能对疲劳寿命有害。

（二）锚链维护注意事项

（1）当在附近进行此类工作时，请确保锚链不受焊接或电弧损坏。

（2）按照船级社的建议或指示，定期检查锚链，特别是在链轮和导向轮上移动的部分，并及时报告新发现，对链条上的任何永久性标记或损坏进行记录。

（3）在定期检查锚链时，要特别注意横档固定，建议应遵循××船级社关于横档固定的规定。

① 横档相对链环横向移动≤1mm 可以接受。

② 横档相对链环横向移动 1~2mm 可以接受。

③ 横档相对链环纵向移动 8mm 接受。

保持记录横档移动的记录。

（4）如果由于不可接受的横档移动，实施了横档固定程序，确保该程序如下。

① 经船级社认可的。

② 不会产生额外的应力，从而导致锚链断裂或锚链失效。

③ 避免产生横档过早腐蚀的条件。

（5）在进行定期链条检查时，要注意海床上的锚链可能已被 H_2S 或其他化学物质污染，可能导致局部腐蚀，影响钢材的完整性。

（6）在对锚链进行任何修理之前，务必通知制造商。

（7）保留对锚链和设备的检查及任何修理的记录。

（8）不允许将锚链用作焊接平台。

（9）不要让锚链接触带电的焊条。

（10）不要在靠近锚链的地方进行工作，如切割炬、电弧气设备等。

（三）保养服务注意事项

（1）及时报告任何异常性能或锚链损坏。

（2）保持锚链工作条件的记录。

（3）对链环接触部位时间进行记录，包括止链器、导向轮、链轮等。

（4）一定要了解钻井平台和锚链所设计的环境条件限制。

（5）根据船级社的设计和规则，务必了解锚链的最大工作负载环境。

（6）请注意，锚链是为轴向负载而设计和测试的产品。

（7）务必使用动态刹车。

（8）避免任何冲击载荷，这对锚泊链/缆是有害的。

（9）定期检查肯特环和卸扣位置是否正确。

（10）务必了解海床情况，以免损坏锚链。

（11）一定要注意悬链的形式，以避免在锚链离开链轮和导向轮组合时出现任何意想不到的额外负载，对锚链疲劳寿命有害。

（12）不允许在松弛的锚链上施加冲击载荷。

（13）工作时不要让链条跳过扣链槽，如果发生这种情况，应该记录下来。

（14）不要让链条以超过设计允许的速度放出或绞紧。

（15）不要使用处理不当的锚链。

（16）不允许锚链超出其环境设计限制。

（17）在没有检查锚链之前，不要让锚链在捞锚环可能损坏锚链后继续工作。

（18）如果锚链在使用过程中所承受的负荷超过了最大允许负荷，在没有首先检查之前，不要让锚链继续工作。

（19）不允许链条加载轴向载荷以外的载荷，并始终在其设计限制范围内。

（四）正确使用注意事项

（1）一定要检查链条是否处理得当，以避免出现链条打结等问题，因为这些问题会使链条应力过大。

（2）正确使用捞锚环，以免损坏链条。

（3）请将锚链储存在适当的条件下，以避免腐蚀、磨损或受到其他有害影响。

（4）定期检查锚链舱，确保淤泥和水位不会腐蚀锚链。

（5）不要让锚链以使横档承担全部负荷的方式悬挂。

（6）不要用锤子、凿子或其他可能造成压痕的工具敲击锚链。

（7）不要使用链环作为铰链连接，这可能会引起负载，其设计不是为应对摩擦和材料磨损。

（8）请勿与锚链上或其附近的酸或其他有害产品一起工作。

（五）保持记录注意事项

（1）至少每天保存有关锚链工作和环境条件的记录。

（2）对系统可能出现的故障进行记录。

（3）保留任何更换锚链的记录，这对于锚链制造商来说能够重建链条的历史非常重要。

（4）保存锚链检查、维修等记录。

第四节　钢缆检查和维护保养指南

一、锚泊缆的检查

视觉检查内容及其原因如下。

（一）磨损

最明显的损坏是磨损，即钢缆在一些坚硬的表面上摩擦，其特点是外表面的金属材质的损失，仔细检查会发现顶部已经被压平，精确的测量可以发现绳子横截面的损失，这可能是钢缆在艉滚筒或挡货栏杆上的粗糙表面上摩擦或沿着海底拖动造成的，也可能表现为钢缆的一侧有平行的疤痕。通常是滚筒上不正确的排缆和随后的高张力造成的严重的局部材料损失。

（二）挤压和变形

如果钢缆外形被压扁或在其横截面上形成一个空洞，这种类型的扭曲是明显的，不太明显的挤压迹象是钢缆绳股上平行路径的断丝，这可能是使用略小的限制缆的滑轮造成的，当钢缆在挡货栏杆上或在止缆索处急剧弯曲时，施加高张力会引起明显的挤压。

（三）断丝

钢缆内部出现断线可能有明显的原因，如局部机械损伤、挤压、磨损/摩擦。不太明显的原因可能是钢缆达到其工作寿命而导致的弯曲疲劳断裂，钢缆承受极端载荷而导致的张力断裂，以及钢缆损耗而导致的腐蚀断裂。

在钢缆中钢丝断裂的地方有相当大的意义，下列地方应加以仔细检查。

（1）在正常拖带长度范围内的部分钢缆。假设一艘拥有 1000m 钢缆的船正在进行常规的油田拖带，那么距离外端 300~500m 和 700~800m 的部分可能是正常的拖带范围，因为钢缆位于栏杆、尾滚筒和限制缆位置的路径上。

（2）与上述各部分钢缆相关的是，在上述范围内布置拖缆时，还要看一下紧挨着的和下面一层绞车滚筒上的钢缆。

（3）靠近索接头及其后面的部分钢缆，长度约为一个甲板长度。

如果出现断丝的区域没有明显的机械损伤（切割/剪切或摩擦），用海图放大镜仔细观察断丝的末端，将能发现产生断丝的一些原因，如图 14-17 所示。

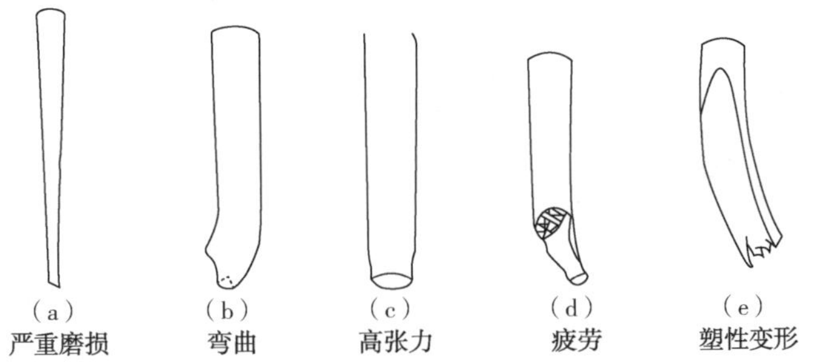

图 14-17　断丝截口类型

另外一些断丝表现的形式则表明钢缆的损害由特别的原因引起，如图 14-18~图 14-22 所示，钢缆损坏由不正确排缆所导致，如图 14-18 所示，主要由下列原因引起：①层与层之间挤压；②钢缆与钢缆的交叉口或与滚筒刮擦；③钢缆受高张力。钢缆受到滚筒的挤压，钢缆已经变形，如图 14-19 所示，钢丝从正常位置移位，通常钢缆刮擦自身也能产生这种效果。钢缆受高张力而导致断裂示意图，如图 14-20 为常见的高张力断裂后表征，通常是过载的结果。

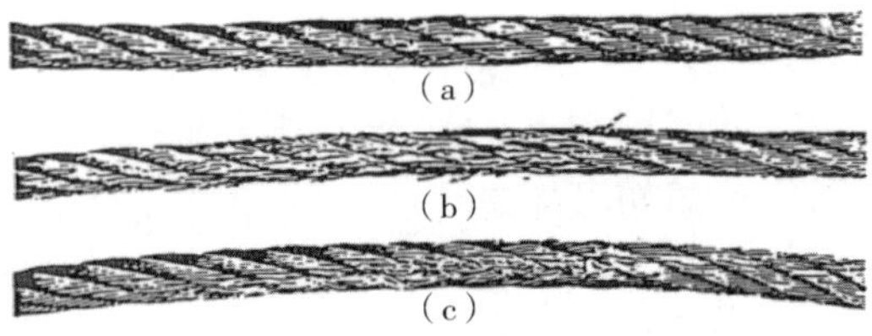

图 14-18　钢缆损坏示意图

图 14-19　钢缆受到滚筒的挤压

图 14-20　钢缆受高张力而导致断裂示意图

钢缆爆芯，如图 14-21 所示，可能是由张力的突然释放然后钢缆在过载状态下的反弹引起的，钢缆绳股将不会回到其原来的位置，这些情况也可能是钢缆在比较窄钢缆槽中运行造成的。

图 14-21　钢缆爆芯示意图

钢缆呈鸟笼状，如图 14-22 所示，这种情况，通常是由张力的突然释放和钢缆在过载状态下的反弹引起的，钢缆绳股将不会回到原来的位置。

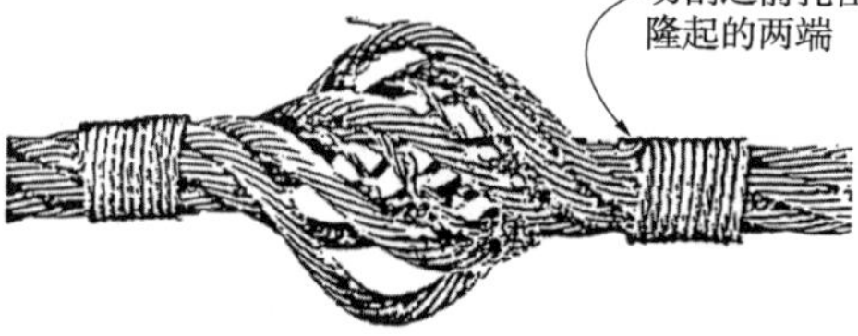

图 14-22　笼状畸变示意图

（四）褪捻/变形

如果发现钢缆的正常编织方式因内芯的部分裸露突出或外芯的局部突出而受到干扰，而没有明显的机械损伤，则这种损伤可能是由严重的冲击载荷引起的，并且钢缆的金属结构可能遭受了相当大的损坏。如果钢缆的编织模式明显地和永久地受到干扰，那么这些变形的钢丝将导致该部分钢缆的负载分布不均匀，使某些部分过载，而其他部分承载的载荷低得多，这将导致钢缆承载能力的相当大的退化。

在海水中工作的钢缆易受腐蚀，镀锌和润滑油起到保护钢丝的作用，一旦锌保护涂层丢失，润滑退化，腐蚀就会加速。腐蚀导致钢缆面积(金属横截面)的损失，损失的材料越多，钢缆越脆弱，仅看明显生锈的外观可能没有多大意义，但使用电动钢丝刷清除钢缆的所有铁锈杂物后将显示绳股面积损失的全部程度。

如果在清理完铁锈和杂物后，外层钢丝绳股之间出现缝隙，下面的钢丝绳层暴露出来，可见，腐蚀相当严重，钢缆可能已经达到其使用寿命的终点。

（五）弯曲、扭结、波浪状变形

在钢缆展现出部分明显扭曲的地方，当钢缆松弛时，由于弯曲半径过小，冲击负载，扭转不平衡，周期性加载(极限张力-松弛)，造成的变形可能会消失。当钢缆收紧后绳股可能会遭受相当大的变形，不仅承受负载能力会下降，而且由于负载不平衡，其他相邻绳股和钢芯可能也会超载。

（六）末端损坏

1. 损坏类型

紧挨着索接头或套圈的钢缆部分或其颈部应仔细检查是否有下列类型的损坏。

（1）钢缆末端有严重腐蚀。

（2）在索接头或套圈附近有断丝。

（3）金属索接头套圈颈部的裂开。

（4）从索接头和套圈中钢缆拔出。

2. 损坏原因

（1）未涂抹润滑油或将拖缆的末端配件垂直向下悬挂在绞缆机导向结构外，导致雨水和飞溅海水沿着钢缆向下流动，并在末端颈部聚集，造成局部严重腐蚀。

（2）在连接/断开拖带连接时，或在布置/回收拖带装置时，当拖带装置不对中导致末端配件被拖过挡货栏杆、舷尾挡销或拖带挡销时，遭受冲击载荷或高张力下严重弯曲。

（3）弯曲/拖曳拖缆，使其与套圈或索接头的轴线偏离方向，或在高张力下将套圈，或索接头硬塞进止缆器(叉形或钳形)。

（4）严重过载或不正确的索接头安装程序。

二、锚泊缆检查程序

（一）专业检验-无损检测

有一些技术和机械可用于使用依赖于电磁系统的无损检测方法检查(在用)钢缆。使用这些技术的目的和结果是识别钢缆内部和外部的局部损坏，如断丝，并确定与钢缆新状态相比，钢缆因磨损和腐蚀而损失的金属横截面积，这是用来帮助确定钢缆还有多少使用寿命。

应该记住，无损检测不能代替仔细的目视检查。

（二）取样/测试负载

使用专业测试公司定期对一段钢缆进行负载测试是有好处的，这是最方便的方法，切断 10~15m 的绳子末端，送去测试，同时重新确定末端配件。

测试工厂将彻底检查绳子。将测试部分拉至破断，并拆除部分进行内部检查，将获得与原始钢缆规格进行比较的有用数据，但结果应谨慎使用，因为该端段的条件不一定适用于整根钢缆。

三、锚泊缆报废标准

在决定拖缆是否应该继续使用时，可以采取一些合乎逻辑的步骤：①确定任何损坏或磨损的程度和位置；②将损坏或磨损与现行标准进行比较，以决定钢缆是否可以“掉头”修复或报废并更换。

在下列情况下钢缆损坏，除非在钢缆最后末端，可以切断和缩短及重新加工索接头，通常在一个明确的情况下需要更换。

（一）明显需要更换的情况

（1）钢缆严重扭曲导致其外形变平或扭结，此类变形会造成钢缆的弱化和负载分担不平衡，达到这样的程度，最好更换。

（2）端部损坏或端部接头损坏导致套圈裂开、套圈破裂、套圈方向被拉扯或扭曲，切断钢缆，重新做头。

（3）褪捻、散股、钢芯外露，任何破坏绳股均匀结构的情况，都可能导致张力下的负载分布不均匀，从而使钢缆变弱，应采取更换钢缆的措施，切断钢缆的部分、缩短钢缆或掉头使用。

（二）断丝量化标准

从实践的角度来看，最困难的决定涉及由于断裂和磨损/腐蚀类型的损坏而失去了多少强度，GB/T 8918—2006 重要用途钢丝绳和 API RP21 规则是一个合理的指南，从断丝的数量和分布决定可接受的损害程度。

1. 钢缆断丝均匀分布

（1）最大允许数目-6×36 级钢缆，在 6.5 倍钢缆直径(1 捻距)长度内 13 根断丝分布于若干外面绳股中。

（2）最大允许数目-6×41 级钢缆，在 6.5 倍钢缆直径(1 捻距)长度内 17 根断丝。

（3）钢丝成组断裂，每股最多允许 5 根外部钢丝断裂(6×36 级钢缆)。

（4）最大允许数目 6×41 级钢缆，每股最多允许 6 根外部钢丝断裂(6×41 级钢缆)。

2. 末端断丝

在距离末端 300mm 的范围内最大允许(6×36 级钢缆)-5 根外部断丝，在距离末端 300mm 的范围内最大允许(6×41 级钢缆)-6 根外部断丝。如果末端附近的钢缆损坏(在 300mm 范围内)，切断 5m，如果钢缆完好，则重新连接。

3. 磨损和腐蚀

这两种情况都会导致横截面积的损失，从而引起强度的损失，在腐蚀(彻底清洗后)或磨损的情况下，这导致 6×36 级的外面钢丝面积损失 35%，6×41 级的外面钢丝面积损失 40%，那么钢缆应该停止使用。

4. 直径的损失或缩小

如果一根钢缆的直径下降超过其原始规格的 6%，则应停止使用。

5. 直径增大

严重腐蚀的钢缆直径的增加可能表明由于腐蚀和结垢的影响，芯股和外股的内部严重老化，在这种情况下，只有非常彻底的检查才能发现损坏的全部程度，但钢缆使用时应谨慎对待。

四、插接、浇筑和切割工具的使用

就像现代海上生活许多方面一样，“铁笔水手工艺(Marlin Spike Seamanship)”并没有像岸上人们期待的那样被水手们频繁地练习，即使在海上油田拖轮和锚作船上，布置和操作重型索具也不常见，浮式设施上更难找到熟悉操作人员。

某种程度上是因为使用的钢缆太粗重，插接直径 83mm 或更粗的工作缆特殊用途的缆绳需要很高的技巧、练习和很完善的设施，更不用说所需要的甲板空间了。但是必须能插接直径不超过 50mm 的钢缆和能制作直径 76mm 的可用的琵琶头(眼环)。使用合成树脂材料浇筑工作缆和主拖缆索接头是浮式设施甲板水手基本技能要求。制作粗大的合成缆不是非同寻常的任务，使用正确的弯曲走向和系节技巧是基本水手工艺的一部分。

(一) 眼环制作

(1) 绞车(Tugger)钢丝、工作缆、穿芯箱型浮标和类似的钢缆都需要不时地进行眼环插接，所示的眼环接头既安全又实用，可以与常用的索具一起使用。用钢缆夹头制作钢缆眼环(索接头)，如图 14-23 所示。钢缆夹头应按图 14-23(a)安装在所示的钢丝绳上，而不是按图 14-23(b)所示安装在钢丝绳上，夹头应始终安装在绳索的工作部分上，钢缆夹头应安装在绳尾或切断的一端，夹头不应在绳子上交替位置。作为一项安全措施和确保最佳效果，在使用一段时间后重新拧紧所有夹头是很重要的，由于钢丝绳在负载下的压缩，夹头有松动的趋势。

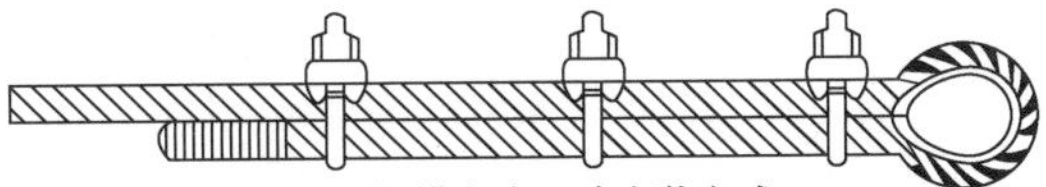
(a) 钢缆夹头正确安装方式

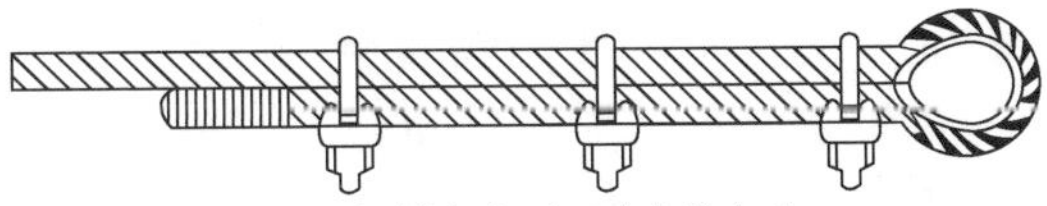
(b) 钢缆夹头不正确安装方式

图 14-23　用钢缆夹头制作钢缆眼环(索接头)示意图

小绞车钢丝的两端(工作端)插接在应该优先使用钢缆夹头，因为这一端将经常缠绕在绞车滚筒上，并覆盖有引绳等，一个整洁的眼环可以防止钢缆压在钢缆夹头上。

(2) 在钢缆眼环制作成功后，用三只钢缆夹头夹住绳头防止滑出，钢缆夹头的位置如图 14-24 所示，夹头不要压住钢缆末端，要用 U 形栓压住。

像这样的钢缆索接头参看图 14-24，技术熟练的水手能在很短时间内完成，每个甲板水手应该熟练掌握这种非常有价值的制作方法，浮式设施应该携带所有使用钢缆的钢缆夹头(最好每个规格备六只)，如锚短索、穿芯钢缆、工作缆和主拖缆等。比较粗一点的钢缆，直径 58mm、64mm、68mm、70mm 和 76mm 可能是最为常见，使用钢缆眼环时，如果没有嵌环，弯曲半径小于卸扣螺栓弯曲半径，钢丝容易被压断导致强度下降，为了减轻对钢缆的伤害推荐使用宽弓形(Crosby 型号)吊货卸扣，其设计能分散弯曲负荷。

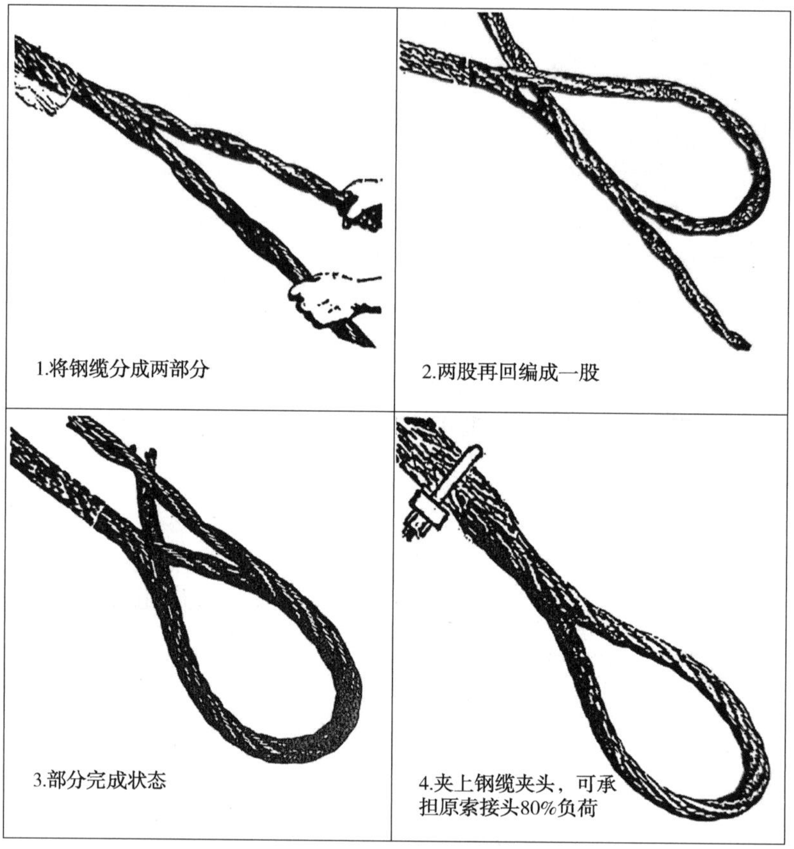

图 14-24　制作钢缆索接头示意图

（二）浇筑索接头

钢丝绳浇筑索具是一种通过浇筑工艺使钢丝绳与特质索节链接在一起的索具形式，配套索节可分为开式索节和闭式索节两种。尤其是可以对某些不能拆卸的大型设备进行现场施工，在浮式设施上通常使用镀锌闭式索节头，锚泊缆绳头末端经常使用镀锌索接头，有开放和闭合两种型号。浇筑索接头用到的液态将金属加热到液态的高质量锌或巴氏合金材料，现在已经很大程度上被像钢丝绳胶水(钢丝绳树脂)，一种类似合成树脂的材料代替，合成树脂的材料优点就是只要技能适度就会使用，只需严格按照制造商的说明，将包装中的树脂和催化剂正确比例混合和确保固化。但是在使用合成材料和金属锌时有以下基本注意事项。

(1) 如图 14-25 所示，钢缆末端和索接头必须保持一个垂直位置，索接头在钢缆上的定位也必须是直线，以便从钢缆上抽出来时真正对齐。如果没有对准，那么等化合物固化以后，索接头会与钢缆成一个角度，对钢缆和索接头会施加一个不均匀的压力，钢缆索接头浇筑准备工作。

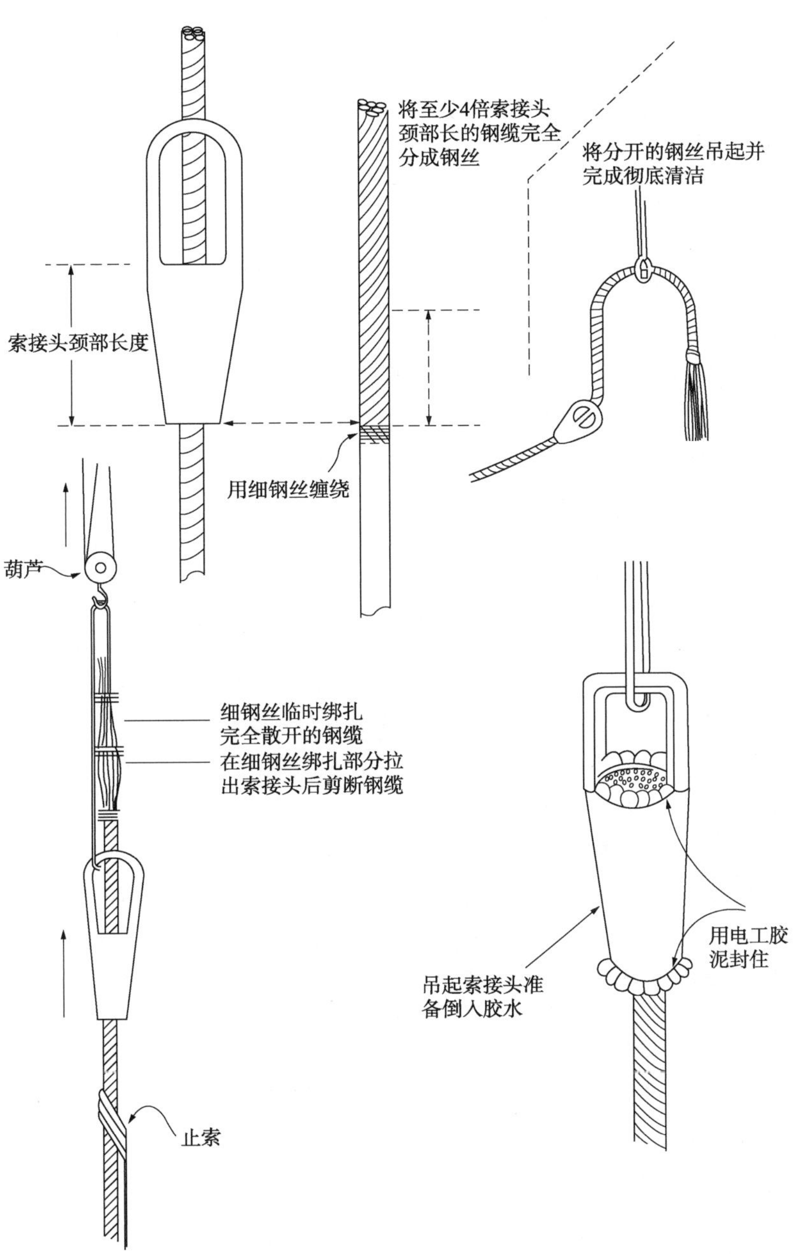

图 14-25　钢缆索接头浇筑示意图

（2）索接头的金属包头必须清洗干净，即抛光不生锈，没有铁屑污垢和油脂。应采用硬钢丝刷、强力清洁的方法，如果有必要用重磨料喷砂要达到焕然一新的效果。

（3）钢缆绑扎钢丝完全绑扎牢固的时候，用电动割刀割断钢缆而不要使用气割，气割会融化钢缆使其呈发散状。

（4）在完成干净的切割以后，将钢缆装进索接头，标记测量结果并记录索接头从外面颈部下缘到里面的开口（嘴部）部分。

（5）特别是对于粗大的钢缆要相对容易一点，钢缆散开绳股后在钢缆索接头颈部绑扎钢丝和切断处留有充足的备用钢缆。分开钢丝非常烦琐但必须要做得彻底，目的是产生一个像刷子一样的末端。

（6）使用专用的除油剂或松香水来清洁钢丝，确保清洁时缆绳一端悬挂以防止液体流进索接头后面的钢缆中心。

（7）耐心必不可少，这种情形下意味着从绑扎钢丝到索接头颈部的个每根钢丝，最少4倍颈部的长度，必须清洁到光亮的金属，不含油脂、清洗液并完全干燥。

（8）钢缆全部展开和清洁，把散开的钢丝临时绑扎成一捆并测量，从索接头开口处里面的地方用割刀割断，切口尽量平整。

（9）将索节头拉到合适位置，将钢缆放平，布置制动器和滑车，正确定位索节头，使绑扎钢丝刚好露出索节头颈部，再次检查轴线。

（10）将索接头吊起，与甲板垂直以便浇筑。

（11）用烘枪从外部温和地加热索接头的颈部区域到手摸上去有点烫手但又不是“红热”的地步。

（12）按照说明混合化合物，如果外面下雨确保索接头得到保护，天气非常寒冷时使用加速剂，但固化时间会更快。

（13）缓慢倒入化合物，用一根明亮干净的金属探针使化合物彻底浸润到索节头颈部所有钢丝，用电工油灰在开口周围建立一道小坝防止材料溢出，在颈部底部也用油灰封闭一下，尽管底部缝隙很小。

（14）让胶水在规定时间内固化，不要用加热的方式“加速”。

（15）在固化以后，再检查对中，如果不“直”自然就不是很成功，用电动割刀切掉底部外露的钢丝并开始测试强度。

（三）拆除索接头注意事项

金属材料锌浇筑的索节头可以简单地直接加热融化合金移除，加热可以用气割火焰的较低设置，合成材料浇筑的接头可以通过将接头加热到“暗”热，在切断后敲击钢缆末端突出的部分，使其从索接头颈部移出。加热后请勿敲打索节头本体，加热索节头开口（嘴部）的合成材料表面以协助移除，寒冷天气加速剂会缩短合成树脂材料固化时间，如果索接头被像上一节第10项中加热过使用加速剂要非常小心，除非天气温度接近冰点或以下，否则最好不要使用加速剂，如果严格按照天气温度使用限制；专用树脂合成材料有非常精确的寿命，不要使用已经过期的材料。

（四）氧气/乙炔气割

多数浮式设施配备气割工具，该工具是应急时最有价值的工具，也是在切割粗钢缆和锚链时最有用的工具。当准备钢缆索接头或者人工插接琵琶头（眼环）时，避免使用气割，尽量用气动或电动工具，这是因为气割工具切割时容易使钢缆末端融化，导致后面想把钢缆分开变成钢丝非常困难。成功快速进行的钢铁气割工艺有三个原则：第一是根据材料厚度选择合适的割枪嘴；第二是喷枪的压力；第三是正确的切割速度。

让没有经验和不能熟练使用气割工具的人去操作是非常危险且没有效率的，割炬和焊炬都是气焊工的重要工具，如果使用不当，可能造成放焰，回火以至燃烧和爆炸事故。因此，除上面的三个原则，使用过程中还应注意以下事项 。

（1）使用者应穿戴防护服、手套、护目镜等防护装备，以防止受到炮口喷溅物、火花等伤害。

（2）在进行气割之前，应进行仔细的检查和准备工作，确保所有设备的正常运转和连接，包括气瓶的漏气、压力是否合适等。

（3）操作前应检查切割电缆、氧气管和乙炔管是否完好无损，如有磨损或老化应及时更换。

（4）焊炬、割炬的各部分不得沾污油脂。

（5）点火时，应先开乙炔阀门，点着后再开氧气阀门。其目的在于放出乙炔与空气混合气，便于点火和检查乙炔是否畅通。

（6）氧气和乙炔的流量应根据要切割材料的厚度和种类进行调整，以获得最佳的切割效果。

（7）工件表面的厚锈、油水污物要清理掉。在水泥地面上切割时应垫高工件，以防锈皮和熔渣在水泥地面上爆溅伤人。

（8）割嘴通道应经常保持清洁光滑，孔道内的污物应随时用通针清除干净。

（9）切割时应保持手稳，用力均匀，避免反弹伤害身体。

（10）在切割过程中，应注意控制氧气和乙炔的火焰，避免过短或过长的火焰，以免影响切割质量。

（11）在氧气和乙炔管线上都使用防止回火装置。

（12）确保操作区域通风良好，避免氧气和乙炔积聚造成爆炸风险，通常气割操作可能发生在船尾，浮式设施携带的气管长度应该与甲板一样长，为了达到最佳切割速度和效率，每增加 10m 的长度气瓶压力增加 5%。

（13）气割完成后，应及时关闭氧气和乙炔阀门，并排放气体管道中残留的气体，以防止发生意外。

（14）气割过程中，不要随意调整氧气和乙炔的流量或关闭阀门，以免引发火花、炸裂等危险。

（15）切割完成后，及时清理切割区域，并妥善处理切割废料、熄灭火焰和燃烧残余物，确保工作区域的清洁与安全。

总之，氧气乙炔气割是一项危险的操作，需要操作人员具备专业的知识和经验，并严格按照操作规程进行操作，以确保人身和设备的安全。

五、锚的检查要领

锚泊系统检查中，锚的检查往往最容易忽视，国内曾发生过半潜式钻井平台在井间移位作业中丢失整条锚链和锚的事故，在检查锚时，应查找以下类型的损坏。

（1）弯曲的平衡杆。

（2）平衡杆上的固定销松动，Danforth/LWT 型号。

（3）锚冠/固定销孔磨损过度。

（4）锚卸扣销磨损过度。

（5）弯曲的锚爪，爪前部损坏。

（6）锚干和锚爪的锁紧机构销松动。

（7）锚干卸扣松动、磨损、销轴松动、固定装置损坏或磨损。

（8）锚缆转环损坏，销轴磨损，销轴固定机构损坏或丢失。

一般来说，需仔细查看所有连接在一起的部件，正是在这些地方才会发生磨损。